高职高专机电类

工学结合模式教材

传感器及应用

刘 卉 主 编

许 郡 副主编

清华大学出版社

北 京

内 容 简 介

本书系统介绍了传感器的种类、原理、应用等相关知识，内容丰富、新颖。本书配有大量的实物图、原理示意图及操作图片，帮助读者直观认识传感器并能简单使用传感器。本书引入典型的、实用的、趣味的实验及项目案例，帮助读者学会如何选择传感器，并培养学生具体的应用技能。

本书可作为高等职业院校机电一体化、电气自动化等相关专业的教学用书，也可供有关专业的工程技术人员参考使用。

图书在版编目(CIP)数据

传感器及应用/刘卉主编. —北京：清华大学出版社，2022.1
高职高专机电类工学结合模式教材
ISBN 978-7-302-59347-8

Ⅰ. ①传… Ⅱ. ①刘… Ⅲ. ①传感器—高等职业教育—教材 Ⅳ. ①TP212

中国版本图书馆 CIP 数据核字(2021)第 207764 号

责任编辑：颜廷芳
封面设计：傅瑞学
责任校对：李　梅
责任印制：宋　林

出版发行：清华大学出版社
网　　址：http://www.tup.com.cn，http://www.wqbook.com
地　　址：北京清华大学学研大厦 A 座　　**邮　　编**：100084
社 总 机：010-83470000　　**邮　　购**：010-62786544
投稿与读者服务：010-62776969，c-service@tup.tsinghua.edu.cn
质量反馈：010-62772015，zhiliang@tup.tsinghua.edu.cn
课件下载：http://www.tup.com.cn，010-83470410
印 刷 者：北京富博印刷有限公司
装 订 者：北京市密云县京文制本装订厂
经　　销：全国新华书店
开　　本：185mm×260mm　　**印　　张**：16　　**字　　数**：364 千字
版　　次：2022 年 3 月第 1 版　　**印　　次**：2022 年 3 月第 1 次印刷
定　　价：49.00 元

产品编号：084978-01

FOREWORD

前言

利用信息时需要获取准确、可靠的信息，而传感器是获取信息的主要手段。如今国内外已将传感器技术列为优先发展的科学技术，传感器技术已成为相关工程技术人员的必备知识。编者在传感器原理及应用的教学和科研实践中深深体会到，仅让读者了解传感器的基本原理是远远不够的，更需要将传感器的相关知识应用到科学研究和生产实践中。因此，有必要将传感器与检测技术的知识结合起来，形成一个系统又完整的传感器检测技术的应用知识体系。基于此，编者参考了国内外相关文献，以编者多年从事的传感器教学及科研为基础，根据高等职业院校机电一体化、电气自动化等专业的传感器与检测技术课程的基本要求，编写了本书。

本书在取材和体系编排上注重理论和应用技术的结合，突出了应用性和针对性，以有限的篇幅尽量拓宽知识领域，书中包括面向工程实践的详细举例。本书除了介绍传统的传感器之外，还介绍了现代传感的新技术和新方法，力求内容丰富、全面、新颖，叙述由浅入深。本书将传感器和工程检测方面的知识有机地联系起来，使学生在掌握传感器原理的基础上，能更进一步地应用这方面的知识，解决工程检测中的具体问题。在编写过程中，注意补充反映新器件、新技术的内容，增加了机器人、无人机和手机中的传感器等内容。

本书共有 12 章，包括绪论、电阻式传感器、电容式传感器、电感式传感器、位置传感器、压电和超声波传感器、磁敏传感器、光电式传感器、环境传感器、机器人传感器、无人机中的传感器、手机中的传感器。每一章的引言部分都给出了理论(重点、难点、教学规划、建议学时)和操作(面包板、实验、建议学时)的教学指导，在每一章最后都配有思考题。推荐理论课时为 48 学时，实验课时为 14 学时，可根据不同专业的实际情况进行增减。

本书介绍了各类传感器的工作原理、基本结构、相应的测量电路，并配有大量的应用实例。本书有三个特点：①重于实践。本书专门编写了实践指导，配有图和讲解，利用面包板或者实验器材完成相应的实验。②对于每种传感器均引入丰富且具有代表性的应用实例，与实际生活及工程实际相联系。③注重对学生自学能力的培养。

本书由刘卉任主编并统稿，许郡任副主编。王月参与编写单片机和面包板的实验，张疆涌参与编写传感器在 PLC 的应用。

本书也可为相关行业的技术人员提供实际参考例证。本书可作为自动化类、电气工程类、机电技术类、电子技术类、仪器仪表类、计算机应用类等专业本的教学用书,也可作为相关工程技术人员的技术参考用书。

作者在编写过程中参阅了相关教材和专著,在此向各位作者致谢。

由于作者水平有限,书中难免存在不足之处,恳请读者批评指正。

编　者

2022年1月

各章操作部分的配套素材

CONTENTS

目录

第1章 绪论 …… 1

1.1 传感器的定义、作用和发展 …… 1
1.1.1 什么是传感器 …… 2
1.1.2 传感器的作用与应用领域 …… 2
1.2 传感器的分类和组成 …… 3
1.2.1 传感器的分类 …… 3
1.2.2 传感器的组成 …… 4
1.3 传感器的基本特性 …… 5
1.3.1 静态特性 …… 5
1.3.2 动态特性 …… 8
1.4 传感器的测量误差 …… 8
1.4.1 误差产生的原因 …… 8
1.4.2 误差的分类 …… 8
1.4.3 误差的表示方法 …… 9
1.4.4 如何正确选择仪器仪表 …… 10
1.5 传感器的发展趋势和选择 …… 11
1.5.1 传感器的发展趋势 …… 11
1.5.2 传感器的选择 …… 13
思考和练习 …… 13

第2章 电阻式传感器 …… 14

2.1 结构型传感器 …… 14
2.1.1 结构型传感器原理 …… 14
2.1.2 弹性敏感元件 …… 15
2.2 电阻式传感器 …… 18
2.2.1 力敏电阻：电阻应变式传感器 …… 18
2.2.2 位移敏感电阻：电位计式传感器 …… 23
2.2.3 光敏电阻(环境量检测一) …… 24
2.2.4 热敏电阻(环境量检测二) …… 29
2.2.5 湿敏电阻(环境量检测三) …… 31
2.2.6 气敏电阻(环境量检测四) …… 32

2.2.7 压敏电阻 …… 36
2.2.8 磁敏电阻 …… 38
思考和练习 …… 41

第3章 电容式传感器 …… 42

3.1 电容式传感器的基本结构和种类 …… 42
3.1.1 变极距型电容传感器 …… 43
3.1.2 变面积型电容传感器 …… 47
3.1.3 变介质型电容传感器 …… 48
3.2 电容式传感器的应用 …… 49
3.2.1 电容式位移传感器 …… 49
3.2.2 电容接近开关 …… 49
3.2.3 电容测厚传感器 …… 52
3.2.4 电容式湿度传感器 …… 52
3.2.5 电容式触摸按键 …… 53
3.2.6 电容指纹识别传感器 …… 53
3.2.7 电容式油量表 …… 54
3.2.8 电容式加速度传感器 …… 54
3.3 电容式传感器的优缺点 …… 55
3.4 电容式传感器的转换电路 …… 56
思考和练习 …… 58

第4章 电感式传感器 …… 59

4.1 自感式传感器 …… 59
4.2 互感式传感器——差动变压器 …… 62
4.3 电涡流式传感器 …… 68
思考和练习 …… 75

第5章 位置传感器 …… 77

5.1 位置传感器与测量方式 …… 77
5.1.1 位置传感器 …… 77
5.1.2 直接测量和间接测量 …… 78
5.2 角编码器 …… 79
5.2.1 角编码器分类 …… 79
5.2.2 码盘式编码器(绝对编码器) …… 79
5.2.3 脉冲盘式编码器（增量式编码器） …… 81
5.2.4 码盘式编码器和脉冲盘式编码器的比较 …… 82
5.2.5 角编码器的应用 …… 82

5.3 光栅 …… 83
5.3.1 光栅的类型 …… 83
5.3.2 光栅的光学系统和原理 …… 85
5.3.3 光栅的电子系统 …… 88
5.3.4 光栅的特点及应用 …… 90
5.4 接近开关 …… 92
5.4.1 接近开关的原理 …… 92
5.4.2 接近开关的种类 …… 92
5.4.3 接近开关的特点 …… 98
5.4.4 接近开关的选用 …… 99
5.4.5 接近开关的应用 …… 99
5.5 转速测量 …… 100
思考和练习 …… 100

第6章 压电和超声波传感器 …… 101

6.1 压电传感器 …… 101
6.1.1 压电效应简述 …… 102
6.1.2 三种常见的压电材料 …… 103
6.1.3 压电传感器的等效电路、测量电路及基本结构 …… 107
6.1.4 压电传感器的应用 …… 108
6.2 超声波传感器 …… 114
6.2.1 超声波的物理特性 …… 115
6.2.2 超声波的特点应用 …… 117
6.2.3 超声波传感器的分类 …… 119
6.2.4 超声波传感器的应用 …… 121
思考和练习 …… 125

第7章 磁敏传感器 …… 126

7.1 霍尔传感器 …… 127
7.1.1 霍尔效应和霍尔元件 …… 127
7.1.2 霍尔传感器的分类 …… 128
7.1.3 霍尔传感器的应用 …… 129
7.2 其他类型的磁敏传感器 …… 135
思考和练习 …… 137

第8章 光电式传感器 …… 138

8.1 光电式传感器的种类和原理 …… 138
8.1.1 光电效应 …… 139

8.1.2 外光电效应器件 …… 140
8.1.3 内光电效应器件 …… 142
8.2 光源和激光传感器 …… 149
8.3 红外传感器 …… 151
8.3.1 红外线的物理特性 …… 152
8.3.2 红外探测器 …… 152
8.4 图像传感器 …… 155
8.5 光耦合器件 …… 157
8.5.1 光电检测的组合形式 …… 157
8.5.2 光电耦合器(内电路光耦) …… 159
8.5.3 光断续器(外电路光耦) …… 160
8.5.4 光电开关 …… 161
8.6 光纤传感器 …… 162
8.6.1 光纤传感器分类 …… 164
8.6.2 光纤传感器的特点 …… 165
8.6.3 光纤传感器的应用 …… 165
思考和练习 …… 167

第9章 环境传感器 …… 168

9.1 温度测量 …… 168
9.1.1 温度和温标 …… 168
9.1.2 示温材料和早期温控元件 …… 169
9.1.3 温度传感器的分类 …… 171
9.1.4 热电偶 …… 173
9.1.5 电阻式温度传感器及应用 …… 178
9.1.6 集成温度传感器 …… 181
9.1.7 非接触测量 …… 184
9.2 湿度测量 …… 185
9.2.1 湿度 …… 185
9.2.2 湿度传感器的应用 …… 186
9.2.3 湿度传感器使用注意要点 …… 187
9.3 气体传感器 …… 188
9.3.1 气体传感器的种类 …… 188
9.3.2 气体检测的具体应用 …… 189
思考和练习 …… 191

第10章 机器人传感器 …… 192

10.1 机器人的定义和发展 …… 192

10.1.1 机器人的定义 …… 192
10.1.2 机器人的发展 …… 193
10.2 机器人传感器的分类 …… 195
10.2.1 内部传感器 …… 195
10.2.2 外部传感器 …… 201
10.3 多传感器信息融合 …… 205
10.3.1 多传感器信息融合概述 …… 205
10.3.2 多传感器数据融合的算法和应用 …… 207
思考和练习 …… 209

第11章 无人机中的传感器 …… 210

11.1 无人机的定义、作用和发展 …… 210
11.1.1 什么是无人机 …… 211
11.1.2 无人机的种类 …… 211
11.1.3 无人机的作用 …… 214
11.2 无人机的技术支持 …… 215
11.2.1 自动驾驶飞行控制器 …… 215
11.2.2 微电子机械系统迷你化 …… 216
11.2.3 地面站 …… 216
11.3 无人机传感器 …… 217
11.3.1 核心传感器 …… 218
11.3.2 特定应用传感器 …… 222
11.4 无人机多传感器数据融合 …… 223
11.4.1 无人机多传感器 …… 223
11.4.2 无人机中多传感器系统的优势 …… 224
11.4.3 飞行控制系统传感器配置方案 …… 225
11.4.4 研究信息融合技术的必要性 …… 226
思考和练习 …… 227

第12章 手机中的传感器 …… 228

12.1 触摸屏-矩阵式传感器 …… 228
12.1.1 触摸屏的特性与材料 …… 229
12.1.2 触摸屏的种类与原理 …… 229
12.2 常见传感器 …… 234
12.2.1 位移传感器 …… 234
12.2.2 光线传感器 …… 234
12.2.3 方向传感器——陀螺仪 …… 235
12.2.4 电子罗盘——磁阻传感器 …… 235

12.2.5 重力传感器与加速度传感器 …… 236
12.2.6 指纹传感器 …… 237
12.2.7 摄像头——图像传感器 …… 240
12.2.8 卫星导航 …… 241
12.2.9 霍尔传感器 …… 241
12.2.10 声音传感器 …… 241
12.2.11 气压传感器 …… 241
12.2.12 NFC 短距离无线通信 …… 242
思考和练习 …… 242

参考文献 …… 243

第1章

绪　论

引言

以传感器为核心的检测系统就像感官和神经一样，源源不断地采集各种信息，推动自动化技术快速发展，并涌现出大量智能化产品。例如，智能房屋(自动识别主人、恒温、自动灯、太阳能提供能源等)、智能衣服(自动调节温度、检测人体各项指标、记录运动量等)、智能公路(自动显示记录公路的压力、温度、车流量等)、智能汽车(无人驾驶、卫星定位、事故发生前第一时间报警等)。

人工智能、体感传感器、3D打印、无人机、AR/VR/MR、仿生科技、万物互联等技术的发展，为我们的生活带来了很多便利，也创造了更多的可能。

导航——教与学

理论	重点	传感器的分类、组成
	难点	如何选择仪器仪表
	教学规划	首先，从智能化产品入手，引出传感器的定义和作用；然后，介绍传感器的分类及选择标准，通过例题讲解传感器的误差和如何选择仪器仪表；最后，了解传感器的发展趋势和未来发展方向
	建议学时	6～8学时
操作	面包板	介绍面包板的使用，认识并测试一些基本元器件，搭建一些小电路
	实验	示波器的使用，移相器实验
	建议学时	2学时(结合线上配套资料)

1.1　传感器的定义、作用和发展

人类拥有五大感觉器官：眼睛(视觉)、鼻子(嗅觉)、嘴巴(味觉)、耳朵(听觉)和皮肤(触觉)。

1.1.1 什么是传感器

随着新技术革命的到来，世界已经进入信息时代。在利用信息的过程中，首先要获取准确可靠的信息，而传感器是获取自然和生产领域中信息的主要途径与手段，它是实现自动检测和自动控制的首要环节。

人们为了从外界获取信息，必须借助感觉器官。在研究自然规律以及生产活动中，仅靠人们自身感觉器官的功能远远不够。人们借助传感器可以去探测那些无法用感官直接感知的事物，如用热电偶可以测量炽热物体的温度；用超声波换能器可以测量海水深度；用红外遥感器可以从高空探测地面形貌、河流状态及植被分布等。在高温、高湿、深井、高空、有毒等环境以及高精度、高可靠性、远距离、超细微等方面，传感器所实现的作用是人的感官所不能代替的。因此，传感器是人类感官的延长，又称为电感官（非电学量→传感器→电学量）。

从图1-1中我们可以看到，传感器可以代替人的感官，将获得的信息传递给微机，然后由微机控制执行器执行动作。而微机只能识别特定的电信号，所以，传感器除了感知信息之外，还必须将信息转换成可用的电信号。因此，传感器是将非电量转换成电量的器件，也称为换能器。转换后的电量是很微弱的电信号，必须要将信号处理并放大。

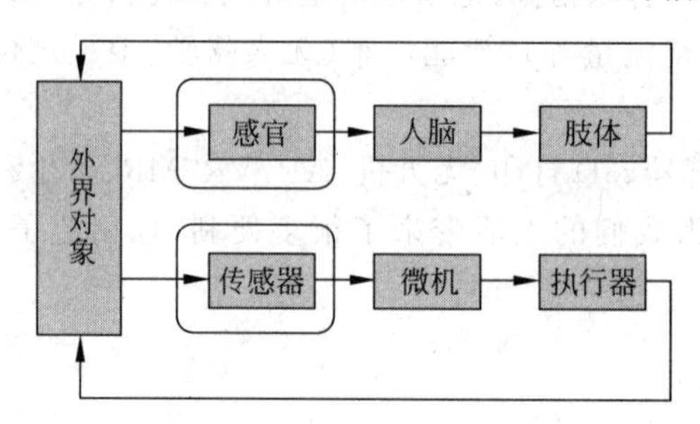

图1-1 人机对应关系

传感器是指可以像人的感觉器官一样感受外界信息，并能按照一定的规律和要求把这些信息转换成可用的输出信息的器件或装置。传感器可以利用物理效应、化学效应、生物效应，把被测的物理量、化学量、生物量等非电量转换成电量。

1.1.2 传感器的作用与应用领域

传感器的作用包括信息的收集、信息数据的交换及控制信息的采集。现代化项目及日常生活中，都离不开各种各样的传感器。例如，反映一个工厂各部分工作状态的调度监视装置；监测各个车间的生产机械的工作状态（如电动机的输出量、加工产品的质量、数量等）；在航天方面，从助推火箭到宇宙飞船，为了向地面指挥中心发出各种信息及测试的参数，均需要众多的传感器。此外，在环境监测与控制和健康管理方面，需要利用传感器对人口密集地区的粉尘、噪声和各种有害气体及辐射性物质进行监测和控制。特别是在煤矿这样特殊的环境中，为保证人员和矿井的安全，更需要利用传感器全面监测各种参数，如瓦斯监测、一氧化碳监测、二氧化碳监测、矿井压力监测、采煤机工作情况、皮带运输机的运转情况等。

在基础学科研究中,传感器具有更突出的地位。随着现代科学技术的发展,传感器进入了许多新领域:在宏观上观察上千光年的茫茫宇宙,微观上观察小到纳米的粒子世界,纵向上观察长达数十万年的天体演变,短到普朗克时间的瞬间反应。此外,还出现了对深化物质认识、开拓新能源与新材料等具有重要作用的各种极端技术研究,如超高温、超低温、超高压、超高真空、超强磁场、超弱磁场等。许多基础科学研究的障碍,首先就在于获取对象信息困难,而一些新型传感器的出现,往往是一些边缘学科开发的先驱。

1.2 传感器的分类和组成

1.2.1 传感器的分类

将传感器的功能与人类5大感觉器官相对应,光敏传感器对应视觉;声敏传感器对应听觉;气敏传感器对应嗅觉;化学传感器对应味觉;压敏、温敏、湿敏、流体传感器对应触觉。

但是,传感器的种类不能完全用这几种感官来概括,为了更加容易研究、学习和使用传感器,通常有以下几种常用的分类方法。

1. 按输入量(被测对象)分类

输入量即被测对象,按此方法分类,传感器可分为生物类传感器、化学类传感器和物理类传感器。生物类传感器是基于酶、抗体和激素等分子识别功能;化学类传感器是基于化学反应的原理;物理类传感器是基于力、热、光、电、磁和声等物理效应。本书主要介绍物理类传感器及其应用。

物理类传感器又可分为温度传感器、湿度传感器、压力传感器、位移传感器、流量传感器、液位传感器、力传感器、加速度传感器和转矩传感器等。

这种分类方法给使用者提供了方便,需要查找传感器或相关资料时可以搜索这些关键词进行查找。

2. 按转换原理分类

从传感器的转换原理来说,通常分为结构型传感器、物性型传感器和复合型传感器。

(1) 结构型传感器是利用机械构件(如金属膜片等)在动力场或电磁场的作用下产生变形或位移,将外界被测参数转换成相应的电阻、电感、电容等电参量,它利用物理学运动定律或电磁定律实现转换。

(2) 物性型传感器是利用材料的固态物理特性及其各种化学、物理效应(物质定律,如胡克定律、欧姆定律等)实现非电量的转换,它是以半导体、电介质、铁电体等作为敏感材料的固态器件。

(3) 复合型传感器是由结构型传感器和物性型传感器组合而成的,兼有两者的特征。

这种分类方法清楚地指明了传感器的原理,在使用时需要哪些辅助电路或电源。例如,电阻式传感器、电容式和电感式传感器需要转换电路和辅助电源,而压电式传感器、光电式传感器等虽然不需要转换电路和辅助电源,但是需要信号的放大、处理等。

3. 按输出信号的形式分类

按输出信号的形式不同,传感器可分为开关式传感器、数字式传感器和模拟式传感器。

(1) 开关式传感器有光电开关式传感器、霍尔开关式传感器等,可以用在报警、测转速、计数等场合。开关式传感器输出开关量,只能判断有、无,输出 0 或 1。

(2) 数字式传感器(如 DS1820 数字温度传感器)可以直接接单片机。数字式传感器输出数字量,例如二进制数或者数字脉冲等。

(3) 模拟式传感器(如 AD590 温度传感器)输出模拟量,若接单片机应加 A/D 转换。霍尔式线性输出传感器可用于测微位移等。模拟量在一定范围内连续变化,可能是线性关系,也可能是非线性关系。

这种分类方法在使用时明确了输出的信号,可以判断是否需要接 A/D 转换,使用时通过查找关系曲线了解应用方法以及是否需要使用示波器等图示仪或笔试记录仪等。

4. 按输入和输出的特性分类

按输入和输出特性不同,传感器可分为线性传感器和非线性传感器。线性传感器输入、输出关系具有规律性变化,使用简单方便;非线性传感器在使用时要查找相应特性曲线,使用时较为复杂。

这种分类方法可根据特性曲线来了解使用时的注意点。

5. 按能量转换的方式分类

按转换元件的能量转换方式不同,传感器可分为有源型传感器和无源型传感器。有源型传感器也称能量转换型传感器或发电型传感器,它把非电量直接变成电压量、电流量、电荷量等,如磁电式、压电式、光电池、热电偶等。无源型传感器也称能量控制型传感器或参数型传感器,它把非电量变成电阻、电容、电感等电参量,必须接转换电路和辅助电源才能最终获得电能量。

这种分类方法便于使用者了解传感器的后续电路。

1.2.2 传感器的组成

从功能上讲,传感器通常由敏感元件、转换元件及转换电路组成(无源型传感器),如图 1-2 所示。

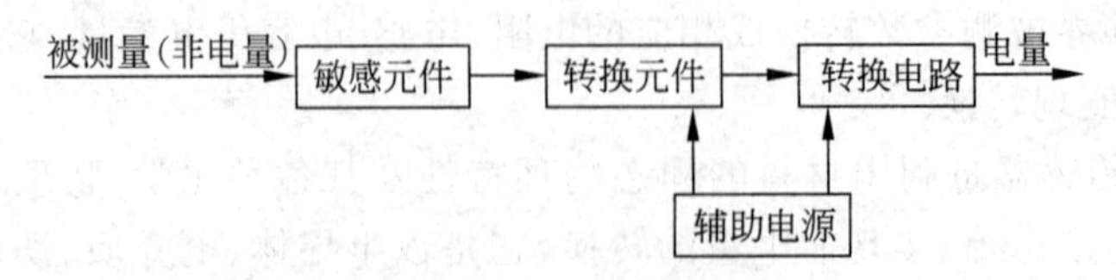

图 1-2 传感器(无源型)的组成

敏感元件是指传感器中能直接感受(或响应)被测量的部分。在完成非电量到电量的转换时,并非所有的非电量都能利用现有手段直接转换成电量,往往是先转换为另一种易于变成电量的非电量,然后再转换成电量。

转换元件是指能将感受到的非电量直接转换成电量的器件或元件。如光电池将光的变化量转换为电势,应变片将应变转换为电阻量等。

转换电路可以将无源型传感器输出的电参数量转换成电量。常用的转换电路有电桥电路、脉冲调宽电路、谐振电路等,它们将电阻、电容、电感等电参量转换成电压、电流或频率。

辅助电源为无源型传感器的转换电路提供电能。

实际上,有些传感器的敏感元件可以直接把被测非电量转换成电量输出,如压电晶体、光电池、热电偶等,通常称它们为有源型传感器,如图 1 3 所示(虚线表示与无源型传感器不同)。

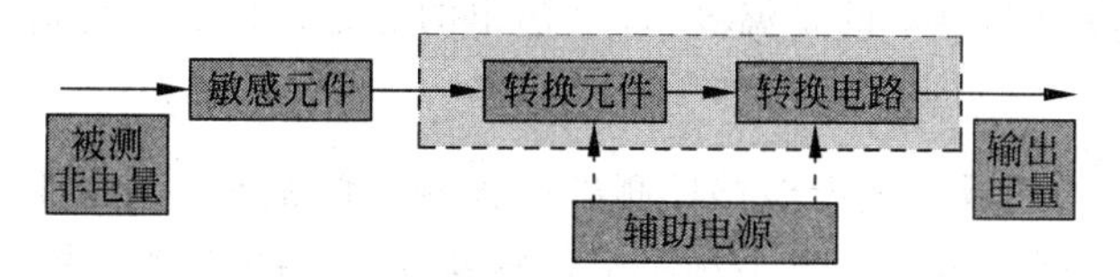

图 1-3 传感器(有源型)的组成

1.3 传感器的基本特性

传感器的基本特性分为静态特性和动态特性。

1.3.1 静态特性

当传感器的输入量为常量或随时间做缓慢变化时,传感器的输入与输出之间的关系称为静态特性。静态特性参数包括以下几个方面。

1. 灵敏度

灵敏度是指稳态时传感器输出量 y 和输入量 x 之比,或输出量的增量 Δy 和相应输入量的增量 Δx 之比,即

$$K=\frac{\text{输出量增量}}{\text{输入量增量}}=\frac{\Delta y}{\Delta x} \tag{1-1}$$

线性传感器的灵敏度 K 为常数,非线性传感器的灵敏度 K 是随输入量变化的量,如图 1-4 所示。

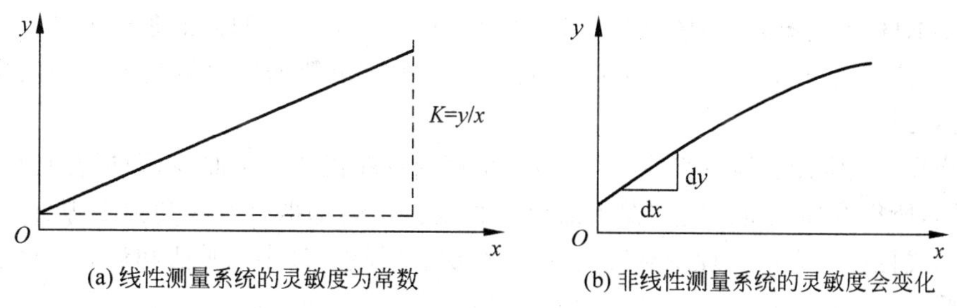

(a) 线性测量系统的灵敏度为常数　(b) 非线性测量系统的灵敏度会变化

图 1-4 测量系统的灵敏度

【例 1-1】 某线性位移测量仪，当被测位移由 4.5mm 变为 5.0mm 时，位移测量仪的输出电压由 3.5V 减至 2.5V，求该仪器的灵敏度。

解：

$$K=\frac{\Delta y}{\Delta x}=\frac{2.5-3.5}{5.0-4.5}=-2(\text{V/mm})$$

系统的总灵敏度是各个组成部分灵敏度的乘积，即

$$K=K_1\times K_2\times K_3\cdots K_N \tag{1-2}$$

【例 1-2】 某测量系统由传感器、放大器和记录仪组成，各环节的灵敏度为 $K_1=0.2\text{mV/℃}$、$K_2=2.0\text{V/mV}$、$K_3=5.0\text{mm/V}$，求系统的总的灵敏度。

解：

$$K=K_1\times K_2\times K_3=0.2\times 2.0\times 5.0=2(\text{mm/℃})$$

在这个测量系统中，测量的是温度，最终输出的是记录仪的位移量。

2. 分辨力

传感器在规定的测量范围内能够检测出的被测量的最小变化量称为分辨力，它往往受噪声的限制，所以噪声电平的大小是决定传感器分辨力的关键因素。

实际中，分辨力可用传感器的输出值表示。模拟式传感器以最小刻度的一半所代表的输入量表示；数字式传感器则以末位显示的一个字所代表的输入量表示。注意不要与分辨率混淆。分辨力是与被测量有相同量纲的绝对值，而分辨率则是分辨力与量程的比值。

3. 测量范围和量程

在允许误差范围内，传感器能够测量的下限值（$y_{\min}$）到上限值（$y_{\max}$）之间的范围称为测量范围，表示为 $y_{\min}\sim y_{\max}$；上限值与下限值的差称为量程，表示为 $y_{\text{FS}}=y_{\max}-y_{\min}$。如某温度计的测量范围是－10～90℃，量程则为 100℃。

4. 误差特性

传感器的误差特性包括线性度、迟滞、重复性和漂移等。

(1) 线性度：线性度即非线性误差，是传感器的校准曲线与理论拟合直线之间的最大偏差（$\Delta L_{\max}$）与满量程值（y_{FS}）的百分比。线性度是反映传感器输出量与输入量之间的实际关系曲线偏离直线的程度，即

$$\gamma_L=\pm\frac{\Delta L_{\max}}{y_{\max}}\times 100\% \tag{1-3}$$

校准曲线：在标准条件下，即在没有加速度、振动、冲击及温度为(20±5)℃、湿度不大于 85%RH、大气压力为(101 327±7 800)Pa((760±60)mmHg)的条件下，用一定等级的设备，对传感器进行反复循环测试，得到的输入和输出数据用表格列出并画出曲线，这条曲线称为校准曲线。

拟合直线：将传感器特性线性化，用一条理论直线代替标定曲线，即拟合直线。拟合直线不同，所得线性度也不同。常用的拟合直线包括端基拟合直线和独立拟合直线；常用的计算线性度的方法有理论直线法、端点线法、割线法、最小二乘法和计算程序法等，如图 1-5 所示。

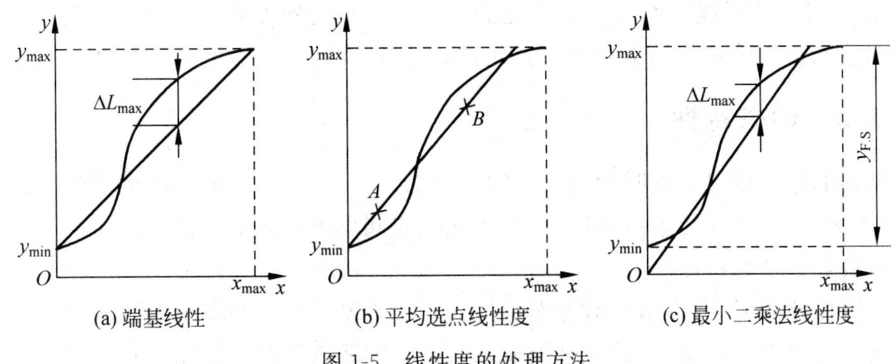

(a) 端基线性　(b) 平均选点线性度　(c) 最小二乘法线性度

图 1-5　线性度的处理方法

（2）迟滞：迟滞是指在相同工作条件下，传感器在正向行程（输入量增大）和反向行程（输入量减小）期间，输出-输入特性曲线不一致的程度，其数值为对应同一输入量的正行程和反行程输出值间的最大偏差 ΔH_{max} 与满量程输出值的百分比。传感器迟滞特性曲线如图 1-6 所示，用 γ_H 表示为

$$\gamma_H = \pm\frac{\Delta H_{max}}{y_{FS}} \times 100\% \tag{1-4}$$

（3）重复性：如图 1-7 所示，重复性是指在同一工作条件下，输入量按同一方向在全测量范围内连续变化多次所得特性曲线的不一致性。在数值上用各测量值正、反行程标准偏差最大值的两倍或三倍与满量程的百分比表示，记作 γ_K。

传感器输出特性的不重复性主要由传感器的机械部分的磨损、间隙、松动，部件的内摩擦、积尘，电路元件老化、工作点漂移等原因产生。

（4）漂移：传感器的漂移是指在外界的干扰下，输出量的发生与输入量无关的偏移变化。

① 零漂：传感器无输入（或某一输入值不变）时，每隔一定时间，其输出值偏离原示值的最大偏差与满量程的百分比。

② 时间漂移：在规定的条件下，零点或灵敏度随时间变化而缓慢变化。

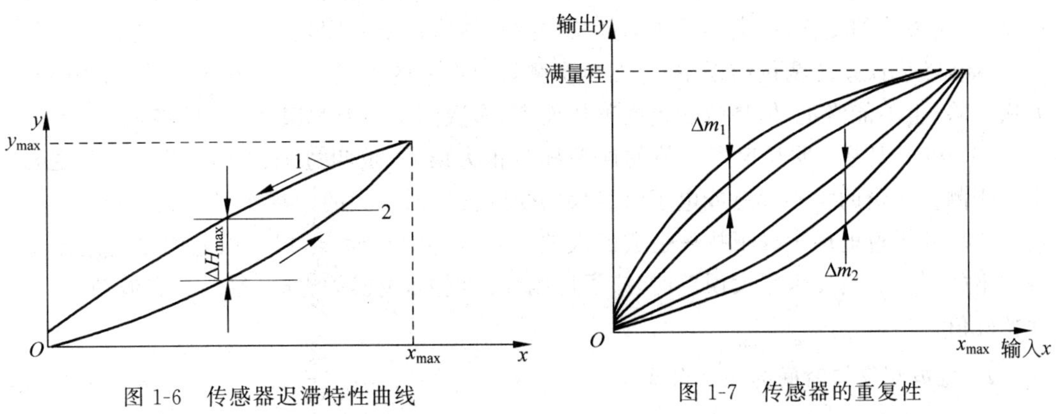

图 1-6　传感器迟滞特性曲线

1—反向特性；2—正向特性

图 1-7　传感器的重复性

③ 温度漂移：环境温度变化而引起的零点或灵敏度的变化。温度每升高1℃时，传感器输出值的最大偏差与满量程的百分比，称为温度漂移。

1.3.2 动态特性

传感器的输出量对于随时间变化的输入量的响应特性称为动态特性。在动态(快速变化)输入信号时，要求传感器能迅速、准确地响应和再现被测信号的变化。也就是说，传感器要有良好的动态特性。

动态特性比较复杂，本书只对静态特性做详细介绍。对于加速度等动态测量的传感器必须进行动态特性的研究，通常是用输入正弦或阶跃信号时传感器的响应来描述，即传递函数和频率响应。

1.4 传感器的测量误差

传感器在使用时有什么误差？如何选择传感器才能使测量更准确？

1.4.1 误差产生的原因

测量时产生误差的原因如下：实验手段不完善；测量系统和量具本身精度有限；测量者的认知水平有限；测量值是有限数值；被测量会随时间和环境产生波动等。

1.4.2 误差的分类

1. 按误差的性质分类

(1) 系统误差。在相同测量条件下多次测量同一物理量，其误差大小和符号保持恒定或按某一确定规律变化，此类误差称为系统误差。系统误差表征测量的准确度。

系统误差是有规律的，因此可以通过实验的方法或引入修正值的方法计算修正，也可以重新调整测量仪表的有关部件予以消除，如万用表调零过程就是用来消除系统误差。

(2) 随机误差。在相同测量条件下多次测量同一物理量，其误差没有固定的大小和符号，呈无规律的变化，此类误差称为随机误差。通常用精密度表征随机误差的大小。

存在随机误差的测量结果中，虽然单个测量值误差的出现是随机的，既不能用实验的方法消除，也不能修正，但是就误差的整体而言，多数随机误差都服从正态分布规律。

(3) 粗大误差。明显偏离真值的误差称为粗大误差，也叫过失误差。粗大误差主要是由于测量人员的粗心大意或电子测量仪器受到突然而强大的干扰所引起的，如测错、读错、记错、外界过电压尖峰干扰等造成的误差。就数值大小而言，粗大误差明显超过正常条件下的误差。当发现粗大误差时，应予以剔除。例如，突然闪电时，测量会有波动，应剔除特殊值。

2. 按被测量与时间的关系分类

(1) 静态误差。被测量不随时间变化所测得的误差称为静态误差。

(2) 动态误差。被测量随时间变化所测得的误差称为动态误差。动态误差是由于检测系统对输入信号响应滞后，或对输入信号中不同频率成分产生不同的衰减和延迟所造成的。动态误差值等于动态测量和静态测量所得误差的差值。图 1-8 所示为由心电图仪放大器带宽不够引起的动态误差。

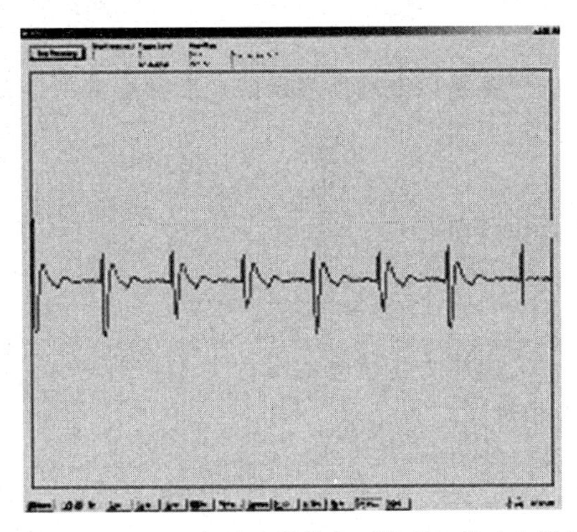

图 1-8　由心电图仪放大器带宽不够引起的动态误差

1.4.3　误差的表示方法

误差的表示方法包含绝对误差、相对误差和准确度。

1. 绝对误差

$$\Delta = A_x - A_0 \tag{1-5}$$

式中，A_x 为测量值；A_0 为约定真值。

当 $A_x > A_0$ 时为正误差；反之为负误差。正误差表示测量值比真值偏大，负误差表示测量值比真值偏小。

绝对误差和修正值的量纲必须与示值量纲相同。绝对误差可表示测量值偏离实际值的程度，但不能表示测量的准确程度。

例如：用电压表测工频电，测得大小为 219.9V，则绝对误差为

$$\Delta = A_x - A_0 = 219.9 - 220 = -0.1\text{V}$$

2. 相对误差

(1) 实际相对误差。绝对误差与约定真值的百分比，即

$$\gamma_A = \frac{\Delta}{A_0} \times 100\% \tag{1-6}$$

(2) 示值(标称)相对误差。绝对误差与测量值的百分比，即

$$\gamma_x = \frac{\Delta}{A_x} \times 100\% \tag{1-7}$$

(3) 满度(引用)相对误差。绝对误差与满量程的百分比，即

$$\gamma_n = \frac{\Delta}{A_{FS}} \times 100\% \tag{1-8}$$

测量不同的值时，必须用相对误差判断测量的准确程度。例如，用电子秤称量1kg的水果，绝对误差是100g，用另一个电子秤称量5 000kg的大象，绝对误差也是100g，这两个电子秤相比，当然是测大象的电子秤准确，因为基数大，误差相对就小。

3. 准确度

传感器和测量仪表的误差是以准确度表示的。准确度常用最大引用误差来定义，即

$$S=\frac{|\Delta_{max}|}{A_{FS}}\times 100\% \tag{1-9}$$

仪表引起的最大测量相对误差为

$$\gamma_x=\pm\frac{SA_{FS}}{A_x}\times 100\% \tag{1-10}$$

例如：某0.1级($S=0.1$)压力传感器的量程为100MPa(A_{FS})，测量50MPa(A_x)压力时，传感器引起的最大相对误差为

$$\gamma_x=\pm\frac{SA_{FS}}{A_x}\times 100\%=\pm\frac{0.1\times 100}{50}\times 100\%=\pm 0.2\%$$

压力传感器的准确度等级分别为0.05、0.1、0.2、0.3、0.5、1.0、1.5、2.0等；我国电工仪表的准确度等级分别为0.1、0.2、0.5、1.0、1.5、2.5、5.0。仪表等级越高，意味着准确度等级越低，如0.1级的仪表比0.2级的仪表准确度等级高，也更昂贵。

1.4.4 如何正确选择仪器仪表

【例1-3】 某电路中的电流为10A(约定真值)，用甲电流表测量时的读数为9.8A，用乙电流表测量时的读数为10.4A。试求两只电流表测量的绝对误差，并说明哪只表测量得更为准确。

解：

$$\Delta_{甲}=A_{甲}-A_0=9.8-10=-0.2A$$

$$\Delta_{乙}=A_{乙}-A_0=10.4-10=0.4A$$

因为$|\Delta_{甲}|<|\Delta_{乙}|$，所以，甲表测量更准确。

在测量相同的量时，绝对误差数值的绝对值越小越好。

【例1-4】 电压表甲测量20V电压时，绝对误差是0.4V。电压表乙测量100V电压时，绝对误差是1V。问：哪只表测量得更准确？

解：不能比较绝对误差，只能比较相对误差，即

$$\gamma_{甲}=\frac{\Delta_{甲}}{A_{甲}}\times 100\%=2\%$$

$$\gamma_{乙}=\frac{\Delta_{乙}}{A_{乙}}\times 100\%=1\%$$

因为$\gamma_{甲}>\gamma_{乙}$，所以乙表测量得更准确。

在测量不同的量时，只能通过相对误差判断测量的准确情况。

【例1-5】 用1.5级量程为15A的电流表甲测量电流时，读数为10A；用0.5级量程为100A的电流表乙测量同样电流，读数为10.1A，问：哪只表测量更准确？

解：
$$\gamma_{甲}=\frac{S_{甲}A_{FS甲}}{A_{甲}}\times100\%=\pm\frac{1.5\times15}{10}\times100\%=\pm2.25\%$$
$$\gamma_{乙}=\frac{S_{乙}A_{FS乙}}{A_{乙}}\times100\%=\pm\frac{0.5\times100}{10.1}\times100\%=\pm4.95\%$$

因为 $\gamma_{甲}<\gamma_{乙}$，所以，甲表测量得更准确。

结论：不同准确度的仪表，量程也不相同时，选择仪表的原则是既要准确度高（S 数值小），也要量程适中（安全情况下，量程越小越好）。因为准确度和量程的乘积影响了相对误差的大小，所以挑选准确度和量程乘积小的仪表，测量更准确。

1.5 传感器的发展趋势和选择

1.5.1 传感器的发展趋势

传感器的特点包括微型化、数字化、智能化、多功能化、系统化、网络化，它不仅促进了传统产业的改造和更新换代，而且还可能建立新型工业，从而成为 21 世纪新的经济增长点。微型化建立在微电子机械系统（MEMS）技术基础上，已成功应用在硅器件上做成硅压力传感器。手机中大量微型化传感器的应用，让手机的功能越来越强大，越来越智能。

随着 CAD 技术、MEMS 技术、信息理论及数据分析算法的发展，未来的传感器系统必将向微型化、集成化、多功能化、智能化等方向发展。

传感器集成化包括两种定义：一是同一功能的多元件并列化，即将同一类型的单个传感元件用集成工艺在同一平面上排列起来，排成一维的为线性传感器，排成二维的为面型传感器，CCD 图像传感器就属于这种情况；二是多功能一体化，即将传感器与放大、运算以及温度补偿等环节一体化，组装成一个器件。

传感器的多功能化也是其发展方向之一。美国某大学传感器研究发展中心研制的单片硅多维力传感器可以同时测量 3 个线速度、3 个离心加速度（角速度）和 3 个角加速度。主要元件是 4 个安装在一个基板上的悬臂梁组成的单片硅结构和 9 个正确布置在各个悬臂梁上的压阻敏感元件。多功能化不仅可以降低生产成本，减小体积，而且可以有效地提高传感器的稳定性、可靠性等性能指标。把多个功能不同的传感元件集成在一起，既可同时进行多种参数的测量，还可对这些参数的测量结果进行综合处理和评价，反映出被测系统的整体状态。可以看出，集成化给固态传感器带来了许多新的机会，同时它也是多功能化的基础。

传感器与微处理机相结合，不仅具有检测功能，还具有信息处理、逻辑判断、自诊断以及“思维”等人工智能，称为传感器的智能化。借助半导体集成化技术把传感器与信号预处理电路、输入输出接口、微处理器等制作在同一块芯片上，即大规模集成智能传感器。可以说智能传感器是传感器技术与大规模集成电路技术相结合的产物，它的实现取决于传感技术与半导体集成化工艺水平的提高与发展。这类传感器具有多功能、高性能、体积小、适宜大批量生产和使用方便等优点，是传感器技术发展的重要方向之一。

新型传感器大致包括采用新原理、填补传感器空白、仿生传感器等方面。传感器的工作机理是基于各种效应和定律，由此启发人们进一步探索具有新效应的敏感功能材料，并以此研制出新型物性型传感器件，这是发展高性能、多功能、低成本和小型化传感器的重要途径。结构型传感器发展得较早，目前日趋成熟。结构型传感器结构复杂，体积偏大，价格偏高。物性型传感器则相反，世界各国都在物性型传感器方面投入了大量人力、物力，加强研究，其中利用量子力学各种效应研制的低灵敏阈传感器用来检测微弱的信号，是发展新动向之一。

传感器的发展离不开其他技术的支持。

1. 新材料开发

传感器材料是传感器技术的重要基础，是传感器技术升级的重要支撑。随着材料科学的进步，传感器技术日臻成熟，其种类越来越多，除了早期使用的半导体材料、陶瓷材料以外，光导纤维以及超导材料的开发，为传感器的发展提供了物质基础。例如，根据以硅为基体的半导体材料易于微型化、集成化、多功能化、智能化，以及半导体光热探测器具有灵敏度高、精度高、非接触性等特点，发展红外传感器、激光传感器、光纤传感器等现代传感器；在敏感材料中，陶瓷材料、有机材料发展很快，可采用不同的配方混合原料，在精密调配化学成分的基础上，经过高精度成型烧结，得到对某一种或某几种气体具有识别功能的敏感材料，用于制成新型气体传感器。此外，高分子有机敏感材料是近几年人们极为关注的具有应用潜力的新型敏感材料，可制成热敏、光敏、气敏、湿敏、力敏、离子敏和生物敏等传感器。传感器技术的不断发展，也促进了更新型材料的开发，如纳米材料等。美国NRC公司已开发出纳米 ZrO_2 气体传感器，可以控制机动车辆尾气的排放，对净化环境效果较好，应用前景非常广阔。采用纳米材料制作的传感器具有庞大的界面，能提供大量的气体通道，而且导通电阻很小，有利于传感器向微型化发展。随着科学技术的不断进步将会出现更多的新型材料。

2. 新工艺的采用

在发展新型传感器的过程中，需要采用新工艺。新工艺的含义范围很广，这里主要指与发展新型传感器特别密切的微细加工技术。该技术又称微机械加工技术，是近年来随着集成电路工艺发展起来的，它是离子束、电子束、分子束、激光束和化学刻蚀等用于微电子加工的技术，目前已越来越多地用于传感器领域，例如溅射、蒸镀、等离子体刻蚀、化学气体淀积(CVD)、外延、扩散、腐蚀、光刻等。

3. 智能材料的研究

智能材料是指设计和控制材料的物理、化学、机械、电学等参数，研制出生物体所具有的特性或者优于生物体性能的人造材料。一般认为智能材料具有下述功能：具备对环境的判断可自适应功能；具备自诊断功能；具备自修复功能；具备自增强功能(或称时基功能)。智能材料的探索工作刚刚开始，相信不久的将来会有很大的发展。

4. 网络应用

(1) 传感器网络研究最早起源于军事领域，有海洋声呐监测的大规模传感器网络，也有监测地面物体的小型传感器网络。在现代传感器网络应用中，通过飞机撒播、特种炮弹发射等手段，可以将大量便宜的传感器密集地散布在人员不便到达的观察区域，如敌方阵地内，收集有用的数据；在一部分传感器因为遭遇破坏等原因失效时，传感器网络仍能完成观察任务。

（2）应用于环境监测的传感器网络，具有部署简单、便宜、长期不需更换电池、无须派人到现场维护的优点。通过密集的节点布置，可以观察微观的环境因素，为环境研究和环境监测提供崭新的途径。传感器网络研究在环境监测领域已经有很多的实例：对海岛鸟类生活规律的观测；气象的观测和天气预报；森林火警；生物群落的微观观测等。

1.5.2 传感器的选择

通常情况下，传感器处于测试装置的输入端，是测试系统的第一个环节，其性能直接影响着整个测试系统，对测试精度影响很大。

每种传感器都有各自的优缺点，需要根据情况进行选择。如压电式传感器虽在高频振动的测试中有优越之处，但它的阻抗高，给二次仪表带来了困难；由于电荷的积累和损失，它也不能进行低频振动或单向静压中的动态测试。又如，新型光导纤维传感器虽然其适用区宽，不需要引入电量，绝对防爆，但它增加了一层信息转换，也就增加了一次误差引入的机会。

在选择传感器时，要考虑是否为非接触测量、精度、灵敏度、稳定性、体积、分辨率、频率响应、动态性能、价格等综合因素；根据传感器的种类进行选择，以及需不需要加装A/D转换，配置什么转换电路，需不需要辅助电源等；根据仪器仪表的准确度和量程也要进行综合考虑，详见1.4小节。

配套素材：①面包板；②电池盒；③晶体二极管；④发光二极管LED；⑤按键和开关；⑥继电器；⑦集成电路；⑧数码管；⑨Arduino单片机。

思考和练习

1. 某采购员分别在三家商店购买100kg大米、10kg苹果、1kg巧克力，发现均缺少约0.5kg，但为什么该采购员对卖巧克力的商店意见最大？

2. 什么是传感器？

3. 传感器有什么作用？

4. 传感器由哪几个部分组成？每部分的作用是什么？

5. 传感器是如何分类、命名的？不同分类方法有什么特点？

6. 传感器的静态特性有哪些性能指标？如何定义？它们与误差有什么关系？

7. 如何表示传感器的误差？

8. 如何定义传感器的准确度？它与测量误差有什么关系？

9. 被测对象温度为200℃左右，现有以下几种规格的温度计，试从提高测量精度的角度出发，选择一种温度计并说明理由。

A表：量程0～300℃，精度等级1.5级；

B表：量程0～400℃，精度等级1.5级；

C表：量程0～500℃，精度等级1.0级。

第2章

电阻式传感器

引言

电阻式传感器的种类繁多,应用广泛,其基本原理是将被测物理量的变化转换成电阻值的变化,再经相应的测量电路(电阻分压电路或电阻电桥电路)转换成电压输出。

电阻式传感器有应变电阻、电位计、热电阻、光敏电阻、热敏电阻、湿敏电阻、气敏电阻、压敏电阻、磁敏电阻等。

导航——教与学

理论	重点	电阻式传感器的原理和特点
	难点	电阻应变式传感器的组成和原理
	教学规划	首先从结构型传感器的组成和原理开始介绍弹性敏感元件,说明电阻应变式传感器的原理和组成。然后再介绍每种敏感电阻式传感器的典型应用
	建议学时	4学时
操作	面包板	光敏电阻实验、NTC热敏电阻实验(有条件选做)
	建议学时	2学时(结合线上配套素材)

2.1 结构型传感器

2.1.1 结构型传感器原理

结构型传感器是基于转换元件的某一结构参数发生改变实现信号转换的传感器。例如,应变电阻式传感器(应变片的尺寸发生改变)、电容式传感器(间隙或面积等发生改变)、电感式传感器(间隙或面积等发生改变)以及磁电式传感器等。结构型传感器利用机械构件(如金属膜片)在动力场或电磁场的作用下产生变形或位移,将外界被测参数转换成相应的电阻、电感、电容等物理量,它是利用物理学运动定律或电磁定律实现转换的。

结构型传感器都是无源传感器，其原理如图 2-1 所示，必须要有转换电路和辅助电源，也要有敏感元件。

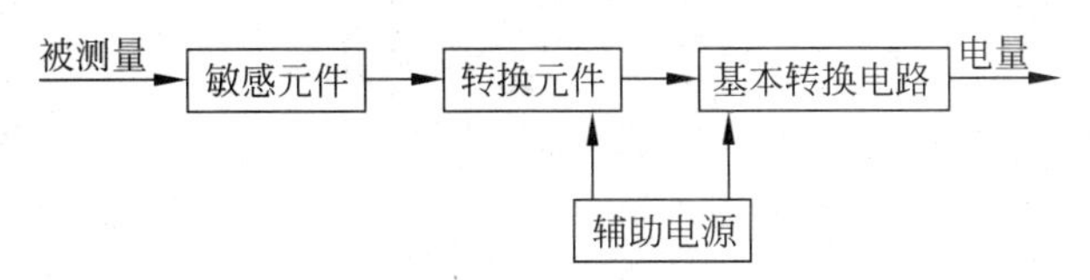

图 2-1　结构型传感器的原理

2.1.2　弹性敏感元件

1. 敏感元件

直接感受被测量，并输出与被测量呈确定关系的某一物理量的元件称为敏感元件。在完成非电量到电量的转换时，不是所有的非电量都能利用现有的手段直接转换为电量，一般是将被测非电量预先转换为另一种易于转换成电量的非电量，然后再转换成电量。如果选择对力敏感的敏感元件，就可以做成力敏传感器。

力是物理基本量之一，因此各种动态力、静态力的测量十分重要。力的测量需要通过力传感器间接完成。力传感器是将各种力学量转换为电信号的器件，结构如图 2-2 所示。

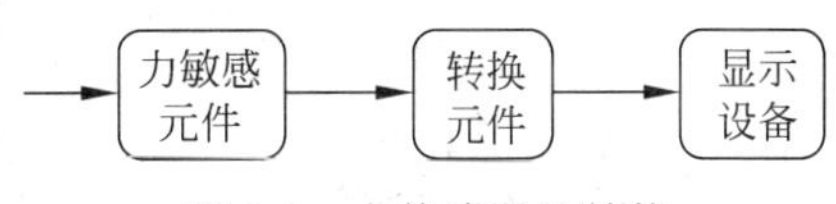

图 2-2　力传感器的结构

2. 弹性敏感元件

能将力、力矩、压力、温度等物理量转换成位移、转角或应变的弹性元件，称为弹性敏感元件。位移传感器与弹性敏感元件(或构件本身)组合，可构成力、压力、加速度、转矩、液位、流量等传感器。

位移传感器可以通过把力或压力转换成应变或位移，然后再由传感器将应变或位移转换成电信号。弹性敏感元件是一个非常重要的传感器部件，应具有良好的弹性、足够的精度，以保证长期使用和温度变化时的稳定性。

3. 弹性敏感元件的分类

弹性敏感元件在形式上可分为两大类。

(1) 转换力(指集中作用于一点的力)的弹性敏感元件，如图 2-3 所示。

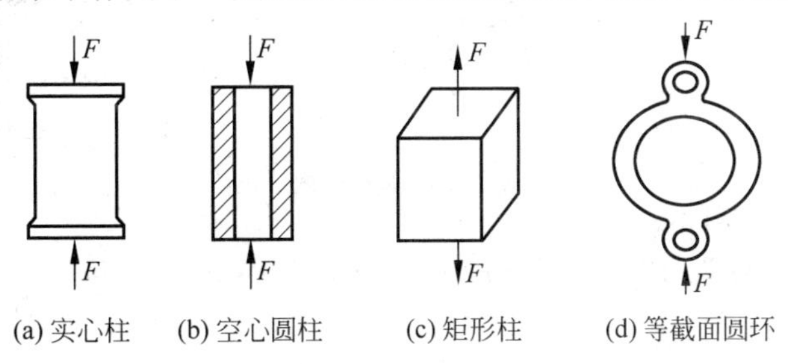

图 2-3　转换力的弹性敏感元件

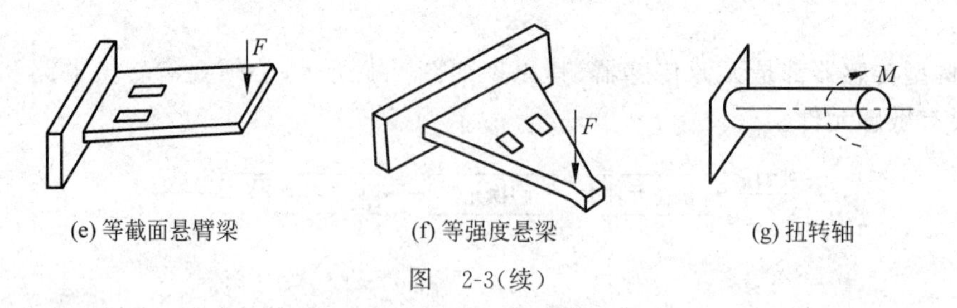

(e) 等截面悬臂梁　(f) 等强度悬梁　(g) 扭转轴

图 2-3(续)

(2) 转换压力(指均匀分布作用于物体的力)的弹性敏感元件,如图 2-4 所示。

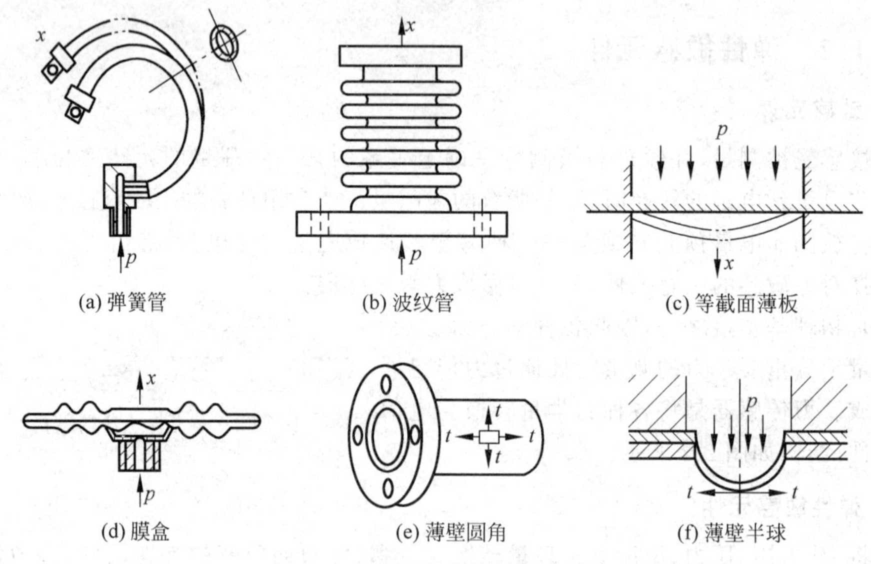

(a) 弹簧管　(b) 波纹管　(c) 等截面薄板

(d) 膜盒　(e) 薄壁圆角　(f) 薄壁半球

图 2-4　转换压力的弹性敏感元件

弹簧管又称波登管,是弯成 C 形的各种空心管,它将压力转换成自由端的位移,如图 2-5 所示。

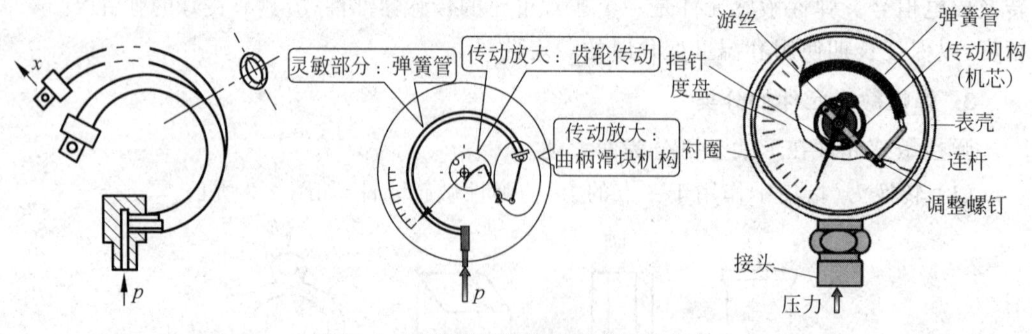

图 2-5　弹簧管和弹簧管做成的压力表

波纹管直径一般为 12～160mm,可将压力转换成轴向位移,测量范围为 10^2～10^7Pa,如图 2-6 所示。

等截面薄板又称为平膜片,是周边固定的圆薄板,它把压力转换成薄板的位移或应变。膜盒由两片波纹膜片压合而成，比平膜片灵敏度高，用于小压力的测量。膜片、膜盒主要用作压力测量仪表的测量元件，膜盒用于测量微小压力，膜片用于测量不超过数兆帕的低压；也可用作隔离元件。在相同的条件下，平膜片位移最小，波纹膜片次之，膜盒最大。如需更大位移，可将数个膜盒串联成膜盒组。膜盒和膜盒压力表如图 2-7 所示。

薄壁圆筒和薄壁半球虽然灵敏度较低，但是很坚固，常用于特殊环境。

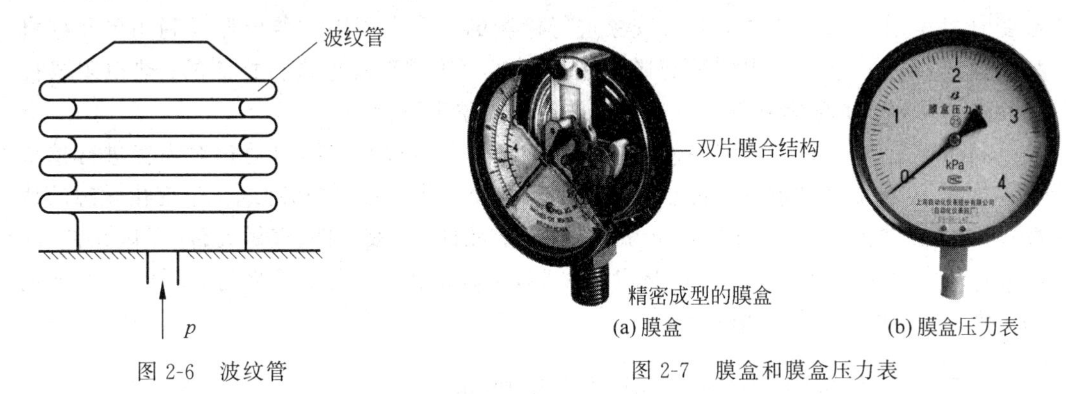

图 2-6　波纹管

图 2-7　膜盒和膜盒压力表

4. 弹性敏感元件的特性

(1) 刚度。刚度是弹性敏感元件在外力作用下变形大小的量度，一般用 K 表示，即

$$K=\frac{\mathrm{d}x}{\mathrm{d}F} \tag{2-1}$$

(2) 灵敏度。灵敏度是指弹性敏感元件在单位力作用下产生变形的大小，在弹性力学中称为弹性敏感元件的柔度。它是刚度的倒数，用 k 表示，即

$$k=\frac{\mathrm{d}F}{\mathrm{d}x} \tag{2-2}$$

(3) 固有振荡频率。弹性敏感元件都有自己的固有振荡频率 ω_0，即

$$\omega_0=\sqrt{K/m} \tag{2-3}$$

它会影响传感器的动态特性。传感器的工作频率应避开弹性敏感元件的固有振荡频率，往往希望 ω_0 较高。

振动式地音入侵探测器(见图 2-8)用于金库、仓库、古建筑的防范，及时发现挖墙、打洞、爆破等破坏行为。振动式地音入侵探测器的弹性敏感元件是悬臂梁，悬臂梁的刚度为 K。将悬臂梁一端固定，另一端为自由端，上面固定一个质量块，质量块的质量为 m。这个装置的固有频率 ω_0 与 K 和 m 有关，如果悬臂梁确定，则可以通过调节质量块的大小改变固有频率。质量块越大，频率越低(可以通过实验测得此结果)。

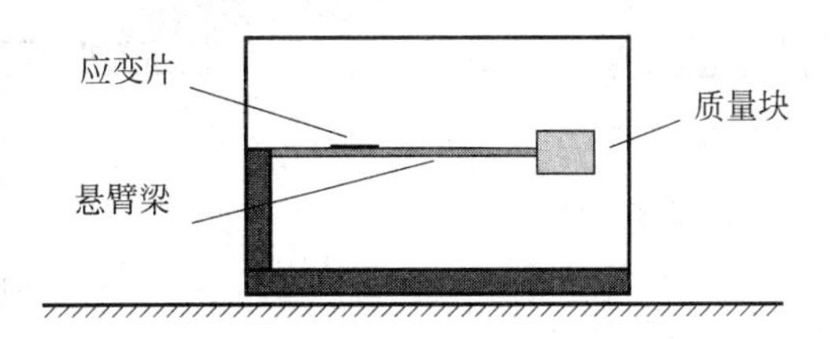

图 2-8　振动式地音入侵探测器

2.2 电阻式传感器

电阻式传感器的基本原理是将被测量转换成传感元件电阻值的变化，再经过转换电路变成电信号输出。电阻应变式传感器是利用导体或半导体材料在外力作用下产生机械形变时，其电阻值发生变化的物理现象进行检测的。固态压阻式传感器是利用单晶硅材料在受到力的作用后，其电阻率将随作用力而变化的物理现象进行检测的；热电阻式传感器是利用导体的电阻率随温度而变化的物理现象来测量的。

利用半导体敏感陶瓷元件（陶瓷一般为绝缘体，没有导电性，可通过对陶瓷进行掺杂不等价离子，形成施主或受主能级等手段使陶瓷半导化）对一些物理或化学变化敏感的特性，可做成多种敏感元件，主要有光敏元件、热敏元件、湿敏元件、气敏元件、压敏元件、磁敏元件等。这些敏感元件的优点是灵敏度高，量程范围宽，能在较苛刻的环境条件下使用；缺点是精度和重复性稍差。

2.2.1 力敏电阻：电阻应变式传感器

1. 原理和组成

电阻应变式传感器（Straingauge Type Transducer）是以电阻应变片为转换元件的电阻式传感器。电阻应变式传感器由弹性敏感元件、电阻应变片、转换电路和辅助电源组成。弹性敏感元件受到所测量的力而产生变形，并使附着其上的电阻应变片一起变形，因此，电阻应变式传感器也可称为力敏电阻传感器，是典型的结构型传感器。各种测力的弹性敏感元件如图 2-9 所示。

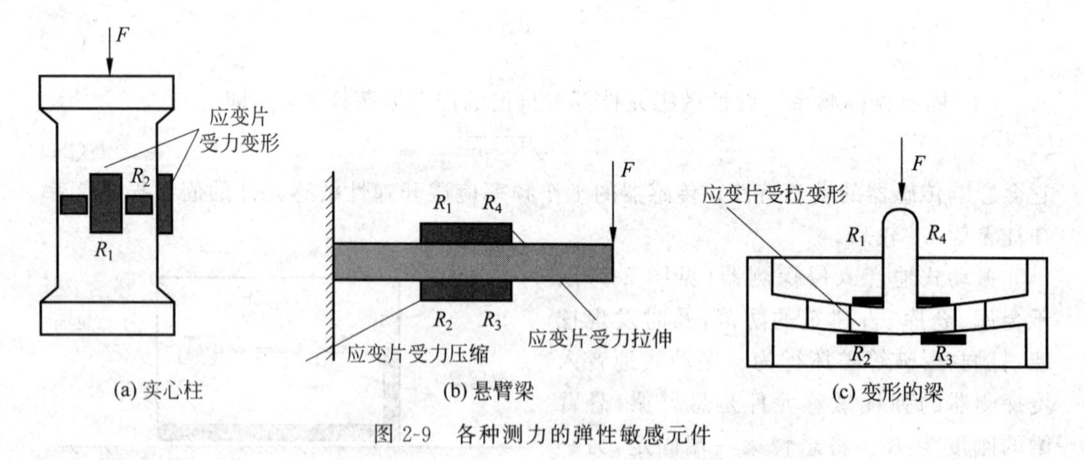

图 2-9 各种测力的弹性敏感元件

电阻应变式传感器是根据电阻应变效应的原理制成的，它将测量物体的变形转换成电阻的变化。导体或半导体材料在外力作用下会产生机械形变，其电阻值也会发生相应改变，这种现象称为电阻应变效应。金属电阻应变片的工作原理就是电阻应变效应。

$$R=\frac{\rho L}{S} \tag{2-4}$$

1856 年,英国物理学家开尔文在铺设横过大西洋海底的电缆时,发现电缆张力对电缆的电阻值有影响,这就是金属材料应变效应。1938 年,这种应变效应被应用于金属电阻应变片及测力仪器中。

电阻应变片(转换元件)主要有金属电阻应变片和半导体电阻应变片两类。金属电阻应变片分为丝式电阻应变片(图 2-10(a))、箔式电阻应变片(图 2-10(b))、薄膜式电阻应变片等。金属电阻应变片是在用苯酚、环氧树脂等绝缘材料浸泡过的玻璃基板上,粘贴直径为 0.025mm 左右的金属丝或金属箔制成。敏感元件也称敏感栅,其具有体积小、动态响应快、测量精度高、使用简单等优点。

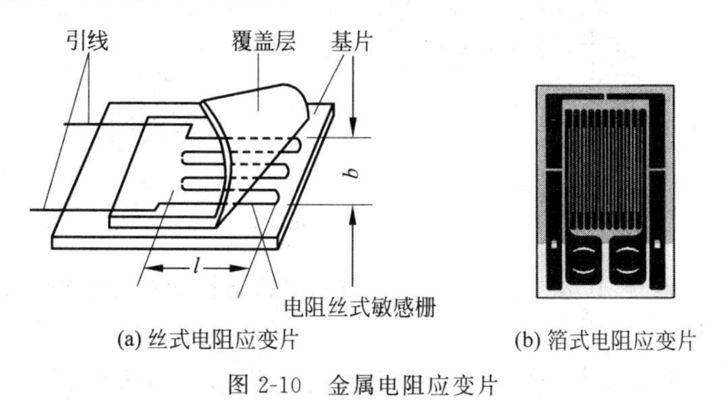

(a) 丝式电阻应变片 (b) 箔式电阻应变片

图 2-10 金属电阻应变片

箔式电阻应变片是用光刻技术制作而成的,可做成任意形状,具有易于大量生产、成本低、散热性好、允许通过大的电流、灵敏度高等优点,使用范围较广。箔式电阻应变片的丝式应变花和箔式应变花如图 2-11 所示。

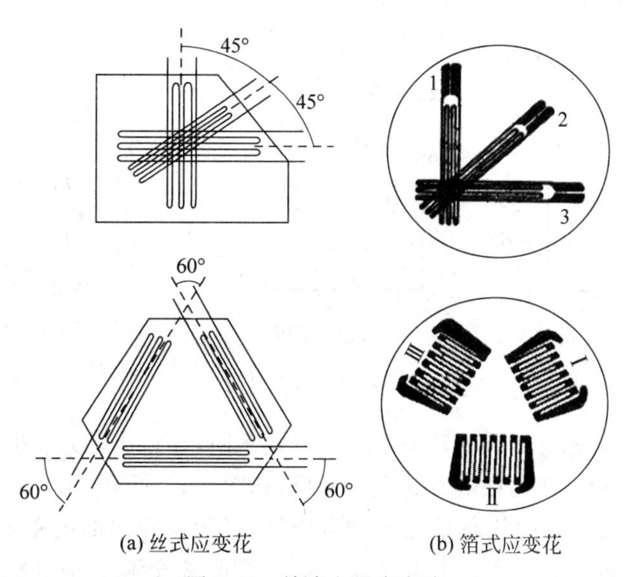

(a) 丝式应变花 (b) 箔式应变花

图 2-11 箔式电阻应变片

2. 转换电路(电桥电路)

电桥可用作电阻、电容和电感式传感器的测量电路。电桥在初始状态是平衡的,输出电压等于零；当桥臂参数变化时才输出电压，此时的电桥称为不平衡电桥，其特性是非线性的。电桥的作用是将电阻的变化量转换为电压输出，通常采用直流电桥和交流电桥。相邻桥臂间为相减关系，相对桥臂间为相加关系。

应变片用来设计产品时，为了更加精确地测量电阻的变化，一般会设计一个惠斯通电桥电路，该电路由四个电阻构成，其中三个是定值电阻，另外一个是应变片。一个桥臂是应变片的电桥为单臂电桥，如图 2-12 所示。

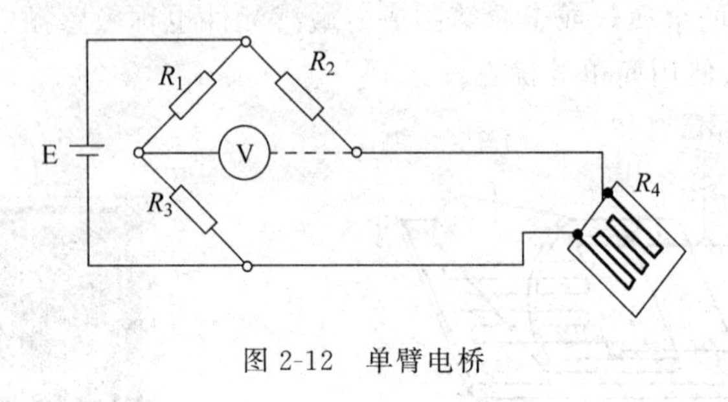

图 2-12 单臂电桥

对于应变式传感器，其电桥电路可分为全桥、单臂电桥和双臂电桥。全桥和双臂电桥还可构成差动工作方式。

(1) 单臂半桥工作方式：R_1 为电阻应变片，R_2、R_3、R_4 为固定电阻。

(2) 双臂半桥工作方式：R_1、R_2 为电阻应变片，R_3、R_4 为固定电阻。

(3) 四臂全桥工作方式：R_1、R_2、R_3、R_4 为电阻应变片。双臂和四臂电桥都应组成差动电桥(图 2-13)。构成差动电桥的条件：相邻桥臂应变片的应变方向应相反，相对桥臂应变片的应变方向应相同。

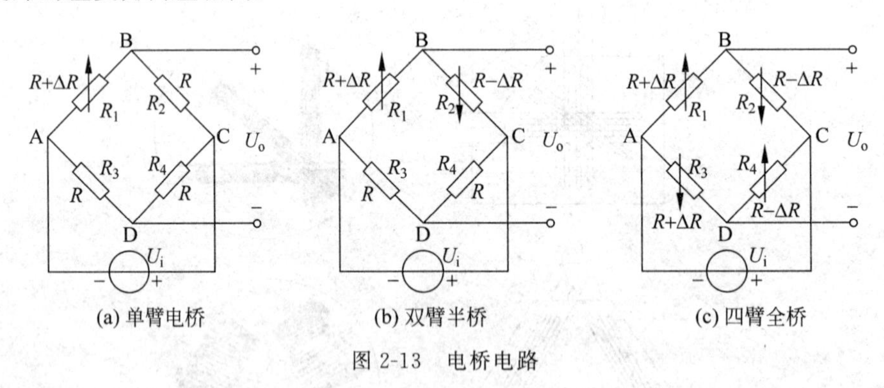

图 2-13 电桥电路

性质相同和性质相反的应变片由于粘贴方式不同，导致在受力发生形变时，变形情况相同或相反。轴向和径向的粘贴方式完全相反，如图 2-14 所示。

一般情况下，被测量的状态量是非常微弱的，必须用专门的电路来测量这种微弱的变化，最常用的电路就是各种电桥电路，主要有直流和交流电桥电路。电桥电路的作用是把电阻片的电阻变化率 $\Delta R/R$ 转换成电压输出，然后提供给放大电路放大后进行测量。

四臂全桥的灵敏度最高，双臂半桥次之，单臂半桥灵敏度最低。采用四臂全桥(或双

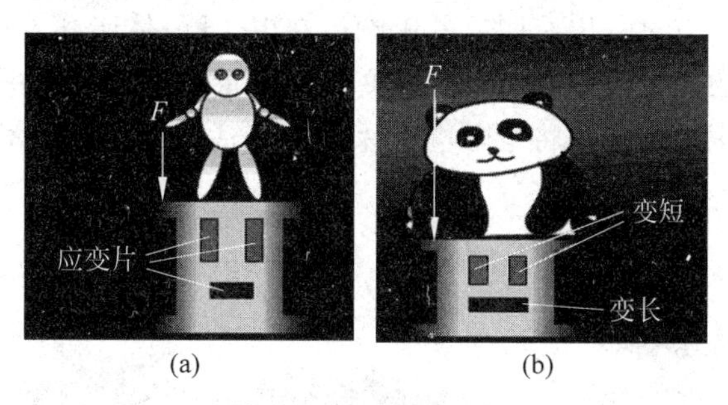

图 2-14　轴向和径向的应变片粘贴方式

臂半桥)还能实现温度自补偿。

交流电桥除了要满足电阻平衡条件外,还必须满足电容平衡条件。因此在桥路上除设有电阻平衡调节外,还设有电容平衡调节,如图 2-15 所示。

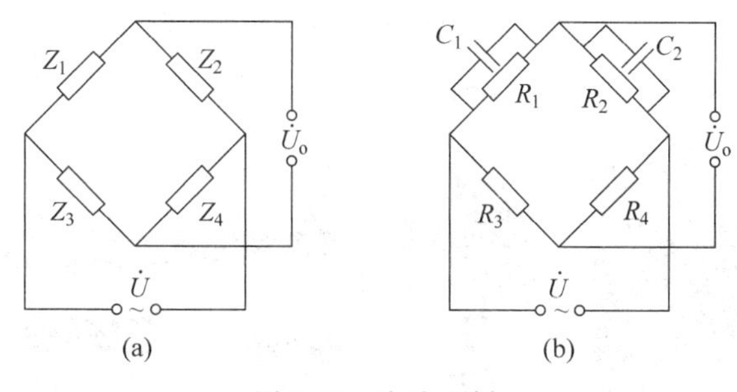

图 2-15　交流电桥

3. 应用

常用的电阻应变式传感器有应变式测力传感器、应变式压力传感器,应变式扭矩传感器、应变式位移传感器、应变式加速度传感器和测温应变计等,如图 2-16～图 2-18 所示。电阻应变式传感器的优点是精度高,测量范围广,寿命长,结构简单,频响特性好,能在恶劣条件下工作,易于实现小型化、整体化和品种多样化等。

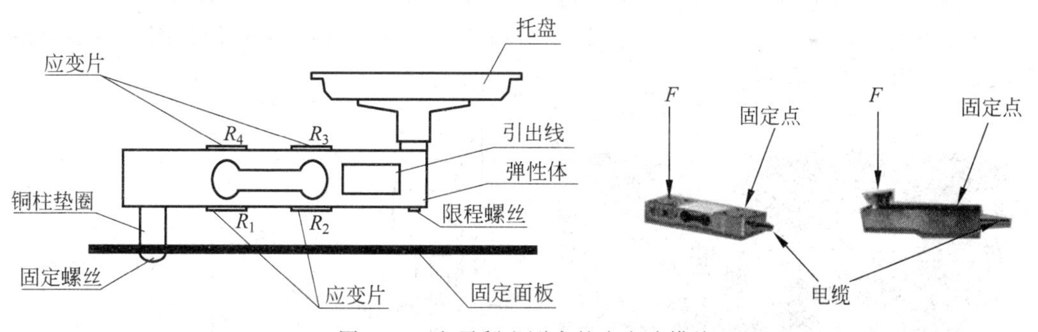

图 2-16　电子秤和测力的应变片模块

当被测物理量为荷重或力的应变式传感器时,统称为应变式力传感器,其主要用途是作为各种电子秤与材料试验机的测力元件、发动机的推力测试、水坝坝体承载状况监测等。应变式力传感器要求有较高的灵敏度和稳定性,当传感器在受到侧向作用力或力的作用点少量位移时，不应对输出有明显的影响。在电子秤、体脂秤等称重产品中应用比较广泛，如小米和华为的体脂秤都是用电阻应变片来测量的，将重量的变化转换为电阻值的变化，进而转换为电压的变化。将电阻应变片加上合适的结构件外壳后即成为应变式力传感器。

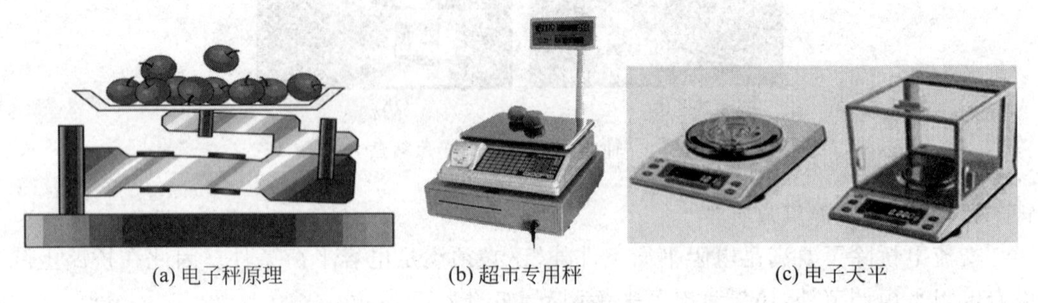

(a) 电子秤原理　(b) 超市专用秤　(c) 电子天平

图 2-17　电子秤原理、超市专用秤和电子天平

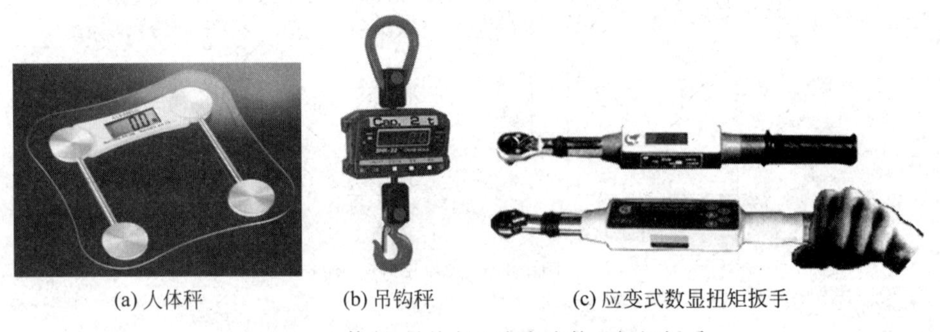

(a) 人体秤　(b) 吊钩秤　(c) 应变式数显扭矩扳手

图 2-18　人体秤、吊钩秤和应变式数显扭矩扳手

应变式数显扭矩扳手可用于汽车、摩托车、飞机、内燃机、机械制造和家用电器等领域，可准确控制紧固螺纹的装配扭矩。量程为 2～500N・m，耗电量≤10mA，有公制/英制单位转换、峰值保持、自动断电等功能。

应变式电阻加速度传感器（图 2-19）具有灵敏度高、静态和动态特性好等优点，广泛应用于汽车安全气囊的控制、油箱和电梯疲劳强度的测试、电脑游戏控制杆的倾角感应器和汽车称重系统中（见图 2-20）。

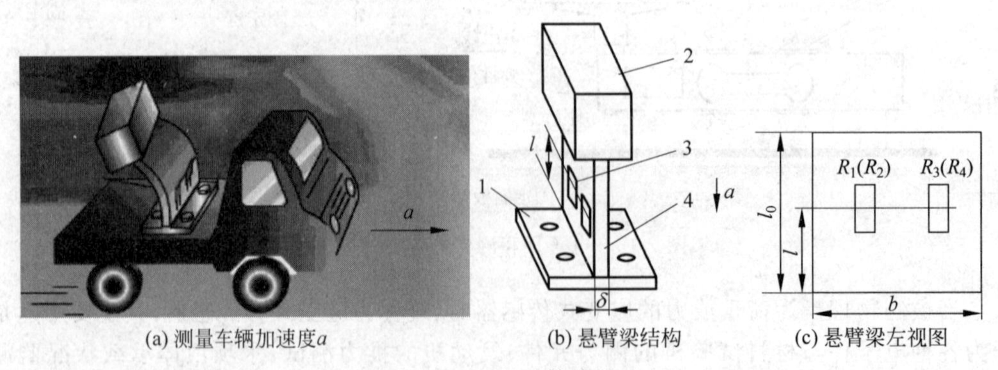

(a) 测量车辆加速度 a　(b) 悬臂梁结构　(c) 悬臂梁左视图

图 2-19　加速度传感器

1—基座；2—质量块；3—应变片；4—悬臂梁

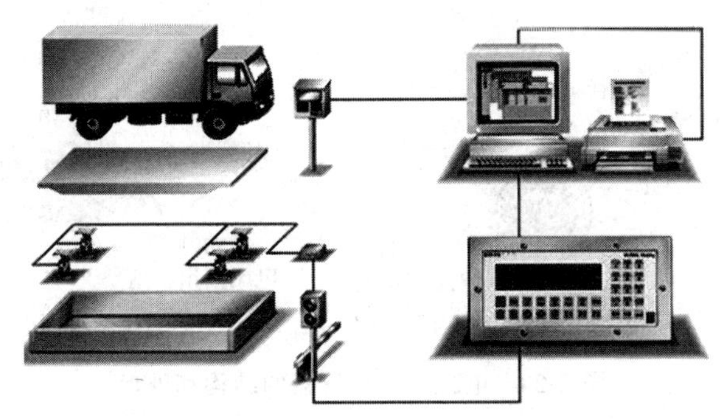

图 2-20 汽车称重系统

4. 压阻式电阻传感器

半导体应变片具有灵敏度高(通常是丝式电阻应变片、箔式电阻应变片的几十倍)、横向效应小等优点。金属电阻应变片是利用导体形变引起电阻变化,而半导体应变片则是利用电阻率变化引起电阻的变化。利用半导体压阻效应,可设计成多种类型的压阻式传感器。压阻式传感器体积小,结构比较简单,灵敏度高,能测量十几微帕的微压,动态响应好,长期稳定性好,滞后和蠕变小,频率响应高,便于生产,成本低。因此,它在测量压力、压差、液位、物位、加速度和流量等方面得到了普遍应用。

隔离、承压膜片可以将腐蚀性的气体、液体与硅膜片隔离开,如图 2-21 所示。

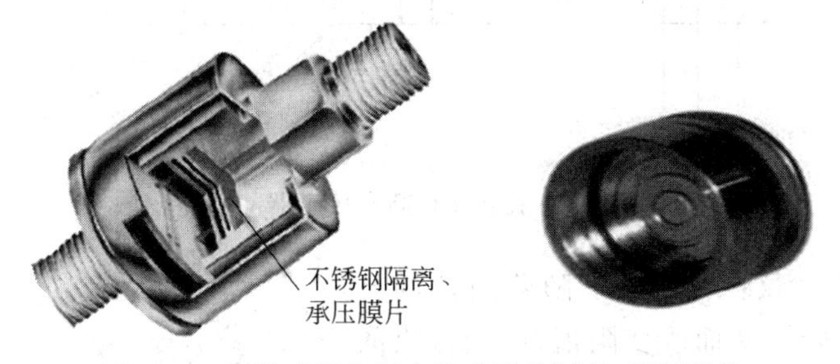

图 2-21 压阻式固态压力传感器的隔离、承压膜片

投入式液位传感器安装方便,适用于深度为几米至几十米,且混有大量污物、杂质的水或其他液体的液位测量,如图 2-22 所示。

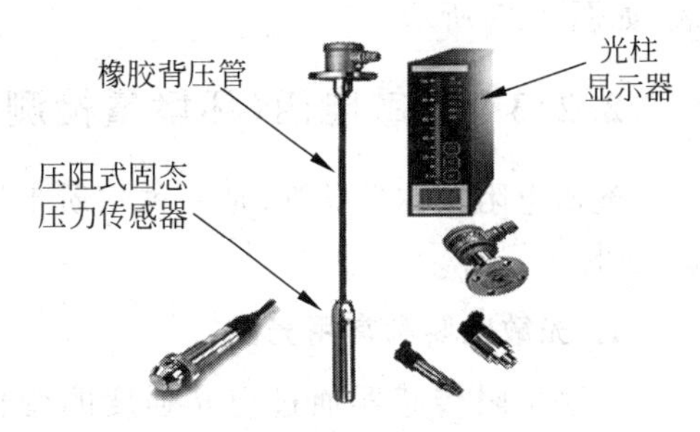

图 2-22 投入式液位计外形

2.2.2 位移敏感电阻:电位计式传感器

线绕电位器的电阻体由电阻丝缠绕在绝缘物上构成,电阻丝的种类很多,电阻丝的材料是根据电位器的结构、容纳电阻丝的空间、电阻值和温度系数来选择的。电阻丝越细,在给定空间内越能获得较大的电阻值和分辨率。但电阻丝过细,使用过程中容易断开,影响传感器的寿命。

电位计式传感器有圆盘式电位器和直线式电位器两种,如图 2-23 所示。

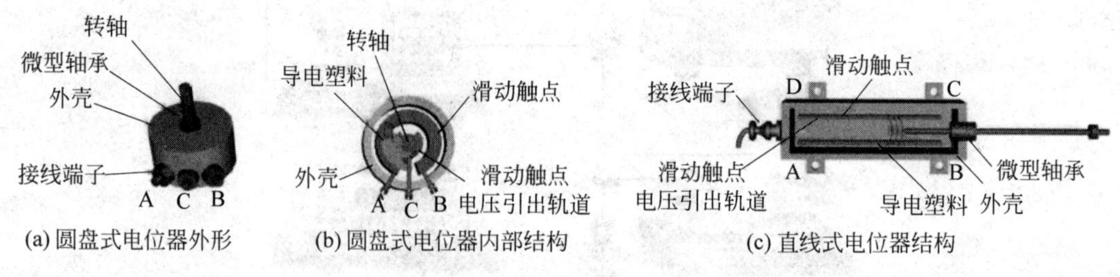

图 2-23 电位计式传感器的结构和外形

电位计式传感器的应用：航空飞行高度传感器，利用膜盒将大气压转变成轴向位移，带动杠杆机构，将指针在电位器上滑移，从而改变阻值，改变输出电压值。最终，将飞行高度引起的气压转变成电压的输出，如图 2-24 所示。

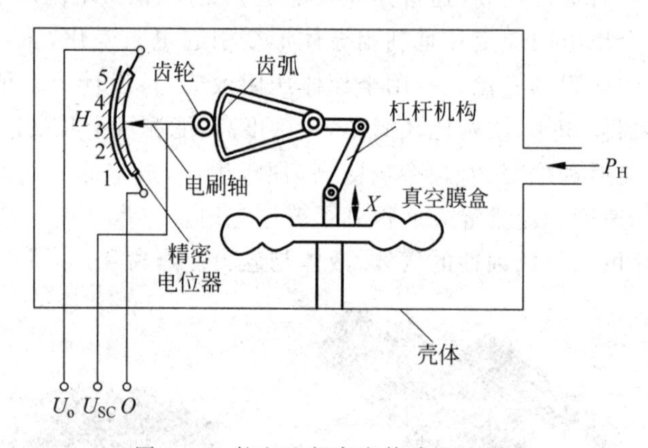

图 2-24 航空飞行高度传感器的原理

液面高度测试仪：利用浮子随着液位的升高，带动电位器转动，从而改变阻值，改变输出的电压值。此液面高度测试仪可用于摩托车油量表，如图 2-25 所示。

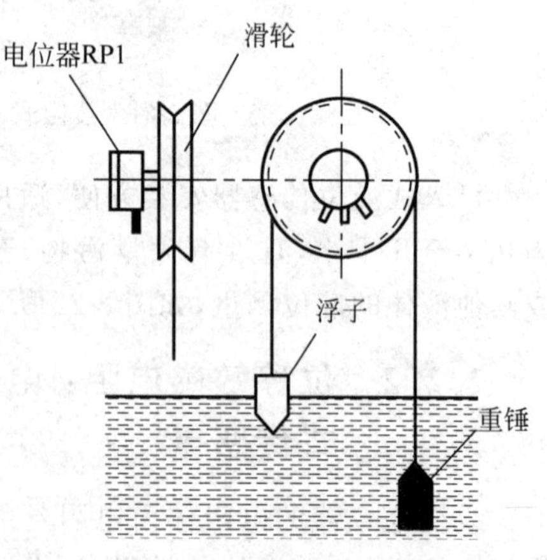

图 2-25 液面高度测试仪

2.2.3 光敏电阻（环境量检测一）

光敏电阻又称光导管，是一种均质半导体光电元件。

1. 光敏电阻和常用光源

光敏电阻传感器通过把光强度的变化转换成电信号的变化来实现控制，它的基本结构包括光源、光学通路和光电元件三部分，它首先把被测量的变化转换成光信号的变化，然后借助光电元件进一步将光信号转换成电信号，外观和符号如图 2-26 所示。

由于光敏电阻依靠被测物与光电元件和光源之间的关系达到测量目的，因此光敏电

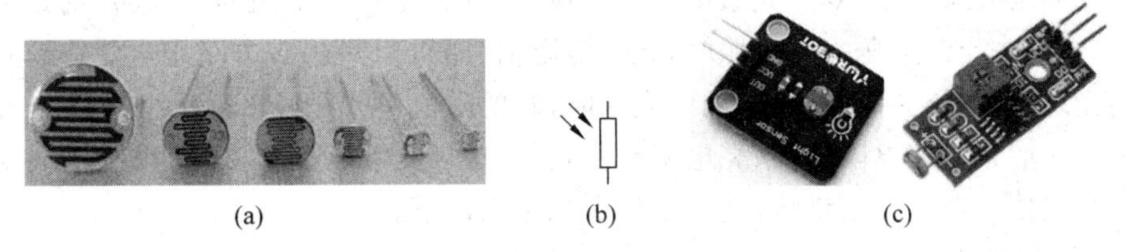

图 2-26 光敏电阻、符号和模块

阻的光源非常重要，应是恒光源，其稳定性至关重要，直接影响测量的准确性，常用光源有以下几种。

(1) 发光二极管，是一种把电能转换成光能的半导体器件。它具有体积小、功耗低、寿命长、响应快、机械强度高等优点，并能和集成电路相匹配。因此，发光二极管广泛地用于计算机、仪器仪表和自动控制设备中。

(2) 钨丝灯泡，是一种最常用的光源，它具有丰富的红外线。如果选用的光电元件对红外光敏感，构成传感器时可加滤色片将钨丝灯泡的可见光滤除，仅用它的红外线做光源，这样可有效防止其他光线的干扰。

2. 光敏电阻的原理

在光线作用下，半导体材料吸收了入射光子能量，若光子能量大于或等于半导体材料的禁带宽度，就会激发出电子空穴对，使载流子浓度增加，半导体的导电性增加，阻值减小，这种现象称为光电导效应。光敏电阻就是基于这种效应的光电器件，当光敏电阻受到光照时，阻值减小。光敏电阻的结构及如何在电路中使用光敏电阻如图 2-27 所示。

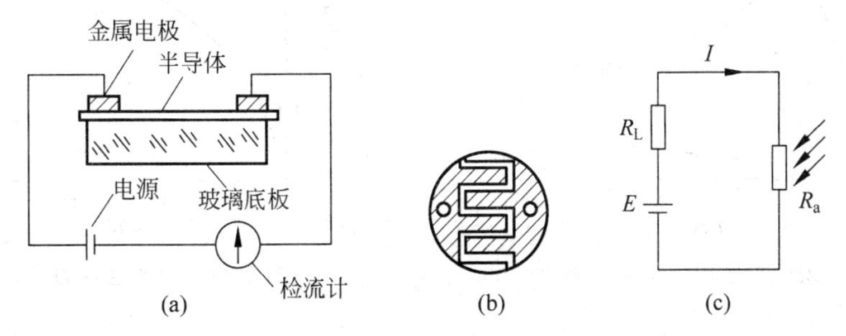

图 2-27 光敏电阻的结构及如何在电路中使用光敏电阻

3. 光敏电阻的特性

不同光敏电阻的特性见表 2-1。

表 2-1 不同光敏电阻的特性

材料	敏感范围	暗电阻	亮电阻	响应时间
硫化镉	0.3～1μm(可见光)	大于 1MΩ	小于 1kΩ	50ms
硫化铅	1.5～3μm(近、中红外) 如：用以火焰探测器	大于 2MΩ	小于 1kΩ	200μs

光敏电阻几乎都是用半导体材料制成的光电器件，常用的材料有硫化镉(CdS)、硫化

铅(PbS)、锑化铟(InSb) 等。光敏电阻没有极性,纯粹是一个电阻器件,使用时既可加直流电压,也可加交流电压。无光照时,光敏电阻值(暗电阻)很大,电路中电流(暗电流)很小。当光敏电阻受到一定波长范围的光照时,它的阻值(亮电阻)急剧减小,电路中电流迅速增大。一般希望暗电阻越大、亮电阻越小越好,这样光敏电阻的灵敏度高。实际光敏电阻的暗电阻值一般在兆欧量级,亮电阻值在几千欧以下。

(1) 伏安特性

在一定照度下,流过光敏电阻的电流与光敏电阻两端电压的关系称为光敏电阻的伏安特性。在一定光照下,所加的电压越高,电流越大;在一定的电压作用下,入射光的照度越强,电流越大,但并不一定是线性关系。如图 2-28 所示,光敏电阻在一定的电压范围内,其 U-I 曲线为直线,说明其电阻与入射光量有关,而与电压、电流无关。

(2) 光照特性

光敏电阻的光照特性是描述光电流 I 和光照强度 E 之间的关系,不同材料的光照特性是不同的,绝大多数光敏电阻的光照特性是非线性的,具有开关特性。所以,光敏电阻不宜作为光的检测元件,而主要用于自动控制中。如图 2-29 所示为光敏电阻的光照特性。

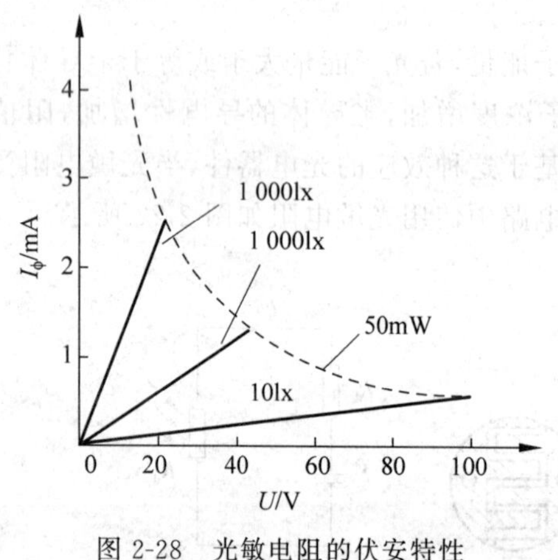

图 2-28 光敏电阻的伏安特性

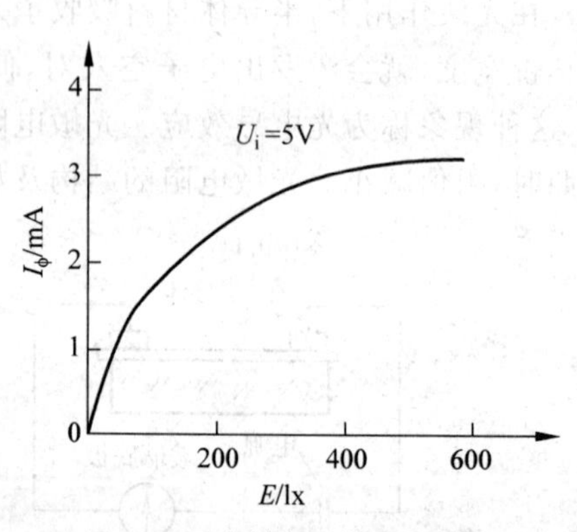

图 2-29 光敏电阻的光照特性

(3) 光谱特性

光敏电阻的相对光敏灵敏度 S 与入射波长 λ 的关系称为光谱特性,又称光谱响应。不同材料的光谱特性,对应不同波长,光敏电阻的灵敏度也不同。光敏电阻的光谱特性如图 2-30 所示。

对于不同波长的光,光敏电阻的灵敏度是不同的。在选用光电器件时必须充分考虑到这种特性。

从图 2-30 可知,硫化镉光敏电阻的光谱响应的峰值在可见光区域,常被用作光度量测量(照度计)的探头。可见光光敏电阻主要用于各种光电控制系

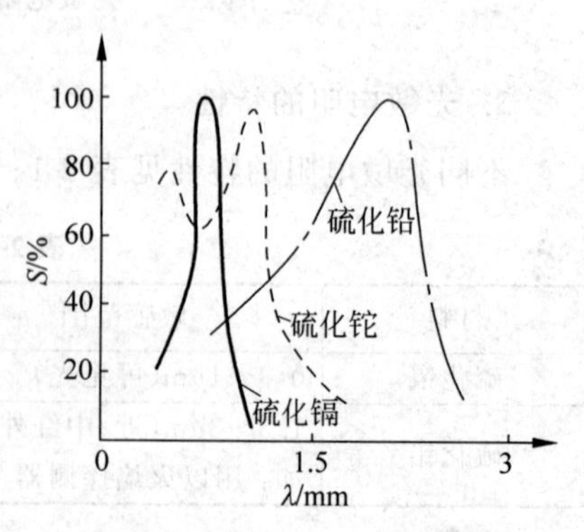

图 2-30 光敏电阻的光谱特性

统，如光电自动开关门、航标灯、路灯、照明系统的自动亮灭装置，以及机械上的自动保护装置、位置检测器、极薄零件的厚度检测器、照相机自动曝光装置、光电计数器、烟雾报警器、光电跟踪系统等方面。

硫化铅光敏电阻在近红外和中红外区响应，常用作火焰探测器的探头。红外光敏电阻广泛用于导弹制导、天文探测、非接触测量、人体病变探测、红外光谱、红外通信等国防和科学研究及工农业生产中。

(4) 频率特性

光敏电阻的光电流不能随着光强改变而立刻变化，即光敏电阻产生的光电流有一定的惰性，这种惰性通常用时间常数表示。大多数的光敏电阻的时间常数都较大，这是它的缺点之一。不同材料的光敏电阻具有不同的时间常数（毫秒数量级），因而它们的频率特性也就各不相同。图 2-31 所示为硫化镉和硫化铅光敏电阻的频率特性，硫化铅的使用频率范围较大。

(5) 温度特性

温度变化影响光敏电阻的光谱响应，同时，光敏电阻的灵敏度和暗电阻都要改变，尤其是在红外区响应的硫化铅光敏电阻受温度影响更大。硫化铅光敏电阻的光谱温度特性曲线的峰值随着温度上升向波长短的方向移动。因此，硫化铅光敏电阻要在低温、恒温的条件下使用。对于可见光的光敏电阻，其温度影响要小一些。硫化铅光敏电阻的温度特性如图 2-32 所示。

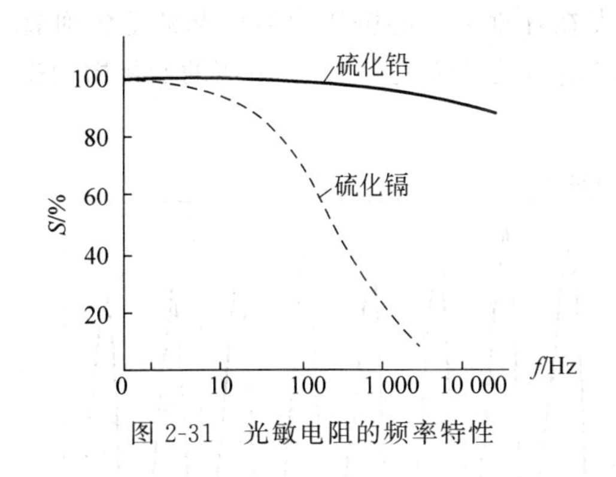

图 2-31 光敏电阻的频率特性

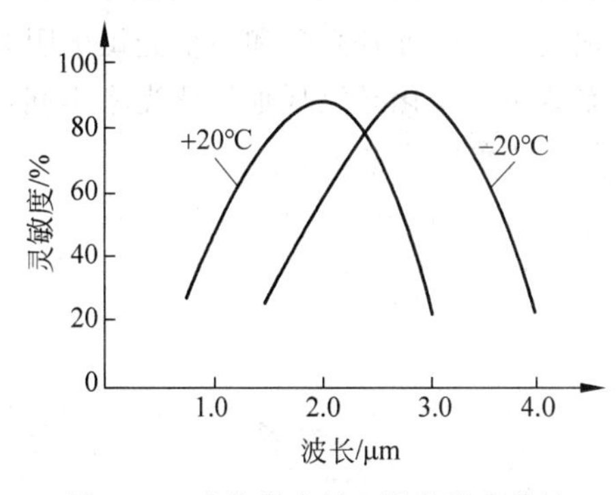

图 2-32 硫化铅光敏电阻的温度特性

4. 光敏电阻的应用

优点：灵敏度高，光谱响应范围宽，体积小、质量轻、机械强度高，耐冲击、耐振动、抗过载能力强和寿命长等。

缺点：需要外部电源，有电流时会发热。光敏电阻的灵敏度易受湿度的影响，因此要将光电导体严密封装在玻璃壳体中。光敏电阻的光照特性为非线性，不宜作检测元件，主要用于自动控制中。

光敏电阻具有开关特性，常常用于控制电路等。在机器人小车中可以利用光敏电阻的阻值随光的亮度变化来实现巡线的测量，如图 2-33 所示。

在流水线上，利用光敏电阻有无遮挡实现脉冲计数，如图 2-34 所示。将光敏电阻（光

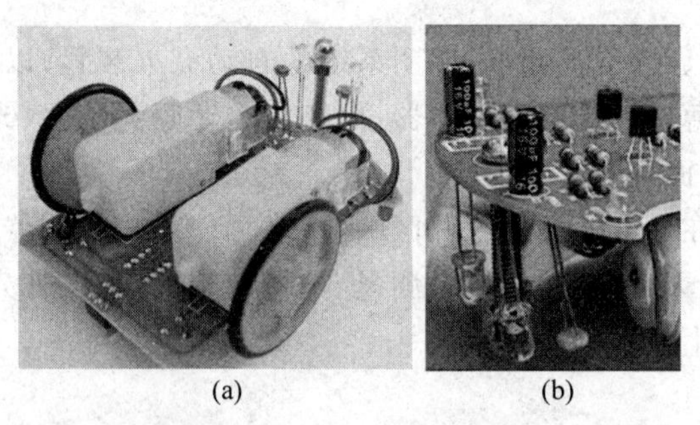

(a) (b)

图 2-33 光敏电阻在机器人小车中作为巡线使用

电管)接在计数器上,使光源发出的光线照在光敏电阻上,A 为光源,B 为光敏电阻,C 为计数器,D 为传送带,E 为传送的物体。当物体随传送带向前运动时,会挡住光源射向光敏电阻上的光线,光线每被遮挡一次,计数器就会记录一次。

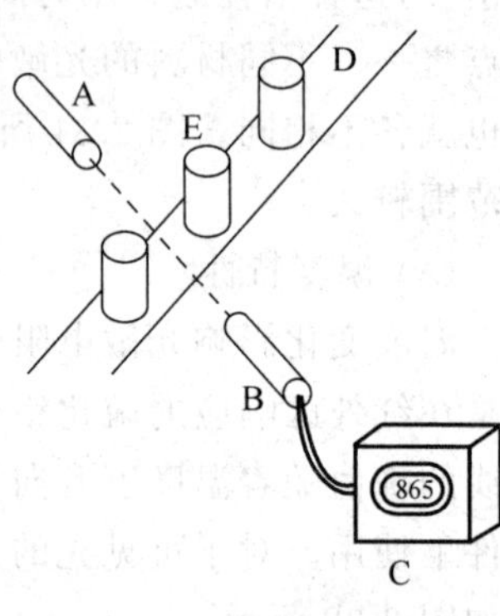

图 2-34 流水线工件计数

利用光敏电阻的特性,在指尖脉搏测量中实现脉搏的测量,如图 2-35 所示。心脏跳动测量传感器的工作原理:当心脏跳动时,一个压力波会沿着动脉血管以每秒几米的速度传递。这个压力波会引起人体组织毛细血管中血流量的变化,可记录出脉波。光学测量法是在一个夹子的两边分别装一个红外发光管和一个光敏电阻,然后夹在耳垂上。心脏压力波引起的毛细血管中血流量的变化导致耳垂的透光率不同,使光敏电阻的阻值发生变化,阻值的变化周期就是每秒心跳的次数。

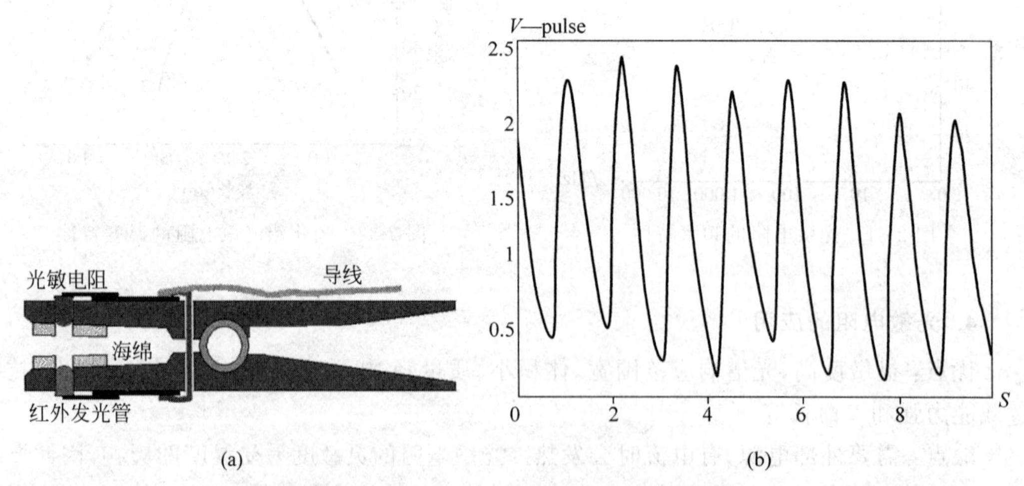

图 2-35 心跳测量传感器结构及输出波形图

在太阳能电池板上,可以加装光敏电阻以实现太阳能电池板随太阳转动的功能。

光照度计,如图 2-36 所示,用于农作物日照时数测定。输出接单片机的 I/O 口每 2 分钟对此口查询 1 次。为高电平时,计数一次;为低电平时,不计数。1 天查询 720 次。

无光照时 $V_0=V_L$。有光照时 $V_0=V_H$。

简易光控灯,如图2-37所示。合上开关 S_1,当有一定强度的光照射光敏电阻时,其阻值迅速减小(几十千欧),三极管 VT_1 的基极电压被拉低而处于截止状态,而此时 VT_2 的基极电压升高,VT_2 截止,此时LED熄灭;当光敏电阻所受光照小于一定值时,其阻值增大(约几兆欧),此时 VT_1 的基极电压升高并使其导通,而 VT_2 的基极电压降低,VT_2 导通,LED发光。

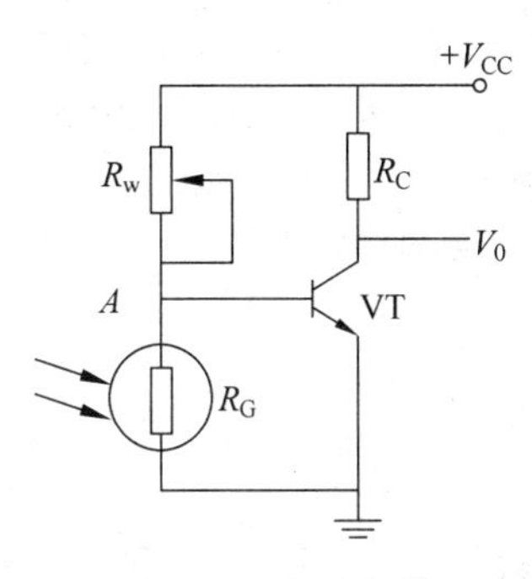

图2-36 光照度计

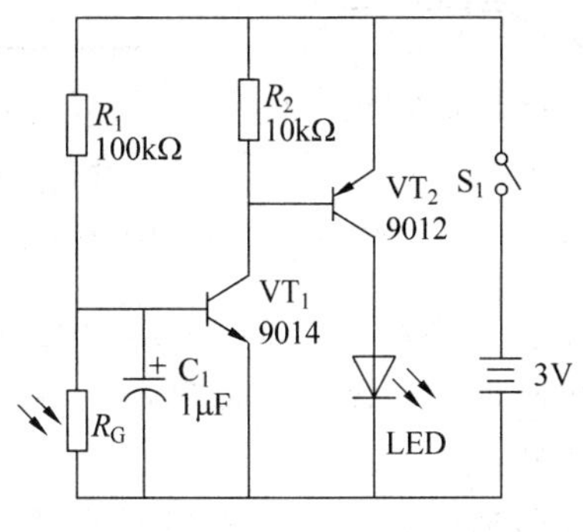

图2-37 简易光控灯

5. 按光谱特性分类

光敏电阻按其光谱特性可分为可见光光敏电阻、紫外光光敏电阻和红外光光敏电阻。

可见光光敏电阻主要对可见光敏感,常见的有硒、硫化镉、硒化镉、碲化镉、砷化镓、硅、锗、硫化锌等光敏电阻,主要用于可见光范围的各种光电控制系统,如光电自动开关门、光控灯和其他照明系统的自动亮灭控制、洗手间自动给水和自动停水装置、机械上的自动保护装置和位置检测器、照相机的自动测光装置等。

紫外光光敏电阻主要对紫外线较灵敏,包括硫化镉、硒化镉等光敏电阻,主要用于紫外线的探测。

红外光光敏电阻主要有硫化铅、碲化铅、硒化铅、锑化铟等光敏电阻,广泛用于导弹制导、天文探测、非接触测量、人体病变探测等国防、科学研究和工农业生产中。

2.2.4 热敏电阻(环境量检测二)

热敏电阻是一种新型的半导体测温元件,是由某些金属氧化物或单晶硅、锗等材料,按特定工艺制成的热敏元件,它对温度反应较为敏感,阻值随温度变化显著。热敏电阻是利用半导体载流子数随温度变化而变化的特性制成的一种温度敏感元件。

1. 热敏电阻的结构形式

热敏电阻的结构形式如图2-38所示。

2. 热敏电阻的分类

根据受热方式的不同,热敏电阻可分为直热式热敏电阻和旁热式热敏电阻两种。按

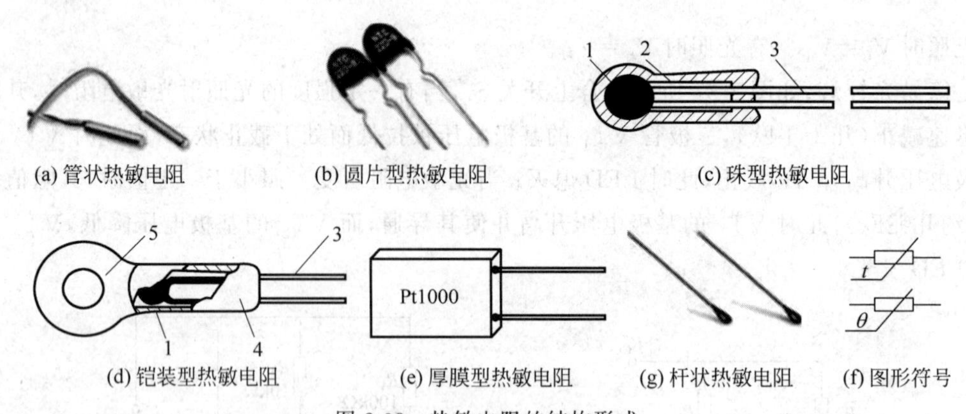

(a) 管状热敏电阻 (b) 圆片型热敏电阻 (c) 珠型热敏电阻

(d) 铠装型热敏电阻 (e) 厚膜型热敏电阻 (g) 杆状热敏电阻 (f) 图形符号

图 2-38 热敏电阻的结构形式

1—热敏电阻；2—玻璃外壳；3—引出线；4—紫铜外壳；5—传热安装孔

热敏电阻的温度系数不同，可分为以下三种。

(1) 电阻值随温度升高而升高的，称为正温度系数(PTC)热敏电阻。

(2) 电阻值随温度升高而降低的，称为负温度系数(NTC)热敏电阻。

(3) 具有正或者负温度系数特性，但在某温度范围电阻值发生巨大变化的，称为突变型温度系数(CTR)热敏电阻，主要用于温度开关。

它们同属于半导体器件。热敏电阻的电阻-温度特性曲线如图 2-39 所示。

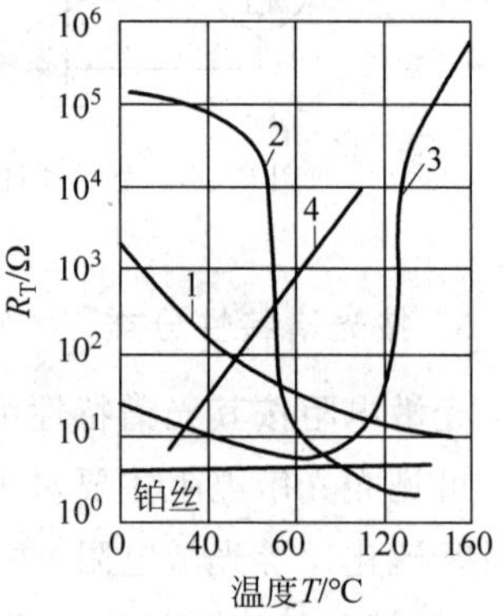

R_T/Ω：10^0、10^1、10^2、10^3、10^4、10^5、10^6；温度 T/℃：0、40、60、120、160；曲线 1、2、3、4；铂丝

图 2-39 热敏电阻的电阻-温度特性曲线

3. 热敏电阻的特点

(1) 灵敏度较高，其电阻温度系数比金属大 10～100 倍以上，能检测出 6～10℃的温度变化。

(2) 工作温度范围宽，常温器件适用于－55～315℃，高温器件适用温度高于 315℃(目前最高可达到 2 000℃)，低温器件适用于－273～－55℃。

(3) 体积小，能够测量其他温度计无法测量的空隙、腔体及生物体内血管的温度。

(4) 使用方便，电阻值可在 0.1～100kΩ 任意选择。

(5) 易加工成复杂的形状，可大批量生产。

(6) 稳定性好、过载能力强。

4. 热敏电阻的应用

(1) PTC 热敏电阻的应用。主要用于电器设备的过热保护、无触点继电器、恒温、自动增益控制、电动机启动、时间延迟、彩色电视自动消磁、火灾报警和温度补偿等方面。PTC 热敏电阻可用于计算机及其外部设备、移动电话、电池组、远程通信和网络装备、变压器、工业控制设备、汽车及其他电子产品中，作为开关类的 PTC 陶瓷元件；作为加热类的 PTC 陶瓷元件，它是一种温度自控的发热体，大量用于暖风机、电吹风、电蚊香、电熨斗等需要保持恒定温度的电器上，可省去温控线路。

PTC热敏电阻还可用于电子镇流器(节能灯、电子变压器、万用表、智能电度表等)的过流过热保护。将PTC热敏电阻串联在电源回路中，当电路处于正常状态时，流过PTC热敏电阻的电流小于额定电流，PTC热敏电阻处于常态，阻值很小，不会影响电子镇流器被保护电路的正常工作。当电路电流大大超过额定电流时，PTC热敏电阻陡然发热，阻值骤增至高阻态，从而限制或阻断电流，保护电路不受损坏。电流恢复正常后，PTC热敏电阻自动回至低阻态，电路恢复正常工作。

应用PTC热敏电阻实现预热启动，如图2-40所示。刚接通开关时，R_t 处于常温态，其阻值远远低于 C_2 阻值，电流通过 C_1 时，R_t 自热温度超过居里点温度 T_c 跃入高阻态，其阻值远远高于 C_2 阻值，电流通过 C_1、C_2 形成回路，导致LC谐振，产生高压点亮灯管。

(2) NTC热敏电阻的应用。利用NTC热敏电阻的自热特性可实现自动增益控制，构成RC振荡器稳幅电路，延迟电路和保护电路。在自热温度远大于环境温度时，阻值还与环境的散热条件有关，因此在流速计、流量计、气体分析仪、热导分析中常利用热敏电阻这一特性，制成专用的检测元件。

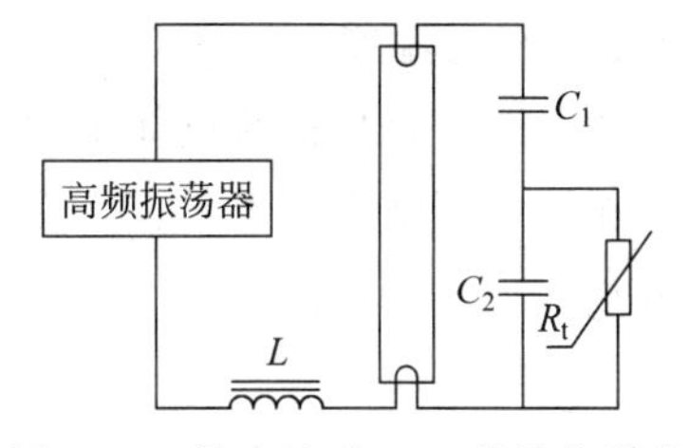

图2-40 保险丝型PTC热敏电阻器

NTC热敏电阻可以用于浪涌抑制、温度补偿、精密测温、温服控制等领域，产品广泛应用于工业电子设备、电源设备、通信、电子、交通、医疗电子、汽车电子、家用电子、测试仪器仪表等，具有广阔的市场应用和销售前景。

2.2.5 湿敏电阻(环境量检测三)

湿度测量方案有两种：干湿球测湿法和电子式湿度传感器(湿敏电阻)测湿法。

干湿球测湿法的维护相当简单，在实际使用中，只需定期给湿球加水及更换湿球纱布即可。与电子式湿度传感器相比，干湿球测湿法不会产生老化、精度下降等问题。所以干湿球测湿方法更适合在高温及恶劣环境的场合使用。

湿敏电阻是由湿敏元件和转换电路等组成，能感受外界湿度的变化，并通过器件材料的物理或化学性质变化，将环境湿度转换为电信号。

湿敏电阻的类型有金属氧化物陶瓷类、金属氧化物膜类、高分子材料及硅湿敏电阻等。氯化锂湿敏电阻是利用吸湿性盐类潮解，离子电导率发生变化而制成的测湿元件。半导体陶瓷湿敏电阻是一种电阻型的传感器，根据微粒堆集体或多孔状陶瓷体的感湿材料吸附水分可使电导率改变这一原理检测湿度。湿敏电阻电路符号和形状如图2-41所示。

1. 湿度表示法

湿度就是空气中含有水蒸气的量，表明大气的干、湿程度，有绝对湿度和相对湿度。

(1) 绝对湿度

绝对湿度是在一定的温度及压力下，每单位体积的混合气体中所含水蒸气的质量，一般用符号AH表示，其表达式为

$$\mathrm{AH}=\frac{m_v}{V} \tag{2-5}$$

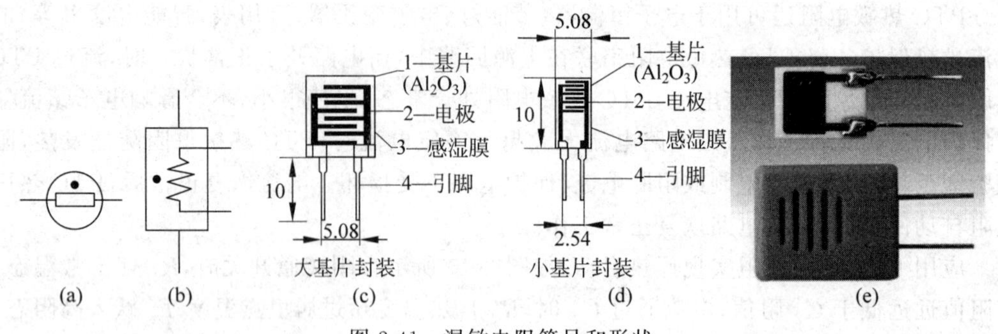

图 2-41 湿敏电阻符号和形状

(2) 相对湿度

相对湿度是指被测气体中的水蒸气气压和该气体在相同温度下饱和水蒸气压的百分比。相对湿度给出大气的潮湿程度，因此，它是一个无量纲的值，一般用符号 RH 表示，其表达式为

$$RH=\frac{P_v}{P_w}\times 100\% \tag{2-6}$$

2. 湿敏电阻的分类

(1) 按元件输出的电学量不同，可分为电阻式、电容式、频率式等。

(2) 按其探测功能不同，可分为相对湿度式、绝对湿度式、结露和多功能式。

(3) 按材料不同，可分为陶瓷式、有机高分子式、半导体式、电解质式等。

3. 湿敏电阻的特点

湿度检测较其他物理量的检测更困难。第一，空气中水蒸气含量要比空气少；第二，液态水会使一些高分子材料和电解质材料溶解，一部分水分子电离后与溶入水中的空气中的杂质结合成酸或碱，使湿敏材料不同程度地受到腐蚀和老化，从而丧失其原有的性质；第三，湿信息的传递必须靠水对湿敏电阻直接接触来完成，因此湿敏电阻只能直接暴露于待测环境中，不能密封。通常，对湿敏电阻有下列要求：在各种气体环境下稳定性好、响应时间短、寿命长、有互换性、耐污染和受温度影响小等。

4. 应用

湿敏电阻广泛用于电子、电力、制药、医疗、粮食、仓储、烟草、纺织、气象等行业。图 2-42 所示为汽车后窗玻璃自动去湿装置。

2.2.6 气敏电阻(环境量检测四)

气敏电阻是一种半导体敏感器件，它利用半导体材料对气体的吸附而使自身电阻率发生变化的机理进行测量。常见气敏电阻如图 2-43 所示。制作气敏电阻的氧化物半导体材料主要有 SnO_2、ZnO 及 Fe_2O_3 等。为了提高气敏元件对某些气体成分的选择性和灵敏度，材料中还掺入催化剂，如钯(Pd)、铂(Pt)、银(Ag)等，添加的物质不同，检测的气体也不同。

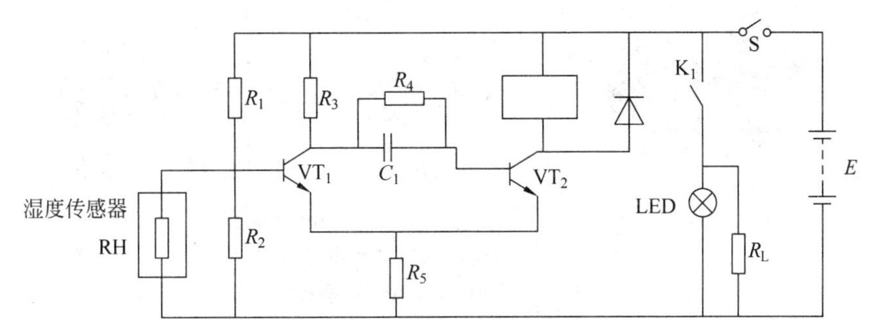

图 2-42 汽车后窗玻璃自动去湿装置

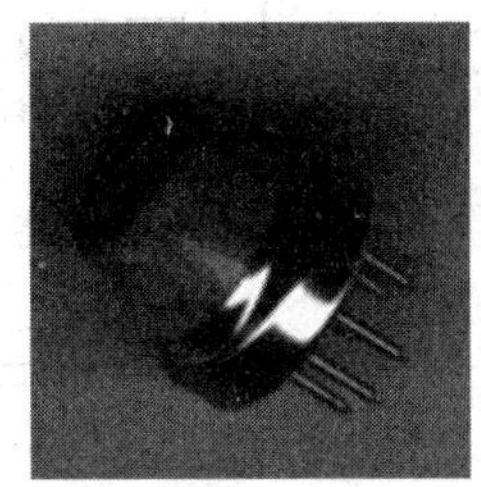

(a) 酒精传感器

(b) NH_3传感器

(c) 甲烷传感器

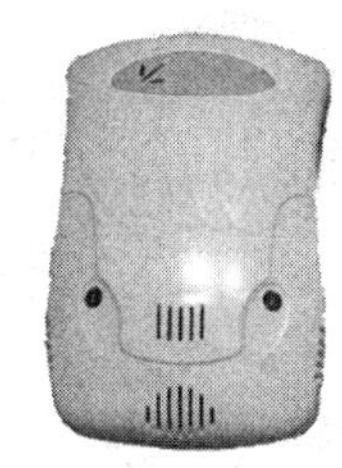

(d) 家庭用液化气报警器

图 2-43 常见气敏电阻

1. 气敏电阻的工作原理

气敏电阻的工作原理可以用吸附效应来解释。当半导体气敏元件加热到稳定状态时，若有气体吸附，则被吸附的分子首先在表面自由扩散，其中一部分分子被蒸发，另一部分分子产生热分解而吸附在表面。若气敏元件材料的功率函数比被吸附气体分子的电子的亲和力小，则被吸附的气体分子就从元件的表面夺取电子，以负离子形式被吸附。具有负离子吸附性质的气体称为氧化性气体。若气敏元件材料的功率函数比被吸附气体分子的电子的亲和力大，被吸附气体的电子被元件俘获，而以正离子形式吸附。具有正离子吸附性质的气体称为还原性气体。当氧化性气体吸附到 N 型半导体上或还原性气体吸附到 P 型半导体上时，将使半导体载流子减少，从而使敏感元件的电阻率增大；当氧化性气体吸附到 P 型半导体上或还原性气体吸附到 N 型半导体上时，将使半导体载流子增多，从而使敏感元件的电阻率减小。气敏电阻的外形和电路符号如图 2-44 所示。

2. 气敏电阻的结构和种类

气敏电阻的敏感部分是金属氧化物微结晶粒子烧结体，当它的表面吸附被测气体时，半导体微结晶粒子接触界面的导电电子比例就会发生变化，使阻值随被测气体的浓度改变而发生变化，从而检测气体的浓度或成分。

气敏电阻一般由三部分组成：敏感元件、加热器和外壳。如图 2-45 所示，这些气敏电阻全部附有加热器，它的作用是烧掉附着在探测部分处的油雾、尘埃等，同时加速气体氧化还原反应，从而提高灵敏度和响应速度，一般加热到 200～400℃。

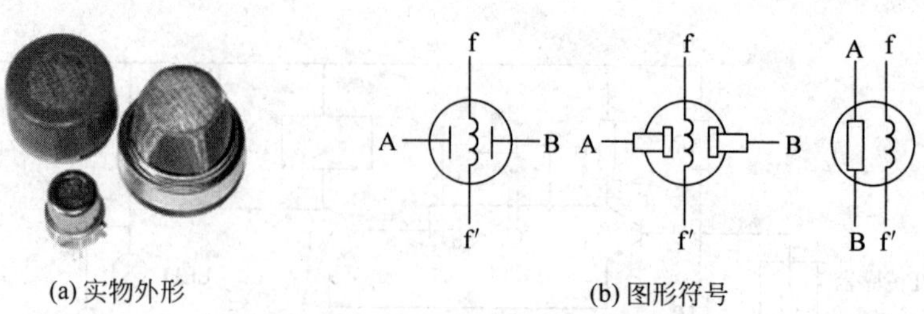

图 2-44 气敏电阻的外形和电路符号

f—f′：灯丝(加热极)；A—B：检测极

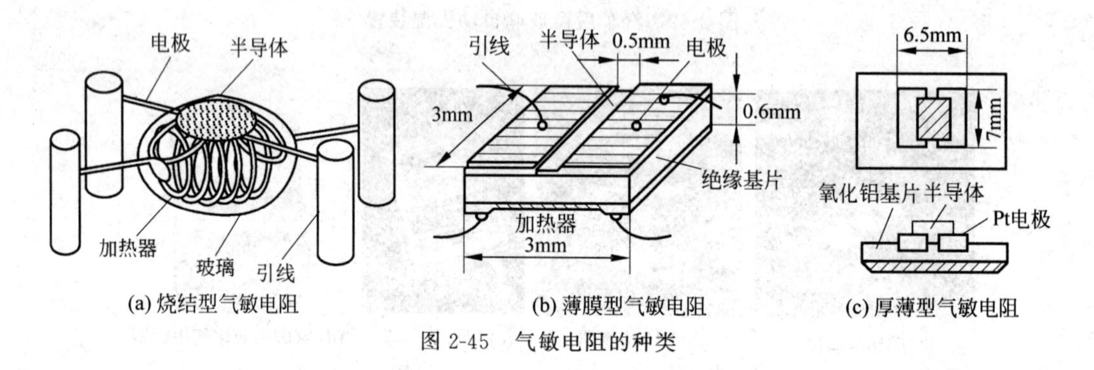

图 2-45 气敏电阻的种类

3. 气敏电阻使用注意点

受气敏电阻所处的环境中灰尘、油污、水分等影响，气敏电阻具有初期恢复和初期稳定的特性，在测量前必须进行高温加热。

N 型半导体气敏电阻吸附被测气体时的电阻变化曲线如图 2-46 所示。经短期存放再通电时，传感器电阻值有短暂的急剧变化(减小)，这一特性称为初期恢复特性，它与元件种类、存放时间及存放环境有关。存放时间越长，初期恢复时间越长，存放 7～15 天后的初期恢复时间一般在 2～5min。

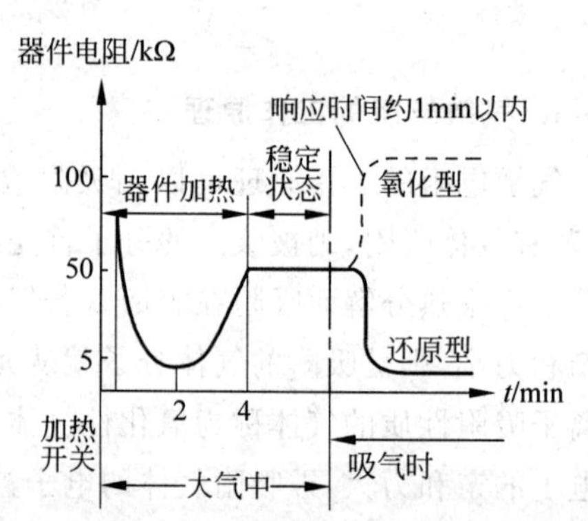

图 2-46 N 型半导体气敏电阻吸附被测气体时的电阻变化曲线

以半导瓷材料 SnO_2 为例，当半导体气敏电阻在洁净的空气中开始通电加热时，其阻值急剧下降，阻值发生变化的时间(响应时间)不到 1min，然后上升，经 2～10min 后达到稳定，这段时间称为初期稳定时间，气敏电阻只有在达到初始稳定状态后才可用于气体检测。

当阻值稳定值后，会随被测气体的吸附情况而发生变化，其电阻的变化规律视气体的性质而定：被测气体是氧化性气体(如 O_2 和 NO_x)时，被吸附气体分子从气敏电阻得到电子，使 N 型半导体中载流电子减少，因而阻值增大。被测气体为还原性气体(还原性气体多数属于可燃性气体：氢气、一氧化碳、硫化氢、甲烷、一氧化硫、酒精等)时，气体分子向气敏电阻释放电子，使元件中载流电子增多，因而阻值下降。测量还原性气体的气敏电

阻一般用 SnO_2、ZnO 或 Fe_2O_3 等金属氧化物粉料，添加少量铂催化剂、激活剂及其他添加剂，按一定比例烧结而成的半导体器件。

当长期存放再通电时，在一段时间内传感器阻值一般高出正常值 20%左右，而以后慢慢恢复至正常稳定值，这一特性称作初期稳定特性。初期稳定时间与传感器种类及工作温度有关，直热式较长，傍热式较短。

综上所述，为缩短初期恢复时间和初期稳定时间，在开始使用时，要进行一段时间的高温处理，同时在构成控制电路时应加延时电路。若将气体敏感膜、加热器和温度测量探头集成在一块硅片上，则构成集成气敏电阻。

4. 气敏电阻的应用

(1) 防止酒后开车控制器。近几年，因驾驶员饮酒而引发的交通事故越来越多。以二氧化锡气敏电阻作为酒精传感器，用来检测驾驶员是否饮酒的检测报警器应运而生。但由于二氧化锡气敏电阻不仅对酒精敏感，对车内的汽油味、香烟味也同样敏感，会造成检测报警器发生误动作，因而不能普遍推广使用。手持数字酒精测试仪如图 2-47 所示。

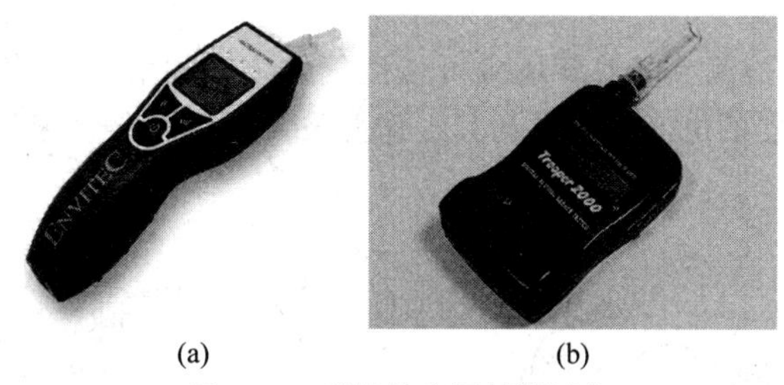

(a) (b)

图 2-47 手持数字酒精测试仪

防止酒后驾车控制器原理电路如图 2-48 所示。图中 $QM\text{-}J_1$ 为酒敏元件。若司机没有喝酒，在驾驶室内合上开关 S，此时气敏电阻的阻值很高，U_2 为高电平，U_1 为低电平，U_3 为高电平，继电器 K_2 线圈失电，其常闭触点 $K_{2\text{-}2}$ 闭合，发光二极管 VD_1 通，发绿光，可以点火启动发动机。

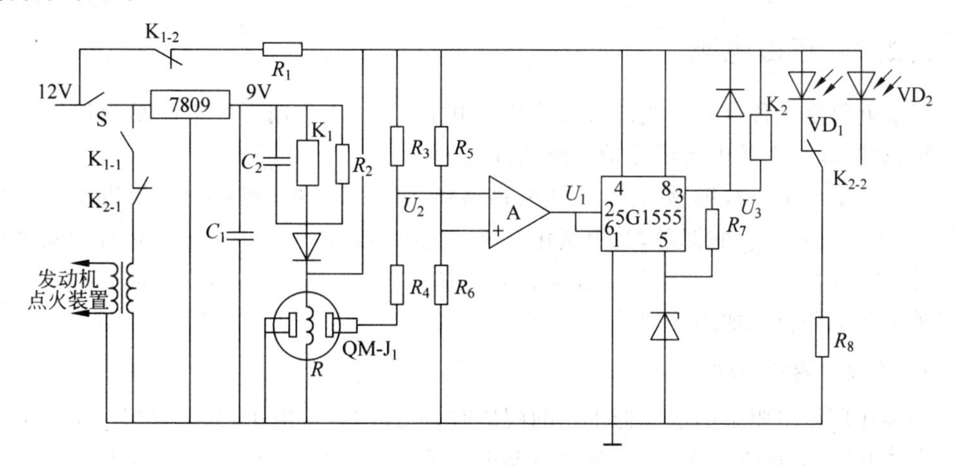

图 2-48 防止酒后驾车控制器原理

（2）油烟检测原理如图 2-49 所示。

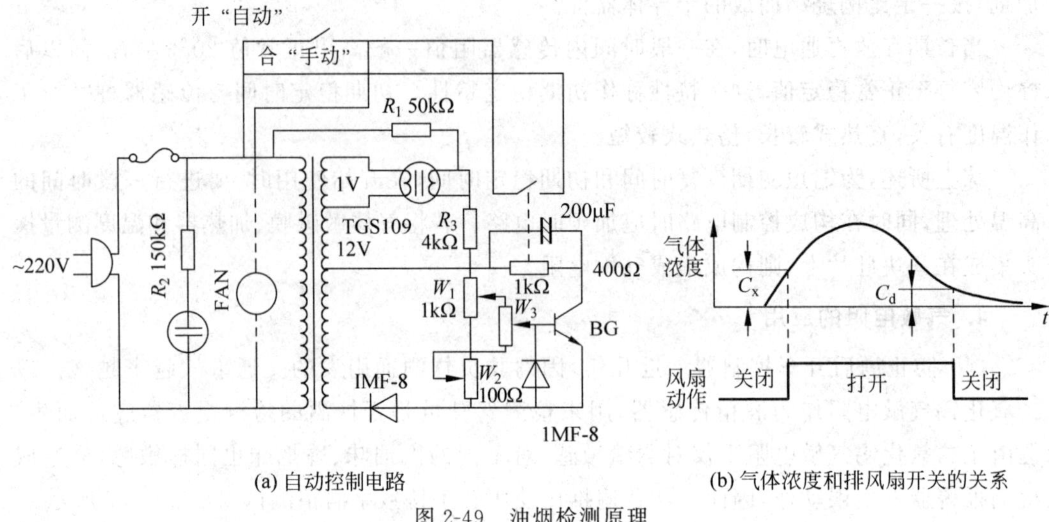

(a) 自动控制电路　　(b) 气体浓度和排风扇开关的关系

图 2-49　油烟检测原理

（3）可燃性气体检测。随着环境中可燃性气体浓度的增加，气敏元件的阻值下降到一定值后，流入蜂鸣器的电流足以推动其工作并发出报警信号。家用可燃性气体报警器电路如图 2-50 所示。

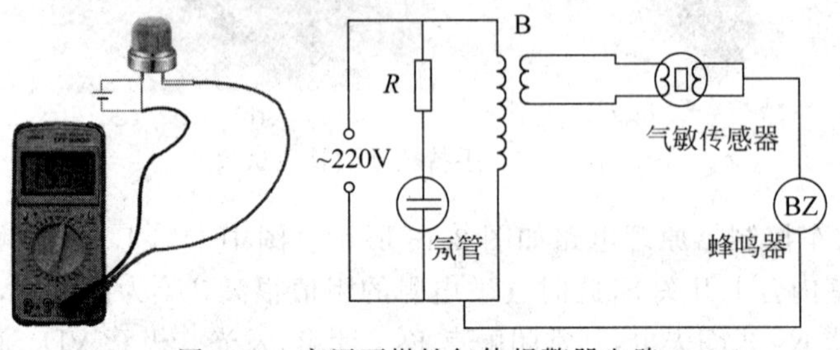

图 2-50　家用可燃性气体报警器电路

2.2.7　压敏电阻

压敏电阻是一种具有非线性伏安特性的电阻器件，主要用于在电路承受过压时进行电压钳位，吸收多余的电流以保护敏感器件。

压敏电阻对电压很敏感，是半导体敏感陶瓷元件的一种。目前使用的压敏电阻有氧化锌系、碳化硅系和钛酸锶系，其中氧化锌压敏电阻用途最广。纯净的氧化锌陶瓷没有压敏特性，常用的氧化锌压敏电阻一般掺有氧化铋、氧化锑、氧化钴和氧化锰等杂质。压敏电阻外形和电路符号如图 2-51 所示。

1. 压敏电阻的原理

当加在压敏电阻上的电压低于它的阈值时，流过的电流极小，此时它相当于一个阻值无穷大的电阻，也就是相当于一个断开状态的开关。当加在压敏电阻上的电压超过它的阈值时，流过它的电流激增，它相当于阻值无穷小的电阻，也就是相当于一个闭合状态的开关。

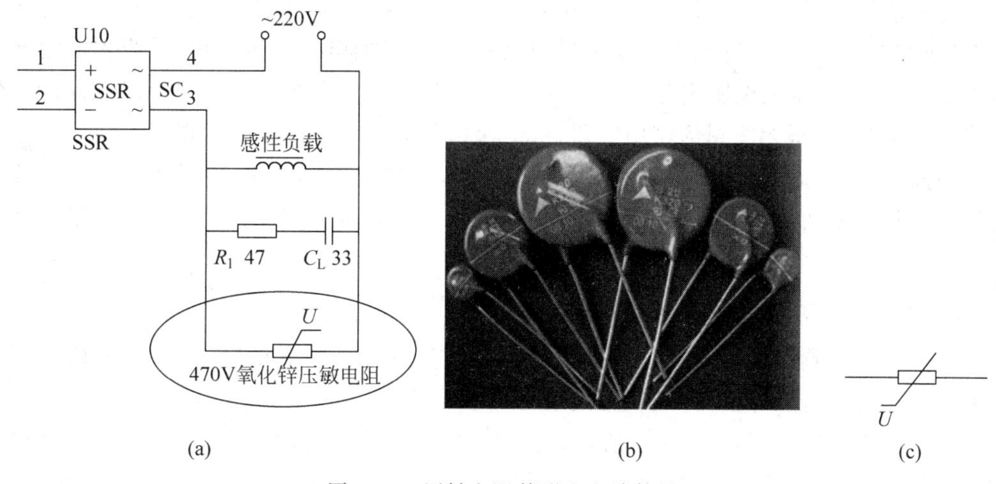

图 2-51　压敏电阻外形和电路符号

利用这一原理，可以抑制电路中经常出现的异常过电压，保护电路免受过电压的损害。

2. 压敏电阻的应用

压敏电阻是一种限压型保护器件。利用压敏电阻的非线性特性，当过电压出现在压敏电阻的两极间时，压敏电阻可以将电压钳位到一个相对固定的电压值，从而实现对后级电路的保护。

压敏电阻应用时总是和被保护的元件或电路并联。它相当于一个可变电阻，并联在电路中。当电路正常工作时，压敏电阻的阻抗很高，漏电流很小，可视为开路，对电路几乎没有影响。但当一个很高的异常电压到来时，压敏电阻的阻值瞬间下降，即从高阻变为低阻，将过大的浪涌电流泄放到大地，同时将过电压钳位在一定安全电压范围之内，从而保护后端线路；当异常突波消失后，压敏电阻的阻值又恢复到原来的高阻状态，线路可正常工作。

压敏电阻一般在低频信号线路中做过压保护，应用范围包括电源系统、浪涌抑制器、安防系统、电动机保护、汽车电子系统、家用电器等。

压敏电阻过电压时阻值变小，利用该性质可以将压敏电阻用于保护电路。图 2-52 所示为压敏电阻用于家用电器的保护，在使用时将它接在 220V 市电和家用电器之间。

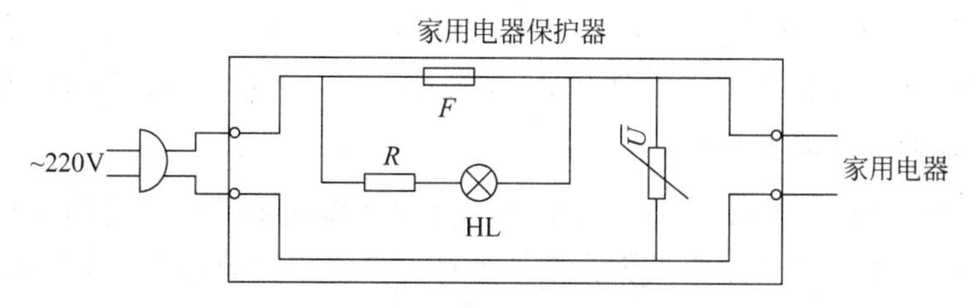

图 2-52　压敏电阻用于家用电器的保护

在正常工作时，220V 市电通过保护器中的熔断器 F 和导线送给家用电器。当某些因素(如雷电窜入电网)造成市电电压瞬间上升时，上升的电压通过插头、导线和熔断器加到压敏电阻两端，压敏电阻击穿后阻值变小，流过熔断器和压敏电阻的电流急剧增大，熔断器瞬间熔断，高压无法到达家用电器，从而保护了家用电器不被高压损坏。在熔断器熔断后，有较小的电流流过高阻值的电阻 R 和灯泡，灯泡亮，指示熔断器损坏。由于压敏电阻具有自我恢复功能，在电压下降后阻值又变为∞，所以当更换熔断器后，保护器可重新使用。

3. 压敏电阻的特点

压敏电阻的响应时间为 ns 级，比气体放电管快，比 TVS 管稍慢一些，一般情况下用于电子电路的过电压保护时，其响应速度可以满足要求。

压敏电阻特性曲线如图 2-53 所示，当电压较低时，压敏电阻在漏电流区工作，呈现很大的电阻，漏电流很小；当电压升高进入非线性区后，电流在相当大的范围内变化时，电压变化不大，呈现较好的限压特性；电压再升高，压敏电阻进入饱和区，呈现一个很小的线性电阻，由于电流很大，时间一长就会使压敏电阻过热烧毁甚至炸裂。

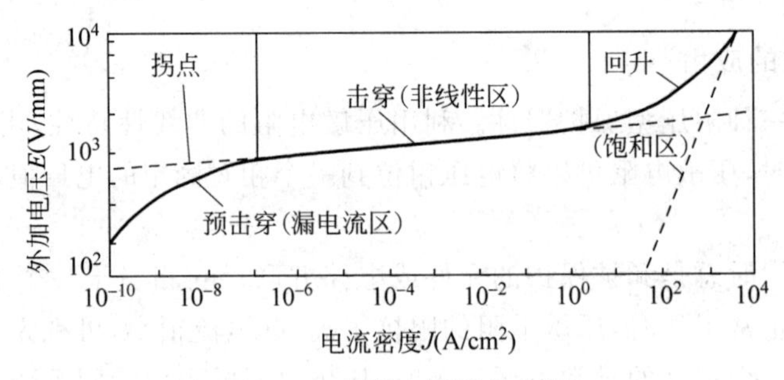

图 2-53 压敏电阻特性曲线

2.2.8 磁敏电阻

磁敏电阻是一种电阻随磁场变化而变化的磁敏元件，也称 MR 元件。磁敏电阻共分为四种，除了半导体磁阻(SMR)之外，还包括用强磁体薄膜生成的各向异性磁阻(Anisotropic Magneto Resistive，AMR)、巨磁阻(Giant Magneto Resistive，GMR)和隧道磁阻(Tunnel Magneto Resistive，TMR)。

磁敏电阻是利用半导体的磁阻效应制成的，常用的半导体由 InSb(锑化铟)材料加工而成。它的外形结构如图 2-54 所示。磁敏电阻都做成片状，长、宽尺寸只有几毫米。为了提高灵敏度，电阻体经常做成弯曲串联状，并通过光刻等方法形成相关的短路条。

1. 磁阻效应与巨磁阻效应

物质在磁场中电阻会发生变化，若给通电流的金属或半导体材料的薄片施加与电流垂直或平行的外磁场，则其电阻值就会增加。这种现象称为磁致电阻变化效应，简称为磁阻效应。

巨磁阻效应是指磁性材料的电阻率在有外磁场作用时较之无外磁场作用时存在巨大差异的现象。利用巨磁阻效应，可以做新型道路测量系统，用于闯红灯检测、速度检测、车流量检测、车型检测等。如图 2-55 所示，可将巨磁阻效应应用于道路车辆测量。

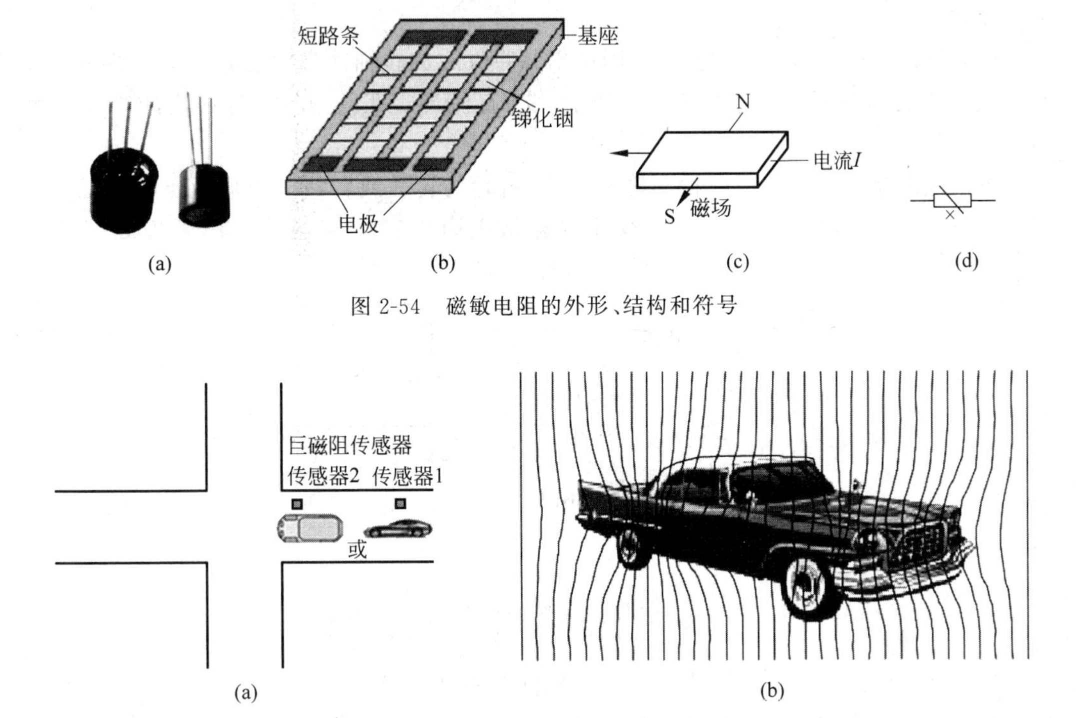

图 2-54 磁敏电阻的外形、结构和符号

图 2-55 新型道路车辆测量系统

2. 磁敏电阻的特点

(1) 非接触性；

(2) 测量方法简单实用；

(3) 测量精度高；

(4) 信号触发为铁磁材料；

(5) 抗震性、抗冲击性强；

(6) 敏感元件相应频率为 10MHz，易实现远距离传输；

(7) 可用于水、气、粉尘、带压操作和特定腐蚀性环境。

3. 磁敏电阻的应用

磁敏电阻广泛应用在自动控制中，还可以用于检测磁场强度、漏磁等。它可以作为传感器使用，也可以作为无触点电位器使用。

(1) 作测量磁场的传感器。可以利用磁敏电阻对磁场强度、方向的敏感特性进行检测，可构成新型的磁通表(高斯计)。可以用这类传感器测量恒定的磁场、交变磁场和漏磁等，并可构成探测磁场方向的磁罗盘，将其用于导航、定向。

如果在水雷或地雷上安装磁传感器，由于坦克或者军舰都是钢铁制造的，在它们接近(无须接触目标)时，传感器就可以探测到磁场的变化使水雷或地雷爆炸，提高杀伤力。

各向异性磁阻传感器可以用来辨别埋藏物。磁阻传感器利用薄膜合金遇到磁场会产生磁阻值变化的性质，当电桥遇到不同强度的磁场时会产生不同的电压输出，将磁性信号转变为电信号。在城市路政施工中使用，可以避免打漏地下管线，进而造成漏水、漏气、停电等事故。

(2) 作转速传感器。利用磁敏电阻的倍频特性或旋转轴铁磁物质的不均匀性可构成数字式转速表、频率计等代替涡流转速表、交/直流测速发电机、频闪测速计等来检测转速。

磁敏电阻旋转传感器可以检测磁性齿轮、齿轮的转数或转速。若采用四磁阻元件传感器，还能检测旋转的方向。采用双元件磁敏电阻旋转传感器的工作原理如图 2-56 所示。

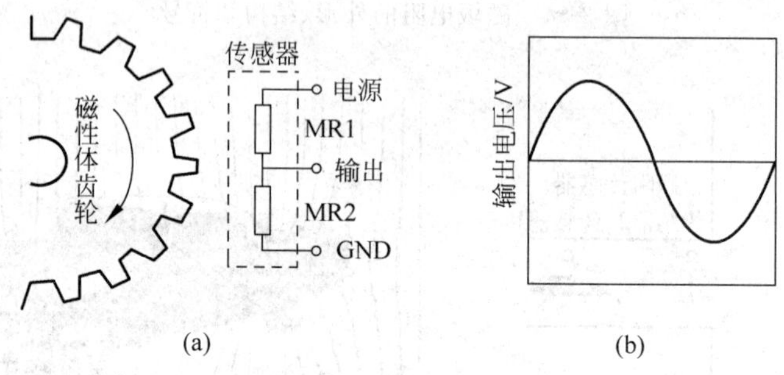

图 2-56 双元件磁敏电阻旋转传感器的工作原理

(3) 作位移和角位移的传感器。利用磁性装置或磁性触点相对传感器位置的变化，可在百分之一微米内精确地检测位移，同样也可以构成角位移传感器，精确地检测角度。如果适当地选用机械机构和微分环节等，还可以检测压力、力、速度、加速度等。

(4) 作调制器使用。在电子电位差计、平衡电桥等自动化仪表中，为了消除直流放大器的"零度漂移"现象，一般采用调制器。它是将直流信号调制为交流信号后，用交流放大器放大而避免"零度漂移"所产生的误差。一般使用的调制器有机械振子调制器、磁调制器、光调制器、二极管调制器等，它们或有噪声，或易受外界条件的影响，或寿命不长，而用磁敏电阻构成的调制器具有可长期稳定工作、无噪声、线性好、时间常数小、体积小、质量轻、功耗低等优点。

(5) 图形识别传感器可以检测纸、纸币上的磁性图形或标记，输出对应的信号波形。由于磁性图形通常印刷在纸上，因此检测信号十分微弱(比旋转传感器小三个数量级)，需经过放大电路放大，由示波器或记录仪将波形显示出来。

磁敏电阻虽然出现的时间较晚，但其应用较为广泛。除了将要取代四端的"霍尔器件"外，也同时向各个领域渗透，使工业自动化仪表、仪器测量等领域发生了巨大的变化。

(6) 磁信息记录装置。磁信息记录装置除磁带、磁盘等之外，还有磁卡、磁墨水记录账册、钞票的磁记录等，对磁信息存储和读出传感器有巨大需求。目前，感应磁头、TMR 薄膜磁阻磁头、非晶磁头等都获得了大量的使用。随着记录密度的提高，需要更高灵敏度和空间分辨力的磁头。以多层金属薄膜为基础的巨磁阻磁头、用非晶合金丝制作的非晶合金磁头、巨磁阻抗磁头等都被广泛地应用。

(7) 交通控制。目前，在加强行车支持道路系统(AHS)、智能运输系统(ITS)和道路交通信息系统(VICS)等的开发与建设中，高灵敏度、高速响应的微型磁传感器大有用处。

利用 GMR 传感器可在公路上探测车辆的大小、位置等数据，用于监控高速公路车流量和停车场车辆停放情况。GMR 传感器也可用在公路的收费亭，从而实现收费的自动控制，如图 2-57 所示。

为了保障动车运行的安全，在动车沿线每隔两公里铺设一个磁性传感器，当动车没电的时候信号就可以自动传到调度中心。美国的 NVE 公司已经把 GMR 传感器用在车辆的交通控制系统上。

GMR 传感器的首次商业应用，是由 IBM 公司投放市场的硬盘数据读取探头。到目前为止，巨磁阻技术已经成为计算机、数码相机、MP3 播放器的标准技术。

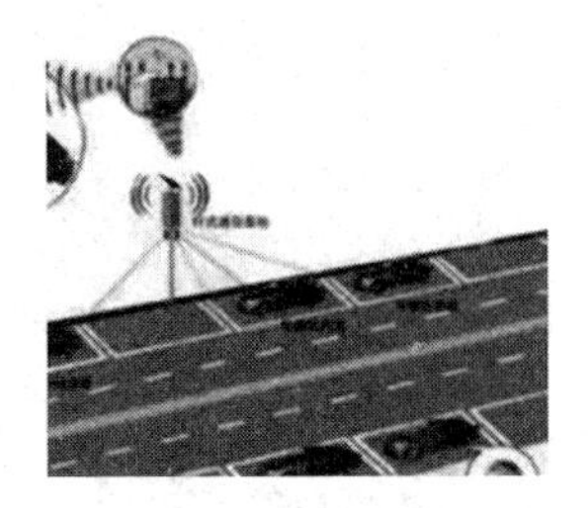

图 2-57 GMR 传感器用于公路检测

(8) 电子罗盘。虽然磁敏电阻发展历程漫长，技术相对成熟，但仅作为电子罗盘的单独应用，在以前并不被人们看好，而现在它与 MEMS 技术结合，在导航市场成为一个亮点。MEMS 传感器与磁敏电阻在应用中互相促进，推动磁敏电阻在消费电子产品的应用中逐步增长。如果把陀螺仪、加速度和磁力计传感器三种传感器集成在一起，三者在功能上互相辅助，还能实现 9 轴组合传感器，构成功能更强大的惯性导航产品，在无人机、手机中多有应用。

在多轴测量电子罗盘中，磁敏电阻担当着重要的角色。而目前具备 GPS 系统的手机与平板计算机都会采取多轴测量电子罗盘作为标配，这也让磁敏电阻在无形之中搭上了消费电子的快车。目前磁敏电阻在消费电子中的应用，还让游戏控制器、笔记本、数码相机等具有了地理标签功能。

GMR 传感器可以应用在卫星上，用来探测地球表面的物体和地下的矿藏分布。电子罗盘在武器或导弹导航(航位推测)、航海和航空的高性能导航设备中功不可没。

在工业控制领域中，TMR 传感器可用于电流传感器和接近开关。霍尔电流传感器灵敏度低，需要通过铁磁材料的磁聚效应来提高精度。TMR 传感器不需要铁磁材料，能减少电流传感器体积，降低成本。在接近开关上，由于霍尔传感器信号范围小，灵敏度低，对于长距离不敏感，用 TMR 传感器做成的接近开关可以应用在长距离检测和特殊环境中的测速。

思考和练习

1. 什么是应变效应？说明电阻应变片的分类。
2. 什么是弹性敏感元件？弹性敏感元件的作用是什么？
3. 简述光敏电阻简单结构。说明用哪些参数和特性可以表示它的性能。
4. 简述热敏电阻的三种类型？它们的特点及应用范围是什么？
5. 说明湿敏电阻的组成、原理及特点。
6. 简述气敏电阻按制造工艺的分类及常用的元件。

第3章

电容式传感器

引言

电容式传感器属于结构型的传感器，要接电桥，适合动态测量（不可以静态测量）。电容器是电子技术的三大类无源元件（电阻、电感和电容）之一。利用电容器的原理，将非电量转换成电量，进而实现非电量到电量的转化的器件或装置，称为电容式传感器。电容式传感器广泛用于压力、位移、厚度、加速度、液位、物位、湿度和成分含量等方面的测量。

导航——教与学

理论	重点	电容式传感器的原理和特点
	难点	电容式传感器的组成和原理
	教学规划	变极距型、变面积型、变电介质型电容式传感器的结构、工作原理、基本特性、等效电路、测量电路及应用
	建议学时	2学时
操作	实验	电容式传感器位移特性（有条件选做）
	建议学时	2学时（结合线上配套素材）

3.1 电容式传感器的基本结构和种类

在物理学中，两个彼此绝缘而又靠得很近的导体就组成了一个电容器，电容量等于极板所带电荷量与极板间的电压之比。平行金属板间的电容量为

$$C=\frac{\varepsilon S}{d}=\frac{\varepsilon_0 \cdot \varepsilon_r \cdot S}{d} \tag{3-1}$$

式中，C 为电容，μF；ε 为极板间介质的介电常数，空气的 $\varepsilon=1$；S 为两个极板相互覆盖的面积，cm^2；d 为两个极板间的距离，cm；ε_r 为相对介电

常数；ε_0 为真空介电常数，$\varepsilon_0 = 0.088\,542 \times 10^{-12}\text{F/cm}$。

如图 3-1 所示，电容传感器的三个参数 d、S、ε 中任一个发生变化都会引起电容量的变化。平板电容式传感器可分为变极距型电容传感器、变面积型电容传感器、变介质型电容传感器三类。

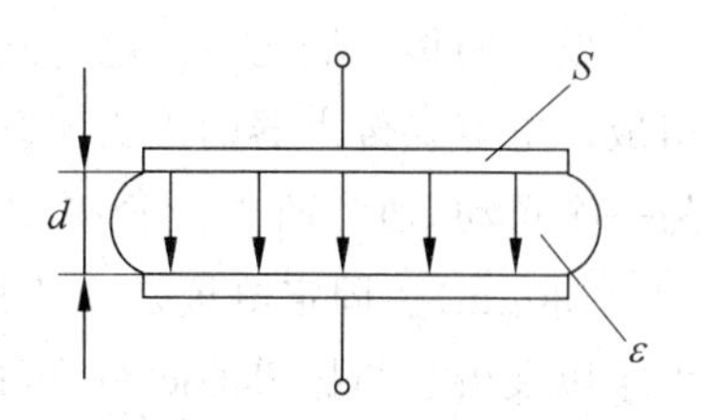

图 3-1 电容传感器的结构

变极距型电容传感器的优点是可进行动态非接触式测量，对被测系统的影响小，灵敏度高，适用于较小位移的测量，但这种传感器有非线性特性，因此使用范围受到一定限制。变极距型电容传感器一般用来测量微小的线位移或由于力、压力、振动等引起的极距变化（见电容式压力传感器）。变面积型电容传感器的优点是输出与输入呈线性关系，但与变极距型电容传感器相比，灵敏度较低，适用于较大的直线或角位移的测量。变介质型电容传感器则多用于测量液体的高度、物位测量和各种介质的温度、密度、湿度的测定。

3.1.1 变极距型电容传感器

1. 变极距型电容传感器的特点

变极距型电容传感器可实现动态非接触测量，动态响应特性好，灵敏度和精度极高（可达 nm 级），适用于较小位移（0.001～1μm）的精度测量。但传感器存在原理上的非线性误差，受线路杂散电容（如电缆电容、分布电容等）的影响显著，为改善这些问题需配合使用的电子电路比较复杂，极距变化型电容传感器的灵敏度与极距的平方呈正比，极距越小灵敏度越高。但极距过小，容易引起电容器击穿或短路。为此，极板间可采用高介电常数的材料（云母、塑料膜等）作介质。原理上的非线性要进行修正。如图 3-2 所示，只有在 $\Delta d/d_0$ 很小时，才有近似的线性输出。

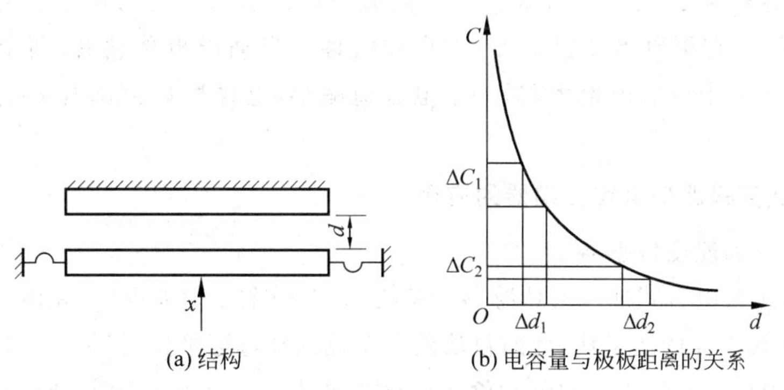

(a) 结构　　(b) 电容量与极板距离的关系

图 3-2 变极距型电容传感器

2. 变极距型电容传感器的应用

一般变极距型电容传感器的起始电容在 20～100pF，极板间距离在 25～200μm 的范围内，最大位移应小于间距的 1/10，故在微位移测量中应用最广。

电容式传声器是变极距型电容传感器最典型的应用。电容式传声器是目前各项指标都较好的一种传声器，具有频率特性好、音质清脆、构造坚固、体积小巧等优点。它被广泛应用在广播电台、电视台、电影制片厂等场合。

电容式传声器是一种依靠电容量变化而起到换能作用的传声器，也是目前运用最广、性能较好的传声器之一。电容式传声器主要由极头、前置放大器、极化电源和电缆等部分组成。电容式传声器的极头实际是一只电容器，如图3-3所示，它的两个电极一个固定，另一个可动，通常两电极相隔很近（一般只有几十微米）。可动电极是一片极薄的振膜（25～30μm）。固定电极是一片具有一定厚度的极板，板上开孔或槽，控制孔或槽的开口大小以及极板与振膜的间距，可以改变共振时的阻尼而获得均匀的频率响应。振膜一般采用金属化的塑料膜或金属膜。

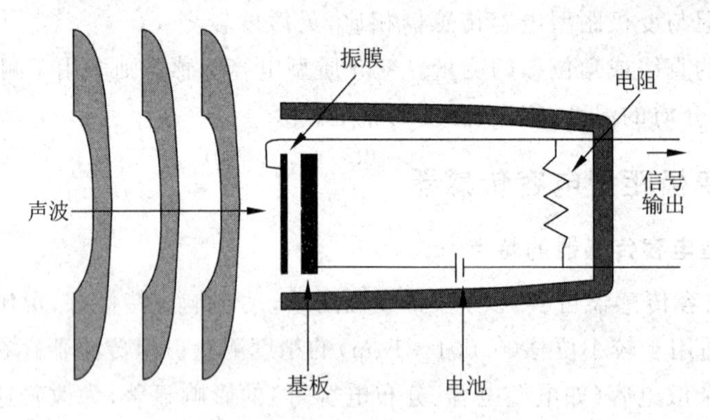

图3-3 电容式传声器原理

3. 差动式变极距电容传感器

在使用电容式传感器时，为提高传感器的灵敏度，克服外界因素（如电源电压、环境温度等）对测量的影响，经常把电容式传感器制成差动式结构。差动式变极距型电容传感器如图3-4所示，它可以提高灵敏度、减小非线性。当动极板移动后，两个电容值呈差动变化，即其中一个电容值增大，另一个电容值减小，这样可以消除外界因素造成的测量误差。

4. 差动式变极距型电容传感器的应用

(1) 电容式加速度传感器

图3-5所示为电容式加速度传感器的结构，它有两个固定极板（与壳体绝缘），中间有一个用弹簧片做支撑的质量块，此质量块的两个端面经过磨平抛光后作为可动极板（与壳体电连接）。当传感器壳体随被测对象在垂直方向做直线加速运动时，质量块在惯性空间中相对静止，而两个固定电极将相对质量块在垂直方向产生大小正比于被测加速度的位移。此位移使两个电容的间隙发生变化，一个增加，一个减小，从而使 C_1、C_2 产生大小相等、符号相反的增量，此增量与被测加速度成正比。

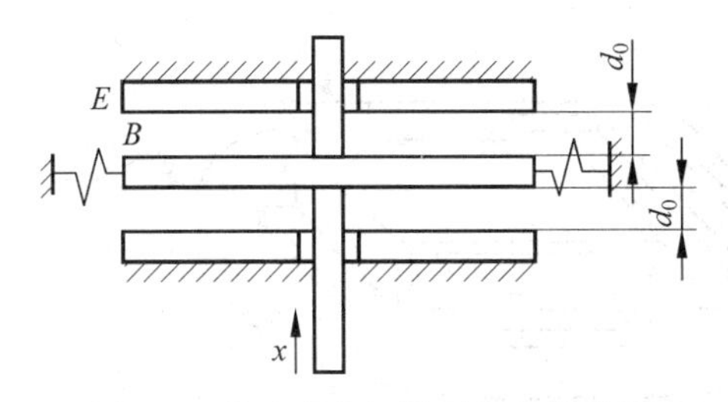

图 3-4　差动式变极距型电容传感器

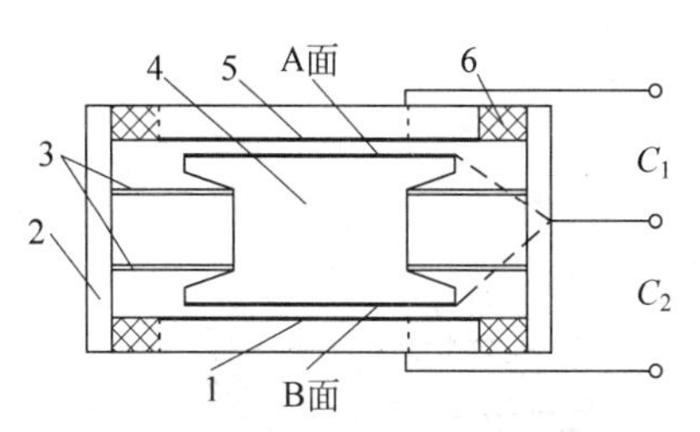

图 3-5　电容式加速度传感器的结构
1、5—固定极板；2—壳体；3—弹簧片；
4—质量块；6—绝缘体

电容式加速度传感器的主要特点是频率响应快、量程范围大，大多采用空气或其他气体作阻尼物质。差动式变极距型电容传感器作为加速度传感器使用时精度较高，频率响应范围宽，量程大，可以测很高的加速度。

电容式加速度传感器安装在轿车上，可以作为碰撞传感器，如图 3-6 所示。当测得的负加速度值超过设定值时，微处理器据此判断发生了碰撞，于是启动轿车前部的折叠式安全气囊迅速充气而膨胀，托住驾驶员及前排乘员的胸部和头部。

(a)　(b)

图 3-6　电容式加速度传感器用作碰撞传感器

随着 MEMS 技术的迅猛发展，各种基于 MEMS 技术的传感器应运而生，由于国防和尖端技术的需要，微加速度传感器近年发展迅速。在各种微加速度传感器中，微电容式加速度传感器具有结构简单，灵敏度高，动态特性好，抗过载能力强，体积小、质量轻，易于与测试、控制电路集成，有利于大规模批量生产等优点，其研究和应用受到越来越广泛的关注。

电容式加速度传感器采用了 MEMS 技术，通常称为微机电系统，在安全气囊、手机移动设备等领域具备不可动摇的地位。图 3-7 所示为硅微加工加速度传感器原理。加速度传感器以微细加工技术为基础，既能测量交变加速度（振动），也可测量惯性力或重力加速度。

MEMS 技术是多学科交叉的新兴领域，涉及精密机械、微电子材料科学、微细加工、系统与控制等技术学科和物理学、化学、力学、生物学等基础学科，包含微传感器、微执行器及信号处理、控制电路等。MEMS 技术可利用三维加工技术制造微米或纳米尺度的零件、部件，完成一定功能的复杂微细系统，是实现“片上系统”的发展方向。

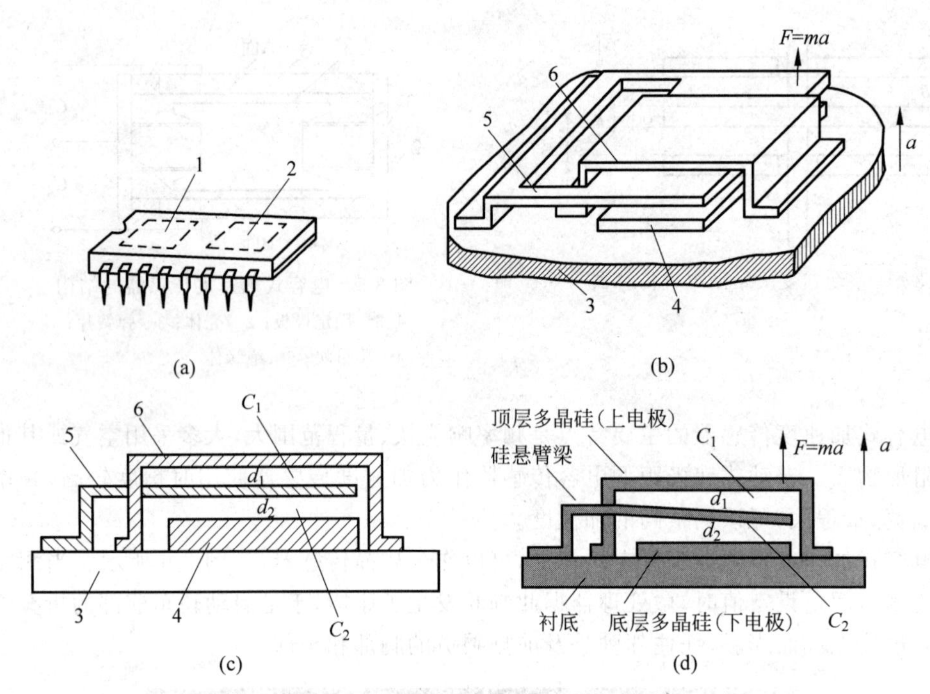

图 3-7 硅微加工加速度传感器原理

1—加速度测试单元；2—信号处理电路；3—衬底；4—底层多晶硅(下电极)；5—多晶硅悬臂梁；6—顶层多晶硅(上电极)

利用微电子加工技术，可以将一块多晶硅加工成多层结构。在硅衬底上安装三个多晶硅电极，组成差动电容 C_1、C_2。底层多晶硅和顶层多晶硅固定，中间层多晶硅是一个可以上、下微动的振动片。因为其左端固定在衬底上，所以相当于悬臂梁。

当中间层多晶硅感受到上、下振动时，C_1、C_2 呈差动变化，与加速度测试单元封装在同一壳体中的信号处理电路将 ΔC 转换成直流输出电压。因为它的激励源也在同一壳体内，所以集成度很高。由于硅的弹性滞后很小，且悬臂梁的质量很轻，因此频率响应可达 1kHz，加速度范围可超过 10g。

如果在壳体内的三个相互垂直方向安装三个加速度传感器，就可以测量三维方向的振动或加速度。三轴加速度传感器在手机、无人机中均有使用。

(2) 电容式差压传感器

图 3-8 所示为一个膜片动电极和两个在凹形玻璃上电镀成的固定电极组成的差动电容器。当被测压力或压力差作用于膜片并使其产生位移时，形成的两个电容器的电容量一个增大，一个减小。该电容值的变化经测量电路转换为与压力或压力差相对应的电流或电压的变化。

图 3-8 中金属膜片为动电极，两个在凹形玻璃上的金属镀层为固定电极，构成差动电容器。这种传感器分辨率很高，常用于气、液的压力或压差及液位和流量的测量。

电容式差压传感器结构简单、灵敏度高、线性好、响应速度快(约 100ms)，可以测量微

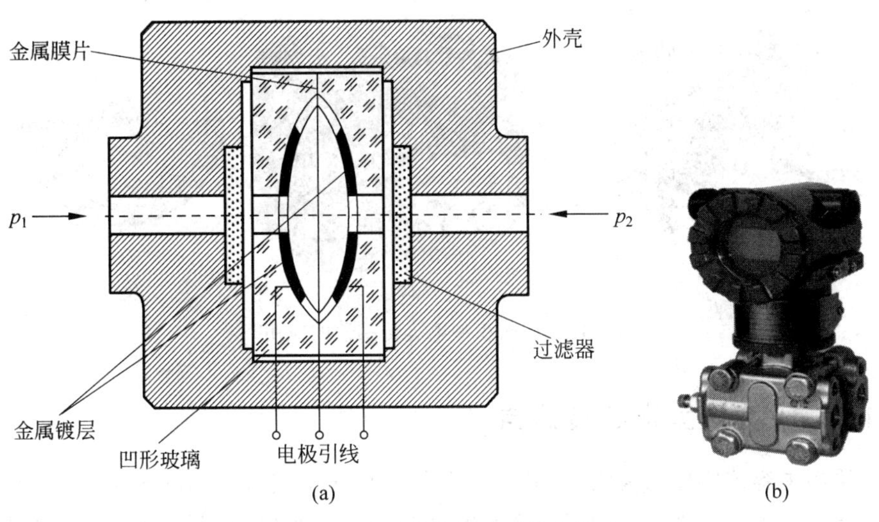

图 3-8 电容式差压传感器的结构

小压差(0～0.75Pa)。测量时需要把膜片的一侧密封并抽成高真空(10^{-5}Pa),可以减少由于介电常数受温度影响引起的温度不稳定性。

3.1.2 变面积型电容传感器

变面积型电容传感器的结构形式有平板式变面积型电容传感器、圆筒面式变面积型电容传感器、扇形平板式变面积型电容传感器等,如图 3-9 所示。其中,平板式变面积型电容传感器和圆筒面式变面积型电容传感器用以测量直线位移,扇形平板式变面积型电容传感器用以测量角位移。由于电容量与面积变化成正比,因此,变面积型电容传感器的特性为线性特性,测量范围广,但灵敏度较低。

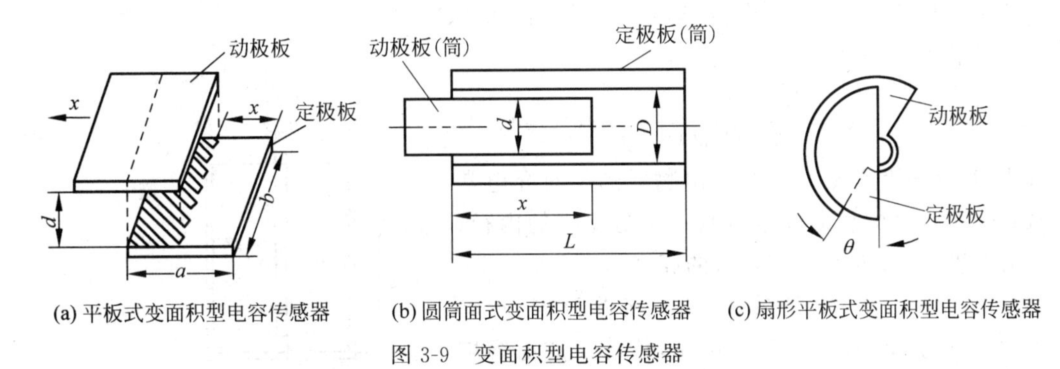

图 3-9 变面积型电容传感器

变面积型电容传感器在工作时,极距、介质等保持不变,被测量的变化使其有效作用面积发生改变。在变面积型电容传感器的两个极板中,一个是固定不动的,称为定极板;另一个是可移动的,称为动极板。

变面积型电容传感器,常用于收音机调台,如图 3-10 所示。

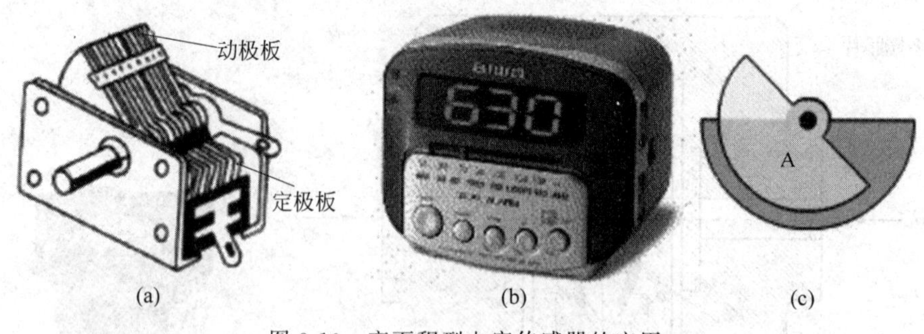

图 3-10　变面积型电容传感器的应用

3.1.3　变介质型电容传感器

变介质型电容传感器的极距、有效作用面积不变，被测量的变化使极板之间的介质情况发生变化。它主要用来测量两极板之间的介质的某些参数的变化，如测量两极板间介质的厚度、位移、液位、液量，还可以测量温度、湿度、容量等，如图 3-11 所示。

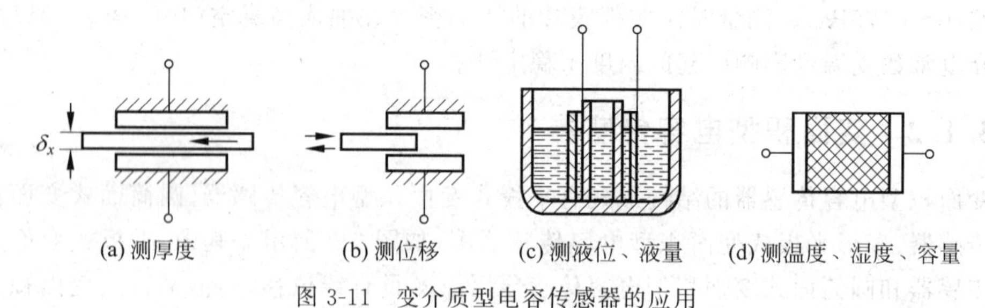

图 3-11　变介质型电容传感器的应用

电容式液位传感器是利用被测介质的变化引起电容变化的原理进行测量的一种变介质式电容传感器。图 3-12 是电容式液位传感器的原理图。

传感器的静电电容可表示为

$$C=\frac{K(\varepsilon_s-\varepsilon_0)h}{\ln(D/d)} \tag{3-2}$$

式中，K 为比例常数；ε_s 为被测物料的相对介电常数；ε_0 为空气的相对介电常数；D 为储罐的内径；d 为电极直径；h 为被测物料的高度。

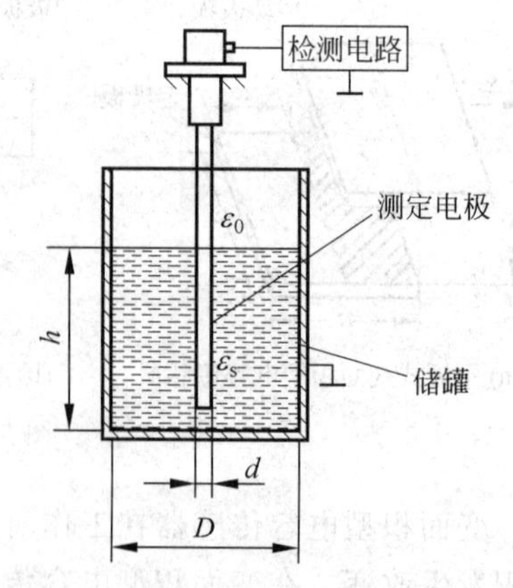

图 3-12　电容式液位传感器原理图

在式(3-2)中，K 是系数，当 d 接近 D 时，可略去边缘效应，取 $K=0.55$。可见，传感器的电容增量与被测物料高度 h 呈正比。故电容式传感器常用来测量液位和料位的高度。传感器的灵敏度为常数，电容 C 理论上与液面 h 呈线性关系，只要测出传感器电容 C 的大小，就可得到液位 h。

假定罐内没有物料时的传感器静电电容为 C_0，放入物料后传感器静电电容为 C_1，则两者电容差为

$$\Delta C = C_1 - C_0 \tag{3-3}$$

由式(3-2)和式(3-3)可见，两种介电常数差别越大，D 和 d 相差越小，传感器灵敏度就越高。

变介质型电容传感器有较多的结构形式，可以用来测量纸张、绝缘薄膜等的厚度，也可以用来测量粮食、纺织品、木材或煤等非导电固体介质的湿度。

3.2　电容式传感器的应用

电容式传感器具有结构简单、耐高温、耐辐射、分辨率高、动态响应特性好等优点，广泛应用于压力、位移、加速度、厚度、振动、液位等测量中。在使用过程中要注意以下几个方面：①减小环境温度、湿度变化(可能引起某些介质的介电常数或极板的几何尺寸、相对位置发生变化)；②减小边缘效应；③减少寄生电容；④使用屏蔽电极并接地(对敏感电极的电场起保护作用，与外电场隔离)；⑤注意漏电阻、激励频率和极板支架材料的绝缘性。

3.2.1　电容式位移传感器

以电容器为敏感元件，将机械位移量转换为电容量的传感器称为电容式位移传感器。电容式位移传感器的位移测量范围为 0.001～10mm，变极距式电容传感器的测量精度约为 2%，变面积式和变介质式电容传感器的测量范围大、精度较高，其分辨率可达 0.3μm。电容式位移传感器常用于测量振幅、轴回转精度和轴心偏摆。

位移有直线位移和角位移之分。电容式位移传感器可以测量直线位移，也可以测量角位移。电容式位移传感器可用于测量振幅和偏摆等，如图 3-13 所示。

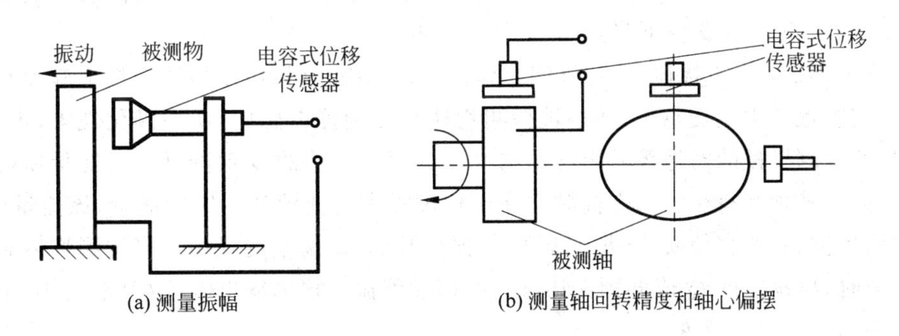

图 3-13　电容式位移传感器的应用

3.2.2　电容接近开关

电容接近开关与电容式位移传感器的不同之处在于输出开关量。

接近开关是一种无须与运动部件进行机械接触就可以进行检测的位置开关。当物体接近开关的感应面并达到动作距离时，接近开关不需要机械接触和施加任何压力即可动作，从而驱动执行机构或为采集装置提供信号。接近开关是一种开关型传感器(无触点开关),它既有行程开关、微动开关的特性,同时又具有传感性能,且动作可靠,性能稳定,频率响应快,使用寿命长,抗干扰能力强,并具有防水、防振、耐腐蚀等优点。

接近开关又称无触点接近开关,是理想的电子开关量传感器。当被检测物体接近开关的感应区域时,开关就能无接触、无压力、无火花地迅速发出电气指令,并准确反映出运动机构的位置和行程。即使用于一般的行程控制,接近开关的定位精度、操作频率、使用寿命、安装调整的方便性及对恶劣环境的适应能力,都是一般机械式行程开关所不能相比的。接近开关可以非接触式精确测量位移和振动幅度,在最大量程为(100±5)μm 时,最小检测量可达 0.01μm。

电容接近开关如图 3-14 所示,被检测物体可以是导电体、介质损耗较大的绝缘体、含水的物体或人;可以接地,也可以不接地。调节接近开关尾部的灵敏度调节电位器,可以根据被测物体的不同来改变动作距离。测量头通常是构成电容器的一个极板,而另一个极板是物体本身。

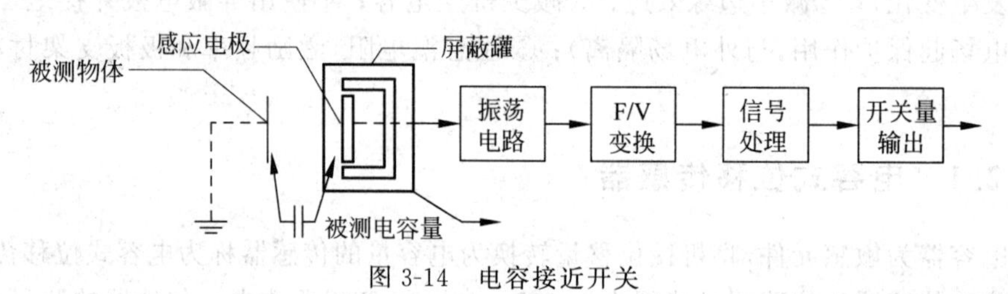

图 3-14 电容接近开关

工作过程一:检测极板设置在接近开关的最前端,测量转换电路安装在接近开关壳体内,用介质损耗很小的环氧树脂填充、灌封。当没有物体靠近检测极时,检测板与大地间的电容量 C 非常小,它与电感 L 构成高品质因数(Q)的 LC 振荡电路;当被检测物体为地电位的导电体(如与大地有很大分布电容的人体、液体等)时,检测极板对地电容 C 增大,LC 振荡电路的 Q 值下降,导致振荡器停振。

工作过程二:当不接地、绝缘被测物体接近检测极板时,由于检测极板上施加有高频电压,在它附近产生交变电场,所以被检测物体会受到静电感应,产生极化现象,正、负电荷分离,使检测极板的对地等效电容量增大,LC 振荡电路的 Q 值降低。对能量损耗较大的介质(如各种含水有机物),在高频交变极化过程中需要消耗一定的能量,该能量由 LC 振荡电路提供,必然会使 Q 值进一步降低,振荡减弱,振荡幅度减小。当被测物体靠近到一定距离时,振荡器的 Q 值低到无法维持振荡而停振。根据输出电压 U_o 的大小,可大致判定被测物体接近的程度。

一般情况下,当被检测物体为非金属材料时(如木材、纸张、塑料、玻璃和水等),可以选用电容式接近开关。

如图 3-15 所示,测量头构成电容器的一个极板,另一个极板是物体本身。当物体移向接近开关时,物体和接近开关的介电常数发生变化,使与测量头相连的电路状态也随之发生变化,由此便可控制开关的接通和关断。接近开关检测的物体,并不限于金属导体,也可以是绝缘的液体或粉状物体。

(1) 电容接近开关的应用——物位测量控制。如图 3-16 所示,测定电极安装在罐

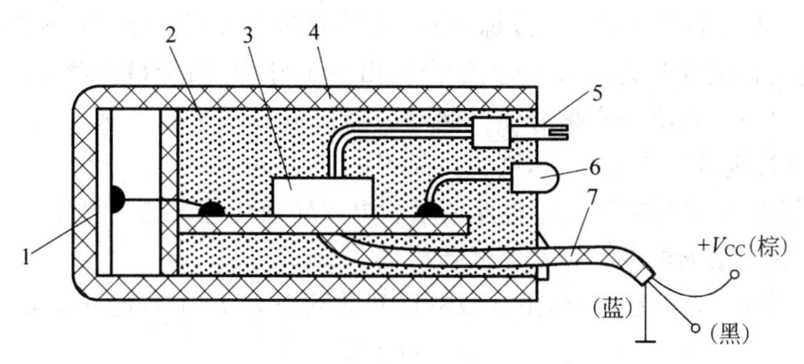

图 3-15 电容接近开关原理图

1—检测极板；2—填充树脂；3—测量转换电路；4—塑料外壳；
5—灵敏度调节电位器；6—工作指示灯；7—信号电缆

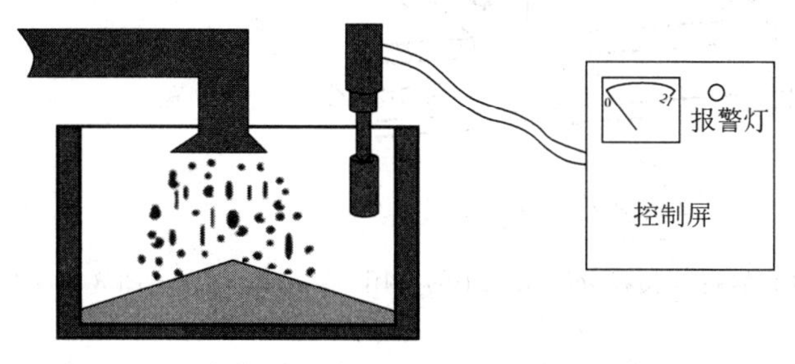

图 3-16 电容接近开关在物位测量控制中的使用演示

的顶部，这样在罐壁和测定电极之间就形成了一个电容器。当罐内放入被测物料时，由于被测物料介电常数的影响，传感器的电容量将发生变化，电容量变化的大小与被测物料在罐内的高度有关，且呈比例变化。检测出这种电容量的变化就可测定物料在罐内的高度。

(2) 电容接近开关的应用——行程限位。图 3-17 所示为电容接近开关用于行程限位及其实物图。要求对某个工件进行加工，工件用夹具固定在移动工作台上，工作台由一个主电动机拖动，做来回往复运动，刀具做旋转运动。用两个电容开关决定工作台何时换向。当传感器 A 有输出信号时，主电动机停止反转，同时，接通其正转电路，从而使工作台向右运动；当传感器 B 有输出信号时，主电动机停止正转，同时，接通其反转电路，从而使工作台向左运动。这样，就实现了工作台的行程限位。

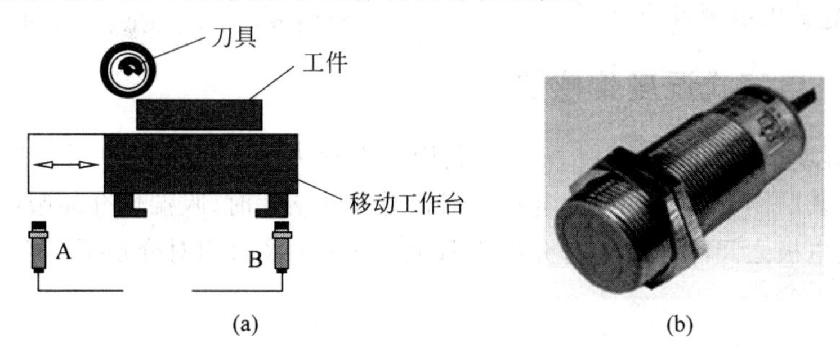

图 3-17 电容接近开关用于行程限位及其实物图

(3) 电容接近开关的应用——分拣系统。电容接近开关用于分拣系统如图 3-18 所示。如有物体经过电容接近开关,接近开关就会发出一个脉冲,用于检测物体的有无,同时发给对应的推进器和电动机一个信号使其起动。当接近开关 1 和 2 都有信号时,表示是产品乙,如果只有接近开关 1 有信号,则为产品甲。

(4) 电容接近开关的应用——转速测量。电容转速传感器是一种常用于小负荷转速测量和瞬态转速测量的电参数型数字式传感器。

如图 3-19 所示,设齿数为 Z,由计数器得到的频率为 f,则转速 n(r/min)为

$$n = 60f/Z \tag{3-4}$$

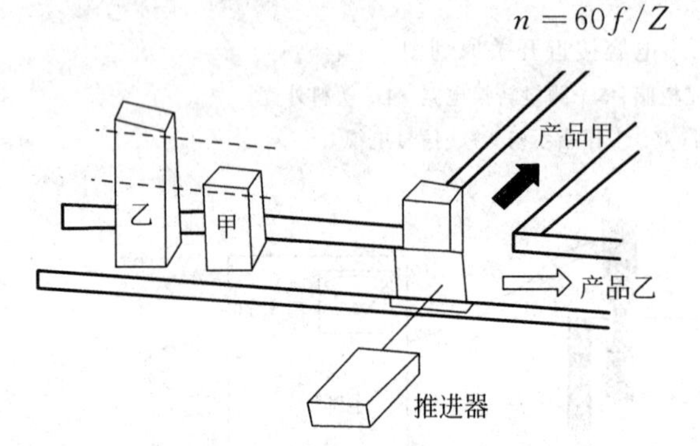

图 3-18 电容接近开关在分拣系统中的应用

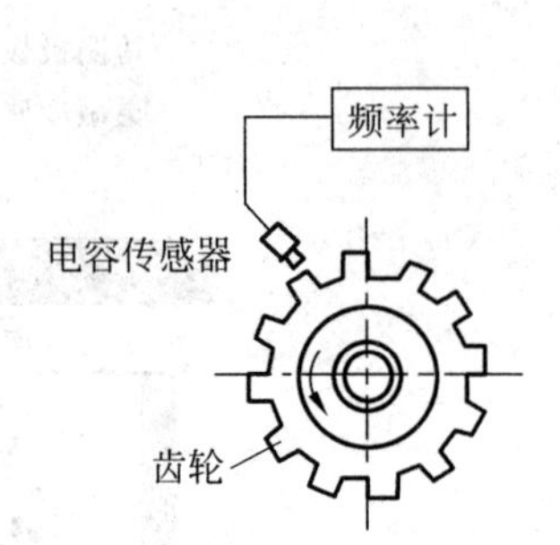

图 3-19 电容转速传感器

3.2.3 电容测厚传感器

电容测厚传感器用来实现对金属带材在轧制过程中的厚度的检测。在被测带材的上、下两侧各放置一块面积相等、与带材距离相等的极板,如图 3-20 所示,被测金属带材与其两侧电容极板构成两个电容 C_1 和 C_2,把两个电容极板连接起来,它们和带材之间的电容称为差动式电容。

电容测厚传感器的工作原理如图 3-20 所示。把两块极板用导线连接起来成为一个极,而带材就是电容的另一个极。如果带材的厚度发生变化,将引起电容量的变化,用交流电桥将电容的变化测出来,经过放大即可由电表指示测量结果。

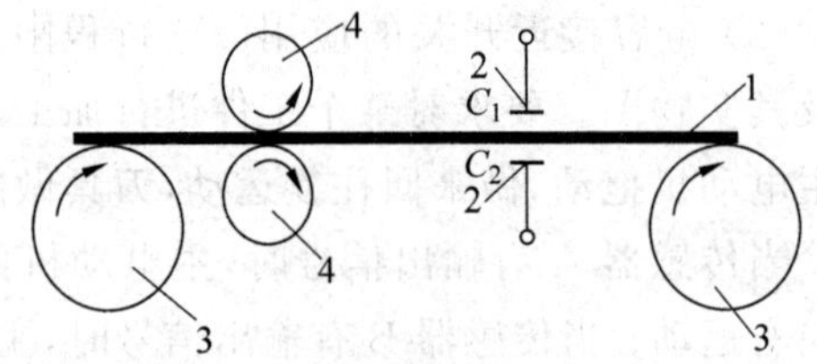

图 3-20 电容测厚传感器

1—金属带材;2—电容极板;3—传动轮;4—轧棍

3.2.4 电容式湿度传感器

电容式湿度传感器如图 3-21 所示。利用具有很大吸湿性的绝缘材料作为电容传感器的介质,在其两侧面镀上多孔性电极。当相对湿度增大时,吸湿性介质吸收空气中的水蒸气,使两块电极之间的介质相对介电常数大大增加(水的相对介电常数为 80),因此电容量增大。

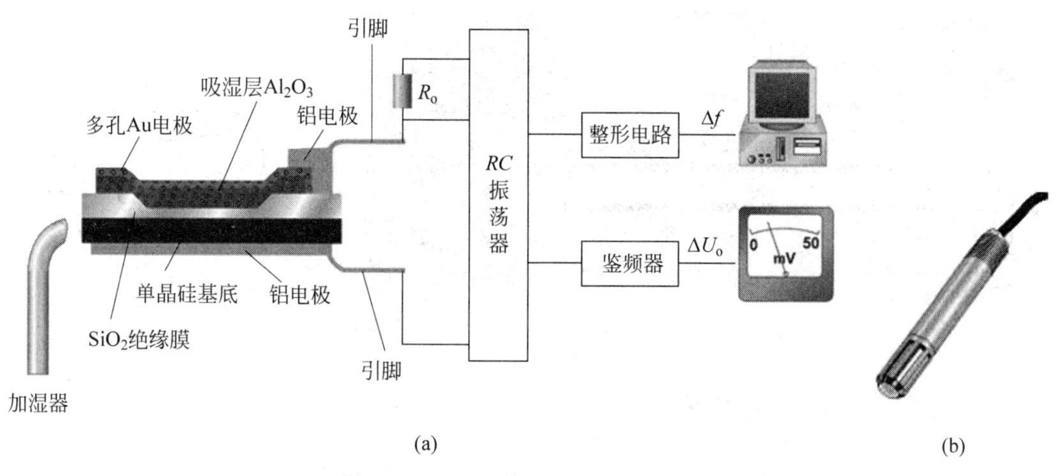

图 3-21 电容式湿度传感器的原理及实物

3.2.5 电容式触摸按键

电容式键盘是基于电容式开关的键盘，如图 3-22 所示，其原理是通过按键改变电极间的距离产生电容量的变化，暂时形成振荡脉冲允许通过的条件。

优点：理论上这种开关是无触点非接触式的，磨损率极小甚至可以忽略不计，也没有接触不良的隐患，噪声小，容易控制手感，可以制造出高质量的键盘。

缺点：工艺较机械结构复杂。

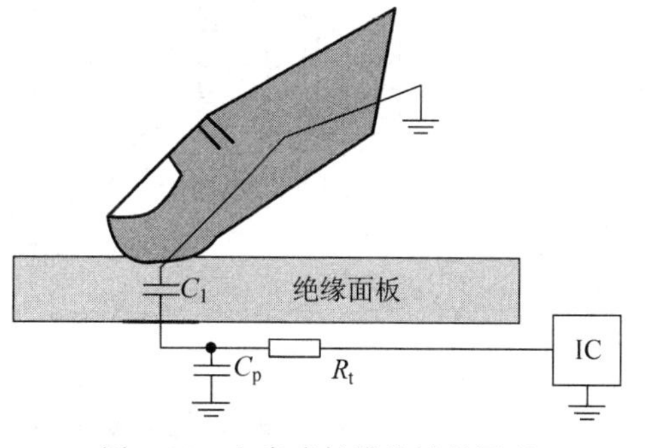

图 3-22 电容式触摸按键的原理

3.2.6 电容指纹识别传感器

指纹识别所需电容式传感器包含一个大约有数万个金属导体的阵列，其外面是一层绝缘的表面。当用户的手指放在上面时，金属导体阵列、绝缘物、皮肤就构成了相应的小电容器阵列。它们的电容值随脊（近的）和沟（远的）与金属导体之间的距离不同而变化，如图 3-23 所示。

指纹识别目前最常用的是电容式传感器，也被称为第二代指纹识别系统。其优点是体积小、成本低、成像精度高、耗电量很小，因此非常适合在消费类电子产品中使用。

电容感测的原理是当用户将手指按在传感器上时，可以测量出指纹引起的极小的电导率变化信号，然后用测量的数据形成一副指纹的图像。手指最外层的皮肤也就是指纹，是不导电的，而指纹里面的皮下层是导电的。这样其优势就显现出来了，对手指表面的干净程度相比光学感测的要求低，并且能识别手指里层的纹路，从而提高了安全性。电容式指纹识别传感器目前被智能手机广泛采用，比如在 iPhone 上使用的 Touch ID。

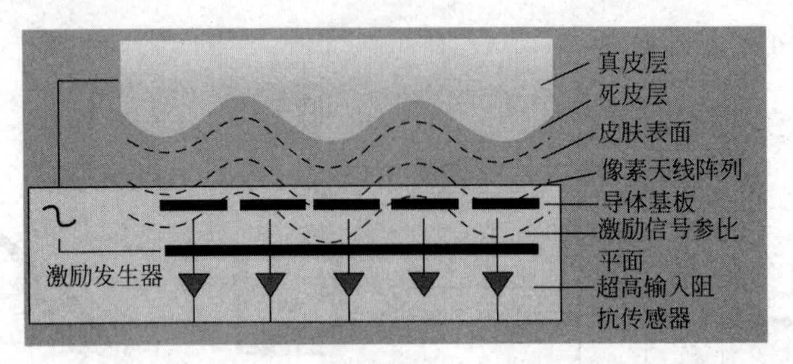

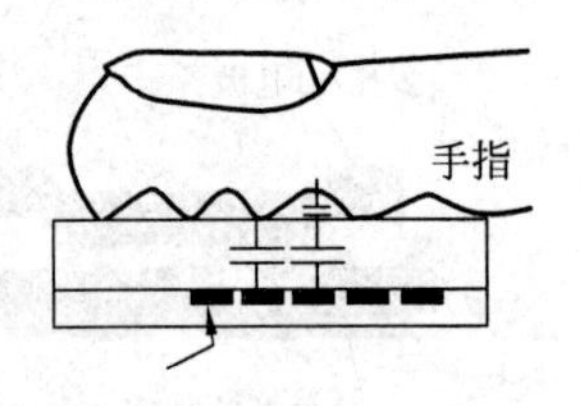

图 3-23 电容指纹识别传感器的原理

3.2.7 电容式油量表

电容式油量表的原理如图 3-24 所示，它是变介质式电容传感器。

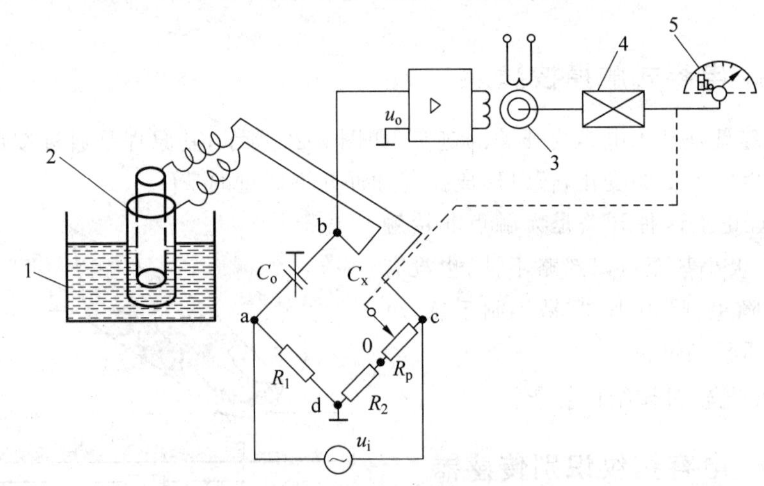

图 3-24 电容式油量表的原理

1—油料；2—电容器；3—伺服电动机；4—减速器；5—指示表盘

当油箱中注满油时，液位上升，指针停留在转角为 θ_m 处。当油箱中的油位降低时，电容传感器的电容量减小，电桥失去平衡，伺服电动机反转，指针逆时针偏转(示值减小)，同时带动 R_p 的滑动臂移动。当 R_p 阻值达到一定值时，电桥又达到新的平衡状态，伺服电动机停转，指针停留在新的位置(θ_x 处)。

3.2.8 电容式加速度传感器

电容式加速度传感器从力学角度可以看成是一个质量块-弹簧-阻尼系统。加速度通过质量块形成惯性力作用于系统，如图 3-25 所示。

传感器无阻尼自振角频率为

$$\omega_0 = \sqrt{\frac{k}{m}} \tag{3-5}$$

式中，k 为刚度，m 为质量块的质量。

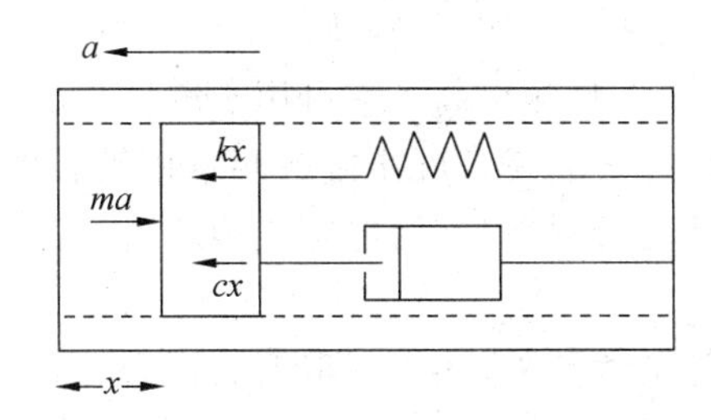

图 3-25 电容式加速度的质量块-弹簧-阻尼系统

处于常加速度输入下的稳态时，其质量块相对壳体位移趋于稳态值，即

$$x=\frac{ma}{k}=\frac{a}{\omega_0^2} \tag{3-6}$$

由式 3-6 可见，质量块越大，弹性系数越小，即系统无阻尼自振角频率越低，则电容式加速度传感器灵敏度越高。稳态灵敏度为

$$S_{\text{static}}=\frac{1}{\omega_n^2}=\frac{m}{k} \tag{3-7}$$

当前大多数电容式加速度传感器都是由三部分硅晶体圆片构成的，中间层是由双层的 SOI 硅片制成的活动电容极板。中间的活动电容极板由八个弯曲弹性连接梁所支撑，夹在上、下层两块固定的电容极板之间。提高精度很重要的一项措施就是采用差动测量方式，可极大地提高信噪比，因此，电容式加速度传感器几乎全部采用差动结构。

随着 MEMS 技术的发展，MEMS 电容式加速度传感器有了极为广泛的应用。手机通过加速度传感器能够实时获得手机的移动状态，其最初的用途是用来检测手机是竖放还是横放，从而决定是横屏显示还是竖屏显示。随着三轴加速器的普及，手机能够识别横放、竖放，正面横放、背面横放，正面竖放、背面竖放不同的状态，从而可以实现摇晃手机操作，翻转静音功能等。加速度传感器另一个重大用处就是利用摇晃手机玩游戏，其加速值的大小能够在游戏中得到充分表现，从而代替传统的游戏手柄。

3.3 电容式传感器的优缺点

1. 优点

（1）温度稳定性好。电容式传感器的电容值一般与电极材料无关，这有利于选择温度系数低的材料，又因本身发热极小，所以对稳定性影响很小。而电阻传感器有铜损，易发热产生零漂。

（2）结构简单，适应性强。电容式传感器结构简单，易于制造和保证较高的精度，可以做得非常小巧，以实现某些特殊的测量；能工作在高温、强辐射及强磁场等恶劣的环境中，可以承受很大的温度变化，承受高压力、高冲击、过载等；能测量超高温和低压差，也可以进行带磁工作的相关测量。

（3）动态响应好。电容式传感器由于带电极板间的静电引力很小，需要的作用能量极小，又由于它的可动部分可以做得很小很薄，即质量很轻，因此其固有频率很高，动态响应时间短，能在几兆赫兹的频率下工作，特别适用于动态测量。又由于其介质损耗小可以通过较高频率供电，因此系统工作频率高。它可用于测量高速变化的参数。

(4) 可以非接触测量且灵敏度高。可非接触测量回转轴的振动或偏心率、小型滚珠轴承的径向间隙等。当采用非接触测量时，电容式传感器具有平均效应，可以减小工件表面粗糙度等对测量的影响。

电容式传感器除了上述的优点外，还因其带电极板间的静电引力很小，所需输入力和输入能量极小，因而可以测量极低的压力、力和很小的加速度、位移。由于其空气等介质损耗小，采用差动结构并接成电桥式传感器时产生的零残极小，因此允许电路进行高倍率放大，使仪器具有更高的灵敏度。

2. 缺点

(1) 输出阻抗高，负载能力差。无论何种类型的电容式传感器，受电极板几何尺寸的限制，其电容量都很小，一般为几十到几百皮法(pF)，因此电容式传感器的输出阻抗很高。由于输出阻抗很高，导致输出功率小，负载能力差，易受外界干扰而产生不稳定现象，严重时甚至无法工作。

(2) 寄生电容影响大。电容式传感器的初始电容量很小，而连接传感器和电子线路的引线电缆电容、电子线路的杂散电容以及电容极板与周围导体构成的电容等寄生电容却较大。寄生电容的存在不但降低了测量灵敏度，而且会引起非线性输出。由于寄生电容是随机变化的，因此传感器处于不稳定的工作状态，影响测量准确度。

(3) 输出特性非线性。

3. 展望

随着材料、工艺、电子技术，特别是集成电路的高速发展，使电容式传感器的优点得到发扬而缺点不断被克服。电容式传感器正逐渐成为一种高灵敏度、高精度，在动态、低压及一些特殊测量方面大有发展前途的传感器。

3.4 电容式传感器的转换电路

电容式传感器将被测量的变化转换成电容的变化后，还需由后接的转换电路将电容的变化进一步转换成电压、电流或频率的变化。

1. 交流电桥

将电容式传感器的两个电容作为交流电桥的两个桥臂，通过电桥把电容的变化转换成电桥输出电压的变化。电桥通常采用由电阻-电容、电感-电容组成的交流电桥，图 3-26 所示为电感-电容电桥。

分析：变压器的两个二次绕组 L_1、L_2 与差动电容传感器的两个电容 C_1、C_2 作为电桥的 4 个桥臂，由高频稳幅的交流电源为电桥供电。电桥的输出为一个调幅值，经放大相敏检波、滤波后，获得与被测量变化相对应的输出，最后在仪表中显示记录。

2. 二极管双 T 形电路

二极管双 T 形电路供电电压是幅值为 $\pm U_E$、周期为 T、占空比为 50%的方波。

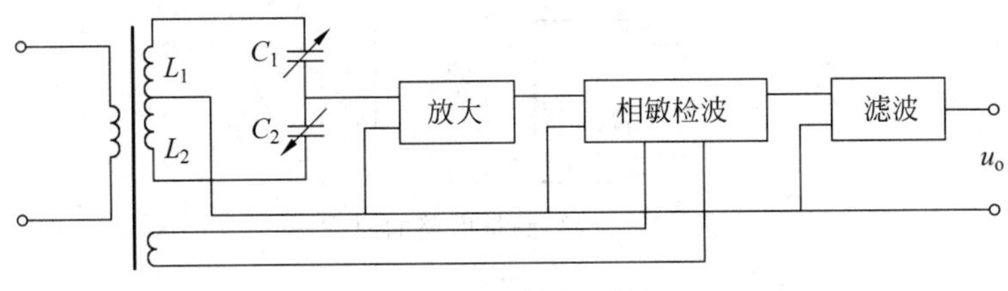

图 3-26 交流电桥

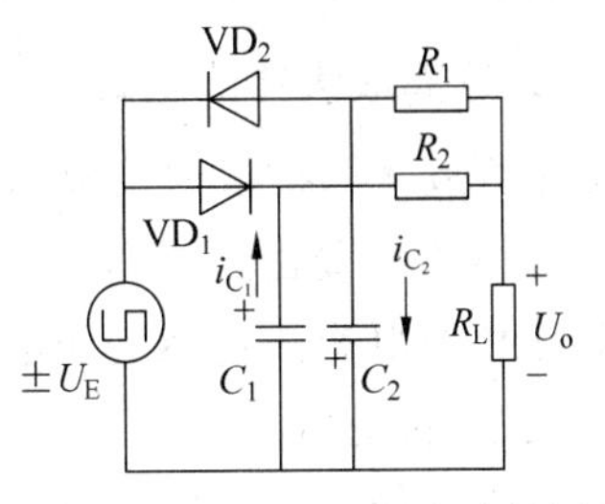

图 3-27 二极管双 T 形电路的原理

图 3-27 所示为二极管双 T 形交流电桥电路的原理。$\pm U_E$ 是高频电源，它提供对称方波，VD_1、VD_2 为特性完全相同的两个二极管，$R_1=R_2=R$，C_1、C_2 为传感器的两个差动电容。当传感器没有输入时，$C_1=C_2$。输出电压不仅与电源电压的幅值大小有关，而且还与电源频率有关。因此，为保证输出电压正比于电容量的变化，除了要稳压外，还要稳频。二极管双 T 形交流电桥电路具有结构简单、动态响应快、灵敏度高等优点，其线路简单，不需要附加其他相敏整流电路，可直接得到直流输出电压。

3. 差动脉冲调宽电路

差动脉冲调宽电路属于脉冲调制电路，其原理如图 3-28 所示。利用对传感器电容的充放电使电路输出脉冲的宽度随传感器电容量的变化而变化。通过低通滤波器得到对应被测量变化的直流信号。

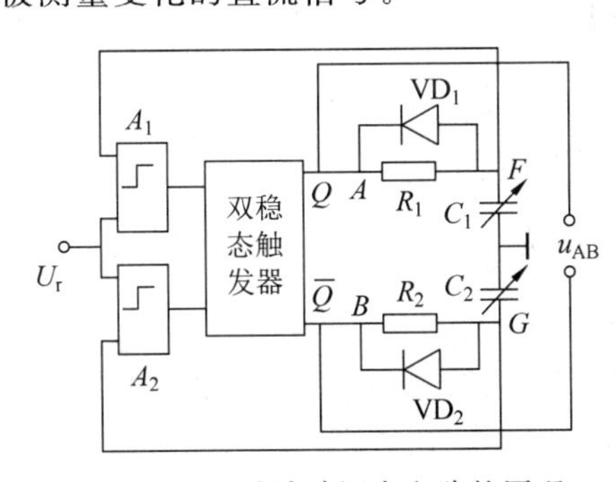

图 3-28 差动脉冲调宽电路的原理

差动脉冲调宽电路适用于任何差动式电容传感器，并具有理论上的线性特性。另外，差动脉冲调宽电路还具有以下优点。

(1) 对元件无线性要求。

(2) 效率高，信号只要经过低通滤波器就有较大的直流输出。

(3) 调宽频率的变化对输出无影响。

(4) 由于低通滤波器的作用，对输出矩形波纯度要求不高。

4. 调频测量电路

调频测量电路把电容式传感器作为振荡器谐振回路的一部分。当输入量导致电容量发生变化时，振荡器的振荡频率随之发生变化。

虽然可将频率作为测量系统的输出量，用于判断被测非电量的大小，但此时系统是非线性的，不易校正，因此加入鉴频器，将频率的变化转换为振幅的变化，经过放大就可以通过仪器指示或记录仪记录下来。调频测量电路的原理图如图 3-29 所示。

调频电容传感器测量电路具有较高灵敏度，可以测至 0.01μm 级位移变化量，抗干扰能力强(加入混频器后更强)，缺点是受电缆电容、温度变化的影响较大，输出电压 u_o 与

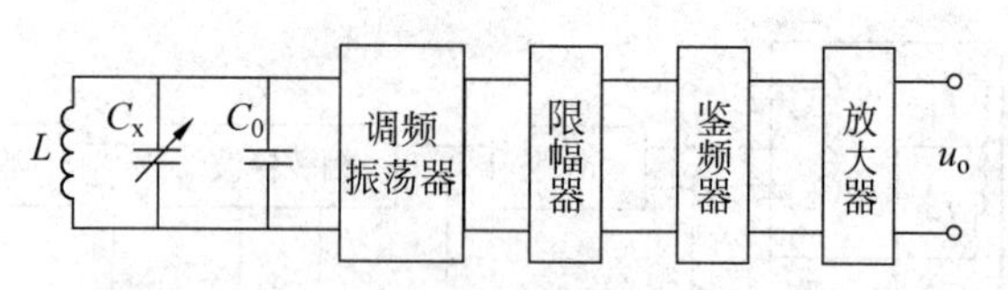

图 3-29 调频测量电路的原理图

被测量之间的非线性需要靠电路加以校正，因此电路比较复杂。频率输出易于用数字仪器测量和与计算机通信，抗干扰能力强，可以发送、接收以实现遥测遥控。

5. 运算放大器式电路

运算放大器的放大倍数 K 非常大，而且输入阻抗 Z_i 很高，运算放大器的这一特点可以使其成为电容式传感器比较理想的测量电路。图 3-30 是运算放大器式电路的原理。极距变化型电容式传感器的电容与极距之间为反比关系，传感器存在理论上的非线性。利用运算放大器的反相比例运算可以使转换电路的输出电压与极距之间变为线性关系，从而使整个测试装置的非线性误差得到很大的减小。

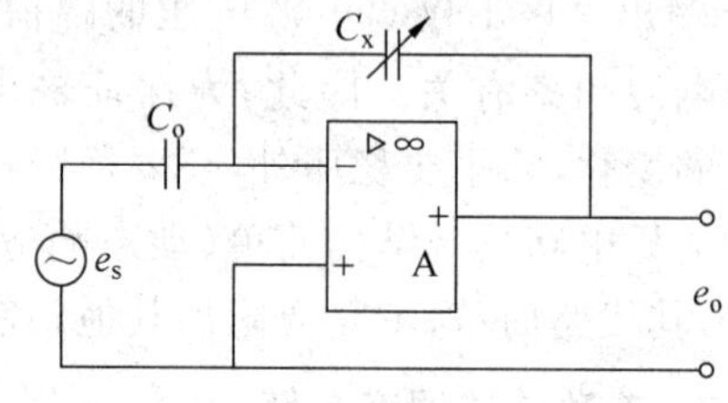

图 3-30 运算放大器式电路的原理

运算式电路的原理较为简单，灵敏度和精度最高，但一般需要用“驱动电缆”技术消除电缆电容的影响，电路较为复杂且调整困难。

思考和练习

1. 电容式传感器为什么常选择差动式结构？
2. 电容式传感器有哪些种类？
3. 变极距型电容传感器有什么特点？有哪些具体应用？
4. 电容式传感器可以静态测量吗？
5. 电容式接近开关可以检测什么材料的物品？

第4章

电感式传感器

引言

利用电磁感应原理，将被测非电量如位移、压力、流量、振动等转换成线圈自感量 L 或互感量 M 的变化，再由测量电路转换为电压或电流的变化量输出，这种装置称为电感式传感器。它具有结构简单、工作可靠、测量精度高、零点稳定、输出功率较大等优点。电感式传感器测量微位移效果非常好，精度可达微米级别。主要缺点是灵敏度、线性度和测量范围相互制约，传感器自身频率响应低，不适用于快速动态测量。电感式传感器能实现信息的远距离传输、记录、显示和控制，在工业自动控制系统中被广泛采用。

常用的电感式传感器有自感式、互感式和电涡流式传感器三种。

导航——教与学

理论	重点	差动变压器传感器的工作原理以及测量电路
	难点	零点残余电压和相敏检波电路
	教学规划	自感式传感器、互感式传感器、电涡流式传感器的原理和应用，无损检测
	建议学时	2～4 学时
操作	实验	差动变压器测位移实验、涡流传感器测位移实验(有条件选做)
	建议学时	2 学时(结合线上配套素材)

4.1 自感式传感器

自感式传感器由线圈、铁芯和衔铁三部分组成。铁芯和衔铁由导磁材料，如硅钢片或坡莫合金制成，在铁芯和衔铁之间有气隙，气隙厚度为 δ，传感器的运动部分与衔铁相连。当衔铁移动时，气隙厚度 δ 发生改变，引起磁路中磁阻变化，从而导致电感线圈的电感值发生变化，因此只要测

出电感量的变化，就能确定衔铁位移量的大小和方向，即

$$L=\frac{N^2\mu_0 S_0}{2\delta_0} \tag{4-1}$$

式中，μ_0 为磁导率；S_0 为截面积；δ_0 为气隙的厚度。它们均可导致电感 L 产生变化，因此，自感式传感器有三种：改变气隙厚度 δ 的自感传感器，即变间隙式电感传感器；改变气隙截面 S 的自感传感器，即变截面式电感传感器；线圈中放入圆柱形衔铁，改变磁导率 μ 的自感传感器，即螺管式电感传感器。

1. 变间隙式电感传感器

气隙 δ 随被测量的变化而变化，从而改变磁阻。由公式可知，气隙变小，电感变大，电流变小。它的灵敏度和非线性都随气隙的增大而减小，因此需要两者兼顾，一般 δ 的取值范围在 0.1～0.5mm。变间隙式电感传感器的结构如图 4-1 所示。

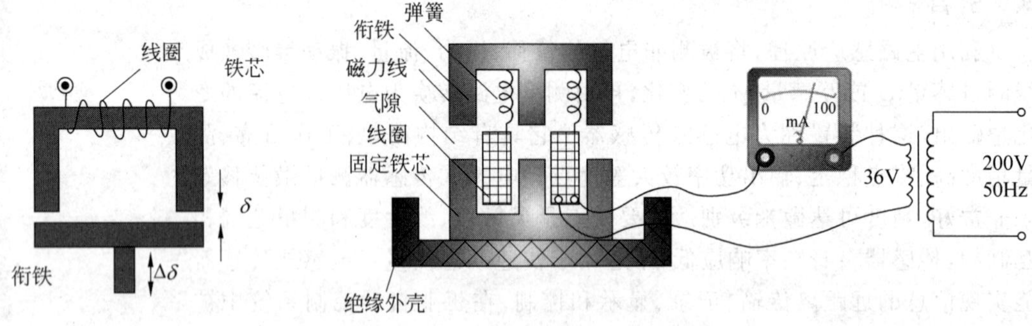

图 4-1 变间隙式电感传感器的结构

利用弹性敏感元件膜盒，可将压力转变为电感间隙的变化，从而改变电感，做成电感式压力传感器，如图 4-2 所示。

变间隙式电感传感器具有线性度差、示值范围窄、自由行程小、在小位移下灵敏度很高的特点。变间隙式电感传感器的 L-δ 特性曲线如图 4-3 所示，常用于直线小位移的测量，以及结合弹性敏感元件构成压力传感器、加速度传感器等。

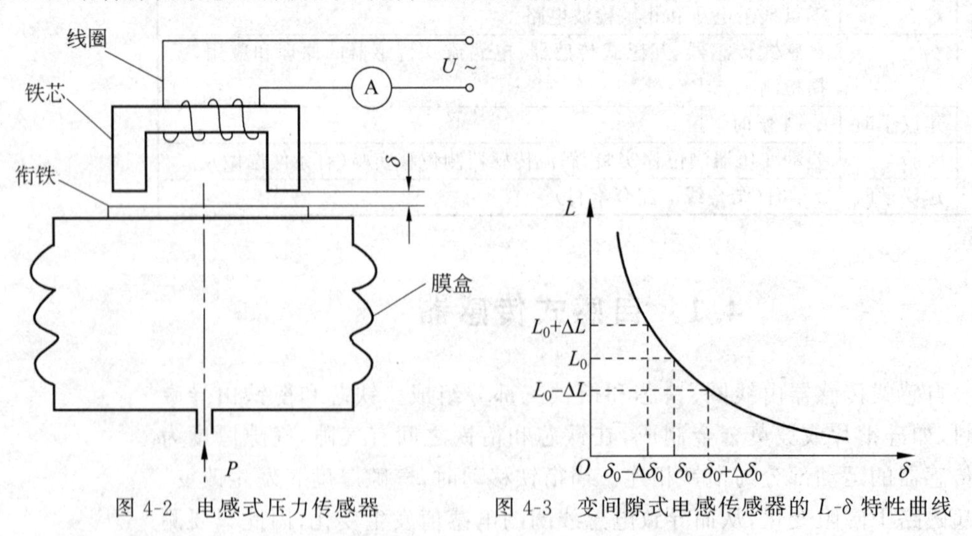

图 4-2 电感式压力传感器　　图 4-3 变间隙式电感传感器的 L-δ 特性曲线

电感式压力传感器大都采用变间隙式电感传感器作为检测元件，它和弹性敏感元件组合在一起构成电感式压力传感器。变间隙式电感传感器的测量范围与灵敏度及线性度相矛盾，所以变隙式电感传感器用于测量微小位移时比较精确。为了减小非线性误差，实际测量中广泛采用差动变间隙式电感传感器，它除了可以改善线性、提高灵敏度之外，对温度的变化、电源频率变化等也有一定影响，还可进行补偿，从而减少了外界影响造成的误差。

用弹簧管作为敏感元件的差动变间隙式压力传感器如图 4-4 所示。当被测压力进入 C 形弹簧管时，C 形弹簧管产生变形，其自由端发生位移，带动与自由端连接成一体的衔铁运动，使线圈 1 和线圈 2 中的电感发生大小相等、符号相反的变化，即一个电感量增大，另一个电感量减小。电感的这种变化通过电桥电路转换成电压输出。

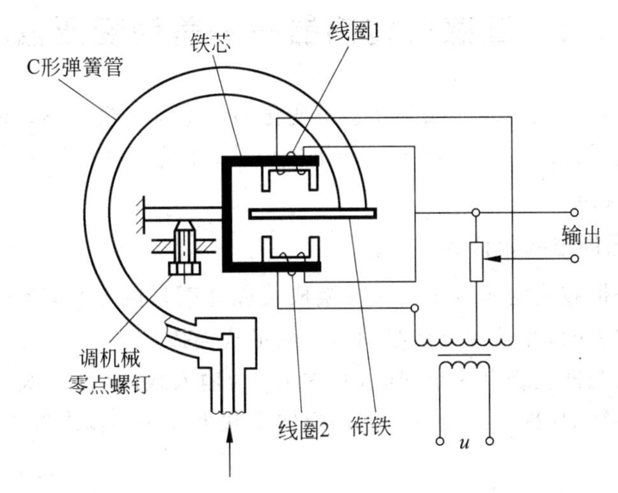

图 4-4　用弹簧管作为敏感元件的差动变间隙式压力传感器

2. 变截面式电感传感器

变截面式电感传感器，如图 4-5 所示。这种传感器的铁芯和衔铁之间的相对覆盖面积（磁通截面）随被测量的变化而改变，从而改变磁阻。灵敏度是一个常数。变截面式传感器具有线性度良好、自由行程大、示值范围宽、灵敏度较低的特点，通常用来测量比较大的直线位移和角位移。

3. 螺管式电感传感器

螺管式电感传感器如图 4-6 所示，由 1 只螺管线圈和 1 根柱形衔铁组成。当被测量作用在衔铁上时，会引起衔铁在线圈中伸入长度的变化，从而引起螺管线圈电感量的变化。对于长螺管线圈且衔铁工作在螺管的中部时，可以认为线圈内磁场强度是均匀的，此时线圈电感量与衔铁插入深度呈正比。衔铁随被测物体移动时改变了线圈的电感量。

这种传感器结构简单，制作容易，但灵敏度较低，且衔铁在螺管中间部分工作时，才能获得较好的线性关系。因此，螺管式电感传感器适用于测量比较大的位移。

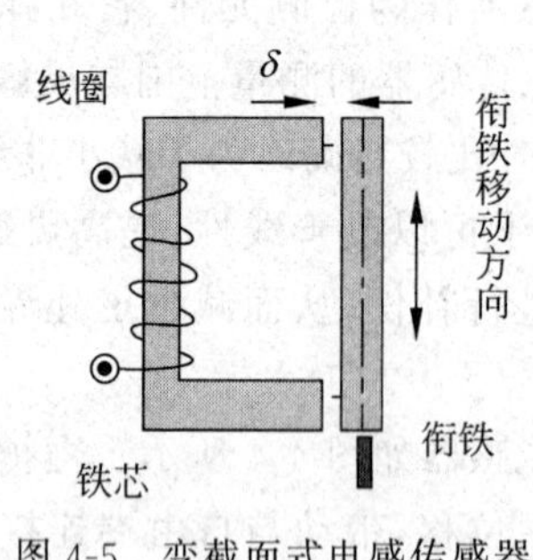

图 4-5 变截面式电感传感器

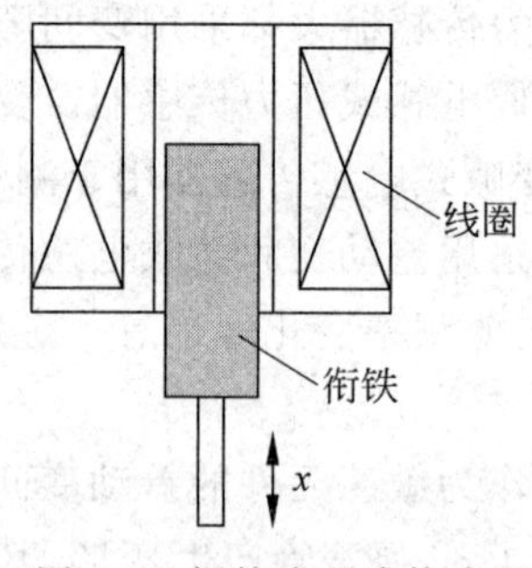

图 4-6 螺管式电感传感器

4.2 互感式传感器——差动变压器

把被测的非电量变化转换为线圈互感量变化的传感器称为互感式传感器。螺线管式差动变压器可以测量范围在 1～100mm 的机械位移，并具有测量精度高，灵敏度高，结构简单，性能可靠等优点。

1. 差动变压器的结构和特点

差动变压器是把被测的非电量变化转换成线圈互感量的变化，这种传感器是根据变压器的基本原理制成的，并且次级绕组用差动的形式连接。

差动变压器在线框上绕有 3 组线圈，其中 L_1 为输入线圈（称一次线圈）；L_{21} 和 L_{22} 是两组完全对称的线圈（称二次线圈），它们反向串联组成差动输出形式，如图 4-7 所示。

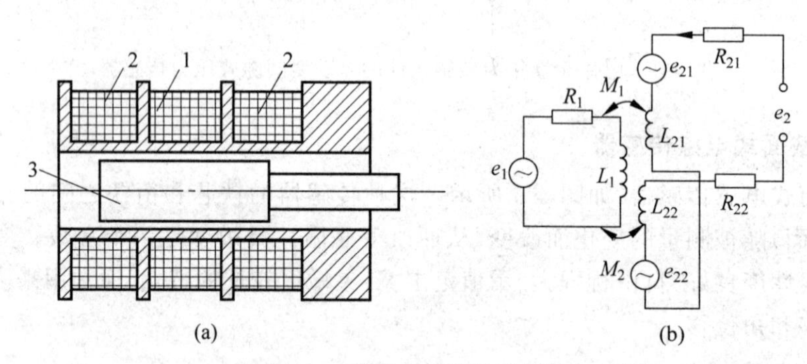

图 4-7 差动变压器的结构

1—原绕组；2—副绕组；3—铁芯

当一次线圈接入激励电源之后，二次线圈就会产生感应电动势，当两者间的互感量变化时，感应电动势也相应发生变化。在线性范围内，输出电动势随衔铁正、负位移而线性变化。当位移 x 为零时，输出电动势 e 不等于零，该不为零的输出电动势称为零点残余电压，如图 4-8 所示 Δu_0，根据输出电动势的大小判断位移的大小，但不能辨别位移的方向。

在如图 4-8 所示的传感器输出特性曲线中，Δu_0 为零点残余电压，即当衔铁处于零点附近时存在的微小误差电压（零点几毫伏，有时可达数十毫伏），会给测量带来误差。

产生零点残余电压的原因是两个二次测量线圈的等效参数(电感、电阻)和几何尺寸不对称,使其输出的基波感应电动势的幅值和相位不同,调整磁芯位置时,不能达到幅值和相位同时相同。铁芯的B-H特性的非线性产生高次谐波不同,不能互相抵消。

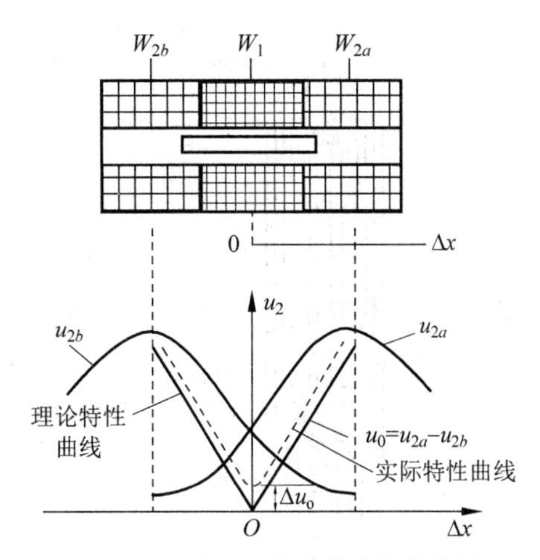

图4-8 差动变压器的输出特性曲线

减小零点残余电压的方法如下。

(1) 尽可能保证传感器几何尺寸、线圈电气参数、磁路对称。磁性材料要经过处理,消除内部的残余应力,使其性能均匀稳定。要经过热处理去除机械应力和改善磁性。

(2) 选用合适的测量电路,如采用相检波电路,既可判别衔铁移动方向又可改善输出特性,减小零点残余电动势。

(3) 采用补偿线路减小零点残余电动势在差动变压器二次侧串、并联适当数值的电阻电容元件,当调整这些元件时,可减小零点残余电动势。

2. 差动变压器的应用

差动变压器在汽车制造业、机床行业都得到了广泛的应用。常用于位移、尺寸、压力力矩的测量,在计数、金属定位以及无损探伤领域也有很多应用。除了汽车制造和机床行业,差动变压器还可测量弯曲和偏移,可测量振荡的振幅高度,可控制尺寸的稳定性,可控制定位,可控制对中心率或偏心率。同时它也可用作磁敏速度开关和齿轮齿条测速,链输送带的速度和距离检测,齿轮计数转速表及汽车防护系统的控制等。另外该类传感器还可用在给料管系统中小物体检测、物体喷出控制、断线监测、小零件区分、厚度检测和位置控制等。

以下是在工程中常见的具体应用。

(1) 位移测量

电感式传感器主要用于测量微位移,凡是能转换成位移量变化的参数,如力、压力、压差、振动、加速度、应变、流量、比重、张力、厚度和液位等都可以使用电感式传感器进行测量。

图4-9所示是轴向式电感测微仪的结构。测量时测端接触被测物,被测物尺寸的微小变化使衔铁在差动线圈中产生位移,造成差动线圈电感量的变化,此电感变化通过电缆接到电桥,电桥的电压输出反映了被测物体尺寸的变化。

(2) 微压力的测量

图4-10所示为差动变压器式微压力传感器,它适用于测量各种生产流程中液体、水蒸气及气体压力。当被测压力未导入传感器时,膜盒无位移。这时,活动衔铁在差动线圈的中间位置,输出电压为零。当被测压力从输入口导入膜盒时,膜盒在被测介质的压力作用下,其自由端产生一个正比于被测压力的位移,测杆使衔铁向上位移,在差动线圈中产生电感量的变化后电压输出,此电压经过处理后,送给二次仪表显示。

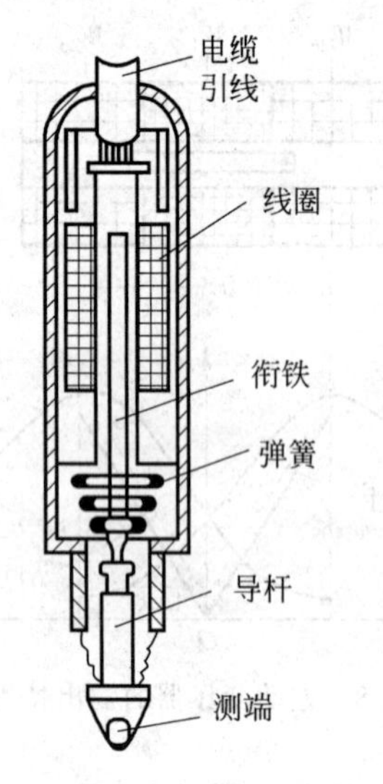

图 4-9 轴向式电感测微仪的结构

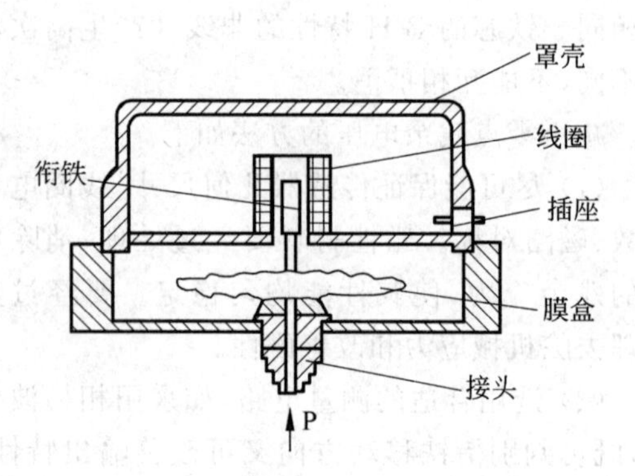

图 4-10 差动变压器式微压力传感器

(3) 板厚的测量

图 4-11 所示为互感式测厚仪,采用差动结构,其测量电路为带相敏检波的交流电桥。当被测物的厚度发生变化时,测杆上、下移动,带动衔铁产生位移,从而改变了上、下气隙的距离,使线圈的电感量发生相应的变化,此电感变化量经过带相敏检波的交流电桥测量后,送测量仪表显示。其大小与被测物的厚度呈正比。

(4) 张力的测量

图 4-12 所示为互感式张力测量仪,采用差动结构,其测量电路为带相敏检波的交流电桥。当被测的张力发生变化时,测杆上、下移动,带动衔铁产生位移,从而改变了上、下气隙的距离,使线圈的电感量发生相应的变化,此电感变化量经过带相敏检波的交流电桥测量后,送测量仪表显示。其大小与被测物的张力呈正比。

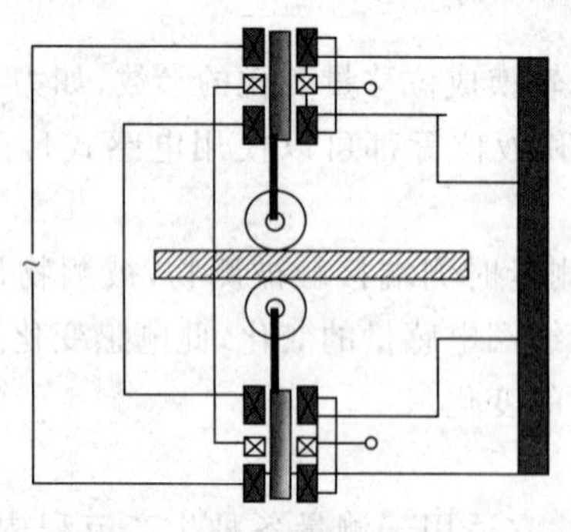

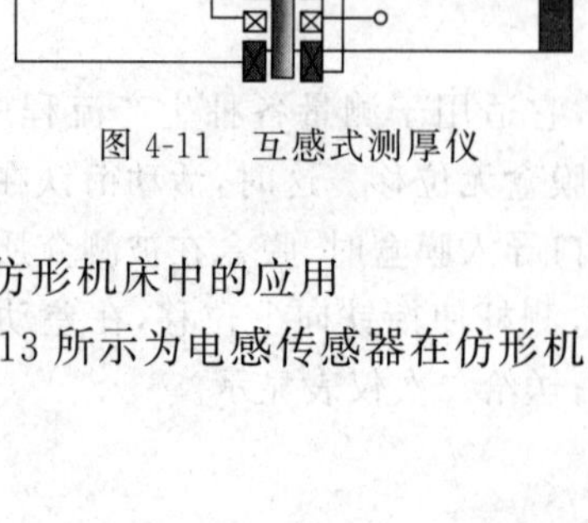

图 4-11 互感式测厚仪

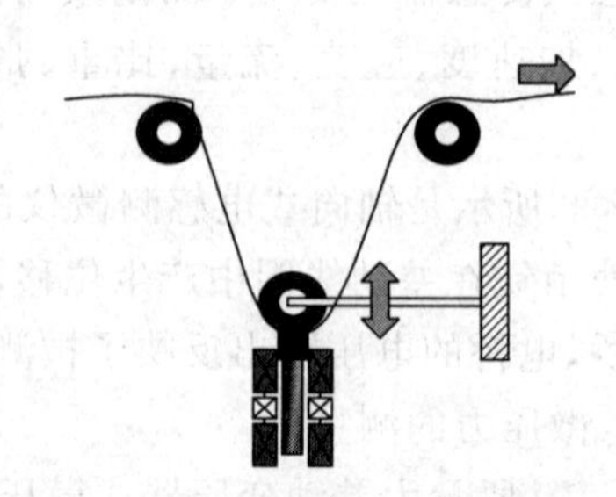

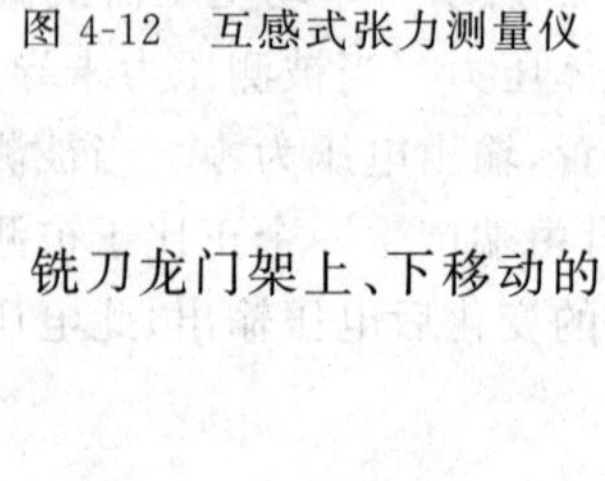

图 4-12 互感式张力测量仪

(5) 仿形机床中的应用

图 4-13 所示为电感传感器在仿形机床中的应用。铣刀龙门架上、下移动的位置决定

了铣刀的切削深度，当标准凸轮转过一个微小的角度时，衔铁上升或下降，偏离中心位置，此信号决定着减小或增大切削的深度，这个过程一直持续到加工出与标准凸轮完全一致的工件为止。

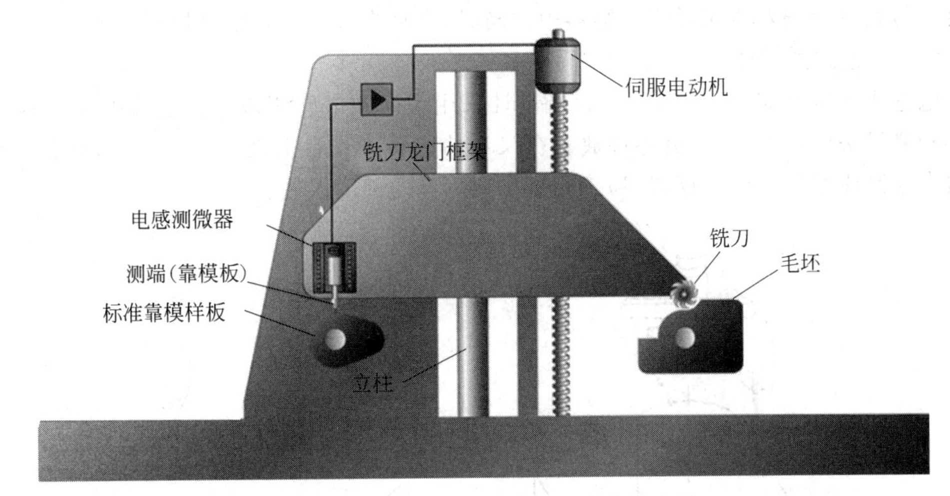

图 4-13　电感传感器在仿形机床中的应用

(6) 电感式滚柱直径自动分选装置

电感式滚柱直径自动分选装置的结构和工作原理如图 4-14 所示。从振动料斗送来的滚柱按顺序进入落料管。电感测微器的测杆在电磁铁的控制下，先提升到一个固定高度，汽缸推杆将滚柱推入电感测微器测头正下方(电磁限位挡板决定滚柱的前、后位置)，电磁铁释放，钨钢测头向下压住滚柱，滚柱的直径大小决定了电感测微器中衔铁的位移

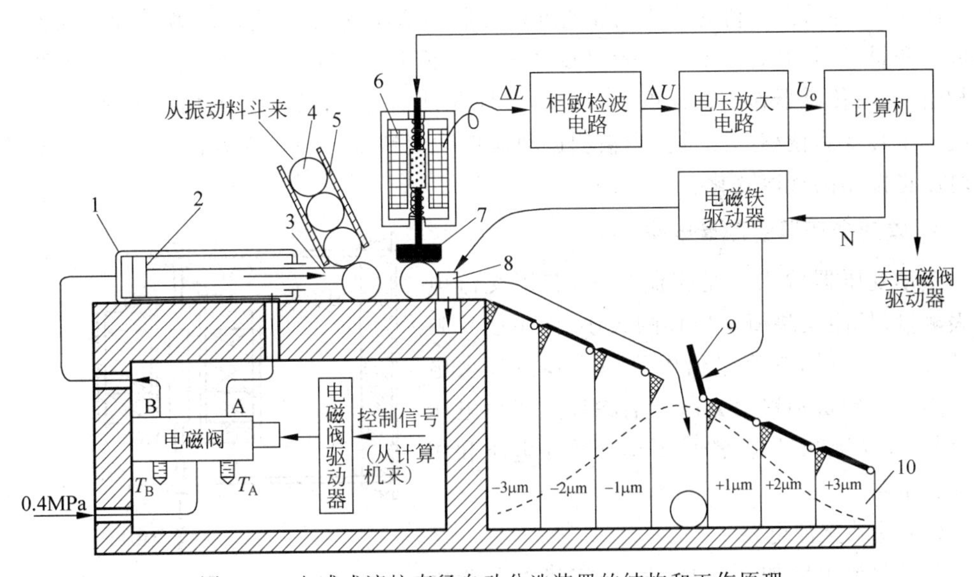

图 4-14　电感式滚柱直径自动分选装置的结构和工作原理

1—汽缸；2—活塞；3—汽缸推杆；4—被测滚柱；5—落料管；6—电感测微器；7—钨钢测头；8—电磁限位挡板；9—电磁翻板；10—容器(料斗)

量。电感式传感器的输出信号经相敏检波电路和电压放大电路处理后送入计算机,计算出直径的偏差值。测量完成后,电磁铁再将测杆提升,电磁限位挡板在其电磁铁的控制下移开,测量滚柱后在汽缸推杆的再次推动下离开测量区域。这时相应的电磁翻板打开,滚柱落入与其直径偏差值相对应的容器中。同时,汽缸推杆和电磁限位挡板复位。

(7) 电感式圆度计

电感式圆度计如图 4-15 所示,该圆度计采用旁向式电感测微头。它的工作过程:传感器和测量头固定不动,被测零件放置在仪器的回转工作台上随工作台一起回转。这种仪器常被制成紧凑的台式仪器,易于测量小型工件的圆度误差。

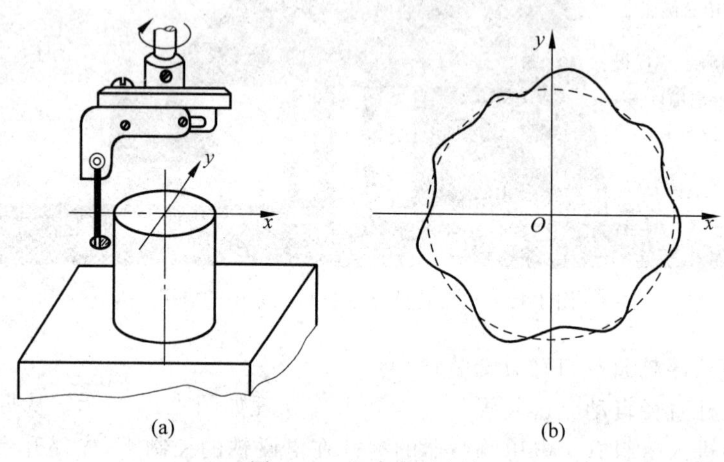

图 4-15 电感式圆度计

(8) 加速度测量

图 4-16 所示为差动变压器式加速度传感器的结构及原理,它由悬臂梁和差动变压器构成。测量时,将悬臂梁底座及差动变压器的线圈骨架固定,将衔铁的 A 端与被测振动体相连,此时传感器作为加速度测量中的惯性元件,它的位移与被测加速度呈正比,使加速度测量转变为位移的测量。当被测振动体带动衔铁以 $\Delta x(t)$振动时,差动变压器的输出电压也按相同规律变化。

3. 差动变压器的测量电路

差动变压器输出的是交流电压,若用交流电压表测量,只能反映衔铁位移的大小,而不能反映移动方向。另外,其测量值中将包含零点残余电压。为了达到辨别移动方向及消除零点残余电压的目的,在实际测量时,常采用差动整流电路和相敏检波电路。

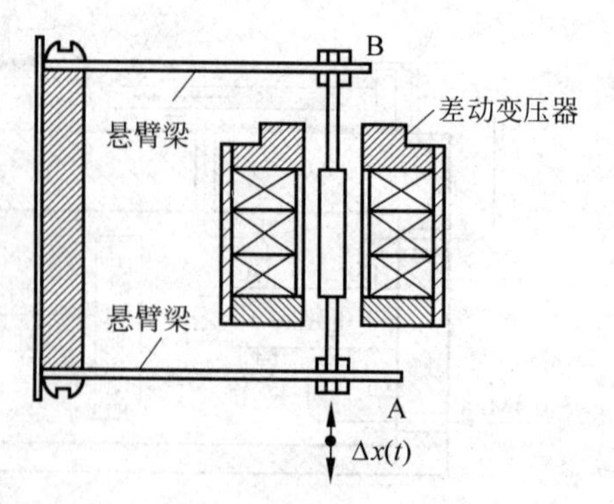

图 4-16 差动变压器式加速度传感器的结构及原理

(1) 差动整流电路

差动整流电路如图 4-17 所示,它将差动变压器的两个次级输出电压分别整流,然后将整流的电压或电流的差值作为输出。差动整流电路具有结构简单，不需要考虑相位调整和零点残余电压的影响，分布电容影响小和便于远距离传输等优点，因此获得广泛应用。

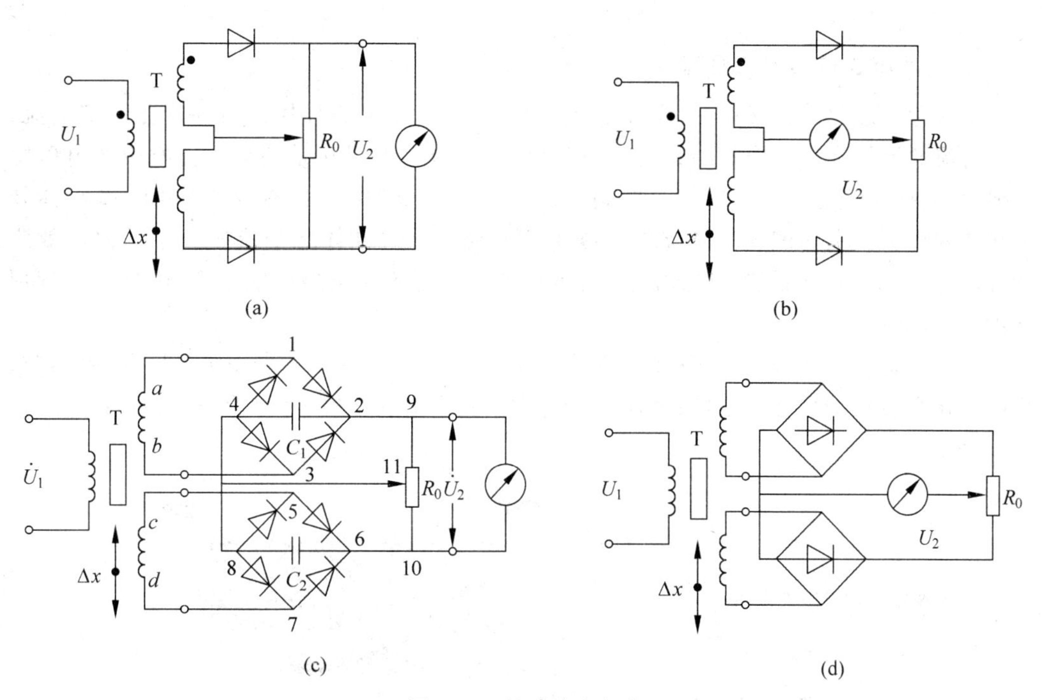

图 4-17　差动整流电路

（2）相敏检波电路

差动相敏检波电路如图 4-18 所示。要求比较电压与差动变压器二次侧输出电压的频率相同，相位相同或相反。另外还要求比较电压的幅值尽可能大，一般情况下，其幅值应为信号电压的 3～5 倍。

采用相敏检波整流电路，得到的输出信号既能反映位移大小，也能反映位移方向。采用相敏检波电路解决了零点残余电压问题，并能实现辨向，如图 4-19 所示。

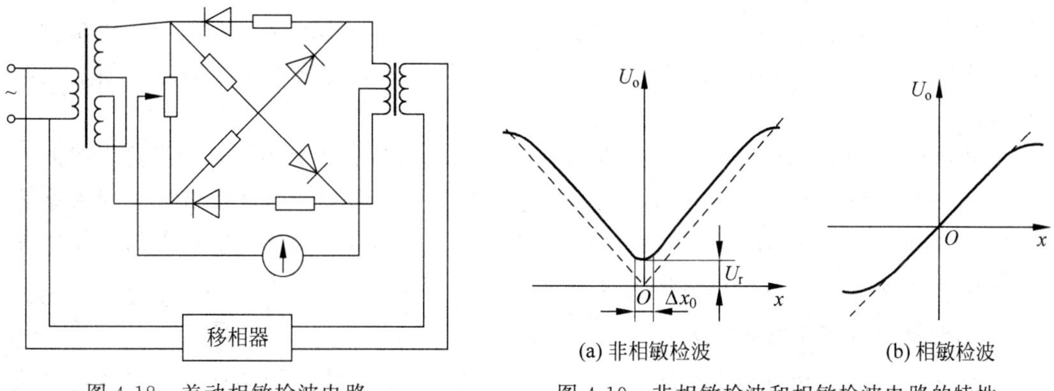

(a) 非相敏检波　(b) 相敏检波

图 4-18　差动相敏检波电路

图 4-19　非相敏检波和相敏检波电路的特性

4.3 电涡流式传感器

1. 电涡流式传感器的原理

金属置于变化的磁场中，或者在固定磁场中运动时，金属导体内就要产生感应电流，这种电流的流线在金属内是闭合的，所以称为电涡流。电涡流是整块导体发生的电磁感应现象，同样遵守电磁感应定律。电涡流产生的必要条件：①存在交变磁场；②导体处于交变磁场中。电涡流式传感器的变换原理：利用金属导体在交流磁场中的涡流效应（电涡流的产生必然消耗一部分能量，从而使产生磁场的线圈阻抗发生变化，这一物理现象称为涡流效应）。

电涡流具有热效应，可以制作真空冶炼炉、电磁炉，如图 4-20 所示。利用电磁感应，可以制作金属探测器和探雷器（金属雷），也可以做通道安全检查门（检查金属物体）。

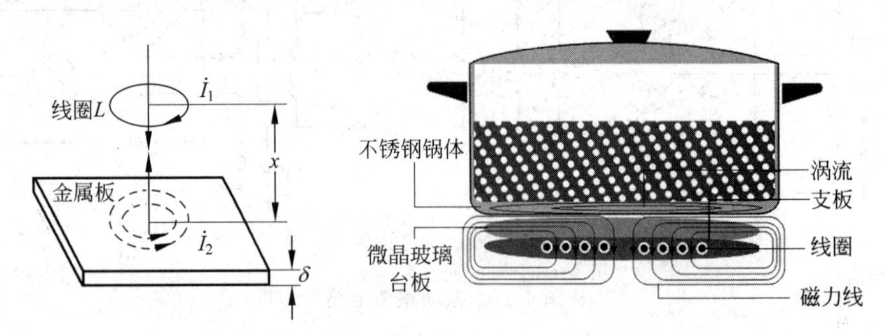

图 4-20 电涡流形成原理和电磁炉

2. 电涡流式传感器的特点

根据电涡流效应制作的传感器称为电涡流式传感器。电涡流式传感器最大的特点是能对位移、振动、厚度、表面温度、速度、应力以及探测金属表面的裂纹和缺陷等进行非接触式连续测量，另外还具有体积小，灵敏度高，频率响应宽等特点，应用极为广泛。

电涡流式传感器可以静态和动态地非接触、高线性度、高分辨力地测量被测金属导体距探头表面的距离。它是一种非接触的线性化计量工具。电涡流式传感器可以准确测量被测体与探头端面之间静态和动态的相对位移变化。前提是被测量的物体必须是金属导体。

电涡流式传感器具备以下特点：①长期工作可靠性好；②灵敏度高；③抗干扰能力强；④非接触测量；⑤响应速度快；⑥不受油水等介质的影响。因此常被用于对大型旋转机械的轴位移、轴振动、轴转速等参数进行长期实时监测，可以分析出设备的工作状况和故障原因，有效地对设备进行保护及预维修。

3. 电涡流式传感器的种类

因为集肤效应，电涡流式传感器分为高频反射式电涡流传感器和低频透射式电涡流传感器两种。

被测导体置于交变磁场范围内时，被测导体就产生了电涡流 I_2，如图 4-21 所示，

I_2 在金属导体的纵深方向并不是均匀分布的，而只集中在金属导体的表面，这称为集肤效应（也称趋肤效应）。集肤效应与激励源频率 f、工件的电导率 σ、磁导率 μ 等有关。频率 f 越高，电涡流渗透的深度越浅，集肤效应越严重。

（1）高频反射式电涡流传感器由一个固定在框架上的扁平线圈组成。电涡流传感器的线圈与被测金属导体间是磁性耦合，电涡流传感器利用耦合程度的变化进行测量。因此，被测物体的物理性质、尺寸和开关都与总的测量装置特性有关。一般来说，被测物体的电导率越高，传感器的灵敏度越高。

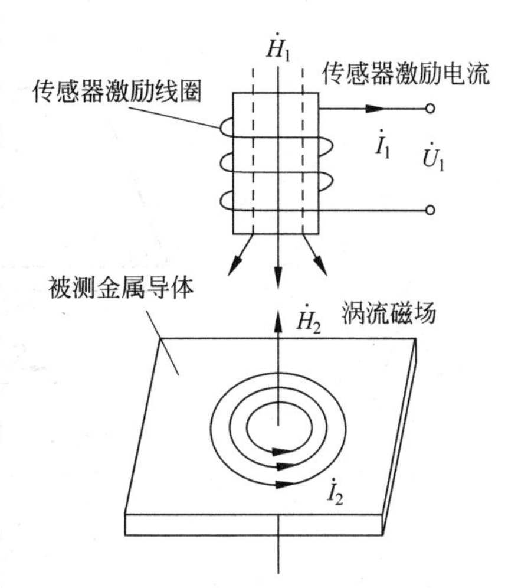

图 4-21　电涡流式传感器的原理

为了充分有效地利用电涡流效应，要求平板型的被测物体的半径应大于线圈半径的 1.8 倍，否则灵敏度要降低。当被测物体是圆柱体时，要求其直径必须为线圈直径的 3.5 倍以上，灵敏度才不受影响。

高频反射式电涡流传感器主要由线圈和框架组成，如图 4-22 所示。由于电涡流式传感器的主体是激磁线圈，因此线圈的性能、几何尺寸和形状对整个测量系统的性能会产生重大影响。一般情况下，线圈的导线采用高强度线圈外径越大，测量范围就越大，但分辨力就越差，灵敏度也降低。

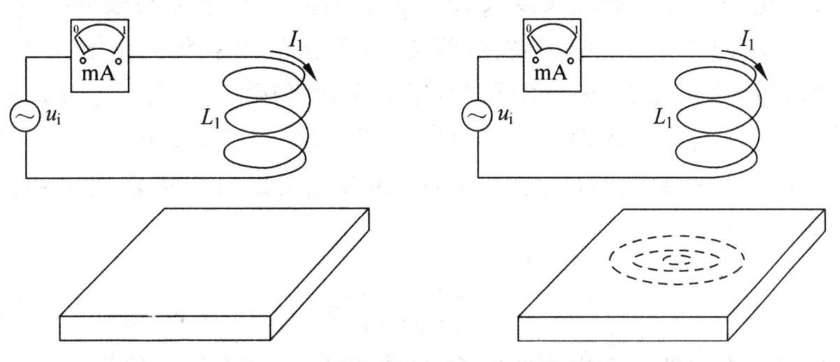

图 4-22　高频反射式电涡流传感器

（2）低频透射式电涡流传感器包括发射和接收线圈，并分别位于被测材料上、下方。低频透射式电涡流传感器如图 4-23 所示，这种传感器采用低频激励，因此有较大的贯穿深度，适合测量金属材料的厚度。一般情况下，测薄金属板时，频率应略高；测厚金属板时，频率应略低。

由振荡器产生的 U_1 加到发射线圈 L_1 两端，若两线圈间无金属导体，则 L_2 的磁力线能较多穿过 L_2，在 L_2 上产生的感应电压 e_2 最大。如果在两个线圈之间设置金属板，由于在金属板内产生电涡流，该电涡流消耗了部分能量，使到达线圈 L_2 的磁力线减少，从而引起 e_2 下降。线圈 L_2 的感应电压与被测厚度的增大按负幂指数的规律减小。为了较好地进行厚度测量，激励频率应选得较低，频率太高，贯穿深度小于被测厚度，不利于进行厚度测量，通常选择 1kHz 左右。

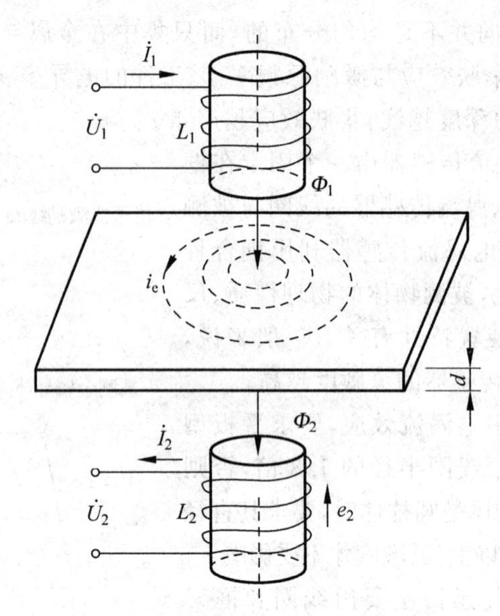

图 4-23 低频透射式电涡流传感器

4. 测量转换电路

用于电涡流式传感器的测量电路主要有调频式电路和调幅式电路两种。

(1) 调频式电路。传感器线圈接入 LC 振荡回路，当传感器与被测物体距离 x 发生改变时，在涡流影响下传感器的电感发生变化，导致振荡频率发生变化，该变化的频率是距离 x 的函数，即 $f=L(x)$，该频率可由数字频率计直接测量，或者通过 f-U 变换，用数字电压表测量对应的电压。振荡器测量电路如图 4-24(a)所示。图 4-24(b)是振荡电路，它由克拉泼电容三点式振荡器(C_2、C_3、L、C 和 VT_1) 以及射极输出电路两部分组成。振荡频率为

$$f=\frac{1}{2\pi\sqrt{L(x)C}} \tag{4-2}$$

为了避免输出电缆的分布电容的影响，通常将 L、C 装在传感器内。此时电缆分布电容并联在大电容 C_2、C_3 上，因此对振荡频率 f 的影响会大大减小。

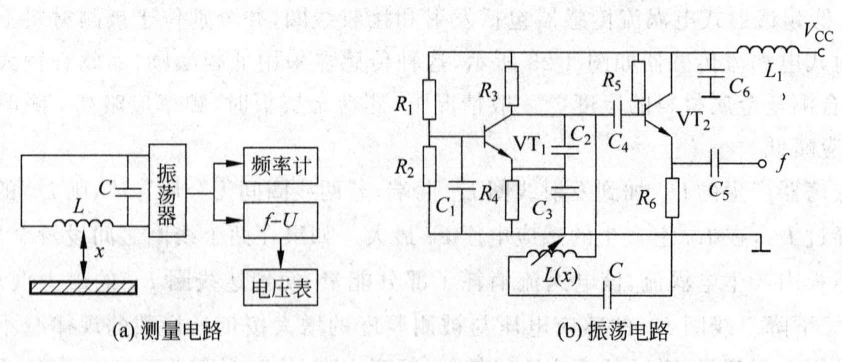

图 4-24 调频式电路

(2) 调幅式电路。由传感器线圈 L、电容器 C 和石英晶体组成的石英晶体调幅式电路如图 4-25 所示。石英晶体振荡器起恒流源的作用，可以给谐振回路提供一个频率(f_0)稳定的激励电流 i_0，LC 回路输出电压为

$$U_0 = i_0 f(Z) \tag{4-3}$$

式中，Z 为 LC 回路的阻抗。

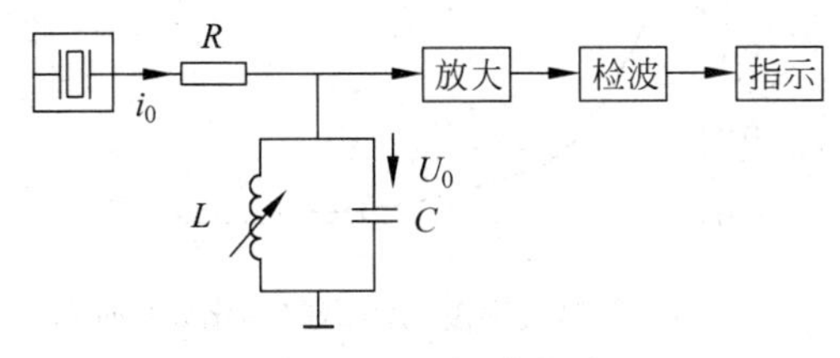

图 4-25　调幅式电路

当金属导体远离或去掉时，LC 并联谐振回路谐振频率即为石英振荡频率 f_0，回路呈现的阻抗最大，谐振回路的输出电压也最大；当金属导体靠近传感器线圈时，线圈的等效电感 L 发生变化，导致回路失谐，从而使输出电压降低，L 的数值随距离 x 的变化而变化。因此，输出电压也随 x 的变化而变化。输出电压经放大、检波后，由指示仪表直接显示出 x 的大小。

5. 电涡流式传感器的应用

电涡流式传感器是利用电涡流效应，将非电量转换为阻抗的变化而进行测量的。一般情况下，线圈的阻抗变化与金属导体的电阻率 ρ、磁导率 μ、线圈与金属导体的距离 δ 以及线圈激励电流的频率 f 等参数有关。线圈阻抗 Z 是这些参数的函数，可写成

$$Z = f(\rho, \delta, \mu, f) \tag{4-4}$$

① 利用位移 δ 作为变化量，可以做成测量位移、厚度、振动、转速等传感器，也可做成接近开关、计数器等。

② 利用材料电阻率 ρ 作为变换量，可以做成温度测量、材质判别等传感器。

③ 利用磁导率 μ 作为变换量，可以做成测量应力、硬度等传感器。

④ 利用变换量 δ、ρ、μ 的综合影响，可以做成探伤装置等。

(1) 位移测量。位移测量包括偏心、间隙、位置、倾斜、弯曲、变形、移动、圆度、冲击、偏心率、冲程和宽度等。来自不同应用领域的许多量都可归结为位移或间隙变化，如图 4-26 所示。

根据归一化曲线表明：①电涡流强度与距离 x 呈非线性关系，且随着 x/ras 的增加而迅速减小。②当利用电涡流式传感器测量位移时，只有在 x/ras(一般取 0.05～0.15)的范围才能得到较好的线性和较高的灵敏度。

电涡流位移传感器是一种输出为模拟电压的电子器件。接通电源后，在电涡流探头(图 4-27)的有效面(感应工作面)将产生一个交变磁场。当金属物体接近此感应面时，金属表面吸取电涡流探头中的高频振荡能量，使振荡器的输出幅度线性衰减，根据衰减量的变化，可计算出与被检物体的距离、振动等参数。这种位移传感器属于非接触测量，工作时不受灰尘等非金属因素的影响，寿命较长，可在各种恶劣条件下使用。

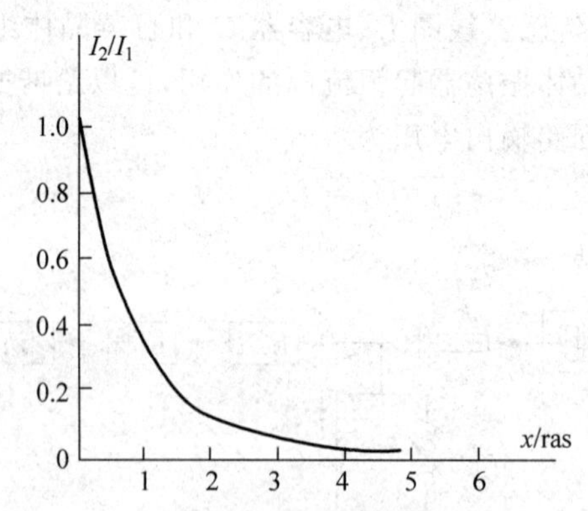

图 4-26 电涡流强度与距离归一化处理曲线

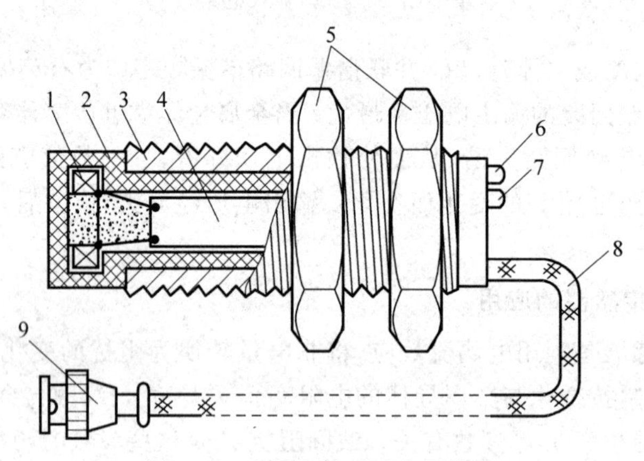

图 4-27 电涡流探头的内部结构

1—电涡流线圈；2—探头壳体；3—壳体上的位置调节螺纹；4—印制线路板；5—夹持螺母；6—电源指示灯；7—阈值指示灯；8—输出屏蔽电缆线；9—电缆插头

电涡流式传感器可以用来测量各种形式的位移量。图 4-28 是位移计测量。

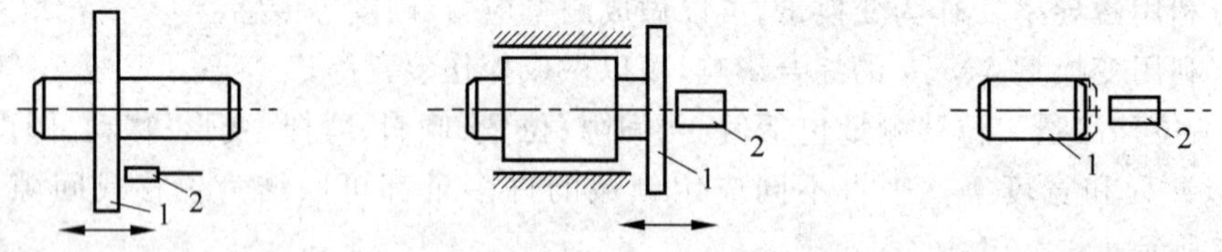

(a) 汽轮机主轴的轴向位移测量　(b) 磨床换向阀、先导阀的位移测量　(c) 金属试件的热膨胀系数测量

图 4-28 位移计测量

1—被测件；2—传感器探头

(2) 振幅测量。图 4-29(a)为汽轮机和空气压缩机常用的以电涡流式传感器来监控主轴的径向振动；图 4-29(b)为测量发动机涡轮叶片的振幅；图 4-29(c)为在研究轴的振动时，需要了解轴的振动形状，做出轴振形图。通常使用数个传感器探头并排安置在轴附近。用多通道指示仪输出至记录仪。在轴振动时，可以获得各个传感器所在位置轴的瞬时振幅，从而画出轴振形图。

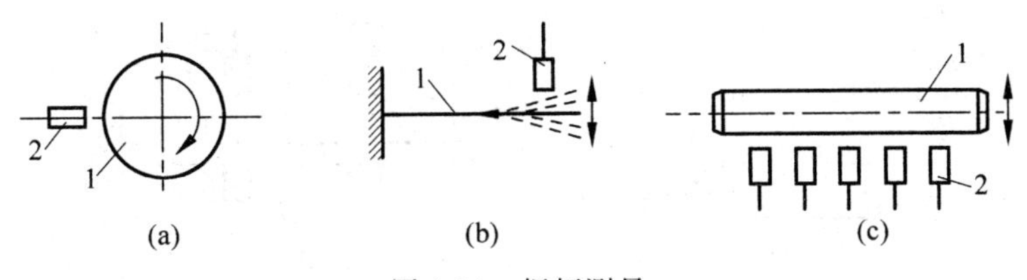

图 4-29 振幅测量

1—被测体；2—传感器探头

电涡流式传感器可以无接触地测量各种振动的振幅频谱分布。在汽轮机和空气压缩机中常用电涡流式传感器监控主轴的径向和轴向振动，也可以测量发动机涡流叶片的振幅。在研究机器振动时，常常采用将多个传感器放置在机器的不同部位进行检测的方法，得到各个位置的振幅值、相位值，从而画出振形图。

(3) 厚度测量。图 4-30 所示为应用高频反射式电涡流传感器检测金属带材厚度的原理。为了克服带材不够平整或运行过程中上、下波动的影响，在带材的上、下两侧对称设置了两个特性完全相同的电涡流传感器 S_1 和 S_2。S_1 和 S_2 与被测带材表面之间的距离分别为 x_1 和 x_2。若带材厚度不变，则被测带材上、下表面之间的距离总有 $x_1+x_2=$ 常数的关系存在。两传感器的输出电压之和为 $2U_o$，数值不变。如果被测带材厚度改变量为 $\Delta\delta$，则两传感器与带材之间的距离也改变一个 $\Delta\delta$，两传感器输出电压此时为 $2U_o\pm\Delta U$，ΔU 经放大器放大后，通过指示仪表即可指示出带材厚度的变化值。带材厚度给定值与偏差指示值的代数和就是被测带材的厚度。

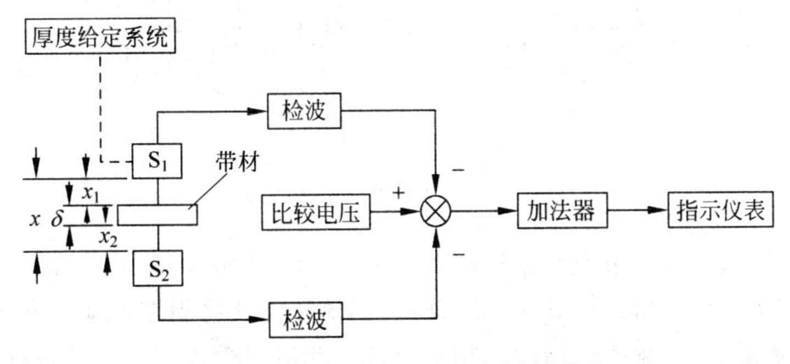

图 4-30 高频反射式涡流厚度传感器

如图 4-31(a)所示，当金属板 1 的厚度发生变化时，会改变传感器探头 2 与金属板间的距离，从而引起输出电压的变化。工作过程中金属板上、下波动，这会影响测量精度。由于存在集肤效应，镀层或箔层越薄，电涡流越小。测量前，可先用电涡流测厚仪对标准厚度的镀层和铜箔作出“厚度-输出”电压的标定曲线，以便测量时参照。

图 4-31(b)所示为用比较的方法测量厚度。在被测金属板的上方设有发射传感器线圈 L_1，在被测金属板下方设有接收传感器线圈 L_2。当在 L_1 上加低频电压 U_1 时，L_1 上产生交变磁通 Φ_1，若两线圈间无金属板，则交变磁通直接耦合至 L_2 中，L_2 产生感应电压 U_2。如果将被测金属板放入两线圈之间，则 L_1 线圈产生的磁场将导致在金属板中产生电涡流，并贯穿金属板，此时磁场能量受到损耗，使到达 L_2 的磁通减弱为 $\Phi_{1'}$，从而使 L_2

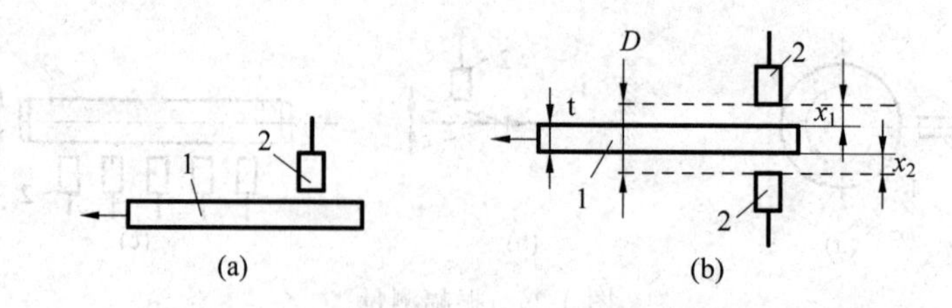

图 4-31 厚度计测量

1—被测物；2—传感器探头

产生的感应电压 U_2 下降。金属板越厚，涡流损失越大，电压 U_2 越小。因此，可根据 U_2 电压的大小得知被测金属板的厚度。透射式涡流厚度传感器的检测范围可达 1～100mm，分辨率为 0.1μm，线性度为 1%。

(4) 转速测量。如图 4-32 所示，当被测旋转轴转动时，电涡流传感器与输出轴的距离变为 $d_0+\Delta d$。由于电涡流效应使传感器线圈阻抗随 Δd 的变化而变化，这种变化导致振荡谐振回路的品质因数发生变化，从而直接影响振荡器的电压幅值和振荡频率。因此，随着输入轴的旋转，从振荡器输出的信号中会包含与转速呈正比的脉冲频率信号。该信号由检波器检出电压幅值的变化量，然后经整形电路输出频率为 f_n 的脉冲信号。该信号经电路处理可得到被测转速。

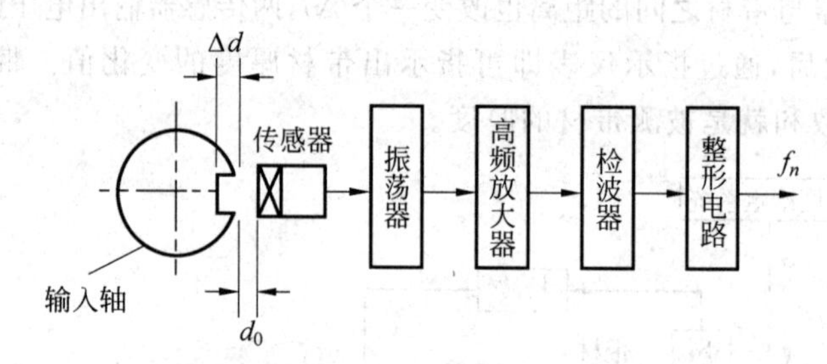

图 4-32 电涡流式转速传感器的工作原理

在一个旋转体上开一条或数条槽如图 4-33(a)所示，或者做成齿，如图 4-33(b)所示，旁边安装一个涡流传感器。当旋转体转动时，涡流传感器将周期性地改变输出信号，此电压经过放大、整形，可用频率计指示出频率数值。此值与槽数和被测转速有关，即

$$n=\frac{f}{z}\times 60 \tag{4-5}$$

式中，n 为转速，r/min；z 为齿或凹槽的数目，个；f 为频率计的脉冲频率数值，Hz。

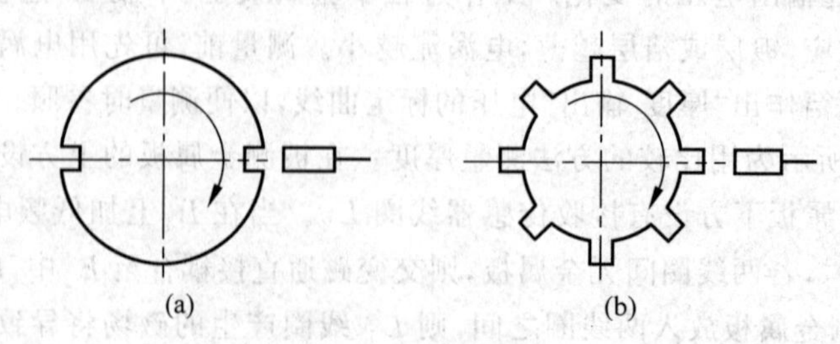

图 4-33 转速测量

这种转速传感器可实现非接触式测量，抗污染能力很强，可安装在旋转轴旁边长期对被测转速进行监视。最高测量转速可达 600 000r/min。

(5) 涡流探伤。涡流探伤是无损探伤的一种。在不破坏被检测对象物理化学性能和几何完整性的情况下，对其表面和内部参数或性能进行测量，称为无损检测。如果检测的目的是发现伤损，则称为无损探伤。在大多数情况下，如无特殊说明，无损检测实际指的就是无损探伤。

在国民经济各个领域，广泛使用着很多金属管(棒)件，如关系千家万户的煤气、天然气管道，开采石油的抽油杆，铁路上拉动道岔的拉杆等，这些关键件一旦出现裂缝，就会产生严重的后果。如果能及时发现隐患，就可避免事故的发生。涡流传感器可专门用于探伤金属管、棒的裂纹，用户可根据需要，配以二次仪表，即可进行检测、报警等。

涡流传感器可以用来检查金属的表面裂纹、热处理裂纹以及用于焊接部位的探伤等。

裂纹将引起金属的电阻率、磁导率的变化。在裂纹处也有位移值的变化。这些综合参数(x,ρ,μ)的变化将引起传感器参数的变化，通过测量传感器参数的变化即可达到探伤的目的。

在探伤时，重要的是缺陷信号和干扰信号比。为了获得需要的频率而采用滤波器，如图 4-34(a)所示，需要进一步抑制干扰信号，可采用幅值甄别电路。把这一电路调整到裂缝信号正好能通过的状态，凡是低于裂缝信号都不能通过这一电路，这样干扰信号都被抑制掉了，如图 4-34(b)所示。

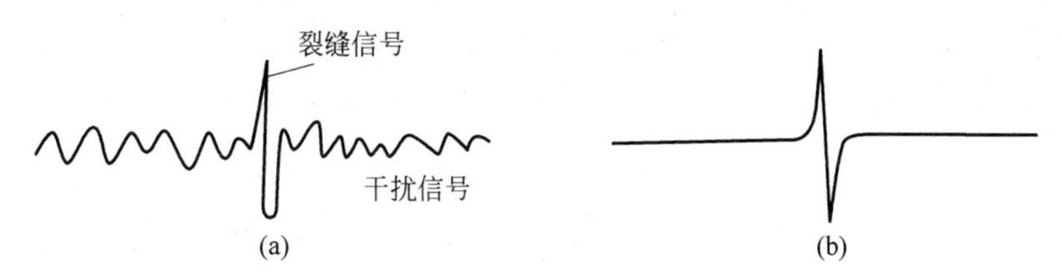

图 4-34 用涡流探伤时的测量信号

由于涡流式传感器测量范围大、灵敏度高、结构简单、抗干扰能力强以及可以非接触测量等优点，因此广泛应用于工业生产和科学研究的各个领域。

思考和练习

1. 自感式传感器有哪几种？分别有什么特点？

2. 电感式传感器为什么选用差动式结构？

3. 试比较自感式传感器和差动变压器式传感器的异同。

4. 什么是零点残余电压？说明该电压产生的原因及消除方法。

5. 在差动变压器式传感器的测量电路中，有差动整流电路和相敏检波电路。试介绍这两种测量电路的工作原理，并比较它们的特点。

6. 高频反射式电涡流传感器的基本原理是什么？

7. 利用电涡流传感器测量板材厚度的原理是什么？

8. 当使用电涡流式传感器测量金属板厚度和非金属板的镀层厚度时，采用的是低频透射式还是高频反射式的测量原理？

9. 自感式传感器、差动变压器式传感器、电涡流式传感器和电容式传感器的基本测量量是位移。请从测量原理、测量范围、测量精度、测量特点和测量电路几个方面，对这几种传感器测量位移进行比较。

10. 电阻式传感器、电容式传感器、电感式传感器有何异同？

第5章

位置传感器

引言

精密的位移传感器又被称为位置传感器。因数字传感器测量精度等原因,位置传感器大都为数字式传感器,在制造业中被广泛应用。接近传感器是具有感知物体接近能力的传感器,可以了解位置信息,在制造业中也有大量应用。

数字式传感器有计数型和代码型两大类。计数型又称脉冲计数型,它可以是任何一种脉冲发生器,所发出的脉冲数与输入量呈正比,加上计数器就可以对输入量进行计数。代码型传感器即绝对值式编码器,它输出的信号是二进制数字代码,每一代码相当于一定的输入量的值。

接近传感器有一类是非接触式开关,即接近开关,在机械加工领域等被广泛应用。

导航——教与学

理论	重点	角编码器、光栅、接近开关的原理和应用
	难点	角编码器和光栅的原理
	教学规划	从传感器的输出量入手,引出数字式传感器的定义和作用、测量的方式,再介绍角编码器和光栅。介绍接近开关和转速测量
	建议学时	6学时
操作	面包板	旋转编码器KY040,旋转编码器控制步进电动机(条件允许,选做)
	实验	霍尔开关测速实验
	建议学时	2学时(结合线上配套素材)

5.1 位置传感器与测量方式

5.1.1 位置传感器

精密的位移传感器又称为位置传感器。因数字传感器测量精度等原因,位置传感器大都为数字式传感器。

数字式传感器的优点是：大量程、测量精度与分辨率高，无读数误差；抗干扰能力强，稳定性好，易于远距离传输；易于与微机接口，便于信号处理和实现自动化测控。数字式传感器有脉冲数字式和数字频率式两种类型。脉冲数字式包括计量光栅、磁栅、感应同步器、角编码器；数字频率式包括振荡电路、振筒、振膜、振弦。本书主要介绍角编码器和光栅。

位置传感器有直线式和旋转式两大类。用直线式传感器测量直线位移，用旋转式传感器测量角位移，这种测量方式为直接测量。例如，直线光栅和长磁栅等测量直线位移；角编码器、圆光栅、圆磁栅等测量角位移。

5.1.2 直接测量和间接测量

测量可分为直接测量和间接测量。

直接测量：被测量直接与标准量比较而得到测量值的方法，如用游标卡尺来获得轴直径。

间接测量：在直接测量的基础上，通过直接测量与被测参数存在已知函数关系的其他量而得到该被测参数值的测量。如圆的面积 S，可通过直接测量其直径 D，再通过公式计算得到面积。

直接测量比较直观，间接测量比较烦琐。一般情况下，当被测尺寸用直接测量达不到精度要求时，就不得不采用间接测量。如用测角位移的传感器测线位移，用测线位移的传感器测角位移，就是间接测量。旋转式位置传感器测量的回转运动只是中间值，再由它推算出与之关联的移动部件的直线位移，则该测量方式为间接测量。通过丝杠-螺母、齿轮-齿条等传动机构可实现直线和角度的转换，如图 5-1 所示。

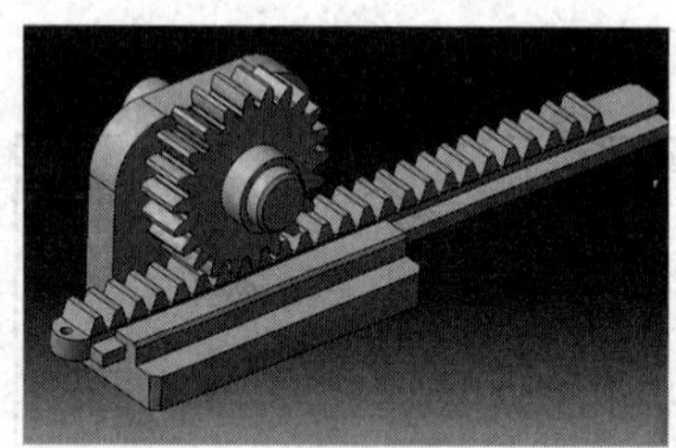
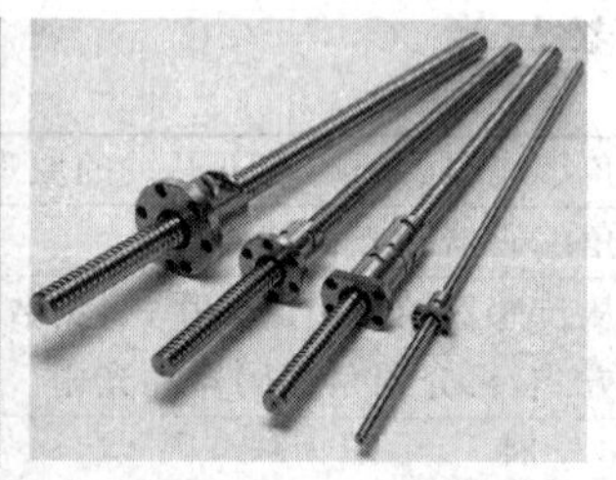

图 5-1　齿轮-齿条和丝杠-螺母

如图 5-2 所示，用齿轮-齿条实现用编码器测量线位移。

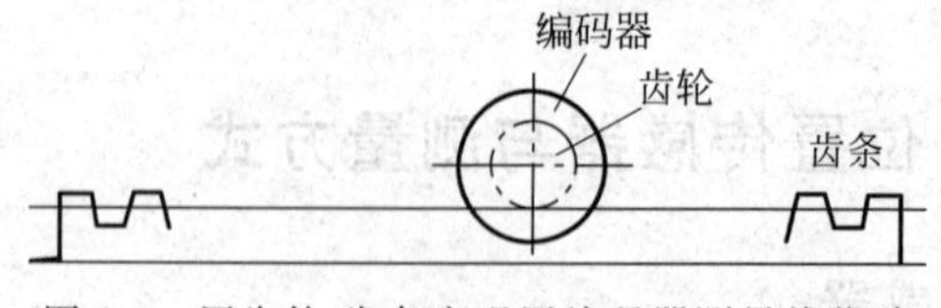

图 5-2　用齿轮-齿条实现用编码器测量线位移

测量还分为接触式测量和非接触式测量。接近开关为非接触式测量。

5.2　角编码器

5.2.1　角编码器分类

1. 按输出分类

脉冲盘式编码器的输出是一系列脉冲，需要一个计数系统对脉冲进行加减（正向或反向旋转）累计计数，一般还需要一个基准数据即零位基准，才能完成角位移的测量。绝对编码器不需要基准数据及计数系统，它在任意位置都可以给出位置相对应的固定数字码输出，能方便地与数字系统（如微机）连接。角编码器的分类如图5-3所示。

2. 按结构形式分类

直线式编码器用于测量线位移；旋转式编码器用于测量角位移。角编码器是把角位移或直线位移转换成电信号的一种装置，前者称为码盘，后者称为码尺。

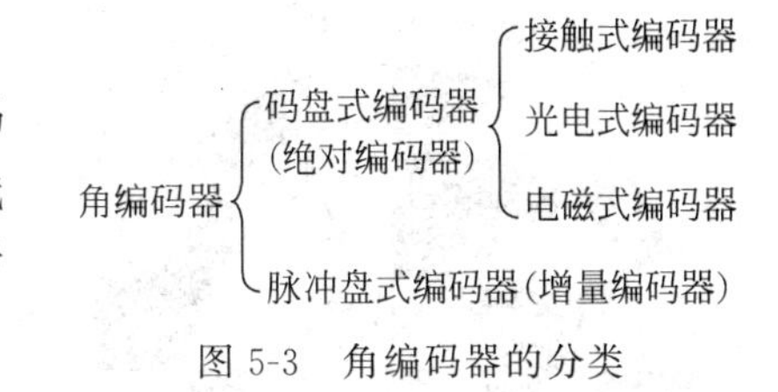

图5-3　角编码器的分类

5.2.2　码盘式编码器（绝对编码器）

码盘式编码器按结构可分为接触式、光电式和电磁式编码器三种。

1. 接触式编码器

码盘与被测的旋转轴相连，沿码盘的径向安装几个电刷，每个电刷与码盘上的对应码道直接接触，涂黑部分为导电区，所有导电部分连接在一起，接高电位，代表"1"；空白部分表示绝缘区，为低电位，代表"0"。每圈码道上都有一个电刷，电刷经电阻接地。当码盘与轴一起转动时，电刷上出现相应的电位，对应一定的数码。

自然二进制码（8-4-2-1码制）可以直接由数/模转换器转换成模拟信号，但某些情况，如从十进制的3转换成4时二进制码的每一位都要变，使数字电路产生很大的尖峰电流脉冲，电刷安装不可能绝对精确必然存在机械偏差，这种机械偏差会产生非单值性误差。而格雷码则没有这一缺点。非单值性误差是指由码盘制作和电刷安装误差所引起的误差。

非单值性误差消除方法：格雷码代替二进制码。格雷码相邻的两个数码间只有一位是变化的，它能较有效地克服由于制作和安装不准而带来的误差。它在任意两个相邻的数之间转换时，只有一个数位发生变化，大大地减少了由一个状态到下一个状态时逻辑的混淆。由于最大数与最小数之间也仅有一个数不同，故通常又叫格雷反射码或循环码。循环码盘可降低对码盘的制作与电刷的安装要求。四位二进制和循环码对照见表5-1。

表5-1　四位二进制和循环码对照

十进制数	二进码	循环码	十进制数	二进码	循环码
0	0000	0000	3	0011	0010
1	0001	0001	4	0100	0110
2	0010	0011	5	0101	0111

续表

十进制数	二进码	循环码	十进制数	二进码	循环码
6	0110	0101	11	1011	1110
7	0111	0100	12	1100	1010
8	1000	1100	13	1101	1011
9	1001	1101	14	1110	1001
10	1010	1111	15	1111	1000

图 5-4 所示为四个码道,称四位码盘,能分辨的角度为 $\alpha=360°/2^4=22.5°$。若采用 n 位码盘,则能分辨的角度为 $\alpha=360°/2^n$,位数 n 越大,能分辨的角度越小,测量越精确。

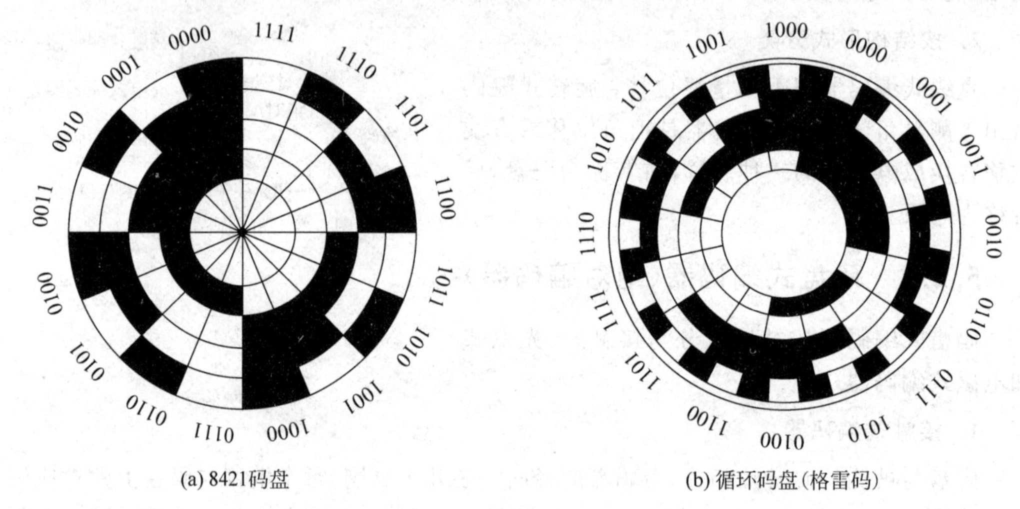

(a) 8421码盘　　(b) 循环码盘(格雷码)

图 5-4　四位二进制码盘

接触式编码器的特点为结构简单,对码盘的制作与电刷的安装要求严格。n 决定了码盘的精度,受电刷数量的限制。高精度的测量必须用光电式或电磁式码盘。

2. 光电式编码器(非接触式)

光电式编码器是一种通过光电转换将输出轴上的机械几何位移量转换成脉冲或数字量的传感器。光电式编码器采用照相腐蚀工艺,刻出透光、不透光的码形,其装有与码道相同个数的光电转换元件替代电刷。光电式码盘由光学玻璃制成,其上有代表一定编码(多采用循环码)的透明和不透明区,码盘上码道的条数就是数码的位数,对应每一码道有一个光敏元件,如图 5-5 所示。

光电式编码器的优点是分辨率高,精度高(10^{-8}),体积小,易于集成,允许高速旋转,非接触式测量,寿命长,可靠性高。我国已有 16 位光电码盘,其分辨力达 $360/2^{16}$。缺点是结构复杂,光源寿命较短。

3. 电磁式编码器

电磁式编码器是在圆盘上按一定的编码图形,如图 5-6 所示,做成磁化区(磁导率高)和非磁化区(磁导率低),采用小型磁环或微型马蹄形磁芯做磁头,磁头或磁环紧靠码盘,

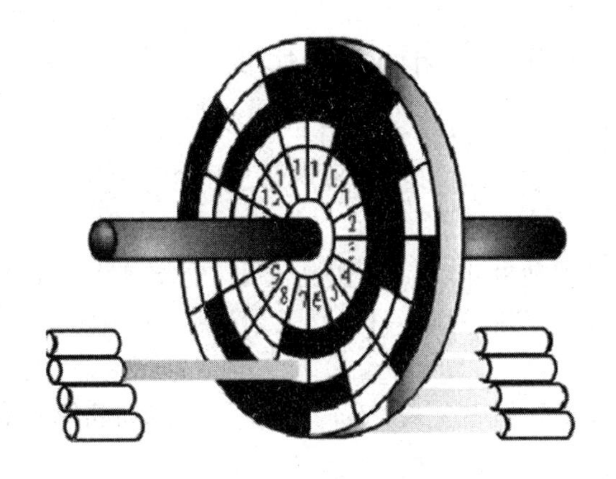

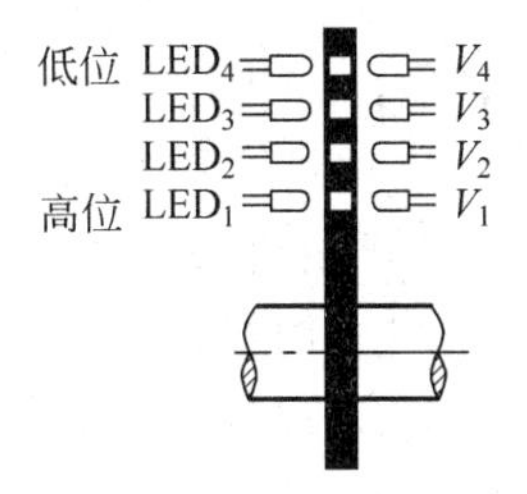

图 5-5　光电式码盘

但又不与它接触，每个磁头上绕两组绕组，原边绕组用恒幅恒频的正弦信号激磁，副边绕组用作输出信号。由于副边绕组上的感应电动势与整个磁路的磁导有关，因此可以区分状态“1”和“0”。几个磁头同时输出，就形成了数码。

电磁式编码器的特点是无接触码盘，精度高，寿命长，比接触式码盘工作可靠，对环境要求较低，但其成本比接触式码盘高。

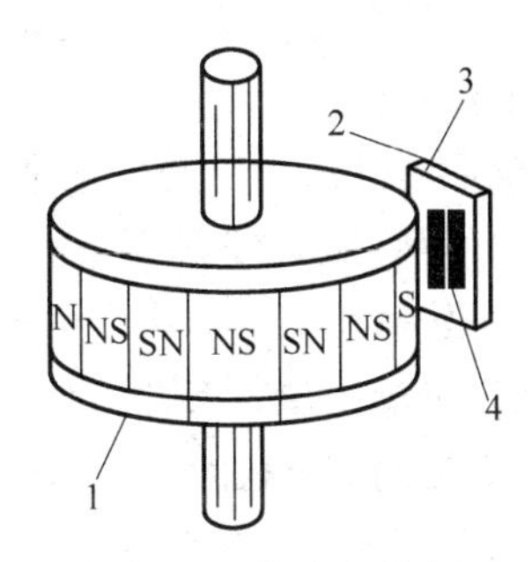

图 5-6　电磁式码盘

1—磁鼓；2—气隙；3—磁敏传感部件；4—磁头

5.2.3　脉冲盘式编码器（增量式编码器）

在增量式测量中，移动部件每移动一个基本长度单位，位置传感器便发出一个测量信号，此信号通常是脉冲形式。一个脉冲所代表的基本长度单位就是分辨力，对脉冲计数，便可得到位移量。

外圈为增量码道，内圈为辨向码道，在内外圈之外的某一径向位置，也开有一条缝隙，表示码盘的零位，如图 5-7 所示。

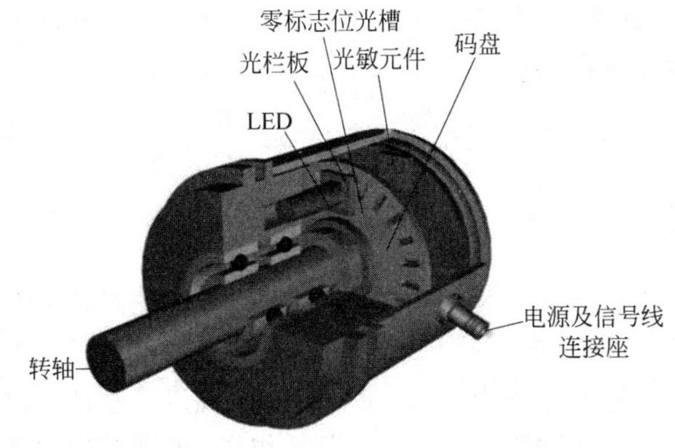

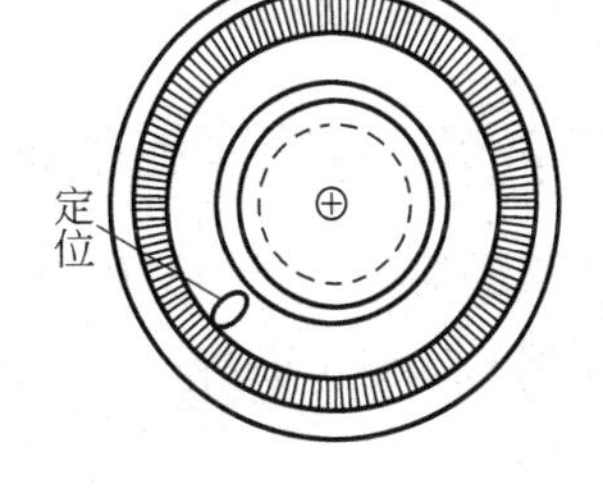

图 5-7　增量式码盘

5.2.4 码盘式编码器和脉冲盘式编码器的比较

1. 原理不同

码盘式编码器按照角度直接进行编码，可直接把被测转角用数字代码表示出来，每个角度都有特定的二进制代码。每一个被测点都有一个对应的编码，常以二进制数的形式来表示。码盘式编码器的测量即使断电之后再重新上电，也能读出当前位置的数据。码盘式编码器由机械位置决定每个位置的唯一性，它无须记忆，无须找参考点，而且不用一直计数，什么时候需要知道位置，什么时候就去读取它的位置。这样，编码器的抗干扰特性、数据的可靠性就大大提高了。但码盘式编码器的结构复杂，价格昂贵，体积大，分辨率越高越复杂。

脉冲盘式编码器是在玻璃、金属或塑料圆盘的整周刻上放射状的透光栅线，并刻上确定零位标志的光栅线，以脉冲数字的形式输出当前状态与前一状态的差值，即增量值，然后用计数器记取脉冲数。脉冲盘式编码器的结构简单，价格便宜，体积小。脉冲盘式编码器测量的缺点是一旦中途断电，将无法得知运动部件的绝对位置。

图 5-8 码盘式编码器和脉冲盘式编码器

脉冲盘式编码器的位置是从零位标记开始计算的脉冲数量确定的，而码盘式编码器的位置是由输出代码的读数确定的。在一圈里，每个位置输出代码的读数都是唯一的。因此，当电源断开时，码盘式编码器并不与实际的位置分离。如果电源再次接通，那么位置读数仍是当前的、有效的；而脉冲盘式编码器必须去寻找零位标记。

码盘式编码器和脉冲盘式编码器如图 5-8 所示。

2. 分辨率不同

码盘式编码器的测量精度取决于它所能分辨的最小角度，而这与码道数 n 有关，即最小分辨角度及分辨率为

$$\alpha = 360°/2^n, \quad 分辨率 = 1/2^n \tag{5-1}$$

脉冲盘式编码器的测量精度取决于它所能分辨的最小角度，而这与码盘圆周上的狭缝条纹数 n 有关，即最小分辨角度及分辨率为

$$\alpha = \frac{360°}{n}, \quad 分辨率 = \frac{1}{n} \tag{5-2}$$

5.2.5 角编码器的应用

角编码器产生电信号后由数控装置 CNC、可编程逻辑控制器 PLC、控制系统等来处理。角编码器除了能直接测量角位移或间接测量直线位移外，可用于数字测速、工位编码、伺服电动机控制等，主要应用在机床、材料加工、电动机反馈系统以及测量和控制设备。从旋转编码器的应用看，其既可作为角度传感器，又可间接作为长度传感器或速度传感器。如图 5-9 所示为角编码器在定位加工中的应用。

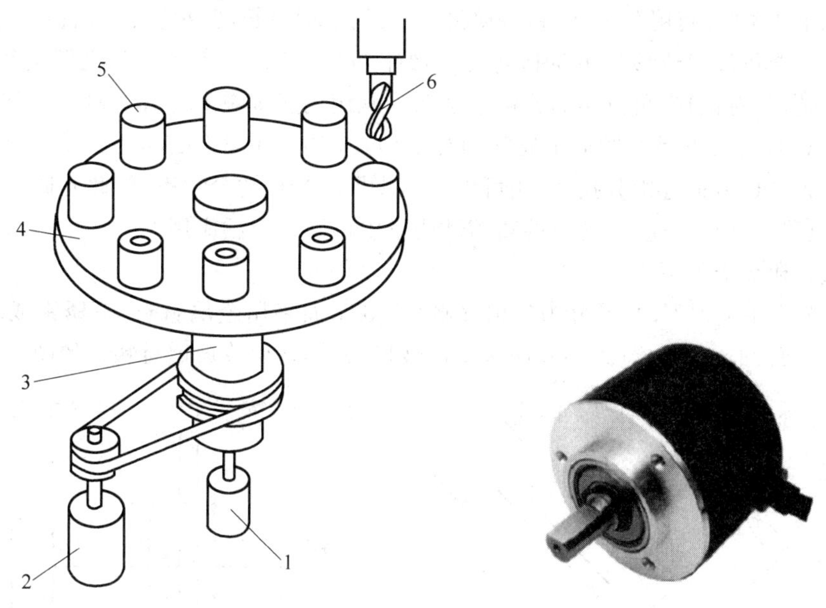

图 5-9 角编码器在定位加工中的应用
1—编码器；2—电动机；3—转轴；4—转盘；5—工件；6—刀具

5.3 光　　栅

位移是和物体在运动过程中的移动有关的量，位移的测量方式所涉及的范围非常广泛。小位移通常用应变式、电感式、差动变压器式、电涡流式、霍尔传感器进行检测，大的位移常用感应同步器、光栅、容栅、磁栅等传感技术来测量。其中光栅传感器因具有易实现数字化、精度高(目前分辨率最高的可达到纳米级)、抗干扰能力强、没有人为读数误差、安装方便、使用可靠等优点，在机床加工、检测仪表等行业中得到广泛的应用。

光栅(Optical Grating Transducer)是指采用光栅叠栅条纹原理测量位移的传感器，是一种脉冲输出式数字传感器。光栅是在一块长条形的光学玻璃上密集等间距平行的刻线，刻线密度为 10～250 线/毫米。由光栅形成的叠栅条纹具有光学放大作用和误差平均效应，因而能提高测量精度。

光栅的优点是量程大、精度高，精度可达几微米，分辨率高(长光栅为 0.05μm，圆光栅为 0.1″)，动态性能好，适合非接触动态测量，易于实现自动控制，广泛用于数控机床和精密测量设备中。光栅式传感器应用在程控、数控机床和三坐标测量机构中，可测量静态、动态的直线位移和整圆角位移。只要能转换成位移的物理量，如速度、加速度、振动和变形等，均可采用光栅进行测量。缺点是对工作环境要求较高，不能承受大冲击和振动，要求密封，防止尘埃、油污、铁屑的污染，成本高。

5.3.1 光栅的类型

根据原理不同，光栅可分为物理光栅，利用光的衍射原理，主要用于光谱分析，波长等的测定；计量光栅，利用莫尔(Moire)现象，主要用于测量长度、角度、v、a、振动等。

计量光栅可以把位移和角位移转变为数字信号，其分辨率取决于光栅刻线的密度。光栅刻线越密，对位移、角位移的分辨率越高。常用的长光栅每毫米有 10、25、50、100 或 250 条刻线，圆光栅在整个圆周上通常刻有 2 700、5 400、10 800、21 600 或 32 400 条刻线。如果采用光、电、机械等细分技术，还可以进一步提高光栅的分辨率，因此光栅作为精密传感器，在位移、角位移、速度、转速的高精度测量中得到了广泛应用。

计量光栅分类如下。

(1) 按应用范围不同，可分为反射光栅(刻划基面采用金属材料、不锈钢或玻璃镀金属膜，如铝膜)和透射光栅(刻划基面采用白玻璃、光学玻璃等玻璃材料)，如图 5-10 所示。

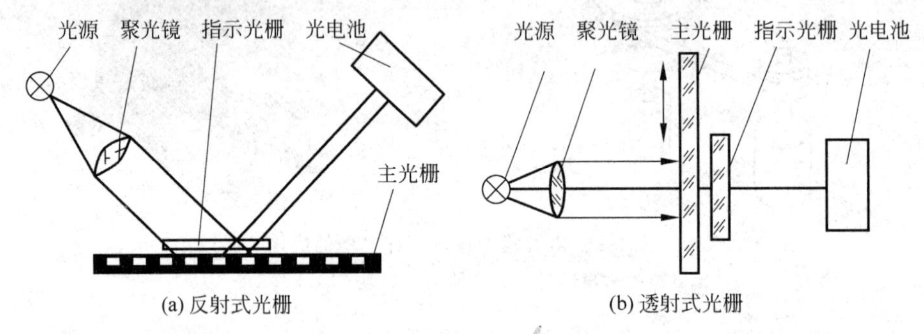

图 5-10 反射光栅和透射光栅

反射光栅容易做成长光栅，目前已有 30m 长的产品，同时，由于它的基体是不锈钢，与机床的热膨胀系数较接近，在改善温度误差方面较为有利。从光路系统可以看出，它可以有较大的间隙，有利于适应车间的工作条件。

(2) 按用途不同，可分为测量线位移长光栅(用于长度或直线位移的测量，刻度线相互平行)和测量角位移圆光栅(用来测量角度或角位移，在圆盘玻璃上刻线)，如图 5-11 所示。

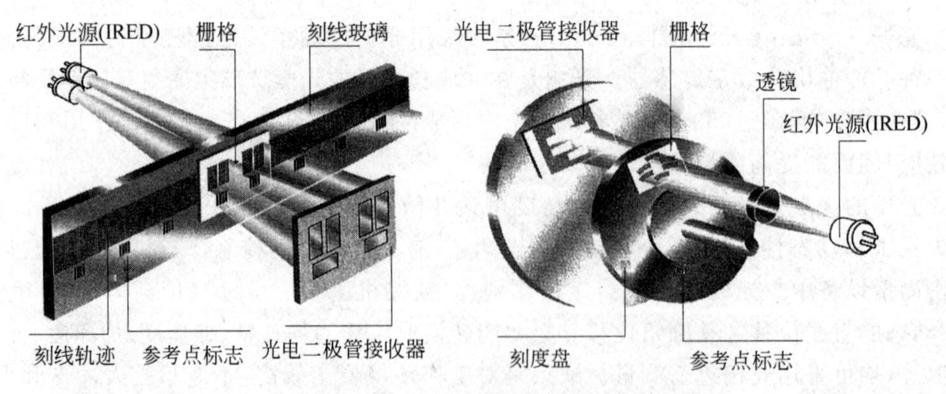

图 5-11 透射式长光栅和透射式圆光栅

(3) 按表面结构不同，可分为幅值(黑白)光栅和相位(闪耀)光栅。幅值(黑白)光栅：利用照相复制工艺加工而成，其栅线与缝隙呈黑白相间结构；相位(闪耀)光栅：横断面呈锯齿状,通过刻划工艺加工而成。

5.3.2 光栅的光学系统和原理

光栅是由很多等节距的透光缝隙和不透光的刻线均匀相间排列构成的光器件,由光栅光学系统、电子系统(细分、辨向、显示)、机械部分等共同构成。图 5-12 所示为光栅的构成。

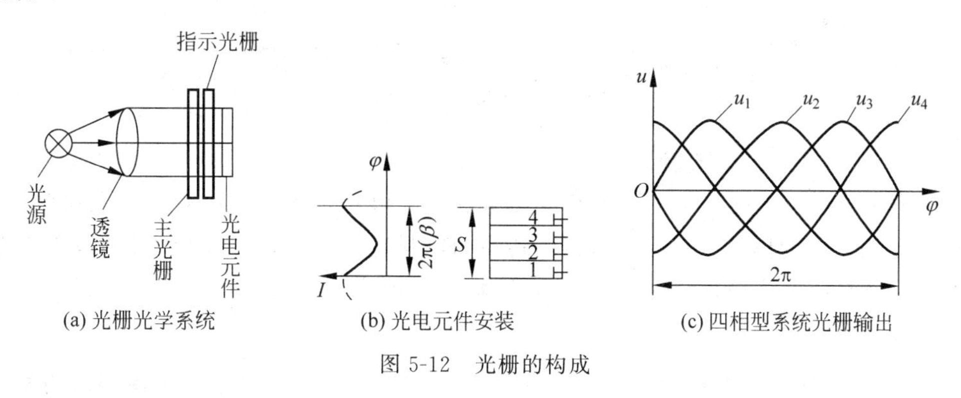

图 5-12 光栅的构成

1. 光栅光学系统(简称光栅系统)的结构

光栅光学系统包括照明系统、光栅副和光电接收系统。

(1) 照明系统(光源)。照明系统包括普通白光源、钨丝灯泡、GaAs 固态光源等。它有较小的功率,与光电元件组合使用时,转换效率低,使用寿命短。半导体发光器件,如砷化镓发光二极管,可以在一定范围内工作,它所发光的峰值波长与硅光敏三极管的峰值波长接近,因此,有很高的转换效率,也有较快的响应速度。

(2) 光栅副(图 5-13)。光栅副由栅距相等的主光栅(也称标尺光栅、长光栅)和指示光栅(也称短光栅,和长光栅刻有同样的栅距)组成。主光栅和指示光栅相互重叠,但又不完全重合,两者之间有微小的空隙。两者栅线间会错开一个很小的夹角,以便得到莫尔条纹。一般主光栅是活动的,它可以单独移动,也可以随被测物体的移动而移动,其有效长度取决于测量范围。指示光栅相对于光电器件固定。测量装置的精度主要由标尺光栅决定。

标尺光栅长度由测量范围决定,通常固定在活动部件上,如机床的工作台或丝杠上。光栅读数头则安装在固定部件上,如机床的底座上。当活动部件移动时,读数头和标尺光栅也随之移动。在读数头与标尺光栅作相对位移的过程中,根据标尺光栅读出移动部件的位移量。

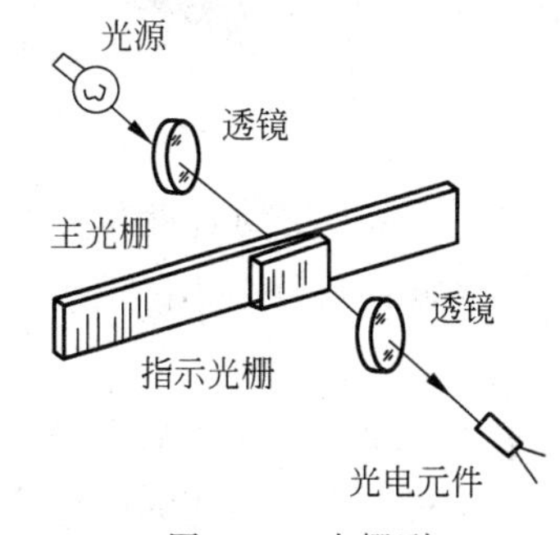

图 5-13 光栅副

栅尺如图 5-14 所示,尺面刻有排列规则、形状规则、平行的刻线。

图 5-14 中,a 为刻线宽(不透光),b 为刻线间宽(透光),$W=a+b$ 称为光栅的节距或栅距,通常 $a=b=W/2$,或 $a:b=1.1:0.9$。目前常用的每毫米刻线数

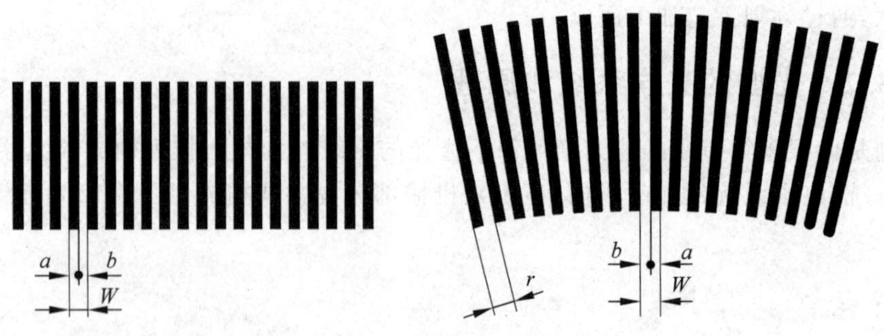

图 5-14　长栅尺和圆栅尺

目有 10、25、50、100、250 几种。

(3) 光电接收系统。光电接收系统又可称为光电池或光敏三极管。光电接收元件，把由光栅副形成的莫尔条纹的明暗强弱转换为电量输出。在选择光敏元件时，要考虑灵敏度、响应时间、光谱特性、稳定性、体积等因素。

2. 原理

(1) 莫尔条纹。“莫尔”原出于法文 Moire，意思是水波纹。几百年前法国丝绸工人发现，当两层薄丝绸叠在一起时，会产生水波纹状花样。如果薄丝绸做相对运动，则花样也跟着移动，这种奇怪的花纹就是莫尔条纹。一般情况下，只要是有一定周期的曲线簇重叠起来，便会产生莫尔条纹。

莫尔条纹由两块光栅(标尺光栅、指示光栅)叠合而成，且两块栅线形成很小的夹角 θ，由于遮光效应(光线透过透光部分形成亮带；光栅不透光部分叠加，互相遮挡，形成暗带)，在近于垂直栅线方向出现的明暗相间的条纹就称为莫尔条纹，如图 5-15 所示。

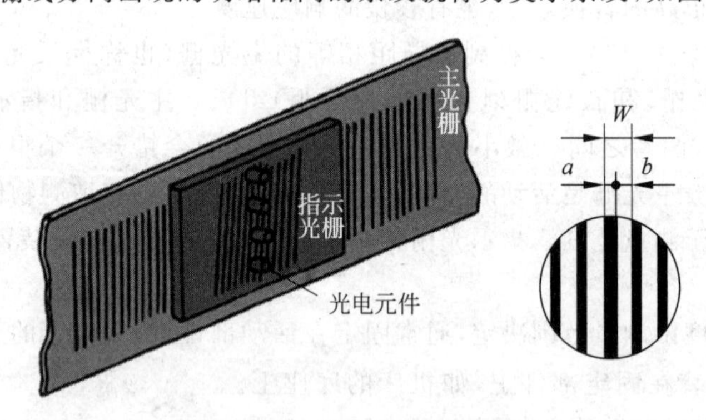

图 5-15　莫尔条纹的形成

(2) 莫尔条纹的宽度。莫尔条纹两个亮条纹之间的宽度为其间距 B，如图 5-16 所示。两光栅夹角很小，若 $W_1=W_2$，则莫尔条纹得近似关系

$$B \approx W/\theta \tag{5-3}$$

莫尔条纹的放大倍数 K 为 $1/\theta$。θ 越小，B 越大。注意，θ 的单位是弧度，在计算和使用时要将角度转化成弧度单位。

【例 5-1】　有一直线光栅，每毫米刻线数为 50，主光栅与指示光栅的夹角 $\theta=1.8°$，求

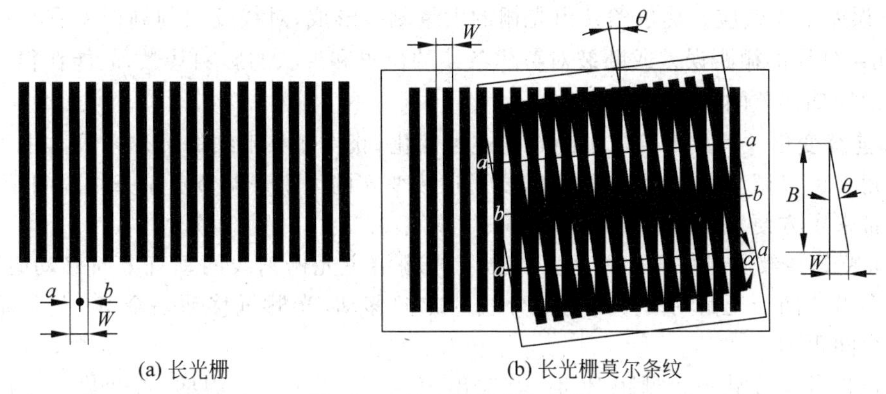

(a) 长光栅　　(b) 长光栅莫尔条纹

图 5-16　长光栅和莫尔条纹

分辨力、莫尔条纹的宽度和光学放大的倍数。

分辨力 Δ＝栅距

$$W=\frac{1}{50}=0.02(\mathrm{mm})=20(\mu\mathrm{m})（由于栅距很小，因此无法观察光强的变化）$$

$$B\approx\frac{W}{\theta}=0.02\Big/\left(1.8^{\circ}\times\frac{3.14}{180^{\circ}}\right)=\frac{0.02}{0.0314}=0.637(\mathrm{mm})$$

$$K=\frac{1}{\theta}=1\Big/\left(1.8^{\circ}\times\frac{3.14}{180^{\circ}}\right)=32$$

可知，莫尔条纹的宽度是栅距的 32 倍，即光学放大 32 倍。由于 K 较大，因此可以用小面积的光电池“观察”莫尔条纹光强的变化。

【例 5-2】 现有每毫米 50 线的光栅，夹角 $\theta=0.1^{\circ}$时，求放大倍数。

$$\theta=0.1^{\circ}=0.1\times\frac{2\pi}{360}=0.00175432(\mathrm{rad})$$

$$W=\frac{1}{50}=0.02(\mathrm{mm})$$

$$B\approx\frac{W}{\theta}=11.4(\mathrm{mm})$$

$$K=\frac{1}{\theta}=570$$

可知，放大倍数为 570，用其他方法很难得到这样大的放大倍数。

(3) 莫尔条纹具有以下基本特性。

① 运动对应和辨向。两光栅做相对位移时，其横向莫尔条纹也产生相应移动，其位移量和移动方向与两光栅的移动情况有严格的对应关系。运动对应关系是指标尺光栅相对指示光栅的转角为顺时针方向时，主光栅向右运动一个栅距 W_1 时($W<0.005$mm)，莫尔条纹向下移动一个条纹间距 B。

② 位移放大。光栅副移动一个栅距 W，莫尔条纹移动一个间距 B，由 $B=W/\theta$ 可知，B 对光栅副的位移有放大作用，因此，计量光栅利用莫尔条纹可以测微小位移；虽栅距很小但莫尔条纹清楚可见。

③ 误差平均效应。莫尔条纹由光栅的大量刻线形成，对线纹的刻划误差有平均抵消作用，几条刻线的栅距误差或断裂对莫尔条纹的位置和形状的影响甚微，故能在很大程度上消除短周期误差的影响。

④ 连续变倍。其放大倍数可随 θ 角连续变化，获得任意粗细的莫尔条纹。由于光栅刻线夹角 θ 可以调节，因此可以根据需要通过改变 θ 的大小来调节莫尔条纹的间距，给实际应用带来了方便。

(4) 莫尔条纹测量位移的原理。当指示光栅沿主光栅刻线的垂直方向移动时，莫尔条纹将会沿这两个光栅刻线夹角的平分线的方向移动，光栅每移动一个 W，莫尔条纹也移动一个间距 B。

当位移量 x 变化一个栅距 W 时，其输出信号 U_o 变化一个周期，若变化一个周期输出一个脉冲，则位移量 x 为

$$x = NW \tag{5-4}$$

式中，N 为脉冲数；W 为光栅栅距。

光栅测量位移属于增量式测量。

莫尔条纹是一条明暗相间的带，两条暗带中心线之间的光强变化是从最暗到渐暗，到渐亮，一直到最亮，又从最亮经渐亮到渐暗，再到最暗的渐变过程。主光栅移动一个栅距 W，光强变化一个周期，若用光电元件接收莫尔条纹移动时光强的变化，则将光信号转换为电信号，接近于正弦周期函数。如图 5-17 所示。

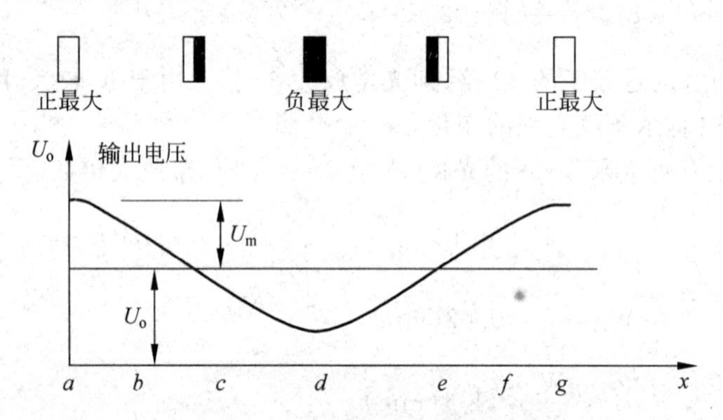

图 5-17 光电转换元件输出与光栅位移量的关系

当光电元件接收到明暗变化的光信号后，就将它转换成电信号，其输出的电压值为

$$U = U_o + U_m \sin\left(\frac{\pi}{2} + \frac{2\pi x}{W}\right) \tag{5-5}$$

式中，U 为光电元件输出的电压信号；U_o 为输出信号中的平均直流分量；U_m 为输出信号中正弦交流分量的幅值。

由式(5-5)可见，输出电压反映了位移量的大小。

5.3.3 光栅的电子系统

1. 光栅数显表

光栅读数头可以将位移量由非电量转换为电量。位移是向量，因此对位移量的测量

除了确定大小之外，还应确定其方向。为了辨别位移的方向，进一步提高测量的精度，以及实现数字显示的目的，必须把光栅读数头的输出信号送入数显表做进一步的处理。光栅数显表由整形放大电路、细分电路、辨向电路及数字显示电路等组成。

2. 细分

从光栅测量原理可知，以移过的莫尔条纹的数量来确定位移量，其分辨率为光栅栅距。为了提高分辨率和测量比栅距更小的位移量，可采用细分技术。所谓细分，就是在莫尔条纹信号变化的一个周期内，发出若干个脉冲，以减小脉冲当量。如一个周期内发出 n 个脉冲，即可使测量精度提高 n 倍，而每个脉冲相当于原来栅距的 $1/n$。由于细分后计数脉冲频率提高了 n 倍，因此也称之为 n 倍频。莫尔条纹的光强变化近似正弦变化，便于采用细分技术，提高测量分辨率。

细分方法有机械细分和电子细分两类。

(1) 机械细分(位置细分或直接细分)。在一个莫尔条纹间距上相距 $B/4$ 依次设置四个光电元件。当莫尔条纹变化一个周期时，可以获得依次相差 $\pi/2$ 的四个正弦信号，从而依次获得四个计数脉冲，实现四细分。四倍频机械细分法示意图如图 5-18 所示。

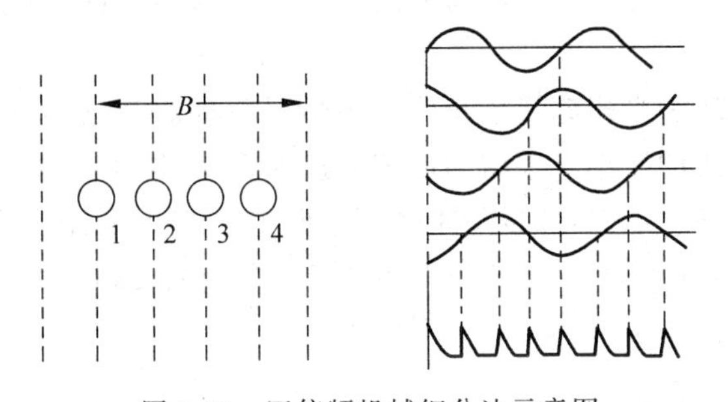

图 5-18 四倍频机械细分法示意图

机械细分方法的缺点是光电元件安装困难，细分数不高，但对信号无严格要求，电路简单。

(2) 电子细分(正、余弦组合技术)。电子细分只需要在一个莫尔条纹间距上相距 $B/4$ 的位置设置两个光电元件，获得相差 $\pi/2$ 的两个正弦信号，即

$$u_1 = U_m \sin(2\pi x/W) \quad u_2 = U_m \cos(2\pi x/W) \tag{5-6}$$

① 细分方法包括倍频细分法、电桥细分法和矢量细分法。下面介绍电子细分法中常用的四倍频细分法，这种细分法也是许多其他细分法的基础。四倍细分电路如图 5-19 所示。

在相差 $B/4$ 位置上安放两个光电元件，得到两个相差 $\pi/2$ 电压信号(S 和 C)，将这两个信号整形、反相得到四个依次相差 $\pi/2$ 的电压信号：0(S)、90°(C)、180°(S)、270°(C)。在光栅做相对运动时，经过微分电路，在正向运动时，得到四个微分脉冲(加计数脉冲)；反向运动时，得到四个微分脉冲(减计数脉冲)。每变化一周得到一个脉冲数，从而可以在移动一个栅距的周期内得到四个计数脉冲，实现四倍频细分。

电子细分不能得到更高的细分数，因为在一个莫尔条纹的间距内不可能安装更多的光电元件。它有一个优点，就是对莫尔条纹产生的信号波形没有严格要求。

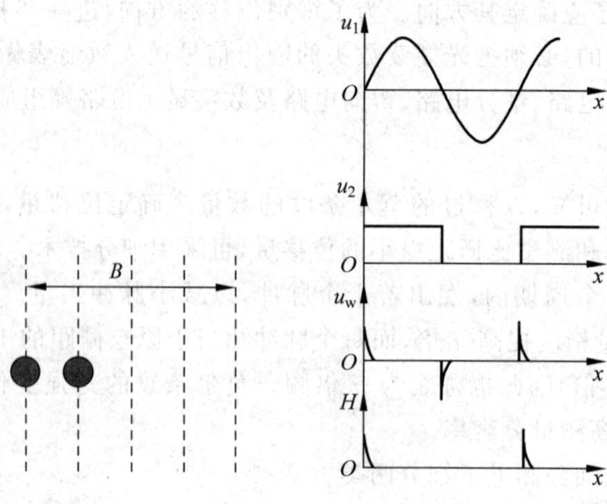

图 5-19 四倍细分电路

② 细分的目的是为了得到比栅距更小的分度值，提高分辨率(测量比栅距更小的位移量)。可以采用倍频、插补的方法在信号的一个周期内插入许多计数脉冲，以提高信号的重复频率和分辨率。

细分技术能在不增加光栅刻线数及价格的情况下提高光栅的分辨力。细分前，光栅的分辨力只有一个栅距的大小。采用四倍细分技术后，计数脉冲的频率提高了四倍，相当于原光栅的分辨力提高了三倍，测量步距是原来的 1/4，较大地提高了测量精度。

【例 5-3】 有一直线光栅，每毫米刻线数为 50，细分数为四倍细分，则

$$分辨力\ \Delta=\frac{W}{4}=\frac{\frac{1}{50}}{4}=0.005(\mathrm{mm})=5(\mu\mathrm{m})$$

采用细分技术，在不增加光栅刻线数(成本)的情况下，将分辨力提高了三倍。

3. 辨向

位移除了有大小的属性外，还具有方向的属性。为了辨别标尺光栅位移的方向，仅靠一个光敏元件输出一个信号是不行的，必须根据两个以上的信号的不同相位来判断位移方向。在相隔 $B_H/4$ 间距的位置上，放置两个光电元件 1 和 2，得到两个相位差 $\pi/2$ 的电信号 u_1 和 u_2(图中波形是消除直流分量后的交流分量)，经过整形后得到两个方波信号 u_1'和 u_2'，如图 5-20 所示。

5.3.4 光栅的特点及应用

1. 光栅的特点

光栅具有以下特点。①高精度：0.2～0.4μm/m。在大量程测量长度或直线位移方面仅次于激光干涉传感器。在圆分度和角位移连续测量方面，光栅式传感器精度最高。②高分辨率：0.1μm。③大量程：可大于 1m。感应同步器和磁栅式传感器也具有大量程测量的特点，但分辨力和精度都不如光栅式传感器。④抗干扰能力强，可实现动态测量，易于实现测量及数据处理的自动化，实现数字化，没有人为读数误差。具有较强的抗

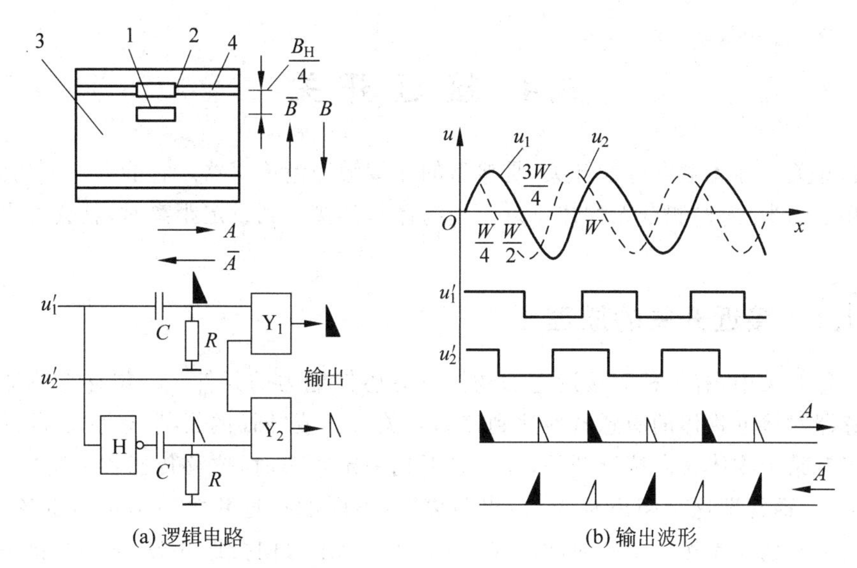

(a) 逻辑电路 (b) 输出波形

图 5-20 辨向电路信号输出

1、2—光电元件；3、4—光栅；$A(\bar{A})$—光栅移动方向；$B(\bar{B})$—莫尔条纹及相对移动方向

干扰能力，对环境条件的要求不像激光干涉传感器那样严格，但不如感应同步器和磁栅式传感器的适应性强，油污和灰尘会影响它的可靠性，主要适用于在实验室和环境较好的车间使用，成本较高。

2. 光栅的应用

光栅传感器通常作为测量元件应用于机床定位、长度与角度的精密测量(如数控机床，测量机等)，以及能变为位移的物理量(如应力、应变、速度、加速度、振动等)的测量。在坐标测量仪和数控机床的伺服系统中有着广泛的应用，如图 5-21 所示。

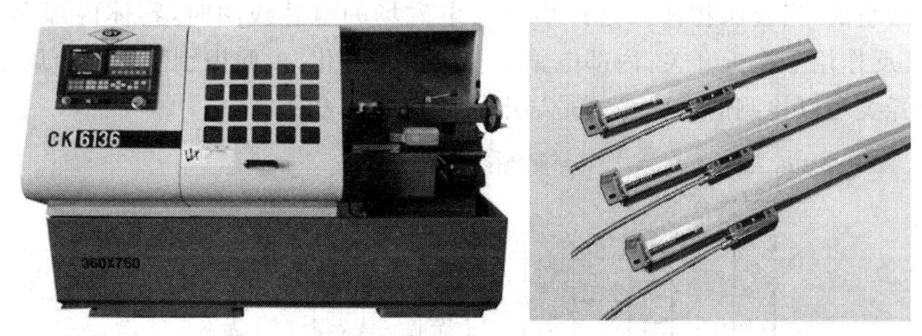

图 5-21 数控机床及光栅尺

在数控机床中，光栅尺的作用是作为数控系统的位置检测元件，检测机床的直线轴的实际位移是否和数控系统发出的指令相符。数控机床的加工精度除了由机床的机械部分决定外，光栅尺的精度(或称分辨率)也是关键性的元件之一。

如果数控机床的直线轴安装了光栅尺，则由光栅尺完成监测。如果该直线轴由于机械等原因没有准确到达该位置，光栅尺作为位置检测元件，会向数控系统发出指令，使该直线轴能够到达比较准确的位置。这时的光栅具备了独立于机床之外的监督功能，保证了直线轴能够达到数控系统要求的位置。

5.4 接近开关

接近开关又称无触点行程开关，是典型的非接触测量传感器。它能在一定的距离(几毫米至几十毫米)内检测有无物体靠近。当物体与其接近到设定距离时，就会发出“动作”信号。

5.4.1 接近开关的原理

在各种开关中，有一种对接近它的物体具有感知能力的元件——位移传感器。利用位移传感器对接近物体的敏感特性达到控制开关“通”或“断”的目的，这就是常说的接近开关。当有某个物体移向接近开关，并且接近到一定距离时，位移传感器才有“感知”，开关才会动作，通常把这个距离称为“检出距离”。不同的接近开关检出距离也各不相同。有时候被检测物体是按一定的时间间隔，一个接一个地移向接近开关，又一个接一个地离开，这样不断地重复。不同的接近开关，对检测对象的响应能力也各不相同。这种响应特性被称为“响应频率”。因为位移传感器可以根据不同的原理、不同的方式和制作工艺进行检测，所以不同的位移传感器对物体的“感知”方法也不同。

5.4.2 接近开关的种类

常用的接近开关有电涡流式(俗称电感接近开关)、电容式、霍尔式、光电式、热释电式、超声波式等。

1. 电涡流式接近开关

电涡流式接近开关俗称电感接近开关，其原理如图 5-22 所示。它由 *LC* 高频振荡器和放大电路组成，当金属物体接近产生交变电磁场的电感线圈时，物体内部会产生电涡流，电涡流反作用于接近开关，内部电路的参数发生变化，由此识别出有无金属物体接近。这种接近开关可以检测的物体必须是导电性能良好的金属物体。

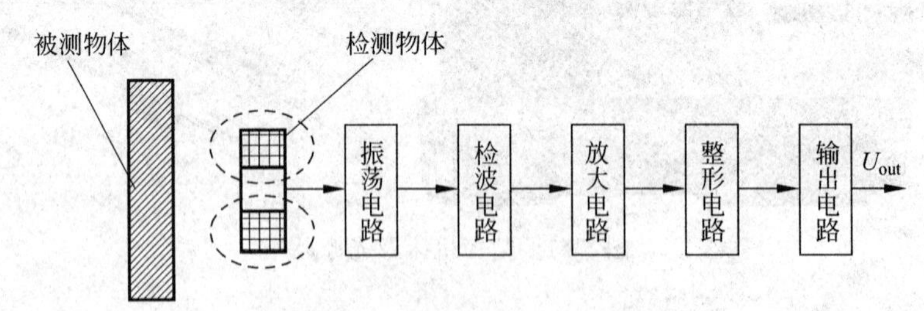

图 5-22 电涡流式接近开关的原理

由电感线圈和电容及晶体管组成振荡器，并产生一个交变磁场，当有金属物体接近这一磁场时就会在金属物体内产生电涡流，从而导致振荡停止，这种变化被后极放大处理后转换成晶体管开关信号输出。

如图 5-23 所示，工件经过减速接近开关，传送带减速，经过定位接近开关时，传送带停止，进行加工。还可将减速接近开关的信号接到计数器输入端，当金属工件从接近开关经过时，接近开关动作一次，并输出一个计数脉冲，计数器加1。

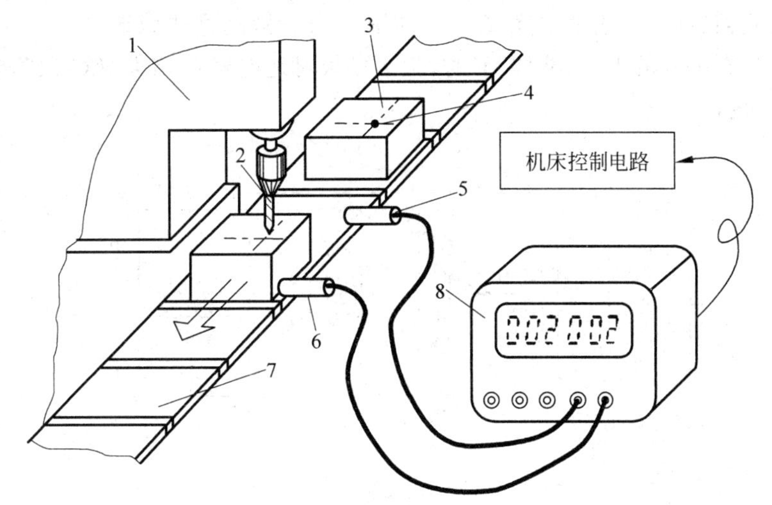

图 5-23 电涡流式接近开关的应用

1—加工机床；2—刀具；3—工件(导电体)；4—加工位置；5—减速接近开关；
6—定位接近开关；7—传送机构；8—计数器

电涡流线圈的阻抗变化与金属导体的电导率、磁导率等有关。对于非磁性材料，被测物体的电导率越高，灵敏度越高；被测物体是磁性材料时，其磁导率将影响电涡流线圈的感抗。磁滞损耗较大时，其灵敏度通常较高。

2. 电容式接近开关

电容式接近开关的测量头通常是构成电容器的一个极板，另一个极板是开关的外壳，这个外壳在测量过程中通常是接地或者与设备的机壳相连接。当有物体移向接近开关时，不论它是否为导体，都会使电容的介电常数发生变化，从而使电容量发生变化，使得和测量头相连的电路状态也随之发生变化，由此便可控制开关的接通或断开。因此这种接近开关检测的对象不限于导体，还可以是绝缘的液体或者粉状物等。

圆柱形电容式接近开关的结构如图 5-24 所示。电容式接近开关的核心是以单个极板作为检测端的电容器，检测极板设置在接近开关的最前端。测量转换电路安装在接近开关壳体内，并用介质损耗较小的环氧树脂充填、灌封。

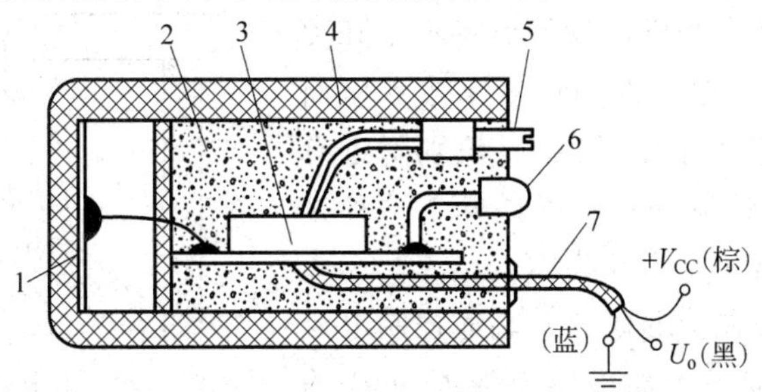

图 5-24 圆柱形电容式接近开关的结构

1—检测极；2—填空树脂；3—测量转换电路；4—塑料外壳；
5—灵敏调节电位器；6—工作指示灯；7—信号电缆

如图 5-25 所示，当没有物体靠近检测极时，检测板与大地的容量 C 非常小，它与电感 L 构成高品质因数的 LC 振荡电路 $Q=1/\omega CR$。当被检测物体为地电位的导电体(如与大地有很大分布电容的人体、液体等)时，检测极板对地电容 C 增大，LC 振荡电路的 Q 值下降，导致振荡器停振。

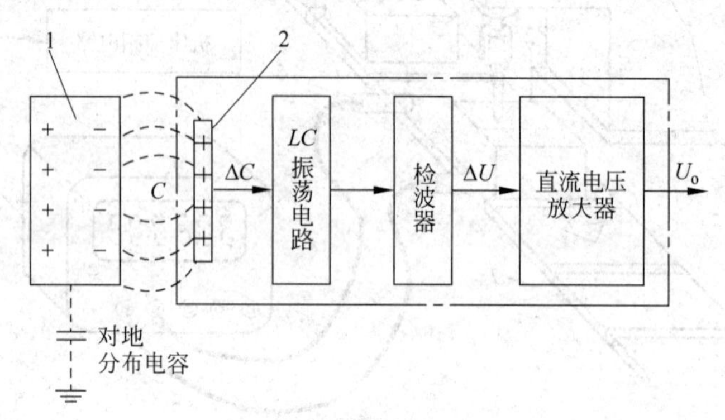

图 5-25　电容式接近开关原理框图

1—被检测物体；2—检测极板

电容式接近开关的检测距离与被检测物体的材料性质有很大关系，当被检测物体是接地导体时，灵敏度最高；当被检测物体为绝缘体时，由于必须依靠极化原理使 LC 振荡电路的 Q 值降低，所以灵敏度较差；当被检测物体为玻璃、陶瓷及塑料等介质损耗很小的物体时，它的灵敏度极低。

电容式接近开关使用时必须远离金属物体，即使是绝缘体对它也有一定的影响。它对高频电场也十分敏感，因此两只电容式接近开关不能靠得太近，以免相互影响。

对金属物体而言，不应使用易受干扰的电容式接近开关，而应选择电感式接近开关。

在测量绝缘介质时应选择电容式接近开关，因此可以选用电容式接近开关测量谷物的高度(物位)。封闭式粮仓为了保证粮食的品质，必须经常倒库。在向粮仓装入粮食时必须控制其上限，需要安装限位报警系统。选择电容式接近开关进行粮食的物位测量并报警，如图 5-26 所示。

3. 霍尔式接近开关

霍尔元件是一种磁敏元件，利用霍尔元件做成的开关是霍尔开关。当磁性物件移近霍尔开关时，开关检测面上的霍尔元件因产生霍尔效应而使开关内部电路状态发生变化，由此识别附近有磁性物体存在，进而控制开关的通或断。这种接近开关的检测对象必须是磁性物体。

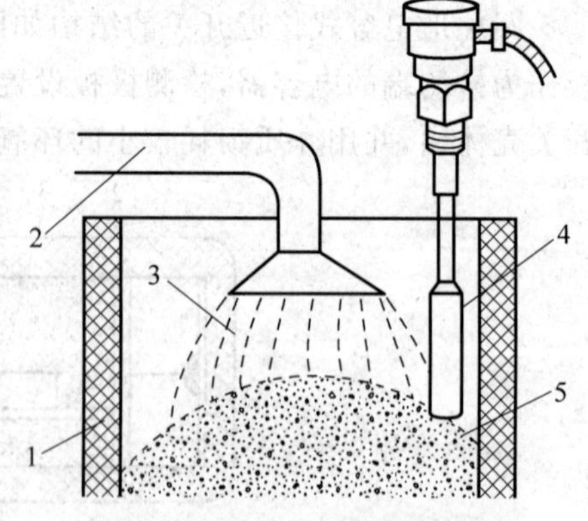

图 5-26　电容式接近开关的应用

1—粮仓外壁；2—输送管道；3—粮食；4—电容式接近开关；5—粮食界面

在金属或半导体制成的薄片两端通控制电流 I，在与薄片垂直方向上施加磁感应强度为 B 的磁场，那么在垂直于电流和磁场方向的薄片的另两侧会产生电动势 U_H，U_H 的大小正比于控制电

流 I 和磁感应强度 B，这一现象称为霍尔效应，利用霍尔效应制成的传感元件称霍尔传感器，如图 5-27 所示。

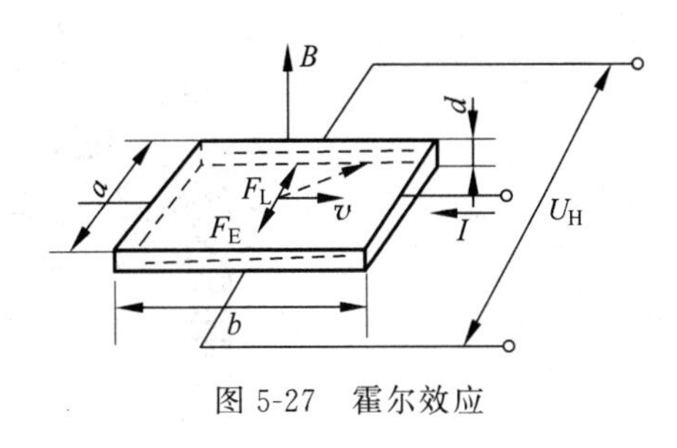

图 5-27 霍尔效应

为保证霍尔器件，尤其是霍尔开关器件的可靠工作，在应用中要考虑有效工作气隙的长度。在计算总有效工作气隙时，应从霍尔片表面开始计算。工作磁体和霍尔器件间的运动方式有对移、侧移、旋转和遮断 4 种，如图 5-28 所示。

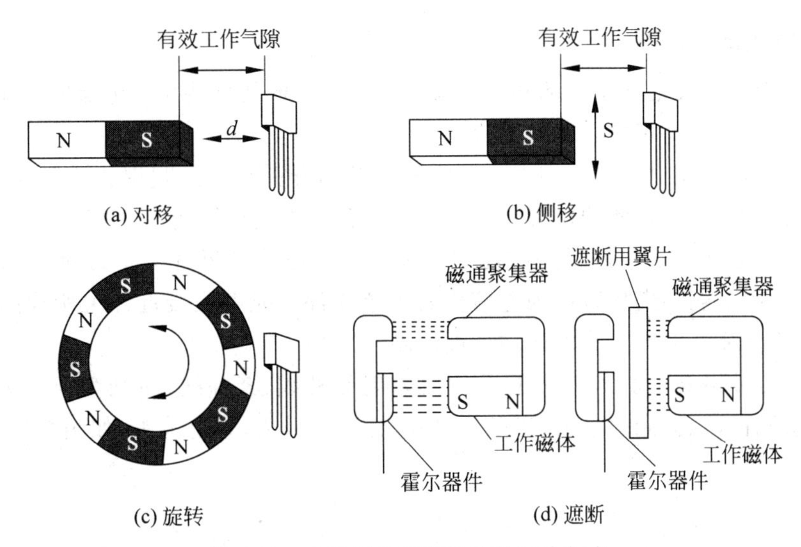

图 5-28 几种霍尔接近开关的运动方式

汽车用速度及里程仪表中速度传感器是十分重要的部件。在汽车行驶过程中，控制器不断接收来自车速传感器的脉冲信号并进行处理，得到车辆瞬时速度并累计行驶路程。在这个系统中，常用霍尔式接近开关传感器作为车轮转速传感器，是汽车行驶过程中的实时速度采集器。

霍尔式接近开关使用时的注意事项：①过高的电压会引起内部霍尔元器件温升而变得不稳定，而过低的电压容易让外界的温度变化影响磁场强度特性，从而引起电路误动作；②当使用霍尔开关驱动感性负载时，需在负载两端并入续流二极管，否则会因感性负载长期动作时的瞬态高压脉冲影响霍尔开关的使用寿命；③采用不同的磁性磁铁检测距离有所不同，建议采用的磁铁直径和产品检测直径相等；④为了避免意外发生，用户需要在接通电源前检查接线是否正确，核定电压是否为额定值。

汽车用霍尔转速计是在霍尔式接近开关线性电路背面偏置一个永磁体。霍尔转速计可以通过检测铁磁物体的缺口进行计数，也可以检测齿轮的齿数，如图 5-29 所示。检测转速的更多方法可参考本章 5.5 节的转速测量部分。

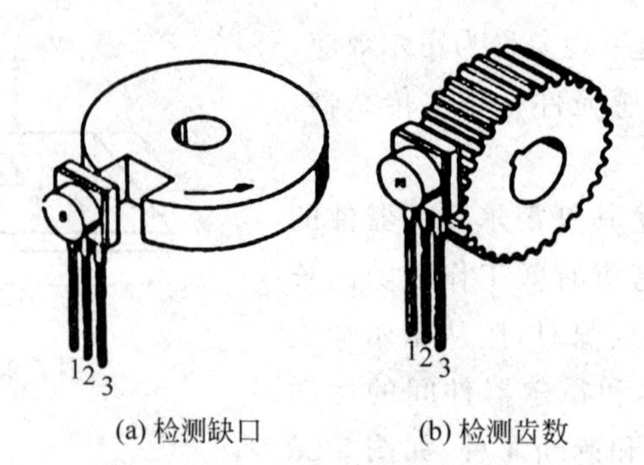

图 5-29　霍尔接近开关检测转速的两种方式

4. 光电式接近开关

光电式接近开关是把发射端和接收端之间光的强弱变化转化为电流的变化以达到探测的目的，它可以在许多场合中得到应用。

光电式接近开关也是典型的无接触检测和控制开关。它是利用物质对光束的遮蔽、吸收或反射等作用，对物体的位置、形状、标志和符号等进行检测。

光电式接近开关是一种新兴的控制开关。在光电式接近开关中最重要的是光电器件，它是把光照强弱的变化转换为电信号的传感元件。光电式接近开关所检测的物体不限于金属，所有能反射光线的物体均可被检测。

光发射器件主要是发光二极管，可以是发射红外线、紫外线、激光等。光接收器件主要是光敏感元件，包括光敏电阻、光敏二极管、光敏三极管、光电池等，如图 5-30 所示。

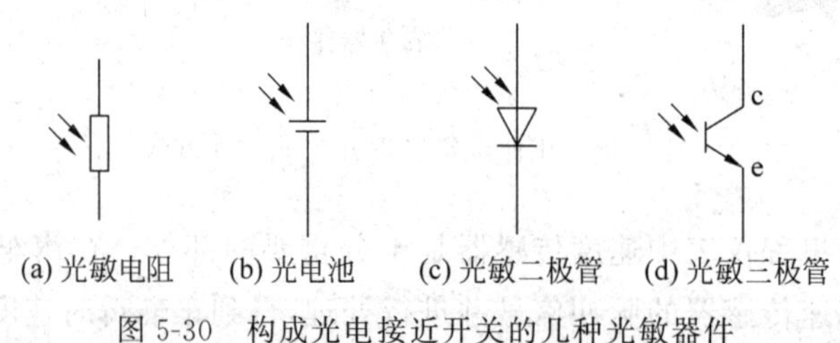

图 5-30　构成光电接近开关的几种光敏器件

(1) 漫反射式光电开关。漫反射式光电开关是一种集发射器和接收器于一体的传感器。当有被检测物体经过时，将光电开关发射器发射的足够量的光线反射到接收器，于是光电开关就产生了开关信号，如图 5-31 所示。

(2) 镜反射式光电开关。镜反射式光电开关集发射器与接收器于一体。光电开关发射器发出的光线经过专用反射镜，反射回接收器，当被检测物体经过且完全阻断光线时，光电开关就产生了检测开关信号，如图 5-32 所示。

(3) 对射式光电开关。对射式光电开关包含在结构上相互分离、光轴相对放置的发射器和接收器。发射器发出的光线直接进入接收器。当被检测物体经过发射器和接收器之间且阻断光线时，光电开关就产生了开关信号。当检测物体不透明时，对射式光电开关是最可靠的检测模式，如图 5-33 所示。

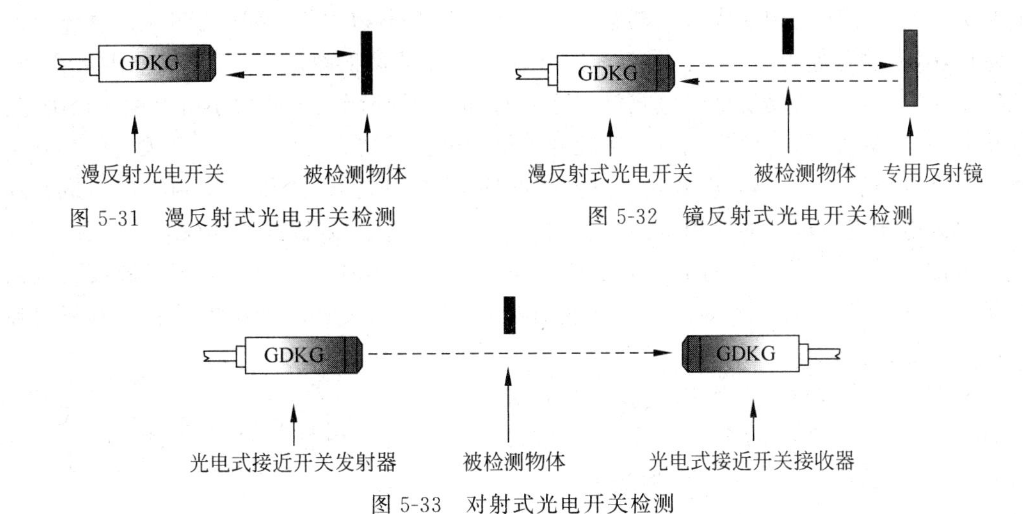

图 5-31 漫反射式光电开关检测

图 5-32 镜反射式光电开关检测

图 5-33 对射式光电开关检测

(4) 槽式光电开关。槽式光电开关通常是标准的 U 字形结构。发射器和接收器分别位于 U 形槽的两边,并形成一个光轴。当被检测物体经过 U 形槽且阻断光轴时,光电开关就会有开关量信号。槽式光电开关安全可靠,适合检测高速变化,分辨透明与半透明物体。槽式光电开关检测如图 5-34 所示。

(5) 光纤式光电开关。光纤式光电开关采用塑料或玻璃光纤传感器引导光线,以实现被检测物体不在近区域的检测。通常光纤传感器可分为对射式和漫反射式两种。光纤式光电开关检测如图 5-35 所示。

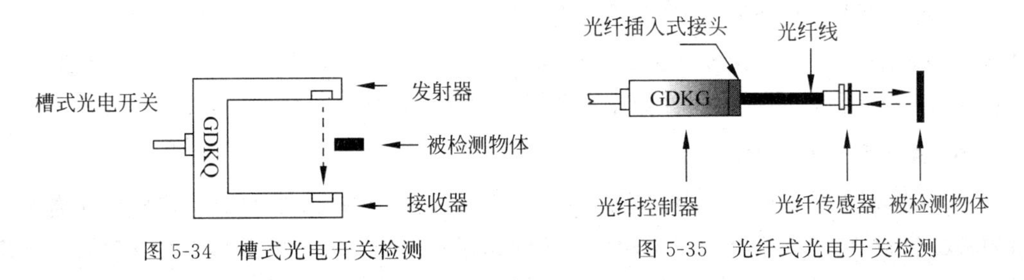

图 5-34 槽式光电开关检测

图 5-35 光纤式光电开关检测

光在发射时会有发散现象,即有一个指向角,被检测物体和接收器在一定范围内都会接收到光,在安装时,要注意该项指标,避免产生测量误差。漫反射式光电开关发出的光线,需要被检测物表面将足够的光线反射回漫反射开关的接收器,所以检测距离和被检测物体的表面反射率决定接收器接收到光线的强度大小。粗糙的表面反射回的光线必将小于光滑表面反射回的强度。所以在安装时,要注意被检测物体表面的反射率。光电开关的应用环境也是影响其长期稳定、可靠工作的重要条件。当光电开关工作在最大检测距离状态时,由于光学透镜会被环境污染,甚至被强酸性物质腐蚀,从而降低使用参数特性,使可靠性降低。在应用中,比较简便的解决方法是根据光电开关的最大检测距离降额使用,以保证最佳工作距离。

光电式接近开关的使用注意事项如下。①采用反射型光电开关时,被检测物体的表面和大小对检测距离和动作区域都有影响。②检测微小物体时，要比检测较大物体时的灵敏度小，检测距离也小一些。③被检测物体的表面的反射率越大，检测灵敏度越高，检测距离越大。④采用反射型光电式接近开关时，最小被检测物体的大小由透镜直径决定。⑤检测凹凸、等级时，反射型光电式接近开关最合适。⑥防止光电式接近开关之间相互干扰。⑦高压线、动力线与光电式接近开关的配线，应分开走线，否则会受到感应造成误动作。电源电压应在规定的使用范围内使用。⑧不能在灰尘、腐蚀性气体较多，水、油、药剂直接溅散，以及室外有太阳等强光直射的场所使用。使用时应在规定的环境温度范围内使用。⑨安装时要稳固，不能产生松动或偏斜。安装光电式接近开关时，不能损坏发射器件或接收器件。

利用光电式接近开关可以制成产品计数器，用于自动化生产线的产品计数，具有非接触、安全可靠的特点。光电式接近开关用于工件计数如图 5-36 所示，产品在传送带上运行时，不断地遮挡光源到光敏器件间的光路，使光电脉冲电路随着产品的有无产生电脉冲信号。产品每遮光一次，光电脉冲电路便产生一个脉冲信号，因此，输出的脉冲数即代表产品的数目。该脉冲经计数电路计数并由显示电路显示出来。

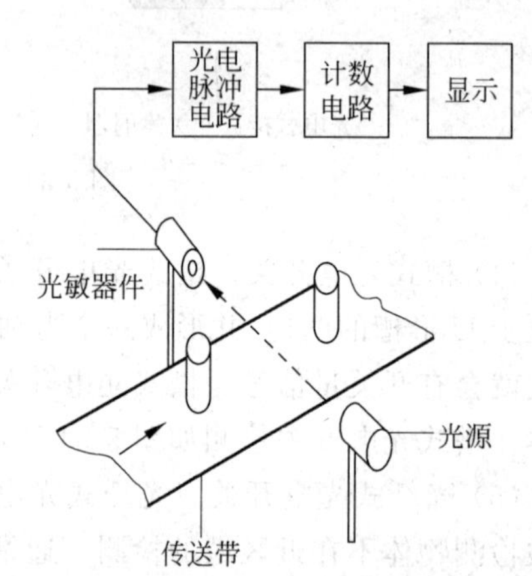

图 5-36 光电式接近开关应用于工件计数

5. 热释电式接近开关

用能感知人体红外的元件做成的开关叫作热释电式接近开关。这种开关是将热释电器件安装在开关的检测面，当有与环境温度不同的人体接近时，热释电器件的输出便会发生变化，由此就可检测出有人体接近。

6. 其他形式的接近开关

当观察者或系统相对波源的距离发生改变时，波的频率会发生偏移，这种现象称为多普勒效应。声呐和雷达就是利用这个效应的原理制成的。利用多普勒效应可制成超声波接近开关、微波接近开关等。当有物体移近时，接近开关接收的反射信号会产生多普勒频移，由此可以识别出有无物体接近。

5.4.3 接近开关的特点

接近开关是一种开关型传感器(无触点开关)，它既有行程开关、微动开关的特性，也具有传感性能，且动作可靠，性能稳定，频率响应快，抗干扰能力强。

接近开关与被检测物体不接触，不会产生机械磨损和疲劳损伤，其具有工作寿命长、无触点、无火花、无噪声、防潮、防尘、防爆、耐腐蚀性能较好、输出信号负载能力强、体积小、安装和调整方便等特点。

接近开关可以迅速发出电气指令，准确反映出运动机构的位置和行程，即使用于一般的行程控制，其定位精度、操作频率、使用寿命、安装调整的方便性和对恶劣环境的适应能力，也是一般机械式行程开关所不能相比的。接近开关广泛地应用在机床、冶金、化工、轻纺和印刷等行业。在自动控制系统中可作为限位、计数、定位控制和自动保护环节等。

接近开关的缺点是触点容量较小、输出短路时易烧毁。

5.4.4　接近开关的选用

当检测物体为金属材料时，可选用高频振荡型接近开关，该类型接近开关对铁镍、A3钢类检测物体检测最灵敏，对铝、黄铜和不锈钢类检测物体，其检测灵敏度较低。当检测物体为非金属材料时，如木材、纸张、塑料、玻璃和水（各种导电或不导电液体或固体）等，应选用电容型接近开关。金属体和非金属要进行远距离检测和控制时，应选用光电型接近开关或超声波型接近开关。检测不透过超声波物质时，应选用超声波型接近开关。检测物体为金属且检测灵敏度要求不高时，可选用价格低廉的磁性接近开关或霍尔式接近开关。检测导磁或不导磁金属时，应选用电磁感应型接近开关。

5.4.5　接近开关的应用

1. 检验距离

检测电梯等升降设备的停止、启动、通过位置；检测车辆的位置，防止两物体相撞；检测工作机械的设定位置，移动机器或部件的上限位置；检测回转体的停止位置，阀门的开或关的位置；检测汽缸或液压缸内的活塞移动位置。

2. 尺寸控制

金属板冲剪的尺寸控制装置；自动选择、鉴别金属件长度；检测自动装卸时堆物高度；检测物品的长、宽、高和体积。

3. 检测物体是否存在

检测生产包装线上有无产品包装箱；检测有无产品零件。

4. 转速与速度控制

控制传送带的速度；控制旋转机械的转速；与各种脉冲发生器一起控制转速和转数。

5. 计数及控制

检测生产线上流过的产品数；高速旋转轴或盘的转数计量；零部件计数。

6. 检测异常

检测有无瓶盖；判断产品合格与不合格；检测包装盒内的金属制品是否缺少；区分金属与非金属零件；检测产品有无标牌；起重机危险区报警；安全扶梯自动启停。

7. 计量控制

产品或零件的自动计量；通过检测计量器、仪表的指针范围而控制数量或流量；检测浮标控制测面高度、流量；检测不锈钢桶中的铁浮标；仪表量程上限或下限的控制；流量控制和水平面控制。

8. 识别对象

识别载体上的条形码等。

9. 信息传送

ASI(总线)连接设备各个位置的传感器在生产线(50～100 米)中的数据往返传送等。

5.5 转速测量

在控制系统中,常用的转速测量方法大致有两类:一种是用直流测速发电机测量,其输出电压与转速呈正比;另一种是用非接触式开关类传感器将转速变换成脉冲数实现的。根据每转产生的脉冲数,测得脉冲的频率为 f,则转速为

$$n=\frac{60f}{Z} \tag{5-7}$$

式中,Z 为根据传感器原理设置标志物的数量。

接近开关属于非接触式传感器,大部分接近传感器都可以很容易地实现转速的测量。在被测转轴上装一个转盘,转盘上安装可以使传感器敏感的标志,标志接近传感器时便输出脉冲。如用霍尔传感器测转速,可在转盘上粘上磁钢或隔磁叶片,磁钢或隔磁叶片的数量为 Z,图 5-37 所示为霍尔式转速传感器几种不同的结构形式。用光电传感器或光纤传感器测转速,可在转盘上粘平面镜反光条或刻蚀透光狭缝,或小孔洞,数量为 Z。用电感(电涡流式)传感器测转速,可将金属转盘边沿作出凸齿轮或凹槽,凸起数或凹槽数为 Z。

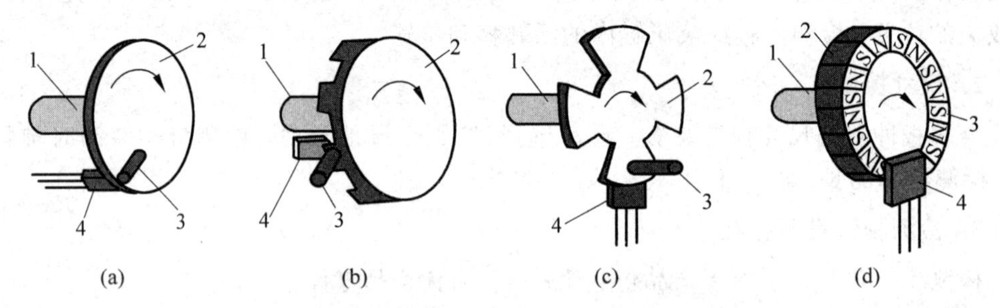

图 5-37 霍尔转速传感器的几种不同结构形式

1—输入轴;2—磁性转盘;3—永久磁铁;4—霍尔传感器

思考和练习

1. 编码器分为哪几种?各有何特点?
2. 光栅传感器的工作原理是什么?莫尔条纹是怎么形成的?莫尔条纹的特点有哪些?
3. 接近开关有哪些?使用时有什么注意事项?
4. 测转速的接近开关有哪些?分别画出原理图并进行说明。
5. 现有 100 线/毫米直线光栅,主光栅与指示光栅的夹角 $\theta=1.8°$,求分辨力、莫尔条纹的宽度、光学放大的倍数。未细分时,莫尔条纹数是 1 000,光栅位移为多少毫米?若经四倍细分后,计数脉冲仍然为 1 000,光栅位移是多少?此时的测量分辨力是多少?

6

第◆章

压电和超声波传感器

引言

压电传感元件是力敏感元件，它可以测量最终能变换为力的那些非电物理量，例如动态力、动态压力、振动加速度等，但不能用于静态参数的测量。

压电式传感器基于压电效应，是一种自发电式和机电转换式传感器，是典型的有源传感器，也是物性型传感器。

压电传感器具有压电效应和逆压电效应，具有可逆性，往往可以作为超声波的发射和接收装置。能够完成产生超声波和接收超声波功能的装置就是超声波传感器，也称为超声波换能器或超声波探测器。

应用：超声波传播时间、目标探测、流量测量、液位测量、超声清洗、超声医疗等。特点：精度高，被测物体不受影响，使用寿命长。结构：直探头、斜探头、双探头和液浸探头。工作原理：压电式、磁致伸缩式。

导航——教与学

理论	重点	压电传感器、超声波传感器的原理和应用
	难点	压电传感器的测量电路
	教学规划	从压电效应入手，引出三种压电材料，分别介绍每种材料的特点和应用。有别于结构型传感器，压电材料的特点和具体应用。再从压电效应和逆压电效应的可逆转换入手，引出超声波传感器
	建议学时	4 学时
操作	面包板	超声波测距(有条件选做)
	实验	压电传感器测振动(有条件选做)，超声波测距
	建议学时	2 学时(结合线上配套素材)

6.1 压电传感器

在生活中，打火机、煤气点火器、夜晚玩滑板时会发光的轮子等，它们无须电池，但能产生电，就是因为使用了压电材料，直接将机械能转换成电能。

6.1.1 压电效应简述

1. 压电效应

当沿着一定方向对某些电介质施加压力时，内部就产生极化现象，同时在它的两个表面上产生相反的电荷；当外力去掉后，电介质又重新恢复为不带电状态；当作用力方向改变时，电荷的极性也随着改变；晶体受力所产生的电荷量与外力的大小呈正比，这种现象被称为压电效应。压电效应及压电传感器电路符号如图 6-1 所示。

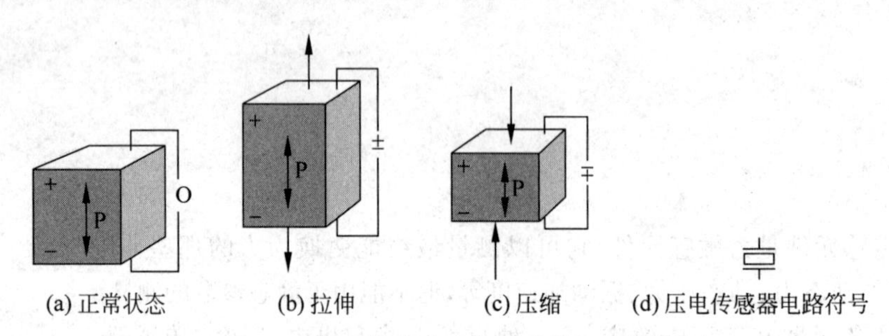

(a) 正常状态　(b) 拉伸　(c) 压缩　(d) 压电传感器电路符号

图 6-1　压电效应及压电传感器电路符号

2. 逆压电效应

相反，当在电介质极化方向施加电场，这些电介质也会产生变形，这种现象称为“逆压电效应”(电致伸缩效应)。当外力 F 沿特定方向作用在压电晶体时，在相对晶面上产生电荷 Q，两者的关系可表示为 $Q=dF$，d 为压电常数，反映外力与其产生电荷的比例关系，表征压电效应的强弱程度。当力的方向改变时，电荷的极性随之改变，输出电压的频率与动态力的频率相同；当动态力变为静态力时，电荷将由于表面漏电而很快泄漏、消失，如图 6-2 所示。

压电材料是可逆型换能器，常用作超声波发射和接收装置。

压电器件在受力作用后，能将机械能转变成电能，可以利用这个压电效应作为破甲弹的压电引信，如图 6-3 所示。

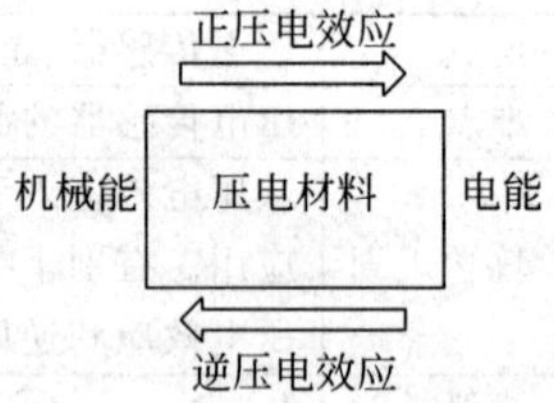

正压电效应
机械能　压电材料　电能
逆压电效应

图 6-2　压电器件实现机械能与电能的相互转换

3. 压电材料的主要参数

(1) 压电常数。压电常数是衡量材料压电效应强弱的参数，它直接关系压电输出的灵敏度。

(2) 弹性常数。压电材料的弹性常数、刚度决定着压电器件的固有频率和动态特性。

(3) 介电常数。对于一定形状、尺寸的压电器件，其固有电容与介电常数有关；而固有电容又影响压电传感器的频率下限。

(4) 机械耦合系数。在压电效应中，其值等于转换输出能量(如电能)与输入能量(如机械能)之比的平方根。它是衡量压电材料机电能量转换效率的一个重要参数。

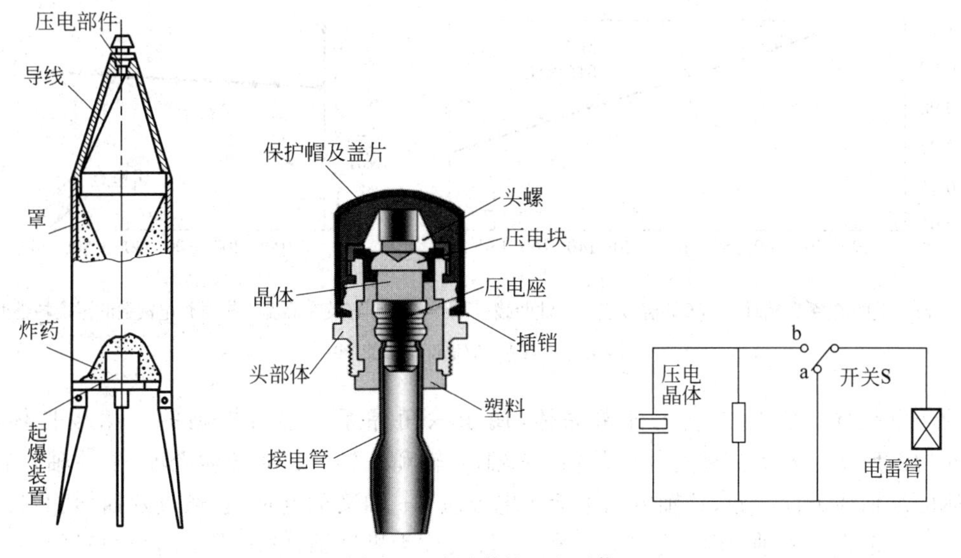

图 6-3　破甲弹的压电引信

(5) 电阻压电材料的绝缘电阻。电阻压电材料的绝缘电阻将减少电荷泄漏,从而改善压电传感器的低频特性。

(6) 居里点。压电材料开始丧失压电特性的温度称为居里点。

4. 压电传感器的特点

(1) 优点：体积小、质量轻、工作频带宽、灵敏度高、信噪比高、结构简单、工作可靠等。

(2) 缺点：某些压电材料需要采取防潮措施,而且输出的直流响应差,需要采用高输入阻抗电路或电荷放大器来克服这一缺陷。

6.1.2　三种常见的压电材料

在自然界中大多数晶体具有压电效应,但压电效应十分微弱。应用于压电式传感器中的压电器件材料一般有三类：石英晶体、经过极化处理的压电陶瓷、高分子压电材料。

1. 压电晶体

石英(SiO_2),如石英晶体等,是一种具有良好压电特性的压电晶体,有天然和人造两种。其介电常数和压电系数的温度稳定性相当好,在常温范围内这两个参数几乎不随温度变化,如图 6-4(a)所示,范围在 20～200℃时,温度每升高 1℃,压电系数仅减少 0.016%。但是当温度升高到 576℃时,它完全失去了压电特性,576℃就是它的居里点,如图 6-4(b)所示。

石英晶体的优点是居里点高,绝缘性能也相当好,性能非常稳定,温度稳定性好,机械强度高,动态性能好；缺点是灵敏度低,介电常数小,价格昂贵,且压电系数比压电陶瓷低得多,因此一般仅用于标准仪器或要求较高的传感器中。

天然结构的石英晶体呈正六棱柱状,两端为对称的棱锥。石英晶体是一种应用广

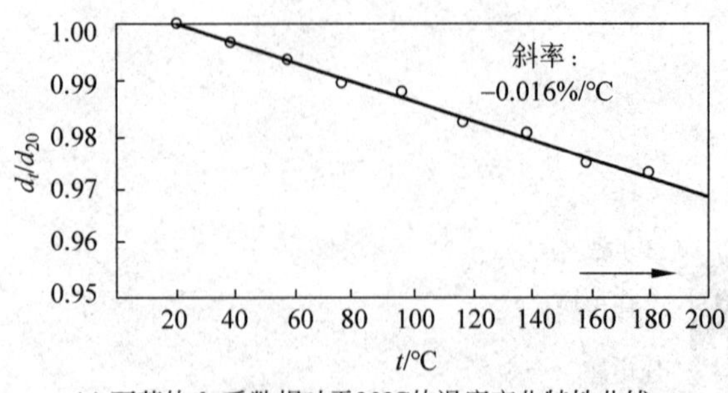

(a) 石英的d_{11}系数相对于20℃的温度变化特性曲线

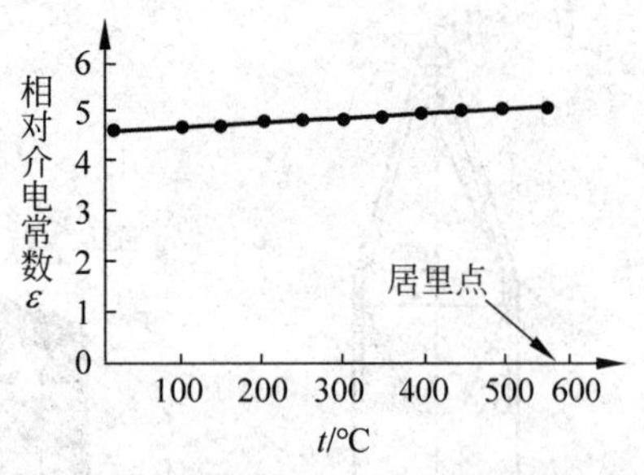

(b) 石英在高温下相对介电常数的温度特性曲线

图 6-4 石英晶体的特性曲线

泛的压电晶体。它是二氧化硅单晶体，属于六角晶系。它为规则的六角棱柱体，如图 6-5(a)所示。石英晶体有 3 个晶轴：x 轴、y 轴和 z 轴。z 轴又称光轴(中性轴)，它与晶体的纵轴线方向一致，该轴方向上无压电效应；x 轴又称电轴，它通过六面体相对的两个棱线并垂直于光轴，压电效应最显著；y 轴又称为机械轴，它垂直于两个相对的晶柱棱面，在电场作用下，此轴的机械变形最显著。由于石英是一种各向异性晶体，因此，按不同方向切割的晶片，其物理性质(如弹性、压电效应、温度特性等)相差很大。在设计石英传感器时，需要根据不同使用要求正确地选择石英片的切割形状，如图 6-5(b)、图 6-5(c)所示。

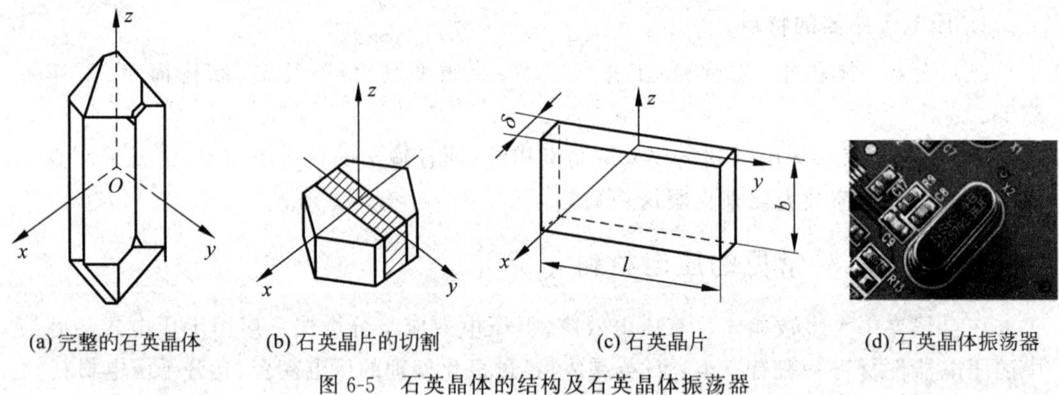

(a) 完整的石英晶体 (b) 石英晶片的切割 (c) 石英晶片 (d) 石英晶体振荡器

图 6-5 石英晶体的结构及石英晶体振荡器

石英晶体在振荡电路中工作时，压电效应与逆压电效应交替作用，从而产生稳定的振荡输出频率。压电晶体振荡器是将机械振动变为同频率的电振荡的器件。广泛用于军事通信和精密电子设备、小型电子计算机，以及石英钟表内。石英晶体振荡器如图 6-5(d)所示，它用于提供稳定的时钟脉冲。

2. 压电陶瓷

压电陶瓷是人工制造的多晶压电材料，它比石英晶体的压电灵敏度高得多，而制造成本却较低，因此目前国内外生产的压电器件绝大多数都采用压电陶瓷，如图 6-6 所示。常用的压电陶瓷材料有锆钛酸铅系列压电陶瓷(PZT)及非铅系压电陶瓷(如 $BaTiO_3$ 等)。

(1) 钛酸钡压电陶瓷。钛酸钡($BaTiO_3$)具有很高的介电常数和较大的压电系数(约

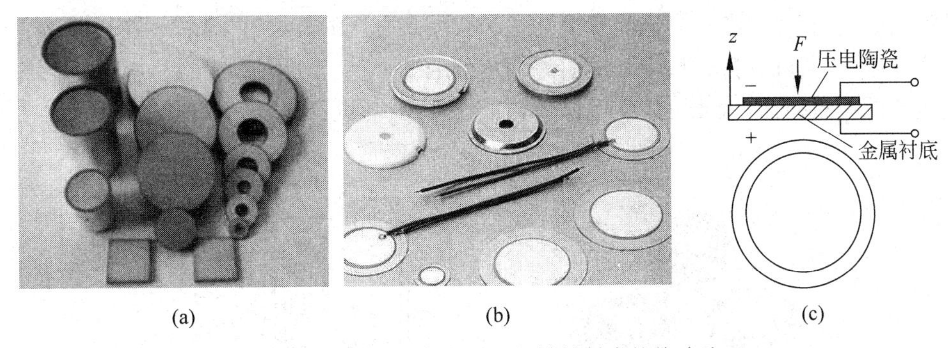

图 6-6 使用压电陶瓷和压电材料制成的蜂鸣片

为石英晶体的 50 倍)。不足之处是居里温度低(120℃),温度稳定性和机械强度不如石英晶体。

(2) 锆钛酸铅系压电陶瓷(PZT)。锆钛酸铅是由 $PbTiO_3$ 和 $PbZrO_3$ 组成的固溶体 $Pb(Zr、Ti)O_3$。它与钛酸钡相比,压电系数更大,居里点温度在 300℃以上,各项机电参数受温度影响较小,时间稳定性好。此外,在锆钛酸中添加一种或两种其他微量元素(如铌、锑、锡、锰、钨等)还可以获得不同性能的 PZT 材料。因此,锆钛酸铅系压电陶瓷是目前压电式传感器中应用最广泛的压电材料。

(3) 极化处理。压电陶瓷属于铁电体一类的物质,是人工制造的多晶压电材料,它是具有类似铁磁材料磁畴结构的电畴结构。电畴是分子自发形成的区域,它有一定的极化方向,从而存在一定的电场。在无外电场作用时,各个电畴在晶体上杂乱分布,它们的极化效应被相互抵消,因此原始的压电陶瓷内极化强度为 0,如图 6-7(a)所示。

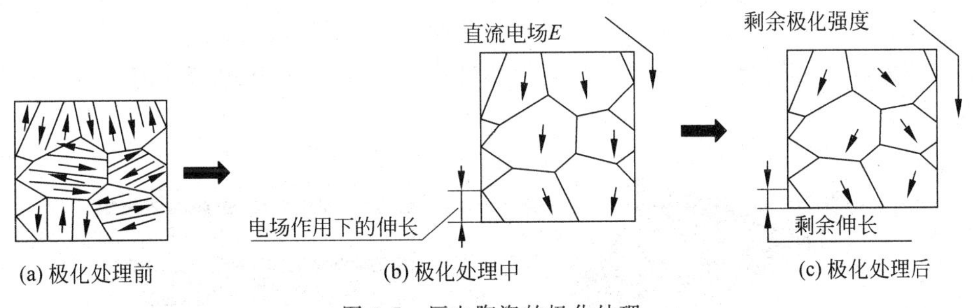

图 6-7 压电陶瓷的极化处理

当对陶瓷施加外电场 E 时,电畴由自发极化方向转到与外电场方向一致,既然进行了极化,此时压电陶瓷具有一定的极化强度,当外电场撤销以后,各电畴的自发极化在一定的程度上按原外加电场方向取向,强度不再为零,这种极化强度称为剩余极化强度,如图 6-7(b)所示,这个过程就是进行极化处理。

如图 6-7(c)所示,当压电陶瓷经极化处理后,陶瓷材料内部存有很强的剩余场极化。当陶瓷材料受到外力作用时,电畴的界限发生移动,引起极化强度变化,产生了压电效应。经极化处理的压电陶瓷具有非常高的压电系数,约为石英晶体的几百倍,但机械强度较石英晶体差。

由于压电陶瓷具有极高的灵敏度,价格便宜,压电高压发生器利用正压效应可以把振动转换成电能，还可以获得高电压输出。这种获得高电压的方法可以用来做引燃装置，如给汽车火花塞、煤气灶、打火机、炮弹的引爆压电雷管等点火。电声换能器利用逆压电效应可以把电能转换成声能，因此可用压电晶体制成扬声器、耳机、蜂鸣器等，如图 6-8 所示。

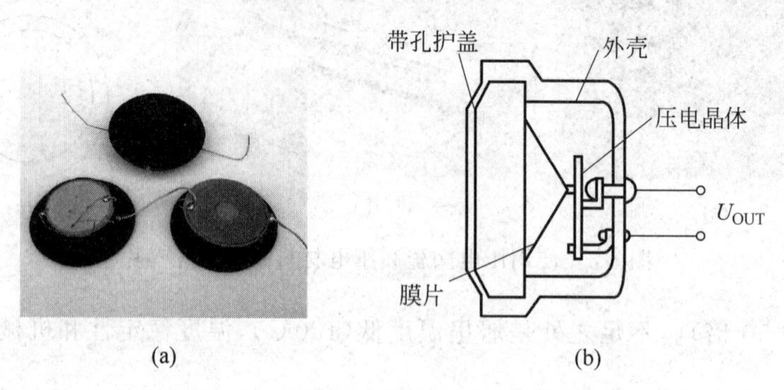

图 6-8 使用压电陶瓷制作的扬声器

3. 高分子压电材料

高分子压电材料是近年来发展较快的一种新型压电材料。某些合成高分子聚合物薄膜经延展拉伸和电场极化后，具有一定的压电性能，这类薄膜称为高分子压电薄膜。典型的高分子压电材料有聚偏二氟乙烯（PVF_2 或 PVDF）、聚氟乙烯（PVF）、改性聚氯乙烯（PVC）等。它是一种柔软的压电材料，可根据需要制成薄膜或电缆套管等形状。它不易破碎，具有防水性，可以大量连续拉制，制成较大面积或较长的尺度，价格便宜，频率响应范围较宽，测量动态范围可达 80dB。高分子压电材料的工作温度适用范围为 100℃以下，机械强度较低，不耐紫外线照射。

高分子压电材料多制作成压电薄膜和电缆，如图 6-9 所示，用于交通监测等。生活中高分子压电材料可以制作成高分子压电式脚踏报警器，高分子压电薄膜可以制作成压电喇叭（逆压电效应）等。

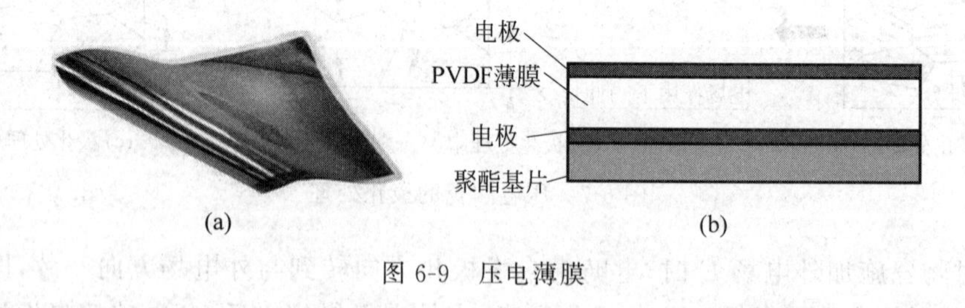

图 6-9 压电薄膜

集成式压电传感器是一种高性能、低成本动态微压传感器，产品采用压电薄膜作为换能材料，动态压力信号通过薄膜变成电荷量，再经传感器内部放大电路转换成电压输出。该传感器具有灵敏度高、抗过载及冲击能力强、抗干扰性好、操作简便、体积小、质量轻、成本低等特点，广泛应用于医疗、工业控制、交通、安全防卫等领域。

集成式压电传感器的典型应用为脉搏计数探测、按键键盘、触摸键盘、振动、冲击、碰撞报警、振动加速度测量、管道压力波动以及其他机电转换、动态力检测等，如图 6-10 所示。

(a) 脉搏计

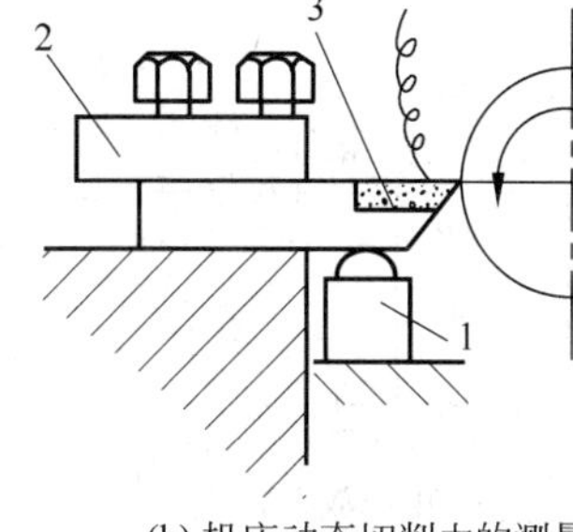

(b) 机床动态切削力的测量

图 6-10 典型应用

1—压电传感器；2—紧固件；3—车刀；4—加工工件

6.1.3 压电传感器的等效电路、测量电路及基本结构

1. 等效电路

将压电晶片产生电荷的两个晶面封装上金属电极后，就构成了压电元件。当压电元件受力时，就会在两个电极上产生电荷，因此，压电元件相当于一个电荷源。两个电极之间是绝缘的压电介质，因此它又相当于一个以压电材料为介质的电容器，具有电容的特点。压电传感器不能用于静态测量。压电器件只有在交变力的作用下，电荷才能源源不断地产生，可以供给测量回路以一定的电流，故只适用于动态测量。压电元件等效为一个与电容相并联的电荷源，也可以等效为一个与电容相串联的电压源，如图 6-11 所示。

2. 测量电路

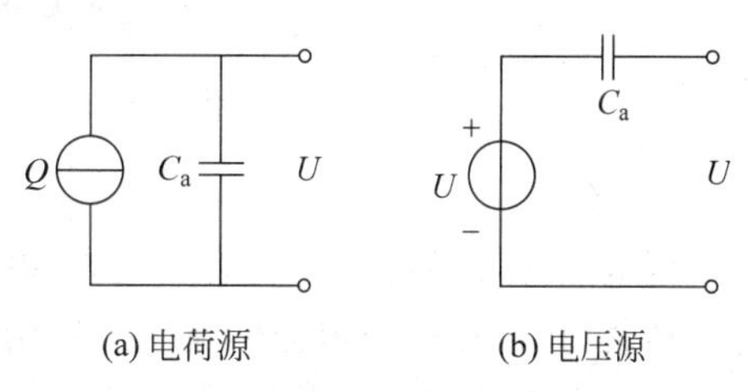

(a) 电荷源　(b) 电压源

图 6-11 压电传感器的等效电路

压电传感器的内阻抗很高，而输出的信号却很微弱，一般不能直接显示和记录。因此，压电传感器要求测量电路的前级输入端有足够高的阻抗，以防止电荷迅速泄漏而使测量误差增大。压电传感器的前置放大器有两个作用：一是把传感器的高阻抗输出变为低阻抗输出；二是把传感器的微弱信号进行放大。根据压电传感器的工作原理及等效电路，它的输出可以是电荷信号，也可以是电压信号，因此与之配套的前置放大器也有电荷放大器和电压放大器两种形式。由于电压前置放大器的输出电压与电缆电容有关，故目前多采用电荷放大器。

电荷放大器实际上是一个具有反馈电容 C_f 的高增益运算放大器电路。电荷放大器的输出电压仅与输入电荷和反馈电容有关，电缆电容等其他因素的影响可以忽略不计。电荷放大器能将压电传感器输出的电荷转换为电压（Q/U 转换器），但并无放大电荷的作用，只是一种习惯叫法。

两种前置放大器的主要区别为使用电压放大器时，整个测量系统对电缆电容变化非常敏感，尤其是对连接电缆长度的变化，适用于快变信号；使用电荷放大器时，电缆长度变化的影响可忽略，适用于慢变信号。电压和电荷放大器连接的等效电路如图 6-12 所示。

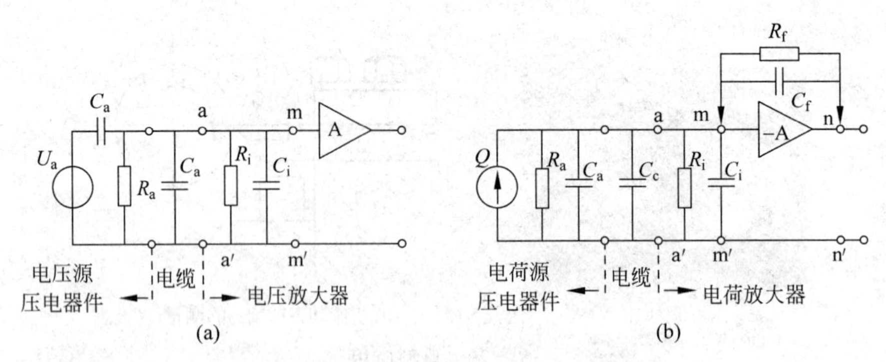

图 6-12　电压和电荷放大器连接的等效电路

3. 压电传感器的基本结构

在压电传感器中，为了提高灵敏度，往往采用多片压电晶片粘结在一起。其中最常用的是两片结构。由于压电元件上的电荷是有极性的，因此接法有串联和并联两种，如图 6-13 所示。串联接法输出电压高，本身电容小，适用于以电压为输出量及测量电路输入阻抗很高的场合；并联接法其总面积是单片的两倍，极板上的总电荷 $Q_{并}$ 为单片电荷 Q 的两倍。输出电荷大，本身电容大，因此时间常数也大，适用于测量缓变信号，并以电荷量作为输出的场合。

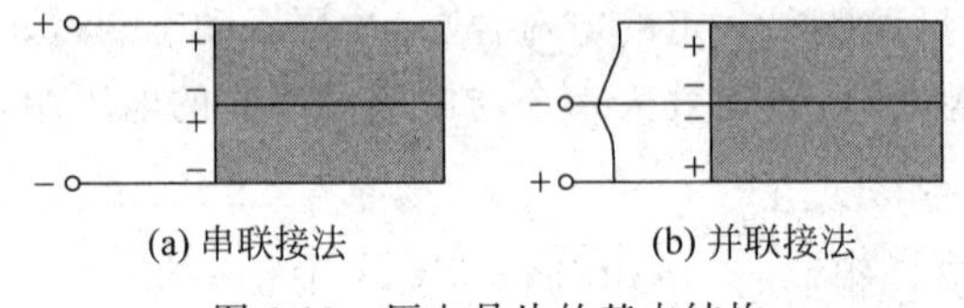

图 6-13　压电晶片的基本结构

压电晶片并联可以增大输出电荷，提高灵敏度。在具体使用时，两片晶片上必须有一定的预紧力，以保证压电器件在工作时始终受到压力，同时可以消除两压电晶片之间因接触不良而引起的非线性误差，保证输出与输入作用力之间的线性关系。但是这个预紧力不能太大，否则将影响其灵敏度。

6.1.4　压电传感器的应用

压电传感器主要用于动态作用力、压力、加速度的测量。在声学、医学、力学、航空航天学等方面都得到了非常广泛的应用。

由于外力作用在压电元件上产生的电荷只有在无泄漏的情况下才能保存，即需要测量回路具有无限大的输入阻抗，这实际上是不可能的，因此压电传感器不能用于静态测量。压电元件在交变力的作用下，电荷可以不断补充，可以供给测量回路以一定的电流，故只适用于动态测量（一般必须高于 100Hz，但在 50kHz 以上时，灵敏度下降）。

1. 振动测量及频谱分析

（1）振动的基本概念

振动可分为机械振动、土木结构振动、运输工具振动以及武器或爆炸引起的冲击振动等。从振动的频率范围来分，有高频振动、低频振动和超低频振动等。从振动信号的统计特征来看，可将振动分为周期振动、非周期振动以及随机振动等。

压电智能结构在振动控制中的应用研究开展得最早，研究成果也较丰富，主要集中于大型航天柔性结构的振动控制。压电智能结构的另一个重要应用方向是噪声主动控制，主要用于潜艇、飞行器以及车辆等三维封闭空间内部噪声的控制。

振动测量时域图形用的是示波器，测量频域图形用频谱仪。依靠频谱分析法进行故障诊断。频谱图或频域图的横坐标为频率 f，纵坐标可以是加速度，也可以是振幅或功率等。它反映了在频率范围之内，对应于每一个频率分量的幅值，如图 6-14 所示。

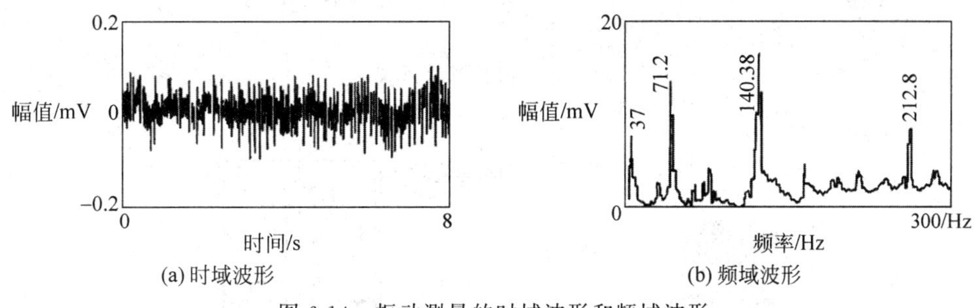

图 6-14　振动测量的时域波形和频域波形

（2）测振传感器分类

测振用的传感器又称拾振器，分为接触式和非接触式。接触式中有磁电式、电感式、压电式等；非接触式中有电涡流式、电容式、霍尔式、光电式等。下面介绍压电式测振传感器的应用。

汽车发动机中的汽缸点火时刻必须十分精确。如果恰当地将点火时间提前一些，即有一个提前角，就可使汽缸中汽油与空气的混合气体得到充分燃烧，使扭矩增大，排污减少。但提前角太大时，混合气体会产生自燃，产生冲击波，发出尖锐的金属敲击声，称为爆震，可能使火花塞、活塞环熔化损坏，使缸盖、连杆、曲轴等部件过载、变形，此时可用压电传感器检测并控制。

地震是引发海啸的主要原因之一。地震中断层移动会导致断层间产生空洞，当海水填充这个空洞时会产生巨大的海水波动。这种海水波动从深海传至浅海时，海浪陡然升到十几米高，并以每秒数百米的速度传播。海浪冲到岸上后，将造成重大破坏。海啸预警系统通过海底的振动压力传感器记录海浪变化的数据，并传送到信息浮标，由信息浮标发送到气象卫星，再从气象卫星传送到卫星地面站，如图 6-15 所示。

2. 压电式加速度传感器

图 6-16 所示为压缩式压电加速度传感器的结构，它由压电元件、质量块、预压弹簧、基座及外壳等组成。整个部件装在外壳内，并用螺栓加以固定。

惯性力是加速度的函数，惯性力 F 作用于压电元件上，将产生电荷 Q，当传感器选定后，传感器输出电荷与加速度 a 呈正比。

测量时，将传感器基座与试件刚性固定在一起。当传感器感受到振动时，由于弹簧的刚度相当大，而质量块的质量相对较小，可以认为质量块的惯性很小，因此质量块感受到

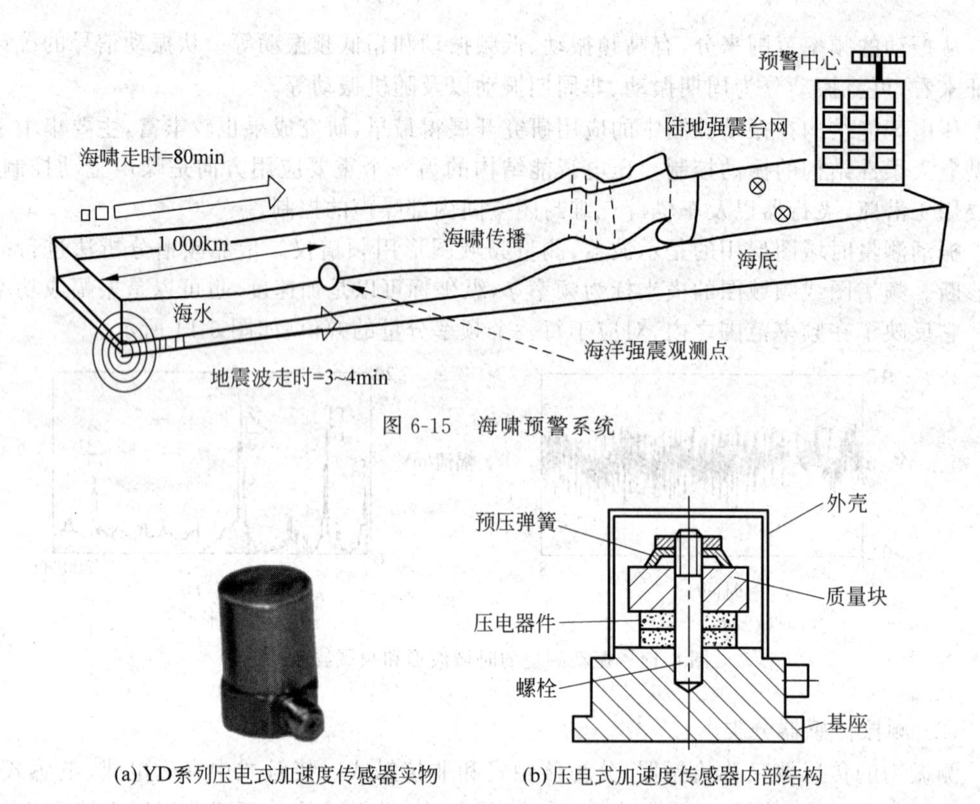

图 6-15 海啸预警系统

(a) YD系列压电式加速度传感器实物 (b) 压电式加速度传感器内部结构

图 6-16 压缩式压电加速度传感器的结构

与传感器基座相同的振动，并受到与加速度方向相反的惯性力作用。这样，质量块就有一正比于加速度的交变力作用在压电片上。由于压电片具有压电效应，因此在它的两个表面上就产生了交变电荷(电压)，当振动频率远低于传感器固有频率时，传感器的输出电荷(电压)与作用力呈正比，即与试件的加速度呈正比。输出电量由传感器输出端引出，输入前置放大器后就可以用普通的测量器测出试件的加速度，如在放大器中加进适当的积分电路，就可以测出试件的振动加速度或位移。

压电式加速度传感器可应用于汽车中，加速度传感器可以用于判断汽车的碰撞，从而使安全气囊迅速充气，挽救生命；还可安装在汽缸的侧壁上，尽量使点火时刻接近爆震区而不发生爆震，但又能使发动机输出尽可能大的扭矩。如图 6-17 所示，事故性碰撞时，加速度传感器发出点火信号，电点火管点火，气体发生剂发出气体，瞬间爆炸，将弹性体充气，完成安全气囊的打开。

安全气囊传感器一般也称碰撞传感器，按照用途的不同，碰撞传感器可分为触发碰撞传感器和防护碰撞传感器。触发碰撞传感器也称为碰撞强度传感器，用于检测碰撞时的加速度变化，并将碰撞信号传给气囊计算机，作为气囊计算机的触发信号；防护碰撞传感器也称为安全碰撞传感器，它与触发碰撞传感器串联，用于防止气囊误爆。当发生碰撞时，安全气囊传感器接收撞击信号，达到规定的强度，传感器发出信号，如果达到气囊展开条件，则由驱动电路向气囊组件中的气体发生器送去启动信号产生气体，使气囊在极短的时间内突破衬垫迅速展开，在驾驶员或乘员的前部形成弹性气垫，并及时泄漏、收缩，吸收

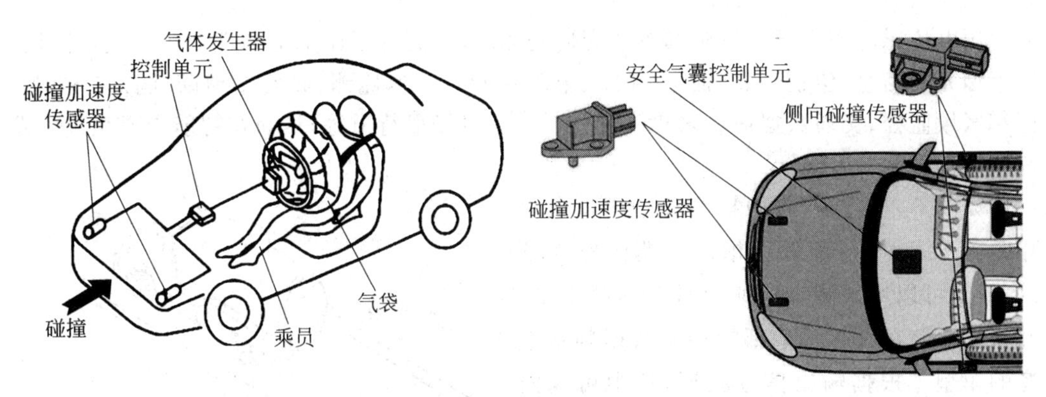

图 6-17 压电加速度传感器用于安全气囊

冲击能量，从而有效地保护人体头部和胸部。

3. 压电式力、压力传感器

压电式力传感器(见图 6-18)是以压电元件为转换元件，输出电荷与作用力呈正比的力—电转换装置。常用的形式为荷重垫圈式，它由基座、盖板、石英晶片、电极以及引出插座等组成。

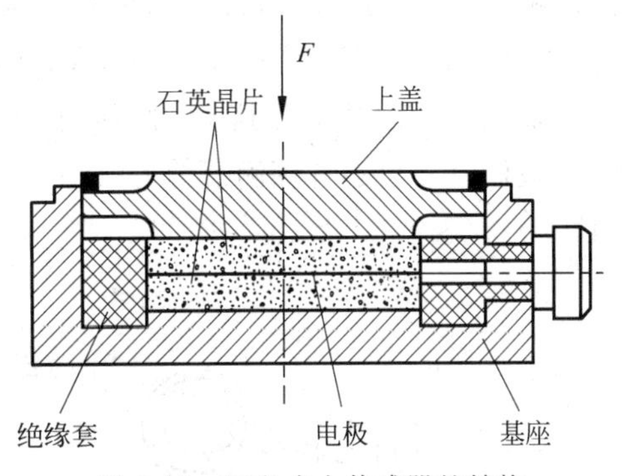

图 6-18 压电式力传感器的结构

变化频率不太高的动态力的测量。测力范围达几十千牛顿以上，非线性误差小于1%，固有频率可达数十千赫兹。

压电式压力传感器的结构类型很多，但它们的基本原理与结构仍与压电式加速度和力传感器大同小异。突出的不同点是，它必须通过弹性膜、盒等把压力收集、转换成力，再传递给压电元件。为保证静态特性及其稳定性，通常多采用石英晶体作为压电元件。

在工程和机械加工中，压电式力传感器可用于测量各种机械设备及部件所受的冲击力。例如，锻造工作中的锻锤、打夯机、打桩机、振动给料机的激振器、地质钻机钻探冲击器、船舶、车辆碰撞等机械设备冲击力的测量，均可采用压电力传感器。

压电传感器有很好的动态特性，可以用于动态力的测量。压电式动态力传感器可应用在体育动态测量中，图 6-19 所示为压电式步态分析跑台。

图 6-19 压电式步态分析跑台

压电传感器用于车辆行驶称重和交通监测时，将高分子压电电缆埋在公路上，可以获取车型分类信息(包括轴数、轴距、轮距、单双轮胎)、车速监测、收费站地磅、闯红灯拍照、停车区域监控、交通数据信息采集(道路监控)及机场滑行道等，从而在智能交通系统中发挥重大作用。

如图 6-20 所示，将两根高分子压电电缆相距若干米，平行埋设于柏油公路的路面下约 5cm，可以用来测量车速及汽车的载重量，并根据存储在计算机内部的档案数据判定汽车的车型。根据输出信号波形，从中可判断出车的速度与质量等关系。

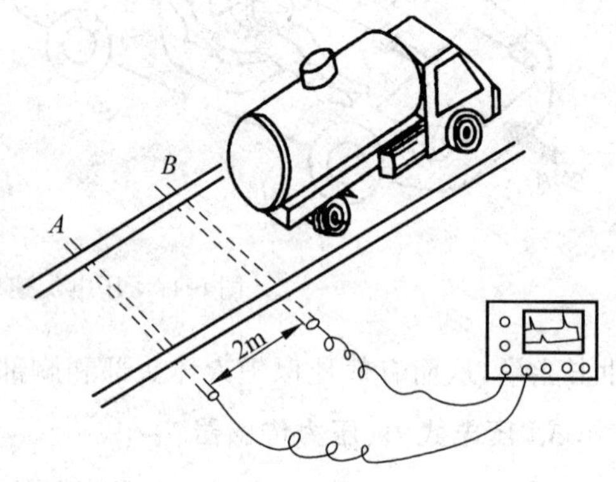

图 6-20　PVDF 压电电缆测速原理

高分子压电材料与水和人体肌肉很接近，柔顺性好，便于贴近人体，与人体声阻抗十分接近，无须阻抗变换，安全舒适，灵敏度高，频带宽，广泛用作脉搏计、血压计、起搏计、生理移植和胎心音探测器等，在医疗行业得到广泛应用，图 6-21 所示为指套式电子血压计。

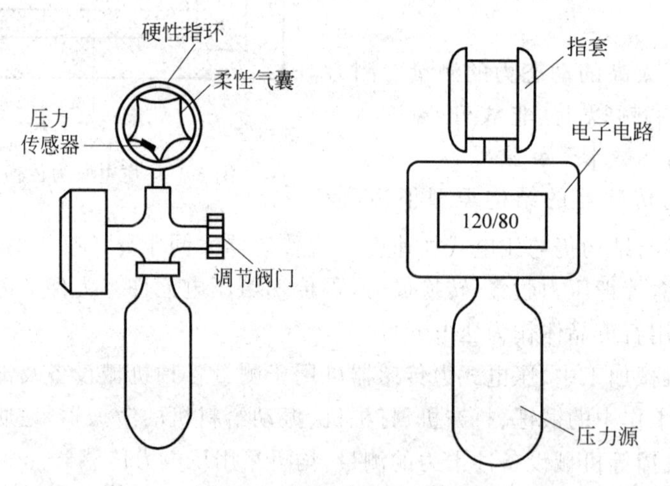

图 6-21　指套式电子血压计

4. 压电式报警器

(1) 声振动报警器。压电传感器具有正压电效应和逆压电效应，即可以做麦克风，也可以做蜂鸣器或扬声器。利用压电效应可以做成检测声振动的传感器，如图 6-22 所示。

当 HTD 未接收到声振动信号时，电路处于守候状态，场效应管 VT_1 截止。此时 C_3 经 R_4 充电为高电平，故 IC_1 的③脚输出低电平，IC_2 报警音乐电路不会工作；当 HTD 接收到声振动信号后，将转换的电信号加到 VT_1 栅极，经放大后加到 IC_1 的②脚(经电容器 C_1)，使 IC_1 的状态翻转，③脚输出高电平加到 IC_2 上，IC_2 被触发从而驱动扬声器发出音

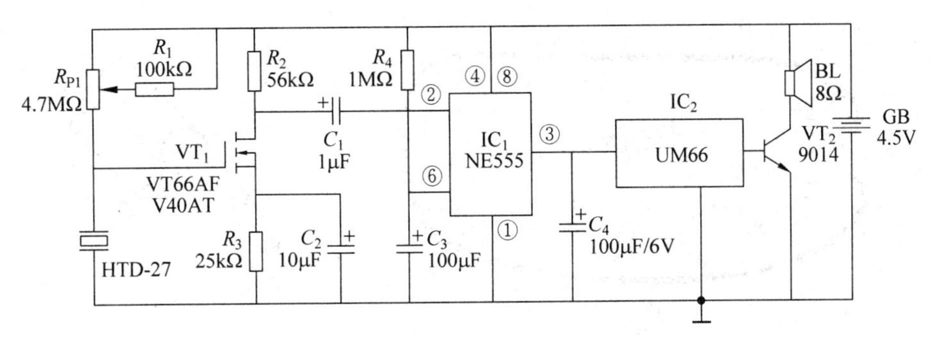

图 6-22　声振动报警器电路

乐声。经过 2min 左右，由于电容 C_3 的充电使 IC_1 的⑥脚为高电平，电路翻转，③脚输出低电平，IC_2 报警电路随之停止报警。但若 HTD 有连续不断的触发信号，则报警声会连续不断，直到 HTD 无振动信号 2min 后，报警声才会停止。

(2) 玻璃破碎报警器。玻璃破碎报警装置如图 6-23 所示，它利用压电元件对振动敏感的特性来感知玻璃受撞击和破碎时产生的振动波。玻璃破碎时会发出几千赫兹至几十千赫兹的振动，使用时将高分子压电薄膜传感器粘贴在玻璃上接收振动，然后通过电缆和报警电路相连，将压电信号传送给集中报警系统。玻璃破碎报警器可广泛用于文物保管、贵重商品保管及其他商品柜台保管等场合。

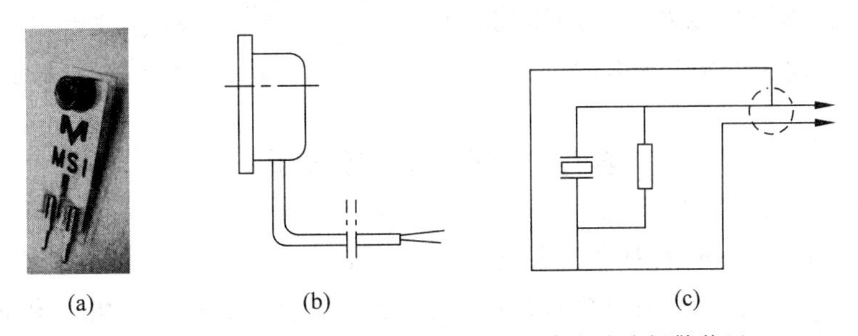

图 6-23　使用高分子压电材料制作的玻璃破碎报警装置

将厚约 0.2mm 的 PVDF 薄膜裁制成 10mm×20mm 大小。在它的正反两面各喷涂透明的二氧化锡导电电极，用超声波焊接上两根柔软的电极引线，并用保护膜覆盖。使用时，用瞬干胶将其粘贴在玻璃上。当玻璃遭暴力打碎的瞬间，压电薄膜感受到剧烈振动，表面将产生电荷 Q，在两个输出引脚之间产生窄脉冲报警信号。玻璃破碎探测器要尽量靠近所要保护的玻璃，尽量远离噪声干扰源，如尖锐的金属撞击声、铃声、汽笛的啸叫声等，减少误报警。

(3) 周界报警。将长的压电电缆埋在泥土的浅表层，可起分布式地下麦克风或听音器的作用，可在几十米范围内探测人的步行，对轮式或履带式车辆也可以通过信号处理系统分辨出来，进行周界报警，如图 6-24 所示。

5. 压电式流量传感器

压电式流量传感器如图 6-25 所示，其测量装置是在管外设置两个相隔一定距离的收

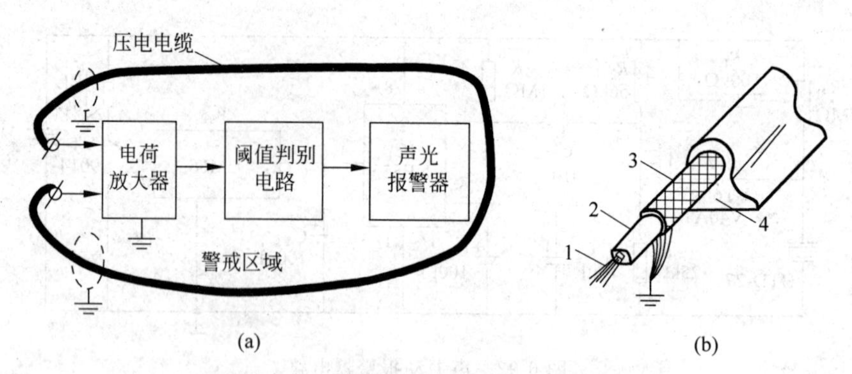

图 6-24　铺设压电电缆进行周界报警

1—压电电缆缆芯；2—保护层；3—电磁隔离层；4—绝缘层

发两用压电超声换能器，每隔一段时间(如1/100s)，发射和接收互换一次。在顺流和逆流的情况下，发射和接收的相位差与流速呈正比。根据这个关系可精确测定流速。流速与管道横截面积的乘积等于流量。

此流量传感器可测量各种液体的流速，中压和低压气体的流速不受该流体的导电率、黏度、密度、腐蚀性以及成分的影响。其准确度可达0.5%，有的可达0.01%。

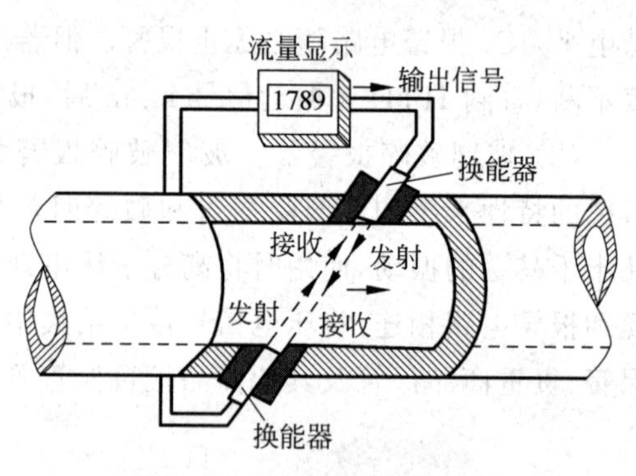

图 6-25　压电式流量传感器

6.2　超声波传感器

机械振动在介质中的传播称为机械波(Mechanical Wave)。机械波与电磁波既有相似之处又有不同之处，机械波由机械振动产生，电磁波由电磁振荡产生。根据频率不同，可以把机械波分为人耳能够听到的声波和人耳听不到的频率很低的次声波、频率很高的超声波。

(1) 声波：频率范围为20～20 000Hz，能为人耳所闻的机械波。

(2) 次声波：低于20Hz的机械波，人耳听不到，但可与人体器官发生共振，7～8Hz的次声波会引起人的恐怖感，动作不协调，甚至导致心脏停止跳动。

(3) 超声波：高于20kHz的机械波。超声波和可听声波一样，也是一种机械波。它是由介质中的质点受到机械力的作用而发生周期性振动产生的。它的指向性很好，能量集中，因此穿透本领大，能穿透几米厚的钢板，而能量损失不大。在遇到两种介质的分界面(例如钢板与空气的交界面)时，能产生明显的反射和折射现象，超声波的频率越高，其声场指向性就越好。

整个声波频谱是比较宽的，其中只有可听声波才能被人耳所听到，而次声波、超声波虽然属于声波，却不能为人耳所察觉，如图6-26所示。

不同频率的机械波具有不同的特性，因此也应用在不同的场合，如图6-27所示。

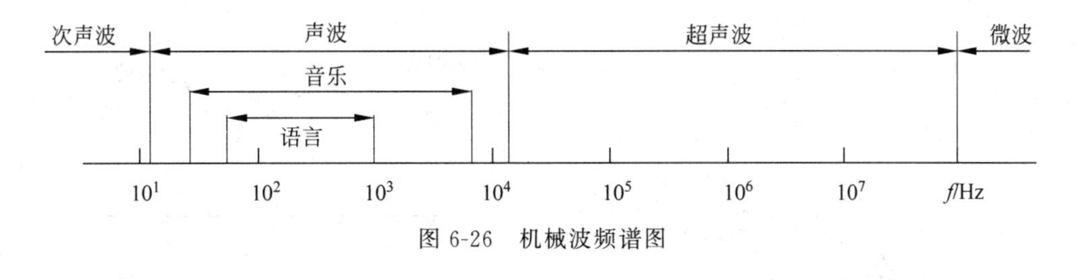

图 6-26 机械波频谱图

0Hz 20Hz 20kHz 1MHz 30MHz 400MHz

次声频段	可听见声音	超 声 频 段		
地震波	耳朵	无损探伤	图像诊断	声学显微镜

图 6-27 不同频率机械波的特点和应用

在自然界存在着多种多样的超声波，如某些昆虫和哺乳动物就能发出超声波，又如风声、海浪声、喷气飞机的噪声中都含有超声波成分。在医学诊断上所使用的超声波是由压电晶体一类的材料制成的超声探头产生的。眼科方面所使用的超声频率范围在 5～15MHz，心和腹部所使用的超声频率范围在 2～10MHz。

6.2.1 超声波的物理特性

1. 超声波具有声波的物理特性

(1) 声速。声波在介质中单位时间内传播的距离，称为声速。用符号 c 表示，单位为 m/s。声波的传播过程实质上是能量的传递过程，它不仅需要一定时间，而且其传递速度的快慢还与介质的密度及弹性、介质的特性以及波动的类型有关。

(2) 周期和频率。介质中的质点在平衡位置往返振动 1 次所需要的时间叫作周期，用 T 表示，单位为 s；在 1s 的时间内完成振动的次数称为频率，用 f 表示，单位为周/s，又称作 Hz。周期与频率呈互为倒数关系，即

$$f=\frac{1}{T} \tag{6-1}$$

超声诊断常用的频率范围在 0.8～15MHz，而最常用的范围为 2.5～10MHz。

(3) 波长。在一个周期内，声波所传播的距离就是一个波长，用 λ 表示，声速用 c 表示。

对于纵波，等于两相邻密集点(或稀疏点)间的距离；对于横波，则是从一个波峰(或波谷)到相邻波峰(波谷)的距离，即

$$\lambda=\frac{c}{f} \tag{6-2}$$

频率和波长在超声成像中是两个极为重要的参数，波长决定了成像的极限分辨率，而频率则决定了可成像的组织深度。

(4) 声波指向，声波的反射、折射与透射。声波声源发出的超声波束以一定的角度逐渐向外扩散。在声束横截面的中心轴线上，超声波最强，且随着扩散角度的增大而减小，如图 6-28(a)所示。

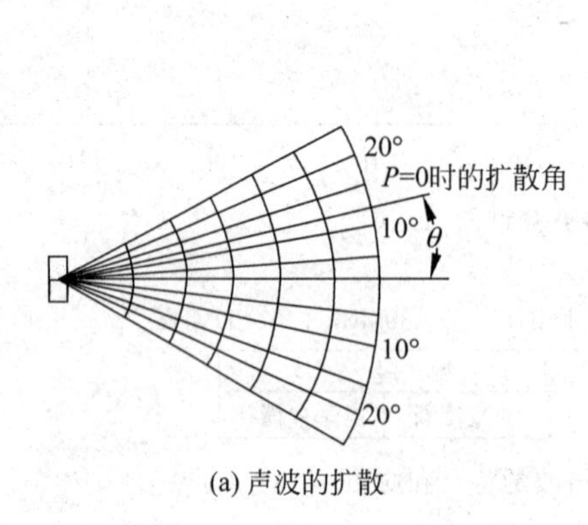

(a) 声波的扩散

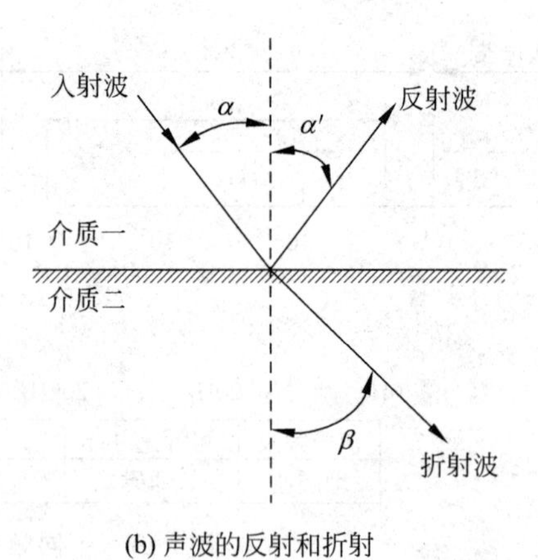

(b) 声波的反射和折射

图 6-28 声波指向

声波在人体组织内传播不仅有衰减,同时还存在着反射、折射与透射现象。在人体均质性组织内传播时,声波只沿其传播方向前进,此时不存在反射、折射问题。如果声波在非均质性组织内传播或从一种组织传播到另一种组织时,由于两种组织声阻抗的不同,在声阻抗改变的分界面上便会产生反射、折射与透射。

声波从一种介质传播到另一种介质时,在两种介质的分界面上,一部分能量被反射回原介质,叫作反射波;另一部分透射过界面,在另一种介质内部继续传播,则叫作折射波。这两种情况分别称之为声波的反射和折射,如图 6-28(b)所示。

(5) 声波的衰减。声波在介质中传播时,随着传播距离的增加,能量逐渐衰减。声波衰减的原因:①扩散衰减:随声波传播距离增加而引起声能的减弱;②散射衰减:超声波在介质中传播时,固体介质中颗粒界面或流体介质中悬浮粒子使声波产生散射,一部分声能不再沿原来传播方向运动,而形成散射;③吸收衰减:由于介质黏滞性,使超声波在介质中传播时造成质点间的内摩擦,从而使一部分声能转换为热能,通过热传导进行热交换,导致声能损耗。

(6) 声波的传播速度与介质密度和弹性特性有关。以水为例,当蒸馏水温度范围在0~74℃时,声速随温度的升高而增加,在74℃时达到最大值,大于74℃后,声速随温度的增加而减小。此外,水质、压强等也会引起声速的变化。

2. 与普通声波(可闻波)相比,超声波最突出的物理特性

(1) 由于超声波的频率高,因而波长很短,它可以像光线那样沿直线传播,使我们有可能只向某一确定的方向发射超声波。

(2) 由超声波所引起的媒质微粒的振动,虽然振幅很小,但加速度却非常大,因此可以产生很大的力量。

(3) 超声波为直线传播方式,频率越高,绕射能力越弱,但反射能力却越强。

超声波的这些特性使它在近代科学研究、工业生产和医学领域等方面得到日益广泛的应用。例如,我们可以利用超声波来测量海底的深度和探索鱼群、暗礁、潜水艇等。在工业上,则可以用超声波来检验金属内部的气泡、伤痕、裂隙等缺陷。在医学领域则可以用超声波来灭菌、清洗，更重要的用途是做成各种超声波治疗和诊断仪器。

3. 超声波可分为纵波、横波和表面波

依据质点振动方向与波的传播方向的关系不同，超声波有纵波、横波和表面波之分。

(1) 纵波是质点的振动方向与波的传播方向相同的波。例如音叉在空气介质中振动所产生的声波，空气介质中的质点沿水平方向振动，振动的方向与声波的传播方向一致，传播时介质的质点发生疏密的变化。纵波可以在固体、液体、气体介质中传播。

(2) 横波。质点的振动方向垂直于波的传播方向，只能在固体中传播。一个典型的例子便是软绳上的波，我们把软绳看成是密集质点的集合，如果不断地摆动软绳的一头，则一系列横向振动的波就由绳子的左端向右端移去，而绳上各质点并不随波的传播方向移动，只是在各自的平衡位置附近做横向(剪切形式)振动。横波不能在液体及气体介质中传播，这是因为液体和气体无切变弹性。由超声诊断仪所发射的超声波，在人体组织中是以纵波的方式传播的，这是因为人体软组织基本无切变弹性，横波在人体组织中不能传播。

(3) 表面波。质点的振动介于纵波和横波之间，沿着表面传播，振幅随深度增加而迅速衰减，在固体表面传播。

在固体中，纵波、横波及表面波三者的声速间有一定的关系：通常可认为横波声速为纵波的一半，表面波声速为横波声速的90%。气体中纵波声速为344m/s，液体中纵波声速范围为900～1 900m/s。

地震发生后，能量通过波的形式传递，主要体现在纵波(P波)和横波(S波)上。P波的传递速度快，达6km/s左右，可通过固体、液体和空气介质传递，而横波的传递速度慢一些，大约在3.5km/s，主要通过固体介质传递，两者属于体波的范畴。与体波相对应的是表面波，表面波沿着地表传播，因此从破坏力上看，表面波的威胁最大，其次是横波和纵波。

6.2.2 超声波的特点应用

1. 超声波清洗

“超声波清洗工艺技术”是指利用超声波的空化效应对物体表面上的污物进行撞击、剥离，以达到清洗的目的。它具有清洗洁净度高、清洗速度快等特点，特别是对盲孔和各种几何状物体，具有其他清洗手段所无法达到的洗净效果。常用于集成电路、医疗设备等清洗，可制成超声波洗衣机、洗碗机、洗眼镜设备等，图6-29所示为超声波清洗机。

超声波振动在液体中传播的音波压强达到一个大气压时，其功率密度为$0.35W/cm^2$，这时超声波的音波压强峰值就可达到真空或负压，但实际上无负压存在，因此在液体中产生一个很大的力，将液体分子拉裂成空洞。此空洞非常接近真空，它在超声波压强反向达到最大时破裂，由于破裂而产生的强烈冲击将物体表面的污物撞击下来。这种由无数细小的空化气泡破裂而产生的冲击波现象称为“空化”现象。

超声波清洗的作用机理主要有以下几个方面：因空化泡破灭时产生强大的冲击波，

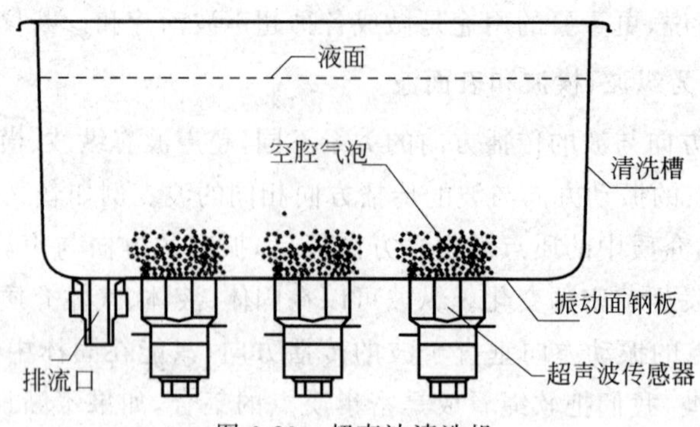

图 6-29 超声波清洗机

污垢层的一部分在冲击波的作用下被剥离、分散、乳化、脱落。因为空化现象产生的气泡向冲击形成的污垢层与表层间的间隙和空隙渗透,由于这种小气泡和声压同步膨胀、收缩,像剥皮一样的物理力反复作用于污垢层,污垢层一层层被剥离,气泡继续向里渗透,直到污垢层被完全剥离,这是空化二次效应。超声波清洗中清洗液超声振动对污垢的冲击:超声波会加速化学清洗剂对污垢的溶解过程,化学力与物理力相结合,可加速清洗过程。由此可见,凡是液体能浸到且声场存在的地方都有清洗作用,因此适用于表面形状非常复杂的零件的清洗。尤其是采用这一技术后,可减少化学溶剂的用量,从而大大降低环境污染。

2. 超声波焊接

超声波可以被聚焦,具有能量集中的特点。可以用超声波焊接金丝、塑料和集成电路。超声波焊接是利用高频振动波传递到两个需焊接的物体表面,在加压的情况下,使两个物体表面相互摩擦而形成分子层之间的熔合。

当超声波作用于热塑性的塑料接触面时,会产生每秒几万次的高频振动,这种达到一定振幅的高频振动,通过上焊件把超声能量传送到焊区,由于焊区即两个焊接的交界面处声阻大,因此会产生局部高温。又由于塑料导热性差,一时还不能及时散发,聚集在焊区,致使两个塑料的接触面迅速熔化,加上一定压力后,使其融合成一体。当超声波停止作用后,让压力持续几秒钟,使其凝固成型,这样就形成一个坚固的分子链,达到焊接的目的,焊接强度能接近于原材料强度。

3. 超声波用作加湿器和雾化器

来自主电路板的振荡信号被大功率三极管进行能量放大,传递给超声晶片,超声波晶片把电能转化为超声波能量,超声波能量在常温下能把水溶性药物雾化成 $1\sim5\mu m$ 的微小雾粒,以水为介质,利用超声定向压强将水溶性药液喷成雾状,借助内部风机风力,将药液喷入患者气道,再被患者吸入,直接作用于病灶,主要用于内科、外科、五官科、儿科等方面,如图 6-30 所示。

4. 超声波成像

阵列声场延时叠加成像是超声成像中最传统、最简单的,也是目前实际当中应用最为

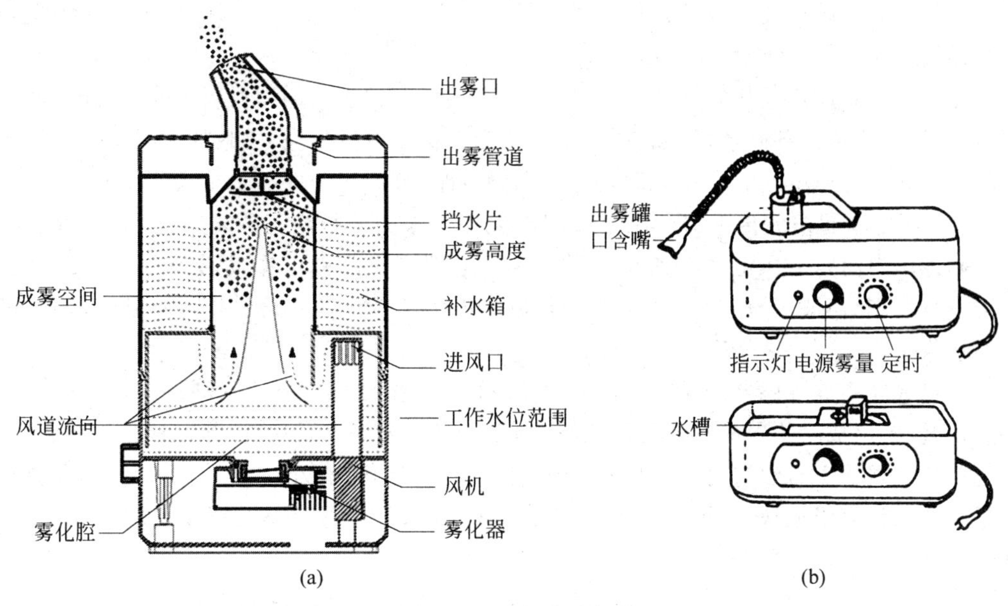

图 6-30　超声波雾化器

广泛的成像方式。在这种方式中，通过对阵列的各个单元引入不同的延时，而后合成为一聚焦波束，以实现对声场各点的成像。

B 超原理为在超声诊断仪中探头是一种声电换能器，同时兼有超声波发射器及接收器的功能，超声探头以逆电装置（以电脉冲转变成为声脉冲）发射超声波，通过与人体组织复合的阻抗作用产生回波；由正压电装置（脉冲转为电脉冲）接收回波，形成图像。

简单来说 B 超就是向人体发射超声波，同时接收体内脏器的反射波，将所携带信息反映在屏幕上。

B 超属于超声诊断学，在现代医学影像学中超声诊断学与 CT、X 线、核医学、磁共振并驾齐驱，B 超经过了三个发展阶段：普通 B 超、彩色 B 超、三维 B 超。

6.2.3　超声波传感器的分类

1. 按原理分类

（1）磁致伸缩式超声波传感器。磁致伸缩式超声波传感器如图 6-31 所示，它是利用铁磁材料的磁致伸缩效应原理来工作的。

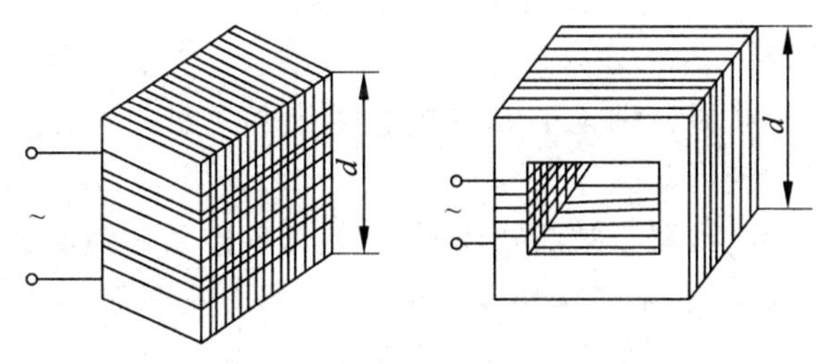

图 6-31　磁致伸缩式超声波传感器

磁致伸缩式超声波发生器是把铁磁材料置于交变磁场中，使它产生机械尺寸的交替变化即机械振动，从而产生超声波。

磁致伸缩式超声波接收器的原理是，当超声波作用在磁致伸缩材料上时，引起材料伸缩，从而导致它的内部磁场(导磁特性)发生改变。根据电磁感应，磁致伸缩材料上所绕的线圈里便获得感应电动势。此电动势送到测量电路，最后记录或显示出来。

(2) 压电式超声波传感器。压电式超声波探头常用的材料是压电晶体和压电陶瓷，它是利用压电材料的压电效应来工作的：逆压电效应将高频电振动转换成高频机械振动，从而产生超声波，可作为发射探头；而正压电效应是将超声振动波转换成电信号，可作为接收探头。

压电式超声波传感器的结构如图 6-32 所示，它主要由压电晶片、吸收块(阻尼块)、保护膜、引线等组成。压电晶片多为圆板形，厚度为 δ。超声波频率 f 与其厚度 δ 呈反比。压电晶片的两面镀有银层，作导电的极板。阻尼块的作用是降低晶片的机械品质，吸收声能量。如果没有阻尼块，当激励的电脉冲信号停止时，晶片将会继续振荡，加长超声波的脉冲宽度，使分辨率变差。

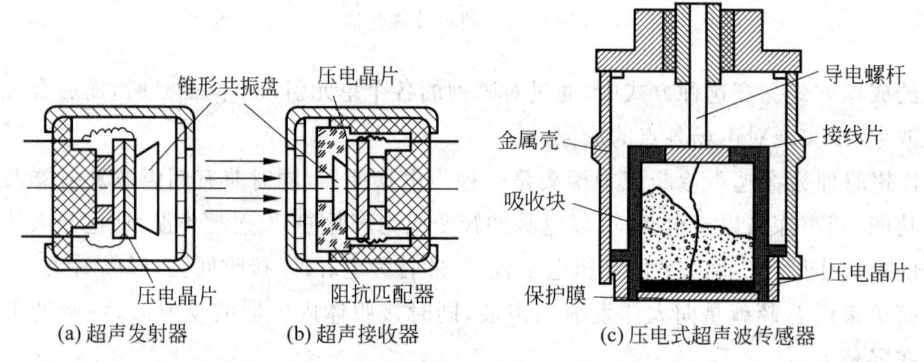

图 6-32　压电式超声波传感器的结构

2. 按结构分类

由于结构不同，超声波探头又分为直探头(发射和接收纵波)、斜探头(发射和接收横波)、双探头(组合式探头，分别发射和接收)、表面波探头(发射和接收表面波)、聚焦探头(像光波一样可以被聚焦成十分细的声束，其直径可小到 1mm 左右，可以分辨试件中细小的缺陷)、水浸探头、空气传导探头(有效工作范围可达几米至几十米)以及其他专用探头等，如图 6-33 所示。

3. 按安装方式分类

当超声发射器与接收器分别置于被测物体两侧时，这种类型称为透射型，透射型可用于遥控器、防盗报警器、接近开关等。

当超声发射器与接收器置于被测物体同侧时，这种类型称为反射型，反射型可用于接近开关、测距、测液位或物位、金属探伤以及测厚等，如图 6-34 所示。

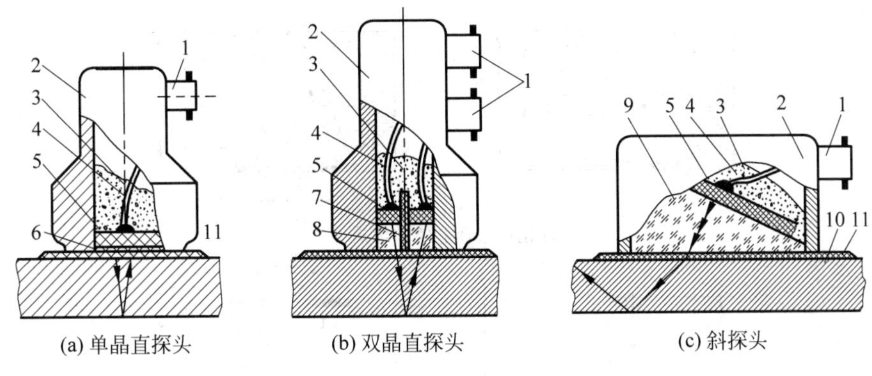

图 6-33 探头的分类

1—接插件；2—外壳；3—阻尼吸收块；4—引线；5—压电晶体；6—保护膜；7—隔离层；8—延迟块；9—有机玻璃斜楔块；10—试件；11—耦合剂

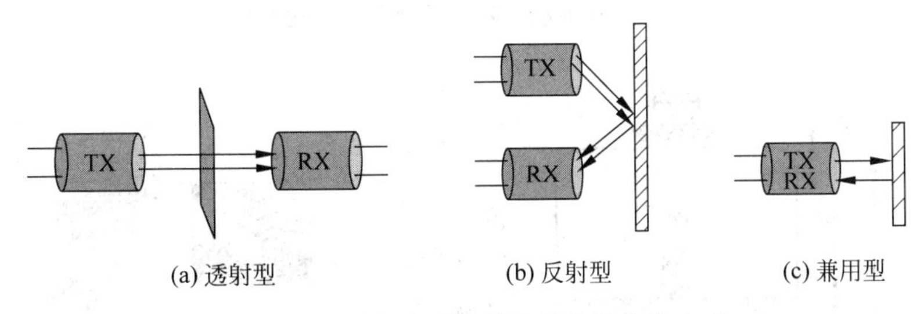

图 6-34 几种超声波发射和接收的安装方式

6.2.4 超声波传感器的应用

1. 超声波物位传感器

超声波物位传感器是利用超声波在两种介质的分界面上的反射特性而制成的。如果从发射超声脉冲开始，到接收换能器接收到反射波为止的这个时间间隔为已知，就可以求出分界面的位置，利用这种方法可以对物位进行测量。

根据发射和接收换能器的功能，单换能器（传感器发射和接收超声波使用同一个换能器）和双换能器（传感器发射和接收各由一个换能器担任）都可以用来检测物位，如图 6-35 所示。

在一般使用条件下，它的测量误差为±0.1%，检测物位的范围为 10^2～10^4 m。

超声波物位传感器可测量液位和料位，如图 6-36 所示。

2. 超声波测距

超声波测距的原理是用超声波发射装置发出超声波，可以得到接收器接到超声波时的时间差，与雷达测距原理相似。超声波发射器向某一方向发射超声波，在发射的同时开始计时，超声波在空气中传播，途中碰到障碍物就立即返回来，超声波接收器收到反射波就立即停止计时，如图 6-37 所示。

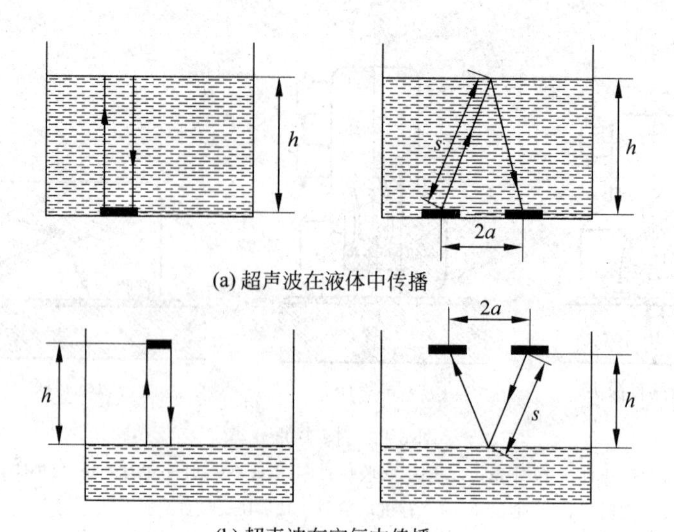

(b) 超声波在空气中传播

图 6-35 几种超声物位传感器的结构及原理

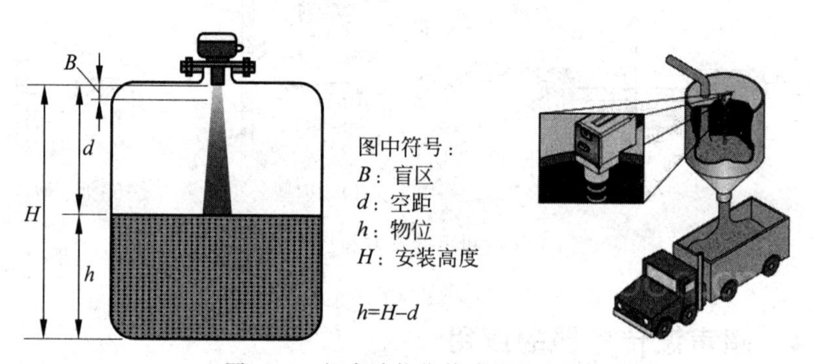

图 6-36 超声波物位传感器的应用

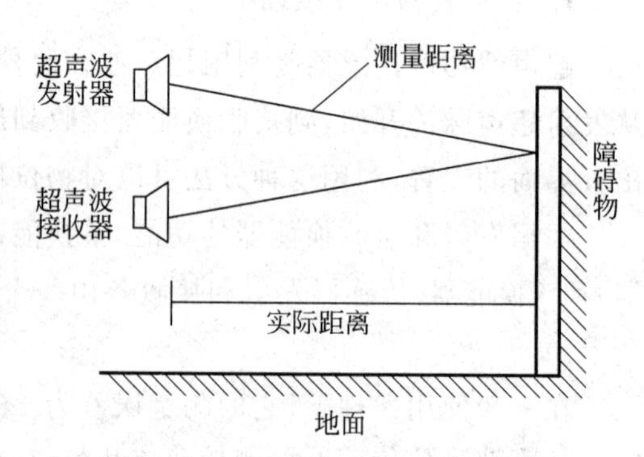

图 6-37 超声波测距原理示意图

超声波在空气中的传播速度为 340m/s，根据计时器记录的时间 t，就可以计算出发射点距障碍物的距离 s，即 $s=340t/2$。

超声波测距可用于制成防盗报警器。将两个换能器分别放置在不同的位置，即收、发分置型，称为声场型探测器，它的发射机与接收机多采用非定向型（全向型）换能器或半向型换能器。非定向型换能器产生半球型的能场分布模式，半向型产生锥形能场分布模式，如图 6-38 所示。

图 6-39 中 T_1、T_2 为倒车声呐系统的发射头，R_1、R_2 为接收头。发射头发射 40kHz 的超声波脉冲，以 15 次/s 的频率向后发射。如果车后有障碍物，超声波被反射，根据超声波的往返时间，可以确定障碍物到汽车的距离。不同的距离采用不同的报警。

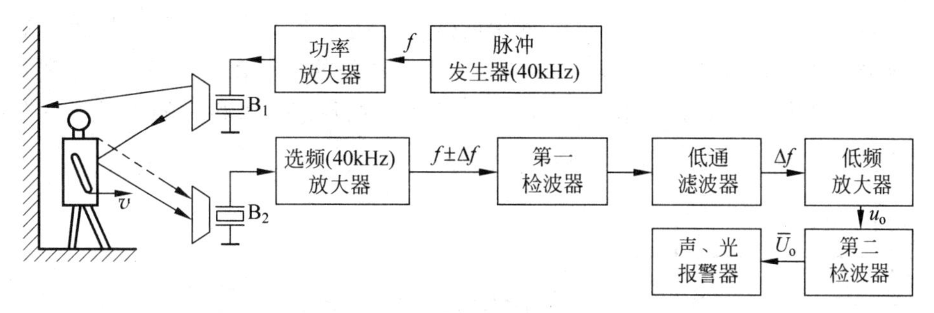

图 6-38 超声防盗报警器的原理框图

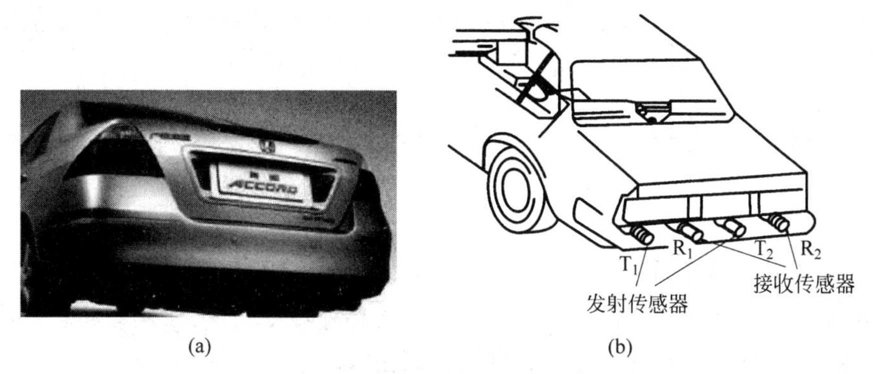

图 6-39 超声波测距用于汽车倒车雷达

3. 超声波测厚

图 6-40 是超声波测厚原理。双晶直探头左边的压电晶片发射超声脉冲，经探头内部的延迟块延时后，该脉冲进入被测试件，在到达试件底面时，被反射回来，并被右边的压电晶片所接收。这样，只要测出从发射超声波脉冲到接收超声波脉冲所需的时间(扣除经两次延迟的时间)，再乘上被测件的声速常数，就是超声波脉冲在被测件中所经历的来回距离，也就是厚度值，即

$$\delta = \frac{vt}{2} \tag{6-3}$$

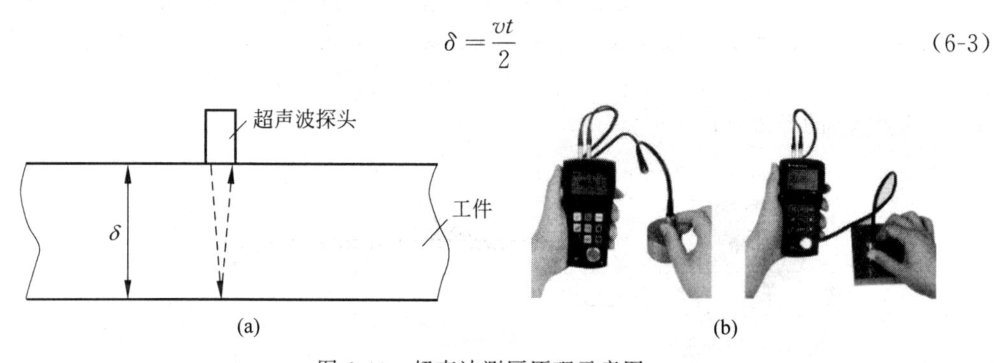

图 6-40 超声波测厚原理示意图

4. 超声波探伤

超声波探伤是目前应用十分广泛的无损探伤手段，如图 6-41 所示。它既可用于检测

材料表面的缺陷，又可用于检测内部几米深的缺陷。超声波探伤是利用材料及其缺陷的声学性能差异对超声波传播的影响来检验材料内部缺陷的。现在广泛采用的是观测声脉冲在材料中反射情况的超声波脉冲反射法，此外还有观测穿过材料后的入射声波振幅变化的穿透法等。常用的频率范围在 0.5～5MHz。

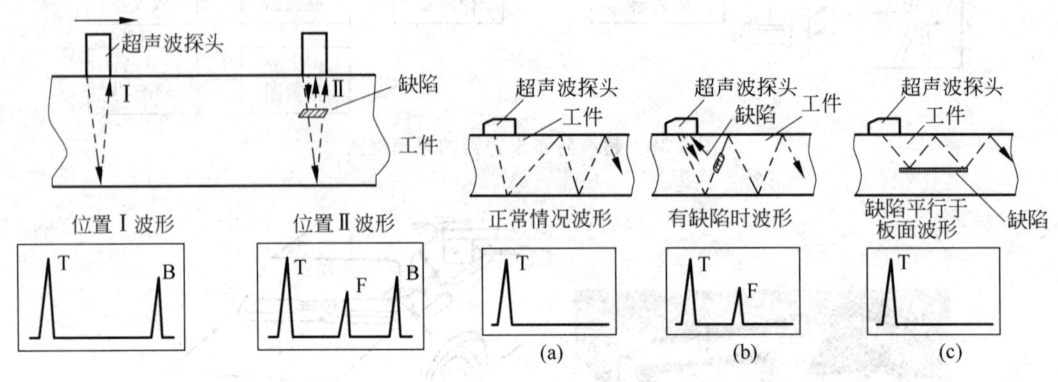

图 6-41 超声波探伤原理示意图

5. 超声波流量传感器

超声波流量传感器的测定原理是多样的，如传播速度变化法、波速移动法、多勒效应法等，但目前应用较广的主要是超声波传输时间差法。

超声波在流体中传输时，在静止流体和流动流体中的传输速度是不同的，利用这一特点可以求出流体的速度，再根据管道流体的截面积，便可知道流体的流量。理论基础：超声波在流体中的传播速度与流体的流动速度有关。

超声波流量传感器的特点是非接触测量；无压力损失；适合于大型管道等。在实际应用中，超声波传感器安装在管道的外部，从管道的外面透过管壁发射和接收超声波不会给管道内流动的流体带来影响。只要是能传播超声波的流体，都能够测量，它可测量高黏度流体、非电导流体和气体等流速。应用范围广，例如可测血液流速、河流流速等。

超声波在流体中传播时，在静止流体和流动流体中的传播速度是不同的，利用这一特点可以求出流体的速度，再根据管道流体的截面积，便可知道流体的流量。如果在流体中设置两个超声波传感器，它们既能发射超声波又能接收超声波，一个装在上游，一个装在下游，其距离为 L，如图 6-42 所示。

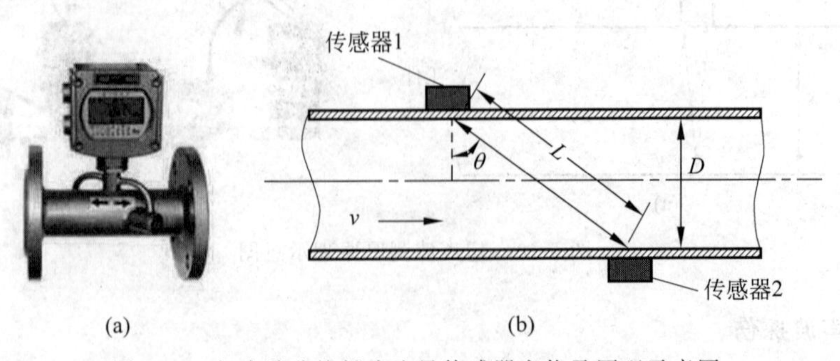

图 6-42 超声波非接触式流量传感器实物及原理示意图

超声波流量传感器具有不阻碍流体流动的特点，可测流体种类很多，不论是非导电的流体，还是高黏度的流体、浆状流体，只要能传输超声波的流体都可以进行测量。超声波流量传感器可用来对自来水、工业用水、农业用水等进行测量，还可用于下水道、农业灌溉、河流等流速的测量。

思考和练习

1. 什么是压电效应？压电材料有哪几种？分别应用在哪些场合？
2. 超声波有哪些特点？超声波探头有哪些类型？超声波传感器有哪些用途？
3. 压电传感器为什么要用电荷放大器？电荷放大器有什么特点？

第7章

磁敏传感器

引言

随着磁性材料的发展，人们利用各种磁性材料来作为信息载体，例如磁带、磁盘、钞票的磁记录，各种物体运动信息，包括位置、位移、速度、转速等，都可以借助磁性体作为载体。因而需要大量的各种各样的磁的读出、写入和传感装置。

磁敏传感器产业发展迅猛，可以说任何一台计算机、一辆汽车、一家工厂离开磁敏传感器都不能够正常工作。除了工业、汽车等使用外，磁传感器还大量用于如洗衣机和微波炉等家用电器中，以检测机器的门是处于关闭还是打开状态。磁传感器还被广泛用于医疗器械中，如应用于助听器时，它能够检测佩戴者是否携带了手机，然后更改至相应的模式，以帮助佩戴者能够更清楚地听到来电。此外，它还常被用于电梯中的楼层检测、平板电脑或手机等手持设备，检测其是处于打开还是关闭的状态等。

导航——教与学

理论	重点	线性和开关型霍尔集成电路的应用
	难点	霍尔集成电路
	教学规划	介绍几种磁敏元件，重点介绍霍尔传感器
	建议学时	2学时
操作	面包板	霍尔传感器磁控报警(有条件选做)
	实验	霍尔传感器测速
	建议学时	2学时(结合线上配套素材)

磁敏传感器是利用导体或半导体的磁电转换原理，将磁场信息变换成相应电信号的元器件。目前应用最广泛的是半导体磁敏传感器，包括霍尔器件、磁阻元件、磁敏二极管、磁敏晶体管、干簧管及磁敏集成电路等。

磁敏传感器具有灵敏性高、可靠性好、体积小、耗电少、寿命长、价格低及易于集成化等优点。它可测量磁通量、电流及电功率等电磁量；检测位移、流量、长度、质量、转速及加速度等非电磁量；可用于非接触开关、无刷电动机、各种运算器、混频器和调制器等；还可用来检测磁性图形、信用卡等。本书主要介绍应用较广的霍尔传感器和磁敏传感器。

霍尔传感器是一种磁传感器。它可以检测磁场及其变化，可在各种与磁场有关的场合中使用。霍尔传感器具有许多优点，它们的结构牢固，体积小，质量轻，寿命长，安装方便，功耗小，频率高(可达 1MHz)，耐振动，不怕灰尘、油污、水汽及盐雾等污染或腐蚀。霍尔传感器有线性型传感器和开关型传感器，应用极为广泛。

7.1 霍尔传感器

7.1.1 霍尔效应和霍尔元件

霍尔效应原理如图 7-1 所示。把一个长度为 L，宽度为 b，厚度为 d 的导体或者半导体薄片两端通过控制电流 I，在薄片的垂直方向施加磁感应强度为 B 的磁场，在薄片的两外侧就会产生一个与控制电流 I 和磁场强度 B 的乘积呈比例的电动势 $E=KIB$。如果磁场方向与导体或半导体薄片不垂直，而是与其法线方向的夹角为 θ，则霍尔电动势为

$$E=KIB\cos\theta \tag{7-1}$$

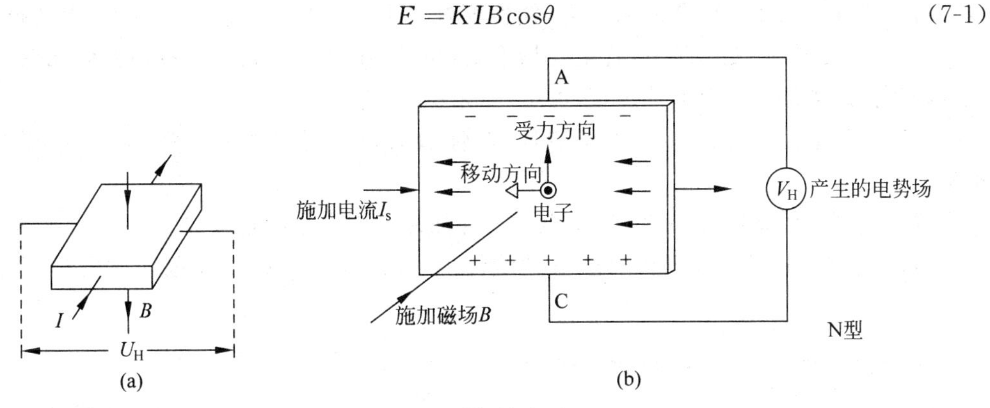

图 7-1 霍尔效应原理

霍尔效应产生的原因是当磁场垂直于薄片时，电子受到洛仑兹力 F_L 的作用，向内侧偏移，在半导体薄片 C、A 方向的端面之间建立起感应电动势。

由式(7-1)可知，霍尔电势是关于 I、B、θ 三个变量的函数。利用这个关系，可以使其中两个量保持不变，将第三个量作为变量，或者固定其中一个量，其余两个量都作为变量。这使得霍尔传感器有许多用途。

霍尔传感器是根据霍尔效应制作的一种磁场传感器，因此是典型的物性型传感器。同时，它也是典型的非接触式测量型传感器。霍尔效应是磁电效应的一种，这一现象是霍尔(A. H. Hall，1855—1938)于 1879 年在研究金属的导电机构时发现的。后来发现半导体、导电流体等也有这种效应，而半导体的霍尔效应比金属强得多，利用这现象制成的各种霍尔元件，广泛地应用于工业自动化技术、检测技术及信息处理等方面。霍尔效应是研

究半导体材料性能的基本方法。

由于导体的霍尔效应很弱，人们一般用半导体材料制成霍尔器件。霍尔元件是半导体四端元件，如图7-2所示，其中两端接激励电流，另外两端是霍尔电动势输出端。霍尔元件具有对磁场敏感、结构简单、体积小、频率响应宽、输出电压变化大和使用寿命长等优点，因此，在测量、自动化、信息技术等领域均得到广泛的应用。

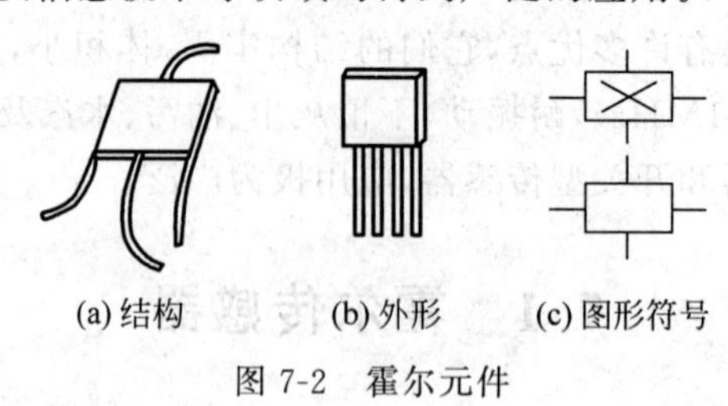
(a) 结构　(b) 外形　(c) 图形符号

图7-2　霍尔元件

7.1.2　霍尔传感器的分类

由于霍尔元件产生的电势差很小，故通常将霍尔元件与放大器电路、温度补偿电路及稳压电源电路等集成在一个芯片上，称为霍尔传感器。霍尔传感器也称为霍尔集成电路。霍尔传感器分为线性型霍尔传感器和开关型霍尔传感器两种，前者输出模拟量，后者输出数字量。线性型霍尔传感器的精度高、线性度好；开关型霍尔传感器无触点、无磨损、输出波形清晰、无抖动、无回跳、位置重复精度高（可达μm级）。取用了各种补偿和保护措施的霍尔传感器的工作温度范围宽，可达－55～150℃。

（1）线性型霍尔传感器由霍尔器件、线性放大器和射极跟随器等组成，它输出模拟量。

线性型霍尔传感器的特性：输出电压与外加磁场强度呈线性关系，如图7-3所示，在$B_-\sim B_+$的磁感应强度范围内有较好的线性度，磁感应强度超出此范围时则呈现饱和状态。

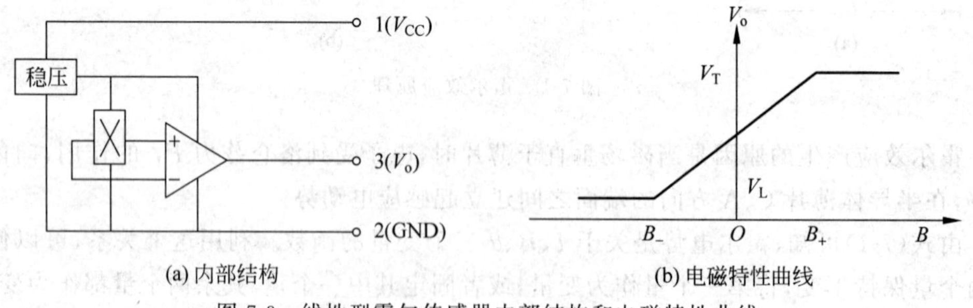

(a) 内部结构　(b) 电磁特性曲线

图7-3　线性型霍尔传感器内部结构和电磁特性曲线

（2）开关型霍尔传感器由稳压器、霍尔器件、差分放大器、斯密特触发器和输出级等组成，它输出数字开关量。

如图7-4所示，其中B_H为工作点“开”的磁感应强度，B_L为释放点“关”的磁感应强度。

当外加的磁感应强度超过动作点 B_H 时，传感器输出低电平，当磁感应强度降到动作点 B_H 以下时，传感器输出电平不变，一直要降到释放点 B_L 时，传感器才由低电平跃变为高电平。B_H 与 B_L 之间的滞后使开关动作更为可靠。

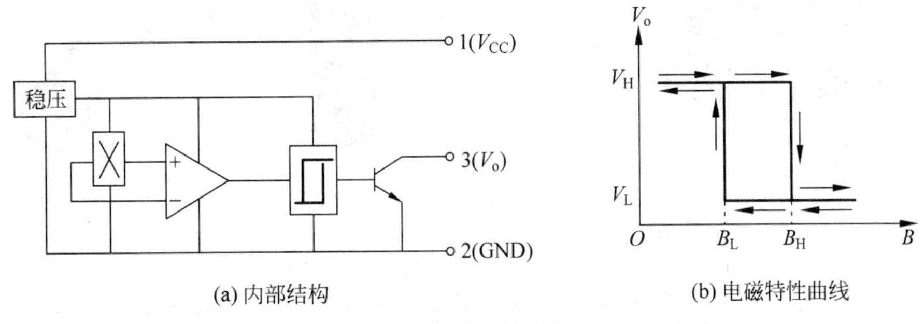

图 7-4　开关型霍尔传感器内部结构和电磁特性曲线

7.1.3　霍尔传感器的应用

按被检测对象的性质不同，可将应用分为直接应用和间接应用。直接应用是直接检测受检对象本身的磁场或磁特性；间接应用是检测受检对象上人为设置的磁场，这个磁场是被检测的信息的载体，通过它可以将许多非电、非磁的物理量（如速度、加速度、角度、角速度、转数、转速以及工作状态发生变化的时间等）转变成电学量来进行检测和控制。

线性型霍尔传感器主要用于一些物理量的测量，它拥有很宽的磁场测量范围，并能识别磁极。其应用领域有电力机车、地下铁道、无轨电车、铁路等，还可用于变频器中监控电量、保护电动机等。线性霍尔传感器还可以用于测量位置和位移，霍尔传感器可用于液位探测、水流探测等。

开关型霍尔传感器主要用于测转数、转速、风速、流速、接近开关、关门告知器、报警器、自动控制电路等。在汽车中也有大量应用，如可以计算汽车或机器转速、ABS 系统中的速度传感器、汽车速度表和里程表、机车的自动门开关、无刷直流电动机、汽车点火系统等。

1. 电流传感器

由于通电螺线管内部存在磁场，其大小与导线中的电流呈正比，故可以利用霍尔传感器测量磁场，从而确定导线中电流的大小。利用这一原理可以设计制成霍尔电流传感器，其优点是不与被测电路发生电接触，不影响被测电路，不消耗被测电源的功率，特别适合于大电流传感。

霍尔电流传感器如图 7-5 所示，标准圆环铁芯有一个缺口，将霍尔传感器插入缺口中，圆环上绕有线圈，当电流通过线圈时产生磁场，则霍尔传感器有信号输出。霍尔电流传感器也叫钳形电流计。

钳形电流计应用于各种特殊电源（如 UPS、高频电源、开关电源、弧焊机逆变电源等）和交流变频器等产品的监测，这些变频装置的核心是大功率半导体器件。以磁传感器为基础的各种电流传感器被用来监测控制和保护这些大功率器件。霍尔电流传感器响应速

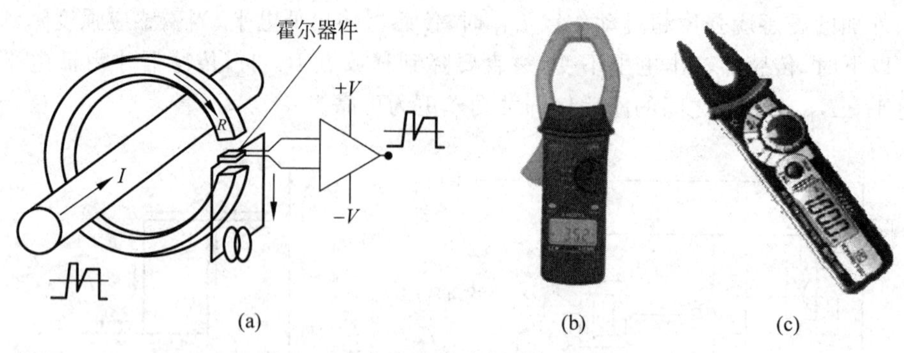

图 7-5 霍尔电流传感器(钳形电流计)

度快,且依靠磁场和被控电路耦合,不接入主电路,因而功耗低,抗过载能力强,线性好,可靠性高,既可作为大功率器件的过流保护驱动器,又可作为反馈器件,成为自控环路的一个控制环节。

使用变频技术可以大量节能,我国的变频技术改造将需求大量的电流传感器,这将是磁传感器的又一巨大的产业性应用领域。

电网的自动检测系统需采集大量的数据,经计算机处理后,对电网的运行状况实施监控,并进行负载的分配调节和安全保护。自动监控系统的各个控制环节,是用磁传感器为基础的电流传感器、互感器等来实现的。霍尔电流传感器早已在电网系统中得到应用,用霍尔器件做成的电度表可自动计费并可显示功率因数,以便随时进行调整,保证高效用电。

2. 位移测量

霍尔位移传感器利用霍尔元件构成位移传感器的关键是建立一个线性变化的磁场,在两个结构相同,磁场强度相同而极性相反的磁钢间隙中,可产生一个线性变化的磁场。将与被测物相连的霍尔元件至于磁场气隙中,霍尔元件随被测物沿 X 方向移动时,将感受线性变化的磁场。如图 7-6 所示,输出霍尔电动势与位移量 X 呈线性关系,且其极性反映位移的方向,适用于微位移测量。

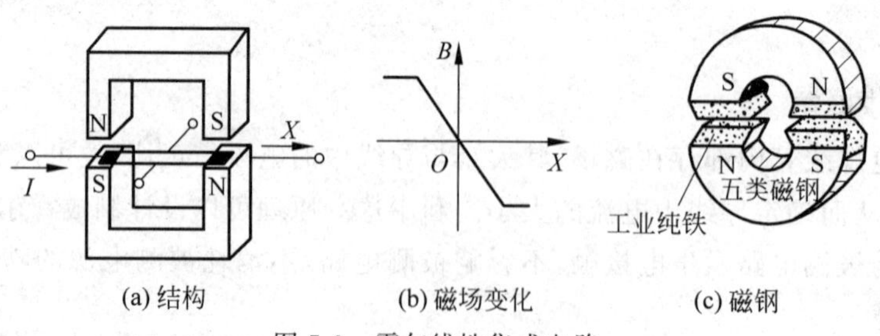

图 7-6 霍尔线性集成电路

霍尔压力传感器由压力弹性元件、磁系统和霍尔器件等组成。霍尔压力传感器如图 7-7 所示,图 7-7(a)中的弹性元件为弹簧管,图 7-7(b)中的弹性元件为弹性膜盒。磁系统最好用能构成均匀梯度磁场的复合系统。加上压力后,使磁系统和霍尔器件间产生相对位移,改变作用到霍尔器件上的磁场,从而改变它的输出电压。

用霍尔元件测量位移的优点是惯性小、频响快、工作可靠、寿命长。以微位移检测为

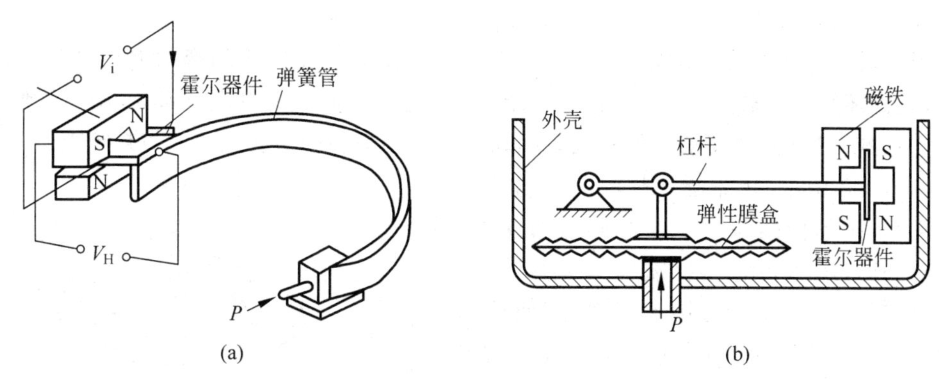

图 7-7 霍尔压力传感器

基础，可以构成压力、应力、应变、机械振动、加速度、质量、称重等信息测量的霍尔传感器。

3. 检测磁场，将磁记录信息读出

用霍尔传感器可以制作高斯计、特斯拉计、磁力计等。

可以用霍尔元件制成磁读头，霍尔读头的输出仅由记录信息的磁感应强度来决定，即使频率为0，输出仍然恒定，且因读头无电感，故可获得优异的瞬态响应。它的灵敏度随温度的变化也很小，约为0.01dB/℃。采用适当的前置放大电路，可在0～50℃的范围内保持±0.5dB。

4. 直流无刷电动机

直流无刷电动机用于磁带录音机、录像机、*XY*记录仪、打印机及仪器中的通风风扇等。

直流无刷电动机使用永磁转子，在定子的适当位置放置所需数量的霍尔元件，它们的输出和相应的定子绕组的供电电路相连。当转子经过霍尔元件附近时，永磁转子的磁场令已通电的霍尔元件输出一个电压使定子绕组供电电路导通，给相应的定子绕组供电，产生和转子磁场极性相同的磁场，推斥转子继续转动。到下一位置时，前一位置的霍尔元件停止工作，下一位置的霍尔元件导通，使下一绕组通电，产生推斥场使转子继续转动。如此循环，维持电动机的工作。

霍尔元件起位置传感器的作用，检测转子磁极的位置，它的输出使定子绕组供电电路通断；霍尔元件又起开关作用，当转子磁极离去时，令上一个霍尔元件停止工作，下一个霍尔元件开始工作，使转子磁极总是面对推斥磁场；霍尔元件又起定子电流的换向作用。无刷电动机中的霍尔元件既可使用霍尔元件，也可使用霍尔开关电路。

无刷电动机大量应用在中、小型无人机上，通过电来调速，控制无人机的飞行姿态。

5. 汽车的应用

磁敏传感器在汽车上的应用尤其普遍，包括汽车安全、汽车舒适性、汽车节能降耗等。它在汽车中主要用于车速、倾角、角度、距离、接近、位置等参数的检测，以及导航、定位等方面的应用，如车速测量、踏板位置、变速箱位置、电动机旋转、助力扭矩测量、曲轴位置、倾角测量、电子导航、防抱死检测、泊车定位、安全气囊与太阳能板中的缺陷检测、座椅位置记忆、改善导航系统的航向分辨率。在车轮转轴上装上磁体，在靠近磁体的位置上装上霍尔开关电路,可制成车速表、里程表等。

当一块磁铁固定在转动轮子的边沿,霍尔传感器固定在轮子的旁边并保持一定的距离时,磁铁随轮子的转动而转动,轮子转动一圈,就会产生一个电压脉冲输出。这类基本轮转速感测、扭矩感测大量使用在汽车制动系统(ABS)和助力转向(EPS)系统上。

如图 7-8 所示,在非磁性材料的圆盘边上粘一块磁钢,霍尔传感器放在靠近圆盘边缘处,圆盘旋转一周,霍尔传感器就输出一个脉冲,从而可测出转数(计数器),若接入频率计,便可测出转速。如果把开关型霍尔传感器按预定位置有规律地布置在轨道上,当装在运动车辆上的永磁体经过它时,可以从测量电路上测得脉冲信号。根据脉冲信号的分布可以测出车辆的运动速度。

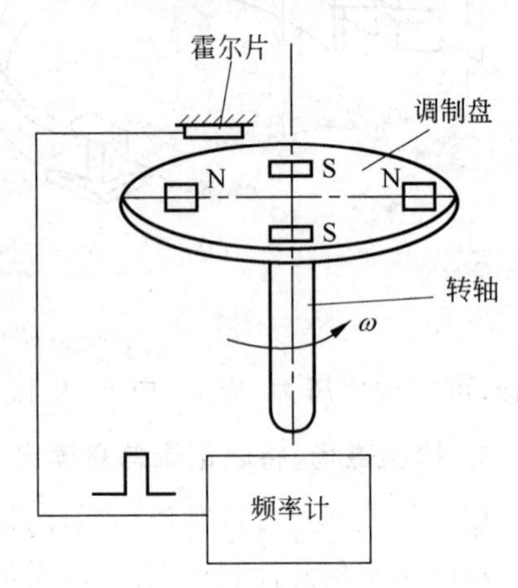

图 7-8　霍尔式转速测量仪原理示意图

旋转设备转动速度的数字检测基本方法是利用与该设备同轴连接的霍尔转速传感器的输出脉冲频率与转速呈正比的原理,根据脉冲发生器发出的脉冲速度和序列,测量转速和判别其转动方向。

霍尔车速传感器主要应用在曲轴转角和凸轮轴位置上,用于开关点火和燃油喷射电路触发。它还应用在其他需要控制转动部件的位置和速度控制计算机电路中。为了保障安全,必须时刻监视着高铁列车,对速度实施监控,以保证车速正常,因此霍尔传感器在高铁列车中具有重要的意义。在出租车中,可以利用霍尔传感器进行测速,再进行计算,从而实现里程的测量,可以最终实现出租车计价的功能。

霍尔转速测量的结构有凹槽式和凸槽式两种,如图 7-9 所示。利用电磁感应的强弱发出脉冲,从而进行计数。把条形磁铁安装在传感器的背面,利用磁力线集中时信号增强而产生脉冲来进行计数。如图 7-10 所示,磁力线集中与不集中时,信号明显不同。

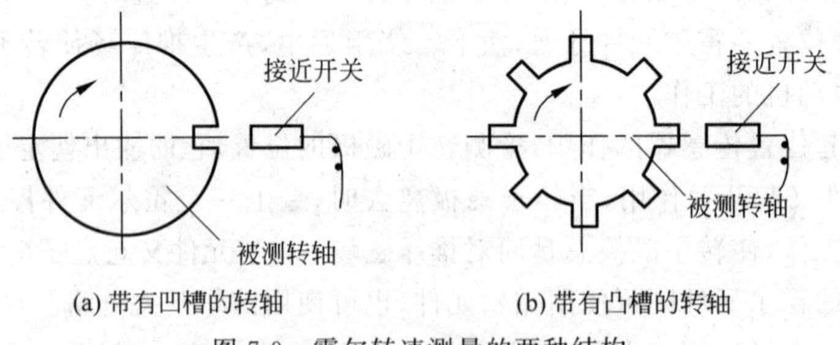

(a) 带有凹槽的转轴　　(b) 带有凸槽的转轴

图 7-9　霍尔转速测量的两种结构

利用霍尔传感器测转速的方法可应用于汽车的 ABS 装置中。在 ABS 中,速度传感器是十分重要的部件。ABS 的工作原理如图 7-11 所示。在制动过程中,电子控制器不断接收来自车轮速度传感器和车轮转速相对应的脉冲信号并进行处理,得到车辆的滑移率和减速信号,按其控制逻辑及时准确地向制动压力调节器发出指令,调节器及时准确地做出响应,使制动气室执行充气、保持或放气指令,调节制动器的制动压力,以防止车轮抱死,达到抗侧滑、甩尾,提高制动安全及制动过程中的可驾驭性。在这个系统中,霍尔传感

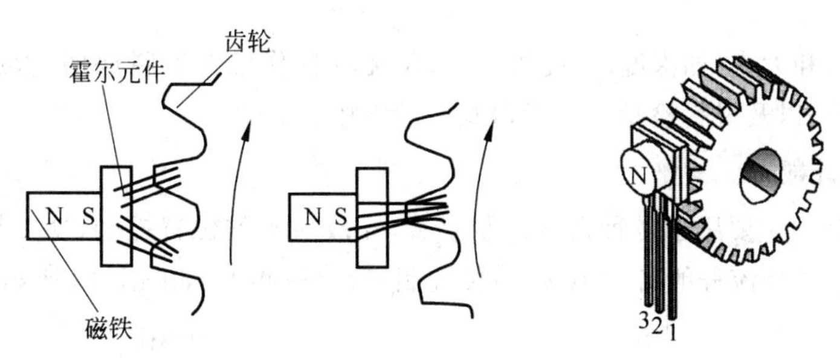

图 7-10 霍尔传感器测转速的原理示意图

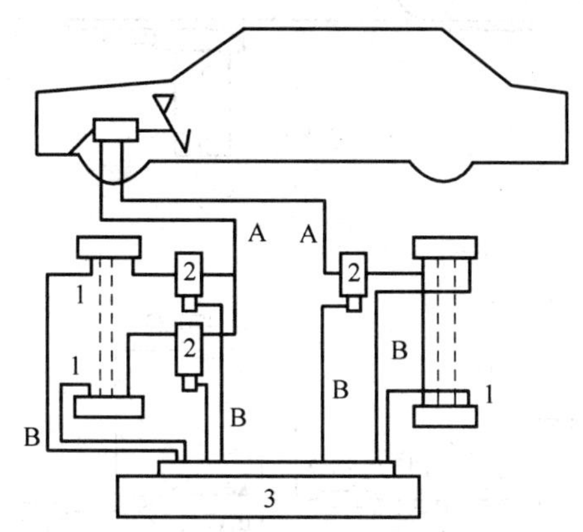

图 7-11 ABS（汽车防抱死制动系统）的工作原理示意图

1—车轮速度传感器；2—压力调节器；3—电子控制器

器作为车轮转速传感器，是制动过程中的实时速度采集器，是 ABS 中的关键部件之一。

采用霍尔式无触点电子点火装置（见图 7-12）无磨损、点火时间准确、高速时动力足。

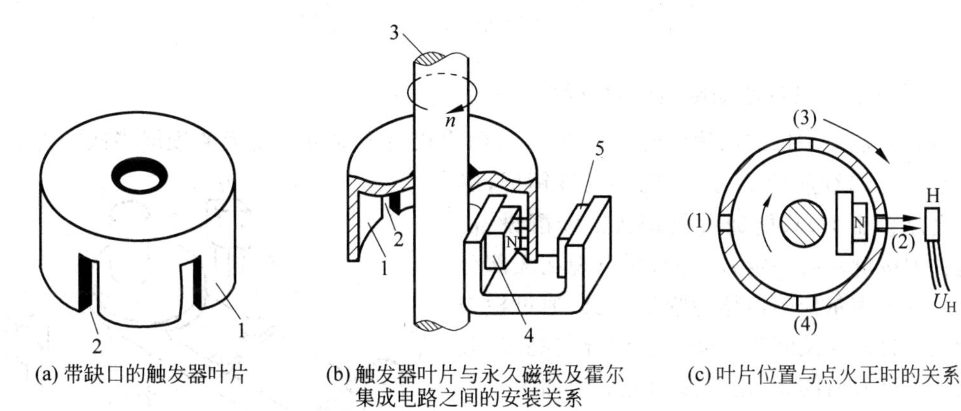

图 7-12 霍尔式无触点电子点火装置

1—触发器叶片；2—槽口；3—分电器转轴；4—永久磁铁；5—霍尔集成电路（PNP 型霍尔 IC）

6. 无损探伤

铁磁材料受到磁场激励时，因其磁导率高，磁阻小，磁力线都集中在材料内部。若材料均匀，磁力线分布也均匀。如果材料中有缺陷，如小孔、裂纹等，在缺陷处，磁力线会发生弯曲，使局部磁场发生畸变。用霍尔探头检出这种畸变，经过数据处理，可辨别出缺陷的位置、性质(孔或裂纹)和大小(如深度、宽度等)。霍尔无损探伤已在炮膛探伤、管道探伤,海用缆绳探伤、船体探伤以及材料检验等方面得到广泛应用。

7. 流水线计数

霍尔接近开关主要用于各种自动控制装置,完成所需的位置控制、加工尺寸控制、自动计数、各种计数、各种流程的自动衔接、液位控制、转速检测等,如图 7-13 所示。

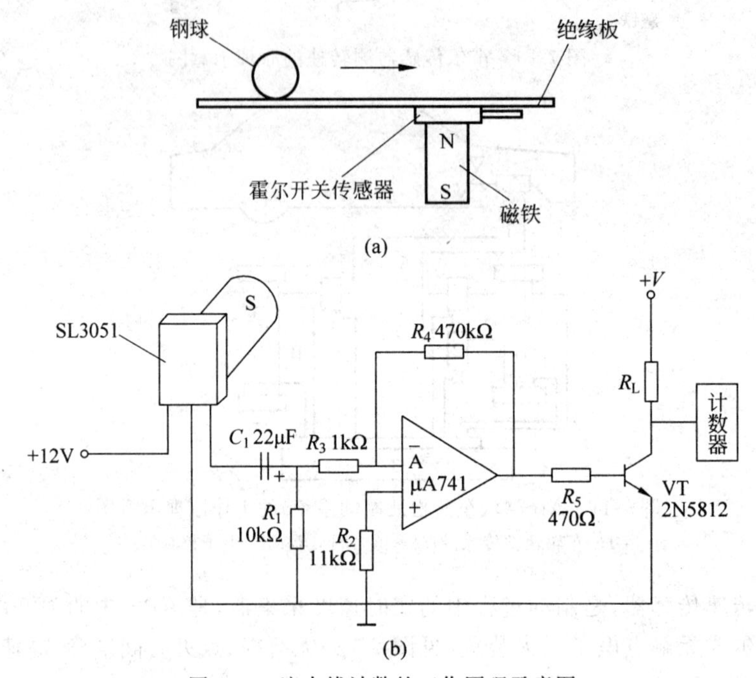

图 7-13　流水线计数的工作原理示意图

8. 霍尔传感器在移动电话中的应用

现在人们对手机的依赖程度越来越高,每部手机每天要被重复唤醒锁屏多次。为了达到省电而延迟续航的能力,手机一旦被锁屏,屏幕就会停止工作,只能通过物理按键唤醒设备。但是物理按键是有一定寿命的,所以现在大部分手机配备了霍尔传感器作为唤醒工具,通过检查皮套是否打开与关闭来判断是否熄屏与亮屏,既解决了按键寿命问题,还为移动电话增加了一种更加舒适的人机交互体验。

9. 行程开关(接近开关)

可以利用加装条形磁铁来实现接近开关作为行程的控制。霍尔传感器做行程开关如图 7-14 所示。

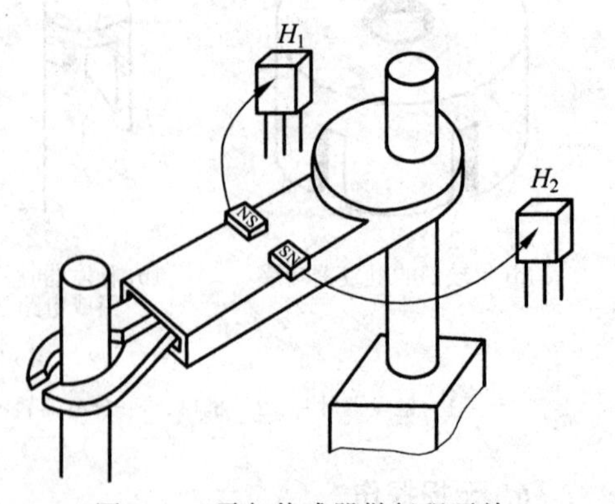

图 7-14　霍尔传感器做行程开关

7.2 其他类型的磁敏传感器

磁敏传感器用于感知磁性物体的存在或者磁性强度(在有效范围内)。这些磁性材料除永磁体外,还包括顺磁材料(铁、钴、镍及其合金),当然也可包括感知通电(直、交)线包或导线周围的磁场。

传统的磁检测中采用的是电感线圈作为敏感元件。其特点是无须在线圈中通电,一般仅对运动中的永磁体或电流载体起敏感作用。后来发展为用线圈组成振荡槽路,如探雷器、金属异物探测器、测磁通的磁通计等(磁通门、振动样品磁强计)。

下面介绍几种常见的其他类型的磁敏传感器。

1. 干簧管

干簧管是将左、右两片呈交叠状且间隔一小段空隙的金属片(簧片)密封在一玻璃管中的传感器。如图 7-15 所示,当有外部磁场靠近时,管内的两个簧片被磁化而互相吸引接触,簧片就会吸合在一起,使电路连通。

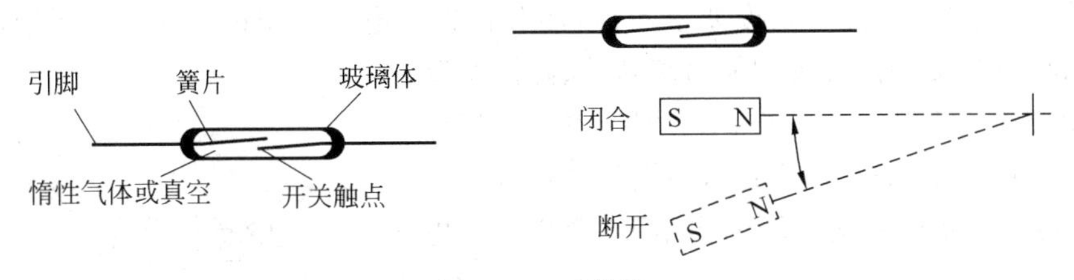

图 7-15 干簧管

干簧管是一种利用磁场直接磁化触点而让触点产生接通或断开动作的器件。

作为一种磁敏开关,干簧管是由两片干簧片(通常由铁和镍这两种金属所组成的)密封在玻璃管内,玻璃管内的两片干簧片呈交叠状且间隔有一小段空隙。适当的磁场将会使两片干簧片接触。这两片簧片上的触点上镀有一层很硬的金属,通常是铑和钌,这层硬金属大大提升了切换次数及产品寿命。玻璃管内通常注入氮气或一些等价的惰性气体,部分干簧管为了提升其高压性能,会把内部做成真空状态。在通过永久磁铁或电磁线圈产生的磁场时,簧片会产生不同的极性,当磁力超过簧片本身的弹力时,这两片簧片会吸合导通电路;当磁场减弱或消失后,干簧片由于本身的弹性而释放,触面就会分开,从而打开电路。

当干簧管未加磁场时,内部两个簧片不带磁性,处于断开状态。若将磁铁靠近干簧管,则其内部两个簧片被磁化而带上磁性,一个簧片磁性为 N,另一个簧片磁性为 S,两个簧片磁性相异产生吸引,从而使两簧片的触点接触。

常态检测是指在未施加磁场时对干簧管进行检测。在常态检测时,万用表选择 $R\times1$ 挡,测量干簧管两引脚之间的电阻,如图 7-16(a)所示,对于常开触点正常阻值应为∞,若阻值为 0,说明干簧管簧片触点短路。

在施加磁场检测时,万用表选择 $R\times1$ 挡,测量干簧管两引脚之间的电阻,同时用一块磁铁靠近干簧管,如图 7-16(b)所示,正常阻值应由∞变为 0,若阻值始终为∞,说明干簧管触点无法闭合。

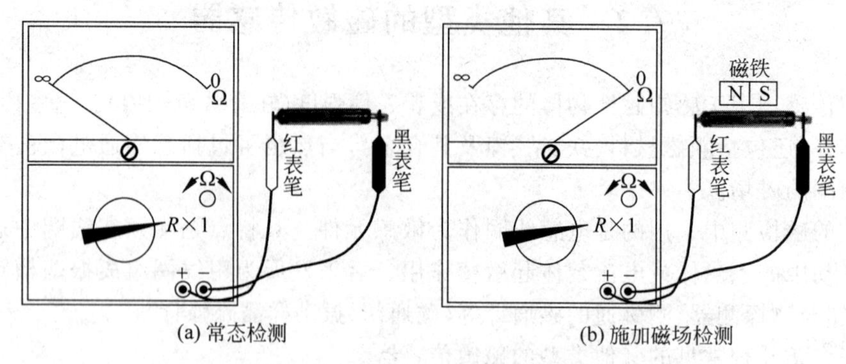

图 7-16　使用万用表检测干簧管

2. 磁敏二极管

用高纯度的本征半导体及合金法制成磁敏二极管，通过外界磁场对载流子的移动影响二极管的输出电压原理达到检测的目的。磁敏二极管如图 7-17 所示，主要用于测量磁场的变化，比较适合应用在精度要求不高，能获得较大电压输出的场合；可用于电键、转速计、无刷电机、无触点开关和简易高斯计、磁探伤等。

要使磁敏二极管正常工作，必须要在 P^+ 端接电源正极，N^+ 端接电源负极，它也有单向导电特性。

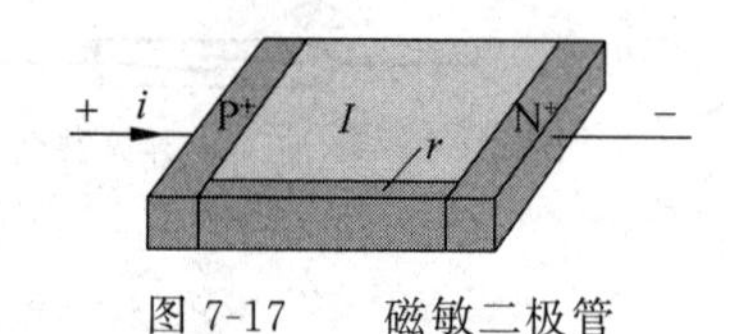

图 7-17　磁敏二极管

(1) 磁敏二极管在无磁场的作用下，形成正常电流 i。

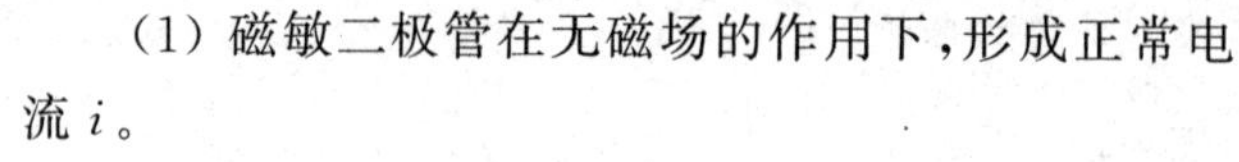

(2) 加入 B^+ 磁场时，磁敏二极管电阻增大，电流减小。

(3) 加入 B^- 磁场时，磁敏二极管电阻减小，电流增大。随着磁场强度的增加，电阻的变化增大，因此磁敏二极管对磁场的灵敏度很高。

3. 新型磁传感器——高分辨率磁性旋转编码器

按编码方式的不同，可分为绝对式和增量式两种高分辨率磁性旋转编码器。

(1) 绝对式高分辨率磁性旋转编码器：将被测点的绝对位置直接转换为二进制的数字编码输出。中途断电，重新上电后也能读出当前位置的数据。

(2) 增量式高分辨率磁性旋转编码器：测量输出的是当前状态与前一状态的差值。通常以脉冲数字形式输出，然后用计数器计取脉冲数。需要规定脉冲当量(一个脉冲所代表的被测物理量的值)和零位标志(测量的起始点标志)。中途断电无法得知运动部件的绝对位置。磁阻式磁性编码器具有结构紧凑、高速下仍工作稳定、抗污染能力强、抗振抗爆能力强、耗电少等优点。磁性旋转编码器包含磁鼓和磁阻传感器头。

高分辨率磁性旋转编码器的使用正在逐渐取代光编码器来对电动机的转速进行检测和控制，例如，在电动车窗之中，传感器可以确定轴转动了多少圈，以控制车窗升降器的行程，传感器也可以探测人手造成的异常负载情况，提供“防夹”功能，在碰到物体的时候，电动机可以实现反转。

思考和练习

1. 什么是霍尔效应?
2. 霍尔传感器有哪些用途?
3. 霍尔传感器有哪几种? 分别有哪些典型应用?
4. 说明霍尔传感器位移检测的原理。
5. 霍尔传感器测转速有哪些安装方案? 画图说明。
6. 有哪些磁敏传感器? 举例说明。
7. 霍尔式电流传感器的原理是什么?

第8章

光电式传感器

引言

光电式传感器是以光电效应为基础，将光信号转换成电信号的传感器。它可用于检测直接引起光强变化的非电量，如光强、辐射测温、气体成分分析等，也可用来检测能转换成光量变化的其他非电量，如表面粗糙度、位移、速度、加速度等。

光电式传感器反应速度快，能实现非接触测量，而且精度高、分辨率高、可靠性好，加之半导体光敏器件具有体积小、重量轻、功耗低、便于集成等优点，因而广泛应用于军事、宇航、通信、检测与工业自动控制等各个领域中。

导航——教与学

理论	重点	光电式传感器的分类、特点应用
	难点	如何组成光通和暗通电路
	教学规划	从光电效应入手，介绍外光电效应和内光电效应的产品，每种产品的特点和具体应用。利用光敏器件构造光通和暗通电路。理解光电耦合器、光电开关的原理和应用。红外传感器的种类和应用，光纤传感器的应用等
	建议学时	8～10学时
操作	面包板	红外发射接收实验、红外热释电、火焰传感器、光断续器
	实验	光电测速、光纤测位移
	建议学时	4学时(结合线上配套素材)

8.1 光电式传感器的种类和原理

光既是带有能量的粒子流，也是电磁波的一种，光具有波粒二象性。

1. 光的电磁说

光是一种电磁波，如图8-1所示。可见光是电磁波谱中的一小部分，波长范围为 380～780nm，红光频率最低，紫光频率最高。光的频率越高，携带的能量越大。比红光频率更低的是红外线，波长范围为 760～(1×10^6)nm，是一种肉眼看不到的光，又称为红外热辐射，热作用强。比紫光频率更高的是紫外线，波长范围为 10～400nm，不能引起人们的视觉，它是频率比蓝紫光高的不可见光，紫外线可以用来灭菌。但是，过多的紫外线进入人体内会导致皮肤癌。

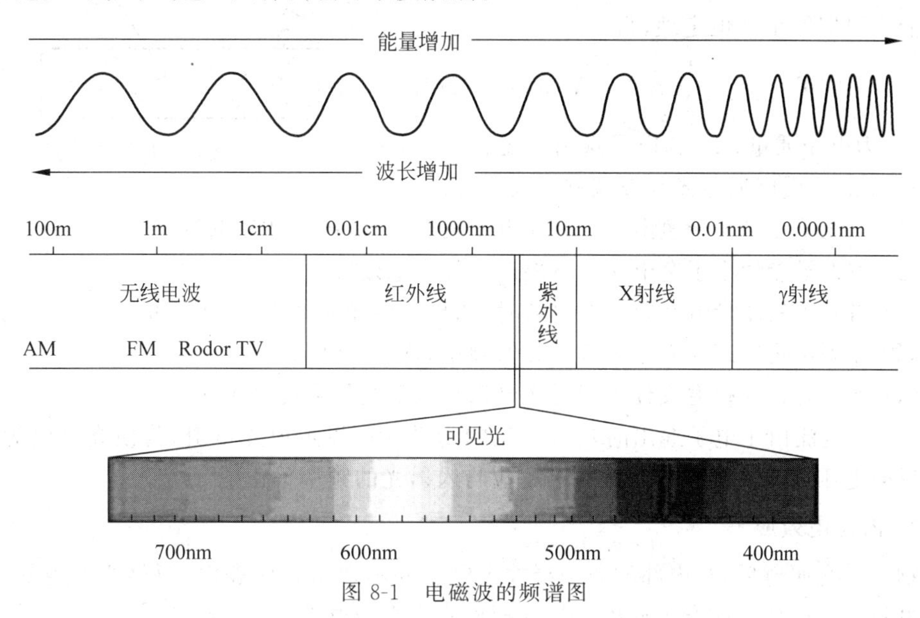

图 8-1　电磁波的频谱图

2. 光电量子说

根据爱因斯坦的光子假说，光是一粒一粒运动着的粒子流，这些光粒子称为光子。每一个光子具有一定的能量，其大小等于普朗克常数 h 乘光的频率 ν。因此，不同频率的光子具有不同的能量。光的频率越高，其光子能量就越大。

一束光可以看作是由一束以光速运动的粒子流组成的，这些粒子称为光子。光子具有能量，每个光子具有的能量为

$$E = h\nu \tag{8-1}$$

式中，h 为普朗克常数，$h=6.626\times10^{-34}\text{J}\cdot\text{s}$；$\nu$ 为光的频率，Hz。

由式(8-1)可见，光的波长越短，频率越高，其光子的能量越大；反之，光的波长越长，其光子的能量也就越小。

8.1.1　光电效应

光电式传感器的作用原理是基于一些物质的光电效应。光电效应一般分为外光电效应和内光电效应两大类。

1. 外光电效应

光线照射在某些物体上，使电子从这些物体表面逸出的现象称为外光电效应，也称为光电子发射，逸出的电子称为光电子，如图 8-2 所示。光电子在外电场中运动所形成的电

流称为光电流。基于外光电效应的光电器件有光电管、光电倍增管、紫外线传感器等。

光照射物体,可以看成一连串具有一定能量的光子轰击物体,物体中电子吸收的入射光子能量超过逸出功 A_0 时,电子就会逸出物体表面,产生光电子发射,超过部分的能量表现为逸出电子的动能。根据能量守恒定理,得

$$W = h\nu = \frac{1}{2}mv_0^2 + A \tag{8-2}$$

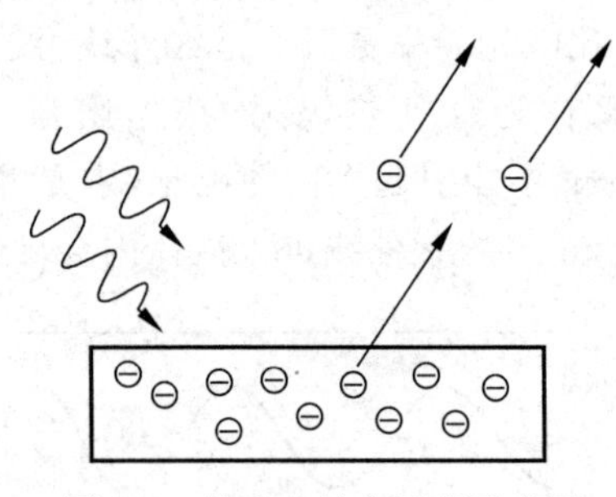

图 8-2 外光电效应原理示意图

式中,m 为电子质量; v_0 为电子逸出速度。

式(8-2)为爱因斯坦光电效应方程式。

(1) 当光子能量大于逸出功时有光电子发射出来,产生外光电效应。

(2) 当光子能量小于逸出功时不能产生外光电效应。

(3) 当光子的能量恰好等于逸出功时,如果单色光频率为 ν_0,产生的光电子的初速度 $v=0$,则 ν_0 为该物质产生光电效应的最低频率,称其为红限频率。

(4) 当入射光的频谱成分不变时光电流与入射光的强度呈正比。

(5) 光电流由于电子逸出时具有一定的初动能可以形成光电流,为使光电流为零需要加反向电压才能使其截止。截止电压应与入射光的频率呈正比。

2. 内光电效应

物体受光照射后,其内部的原子释放出电子并不逸出物体表面,而仍留在内部,使物体的电阻率发生变化或产生光电动势的现象称为内光电效应。

(1) 光电导效应。在光线作用下,电子吸收光子能量后引起物质电导率发生变化的现象称为光电导效应。这种效应在绝大多数的高电阻率半导体材料中都存在,因为当光照射到半导体材料上时,材料中处于价带的电子吸收光子能量后,从价带越过禁带激发到导带,从而形成自由电子,同时,价带也会因此形成自由空穴,即激发出电子-空穴对,从而使导带的电子和价带的空穴浓度增加,引起材料的电阻率减小,导电性能增强。

基于光电导效应的光电器件有光敏电阻(又称光电导管),常用的材料有硫化镉(CdS)、硫化铅(PbS)、锑化铟(InSb)、非晶硅等。

(2) 光生伏特效应。在光线照射下,半导体材料吸收光能后,引起 PN 结两端产生电动势的现象称为光生伏特效应。基于该效应的光电器件有光敏二极管、光敏三极管、光电池、光敏晶闸管和半导体位置敏感器件(PSD)等。

(3) 光的热电效应。利用人体辐射的红外线热效应制成的热释电人体红外传感器。

8.1.2 外光电效应器件

1. 光电管及其结构

根据外光电效应制成的光电管类型很多,最典型的是真空光电管。真空光电管由一个阴极和一个阳极构成,共同封装在一个真空玻璃泡内,阴极和电源负极相接,一个阳极通过负载电阻同电源正极相接,因此管内形成电场。阴极通常是用逸出功小的光敏材料涂敷在玻璃泡内壁上做成,阳极通常用金属丝弯曲成矩形或圆形置于玻璃管的中央。光

电管的结构如图 8-3 所示。

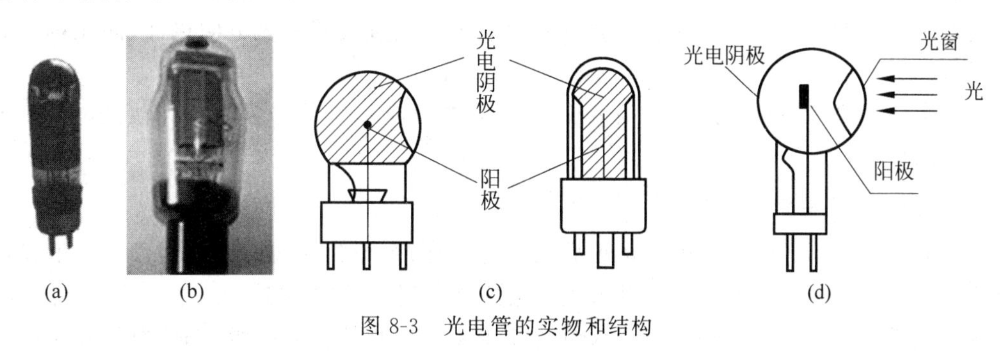

图 8-3　光电管的实物和结构

当光照射阴极时，电子便从阴极逸出，在电场作用下被阳极收集，形成电流 I，如图 8-4 所示，该电流及负载 R_L 上的电压将随光照强弱的变化而变化，从而实现了光信号转换为电信号的目的。

2. 光电倍增管

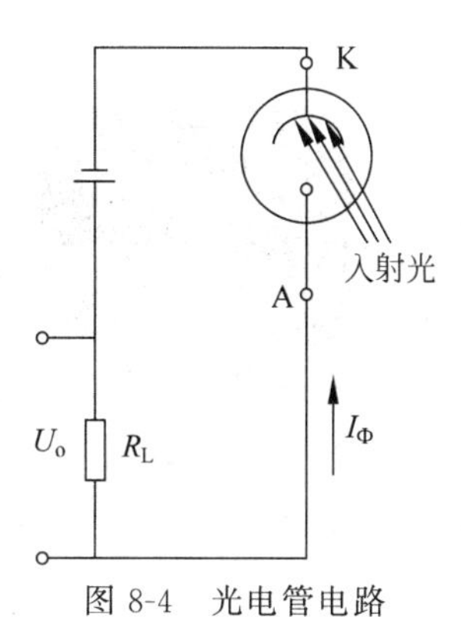

图 8-4　光电管电路

当入射光很微弱时，光电管产生的光电流很小，不易检测，这时常用光电倍增管对光电流放大以提高灵敏度。

如图 8-5 所示，在光电管的阴极与阳极之间安装若干个倍增极 D_1，D_2，…，D_n，就构成了光电倍增管。

光电倍增管的工作原理是建立在光电发射和二次发射的基础之上。工作时倍增极电位是逐级增高的，当入射光照射光电阴极 K 时，立刻有电子逸出，逸出的电子受到第一倍增极 D_1 正电位作用，使之加速打在 D_1 倍增极上，产生二次电子发射。同理 D_1 发射的电子在 D_2 更高正电位作用下，再次被加速打在 D_2 极上，D_2 又会产生二次电子发射。这样逐级前进，直到电子被阳极 A 收集为止。

通常光电倍增管的阳极与阴极间的电压为 1 000～2 500V，两个相邻倍增电极的电位

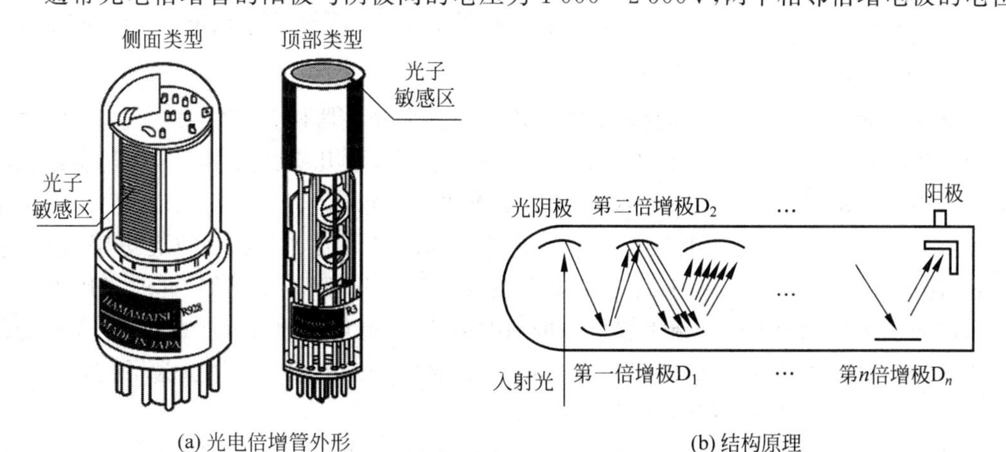

图 8-5　光电倍增管的外形和结构

差为50～100V，其灵敏度比普通真空光电管高几万到几百万倍，因此在很微弱的光照下也能产生很大的光电流。使用和存放应注意避免强光直接照射光电阴极面，防止损坏光电阴极。

光电倍增管噪声小、增益高、频带响应宽，在探测微弱光信号领域是其他光电传感器所不能取代的。

3. 紫外线传感器

紫外线传感器的结构如图8-6所示，是一种专门检测紫外线的光电器件。它的光谱响应为85～260nm，对紫外线特别敏感，尤其燃烧时产生的紫外线，甚至可以检测5m以内打火机火焰发出的紫外线。当入射紫外线照射在紫外管阴极板上时，电子克服金属表面对它的束缚而逸出金属表面，形成电子发射。紫外管多用于紫外线测量、火焰监测等。

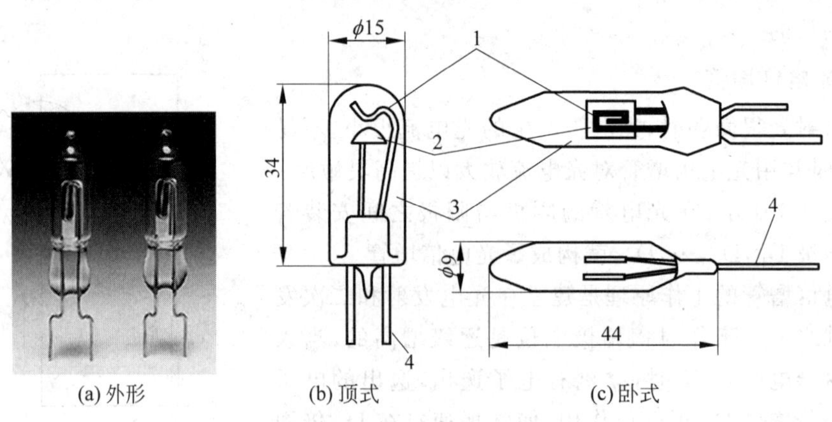

(a) 外形 (b) 顶式 (c) 卧式

图8-6 紫外线传感器的外形和结构

1—阳极；2—阴极；3—石英玻璃管；4—引脚

8.1.3 内光电效应器件

内光电效应器件的体积小巧，使用方便，被电子爱好者广泛使用，下面进行详细的介绍。

1. 光敏电阻

光敏电阻是一种用光电导材料制成的没有极性的光电器件，也称光导管，是一种纯粹的电阻器件，使用时既可加直流电压，也可加交流电压。它几乎都是用半导体材料制成的光电器件。它基于半导体光电导效应工作，无光照时，光敏电阻值(暗电阻)很大，电路中电流(暗电流)很小，当光敏电阻受到一定波长范围的光照时，它的阻值(亮电阻)急剧减小，电路中电流迅速增大。一般希望暗电阻越大越好，亮电阻越小越好，此时光敏电阻的灵敏度高。实际光敏电阻的暗电阻值一般在兆欧量级，亮电阻值在几千欧以下，光敏电阻的光照特性是非线性的，不适合对光做检测，而适合在控制电路中使用。为了提高光敏电阻的灵敏度，光敏电阻制成栅状结构，如图8-7所示。

如图8-8所示，光敏电阻和负载构成串联分压电路，图8-8(a)中光越强，输出越大；图8-8(b)中光越强，输出越小。

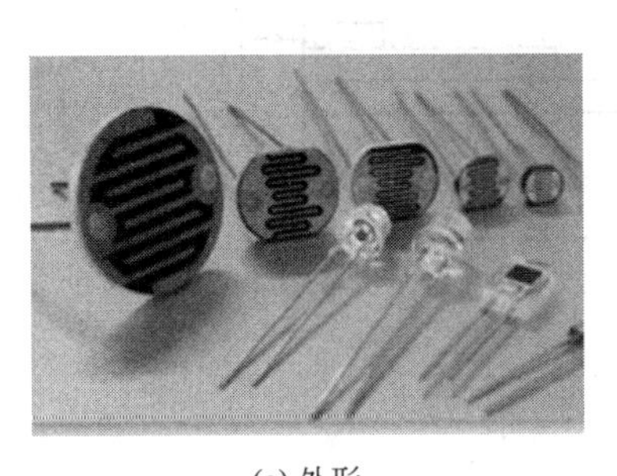

(a) 外形

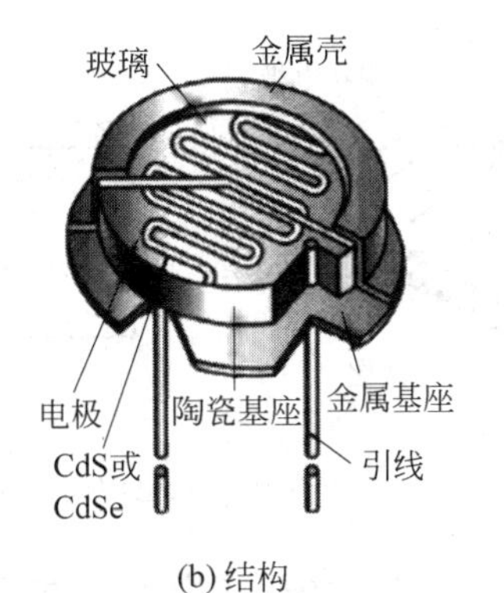

(b) 结构

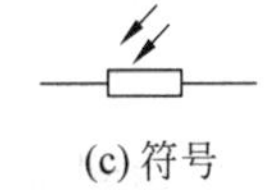

(c) 符号

图 8-7 光敏电阻的外形、结构及图形符号

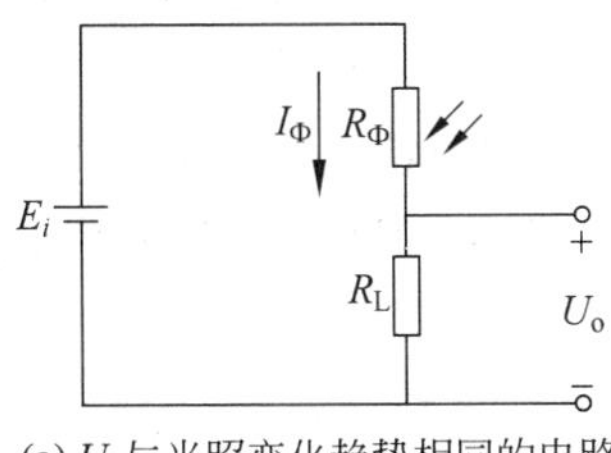

(a) U_o与光照变化趋势相同的电路

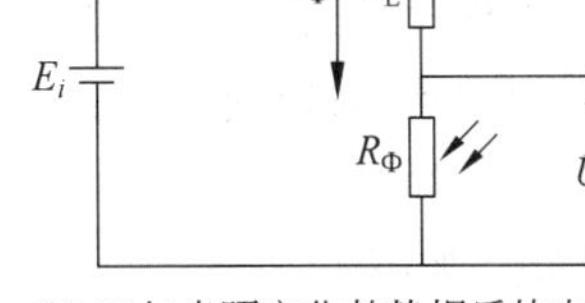

(b) U_o与光照变化趋势相反的电路

图 8-8 光敏电阻的基本应用电路

2. 光电池

光电池又叫光伏电池，是根据光生伏特效应制成的一种直接将光能转换为电能的光电器件。由于它可以把太阳能直接转变成电能，因此又称为太阳能电池。光电池在有光线作用时实质上就是电压源，电路中有了光电池就不需要外加电源，光电池是发电式有源器件，如图 8-9 所示。

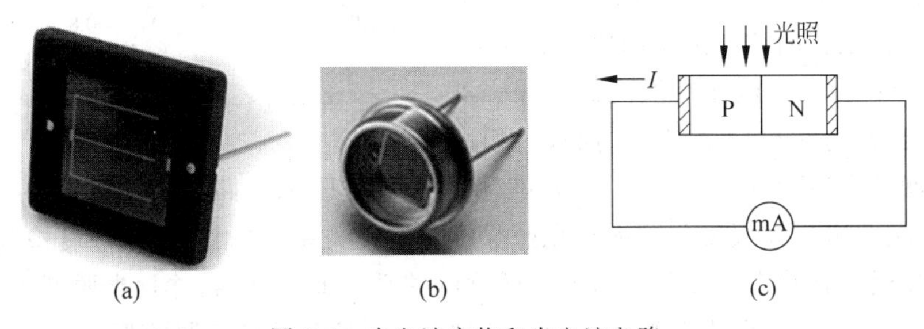

(a) (b) (c)

图 8-9 光电池实物和光电池电路

硅光电池是在一块 N 型硅片上，用扩散的方法掺入一些 P 型杂质(例如硼)形成 PN 结，光电池有较大面积的 PN 结，当光照射在 PN 结上时，在结的两端出现电动势，如图 8-10 所示。

(1) 光电池分类。光电池有硅光电池、硒光电池、砷化镓光电池等。

硅光电池价格便宜，转换效率高，寿命长，适于接受红外光。它是近年来应用最广、最有发展前途的。硅光电池与其他半导体光电池相比，不仅性能稳定，而且还是目前转换效

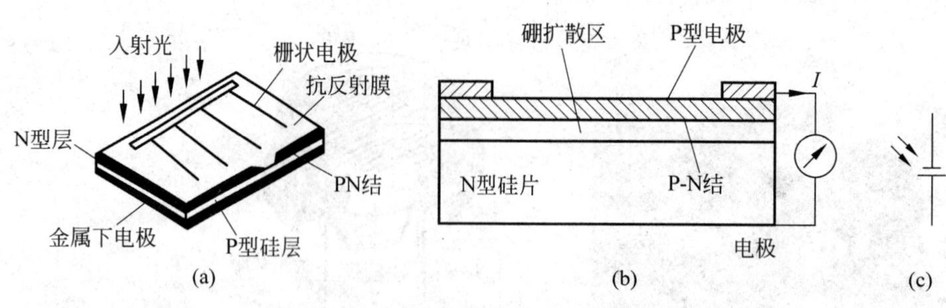

图 8-10　光电池的结构和图形符号

率最高(达到 17%)的几乎接近理论极限的一种光电池。

硒光电池光电转换效率低(0.02%)、寿命短,适于接收可见光(响应峰值波长为 0.56μm),因光谱特性与人眼视觉很相近,频谱较宽,故多用于曝光表,最适宜制造照度计等分析、测量仪器。

砷化镓光电池转换效率比硅光电池稍高,光谱响应特性则与太阳光谱最吻合,且工作温度最高,更耐受宇宙射线的辐射。因此,在宇宙飞船、卫星、太空探测器等电源方面的应用较多。

(2) 光电池的特性如下。

① 光谱特性。光电池对不同波长光的灵敏度不同。图 8-11 为硅光电池和硒光电池的光谱特性曲线。可以看出,对于不同材料的光电池,其光谱响应峰值所对应的入射光波长是不同的。硅光电池波长在 0.8μm 附近,硒光电池在 0.5μm 附近。硅光电池的光谱响应波长范围为 0.4～1.2μm,而硒光电池的光谱响应波长范围为 0.38～0.75μm。可见,硅光电池可以在很宽的波长范围内应用。

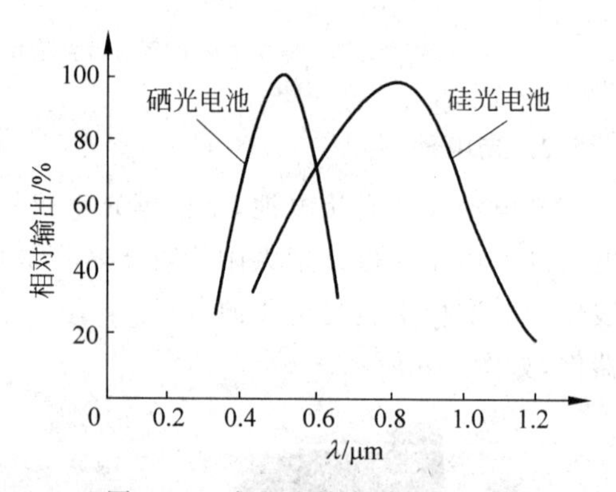

图 8-11　光电池的光谱特性曲线

② 光照特性。光电池在不同的光照强度下,其光电流和光生电动势是不同的,它们之间的关系就是光照特性。图 8-12 为光电池的开路电压和短路电流与光照的关系曲线。可以看出,短路电流在很大范围内与光照强度呈线性关系,可用于高光照度检测并使负载电阻尽量接近短路状态。开路电压与光照度的关系是非线性的,并且当照度在 2 000lx 时就趋于饱和了。因此,用光电池作为测量器件时,应把它以电流源的形式来使用,不宜用作电压源,适用于低光照度检测并使负载电阻尽量大。

(3) 光电池的应用。如图 8-13 所示,手放入干手器时,手遮住灯泡发出的光,光电池不受光照,晶体管基极正偏而导通,继电器吸合。风机和电热丝通电,热风吹出烘手。手干抽出后,灯泡发出光直接照射到光电池上,产生光生电动势,使三极管基极反偏而截止,继电器释放,从而切断风机和电热丝的电源。

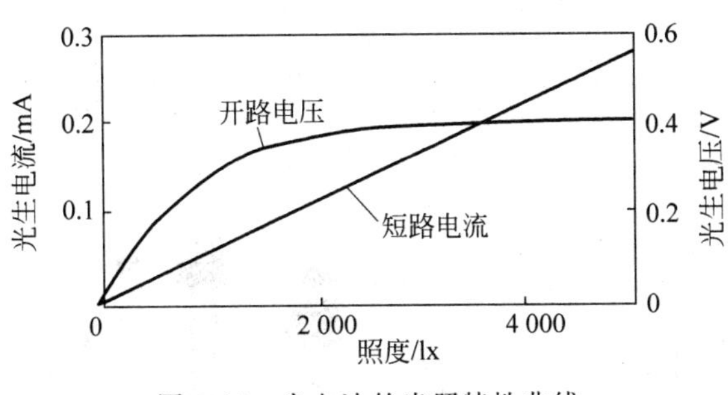

图 8-12 光电池的光照特性曲线

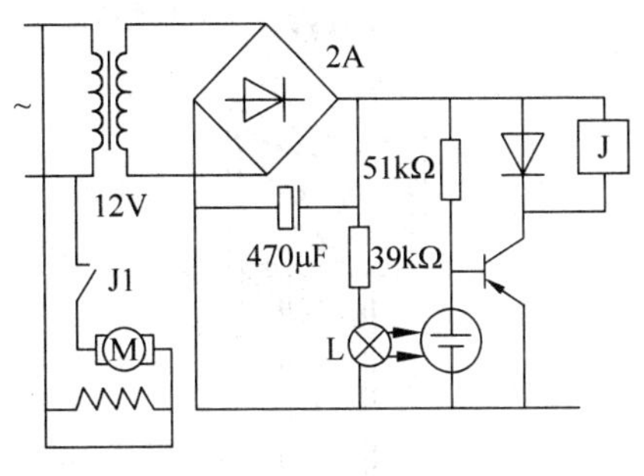

图 8-13 光电池的应用——自动干手器

光电池作为电源使用,需要高电压时应将光电池串联使用;需要大电流时应将光电池并联使用。光电池电路连接如图 8-14 所示。

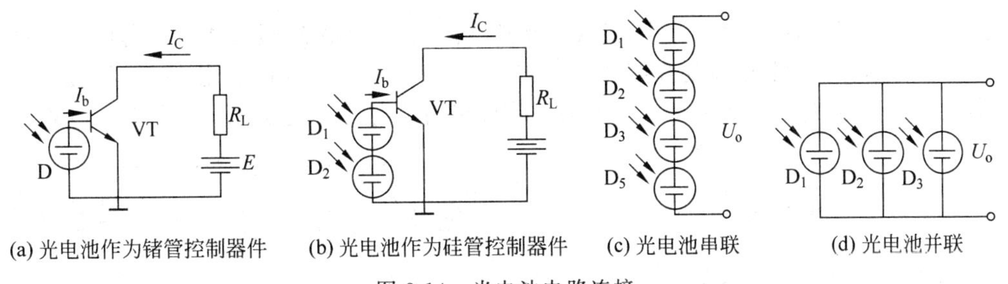

图 8-14 光电池电路连接

3. 光敏二极管和光敏三极管

光敏二极管和光敏三极管都是电子电路中常用的光敏器件,文字符号分别为 VD 和 VT,它们的工作原理是基于内光电效应。光敏二极管和光敏三极管都是很好的光电转换半导体器件,它们与光敏电阻相比具有灵敏度高、高频性能好、可靠性好、体积小、使用方便等优点。

(1) 光敏二极管。半导体光敏二极管与普通二极管相比,有许多共同之处,它们都有一个 PN 结,均属单向导电性的非线性器件。光敏二极管一般在负偏压情况下使用,它的光照特性是线性的,所以适合检测等方面的应用。

光敏二极管的结构和符号如图 8-15 所示,在没有光照射时,反向电阻很大,反向电流(暗电流)很小(处于截止状态)。受光照射时,结区产生电子-空穴对,在结电场的作用下,电子向 N 区运动,空穴向 P 区运动而形成光电流。光敏二极管的光电流 I 与照度之间呈线性关系。

光敏二极管和普通半导体二极管一样,它的 PN 结具有单向导电性,因此光敏二极管工作时应加上反向电压,如图 8-16 所示。当无光照时,处于反偏的光电二极管工作在截止状态,这时只有少数载流子在反向偏压的作用下,越过阻挡层形成微小的反向电流,即暗电流。光的照度越大,光电流越大。因此光敏二极管在不受光照射时处于截止状态,受光照射时处于导通状态。

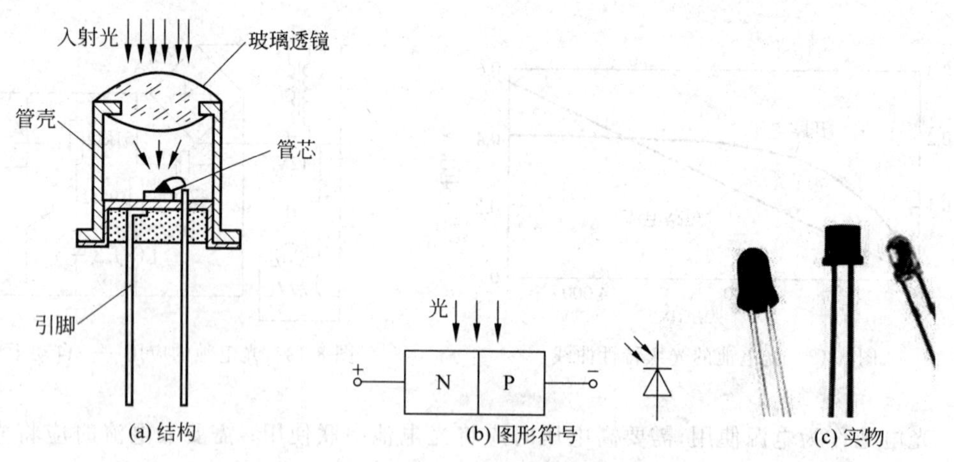

图 8-15　光敏二极管的结构、图形符号和实物

如图 8-17 所示，在控制电路中，光敏二极管处于反向偏置状态，受光控制。当有光照射时，光敏二极管的反向饱和电流受光照增大，三极管 T_1 和 T_2 均有基极电流，处于导通状态，继电器有电流，路灯亮。这是一个有光照射时路灯亮的控制电路，是光通(也叫亮通)电路。

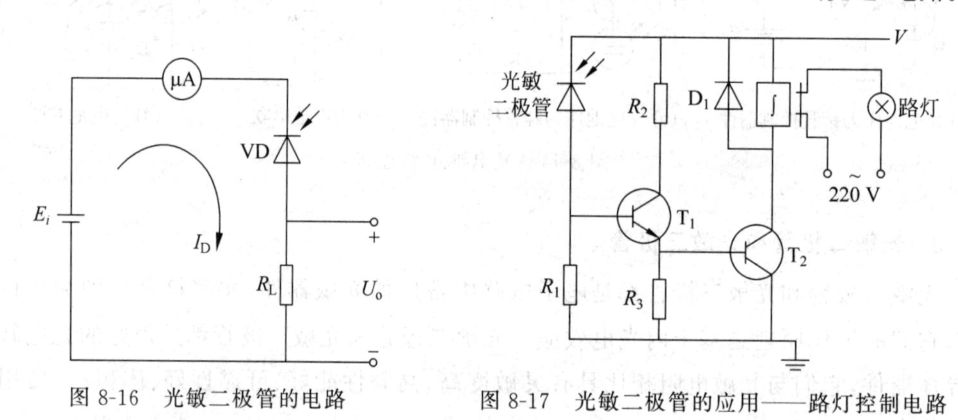

图 8-16　光敏二极管的电路　　图 8-17　光敏二极管的应用——路灯控制电路

(2) 光敏三极管。光敏三极管比具有相同有效面积的光敏二极管的光电流大几十至几百倍，但响应速度较二极管差。

光敏三极管是具有 NPN 或 PNP 结构的半导体管，它在结构上与普通半导体三极管类似，如图 8-18 所示，为适应光电转换的要求，它的基区面积做得较大，发射区面积做得较小，入射光主要被基区吸收。和光敏二极管一样，管子的芯片被装在带有玻璃透镜的金属管壳内，当有光照射时，光线通过透镜集中照射在芯片上。

光敏三极管工作时基极开路，集电极与发射极之间加正电压，如图 8-19 所示。当无光照时，流过光敏三极管的电流就是正常情况下光敏三极管集电极与发射极之间的穿透电流 I_{ceo}，它也是光敏三极管的暗电流，其大小为

$$I_{ceo}=(1+h_{FE})I_{cbo} \tag{8-3}$$

式中，h_{FE} 为共发射极直流放大系数；I_{cbo} 为集电极与基极间的反向饱和电流，A。

当有光照射在基区时，激发产生的电子-空穴对增加了少数载流子的浓度，使集电极反向饱和电流大大增加，这就是光敏三极管集电极的光生电流。该电流注入发射极进行

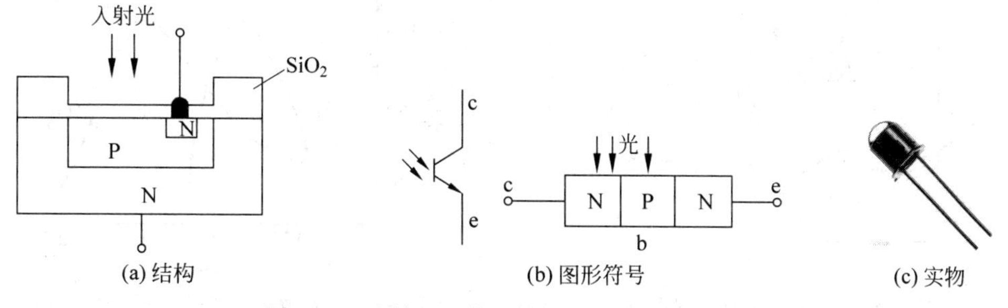

(a) 结构　(b) 图形符号　(c) 实物

图 8-18　光敏三极管的结构、图形符号和实物

放大，成为光敏三极管集电极与发射极间电流，它就是光敏三极管的光电流。可以看出，光敏三极管利用类似普通半导体三极管的放大作用，将光敏二极管的光电流放大了 $1+h_{FE}$倍。因此，光敏三极管比光敏二极管具有更高的灵敏度。

光敏三极管的基本应用电路，如图 8-20 所示。

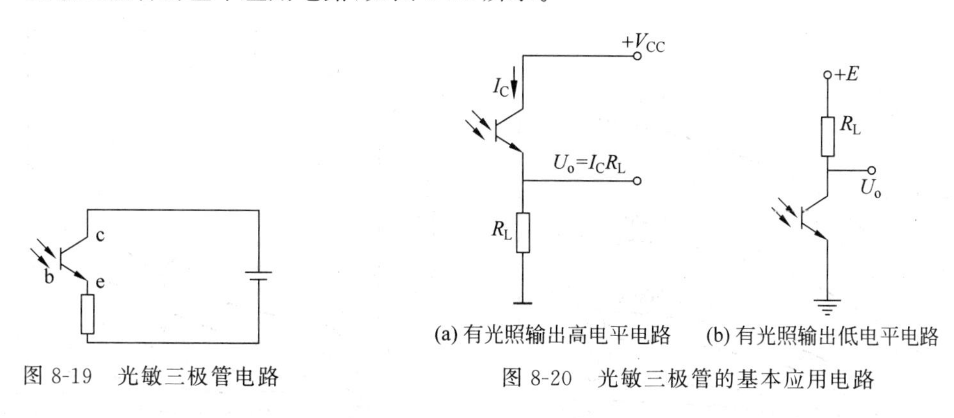

图 8-19　光敏三极管电路

(a) 有光照输出高电平电路　(b) 有光照输出低电平电路

图 8-20　光敏三极管的基本应用电路

图 8-20(a)中，有光时，光敏三极管有光电流，电阻 R_L 上有电压，输出为高电平；当无光照射时，光敏三极管电流很小，U_o 电位很低。

图 8-20(b)中，有光时，光敏三极管饱和导通，输出电位低电平；无光照射时，光敏三极管近似截止，电阻 R_L 无电流，没有电压，U_o 电位与电源 E 等电位。

如图 8-21 所示，有光时，光敏三极管导通，三极管有基极电流 I_b，三极管饱和导通。继电器得电，常开开关 K 动作闭合，路灯亮。它是典型的光通(亮通)电路。

(3) 光敏二极管、光敏三极管的比较如下。

① 光谱特性。光敏管的光谱特性是指在一定照度时，输出的光电流(或用相对灵敏度表示)与入射光波长的关系。硅和锗光敏二极管(晶体管)的光谱特性曲线如图 8-22 所示。可以看出，硅的峰值波长约为 0.9μm，锗的峰值波长约为 1.5μm，此时灵敏度最大，而当入射光的波长增大或减小时，相对灵敏度都会下降。一般情况下，锗管的暗电流较大，性能较差，故在可见光或探测炽热状态物体时，一般都用硅管。但对红外光的探测，用锗管较为适宜。

② 伏安特性。图 8-23(a)为硅光敏二极管的伏安特性曲线，横坐标表示所加的反向偏压。当有光照时，反向电流随着光照强度的增大而增大，在不同的照度下，伏安特性曲线

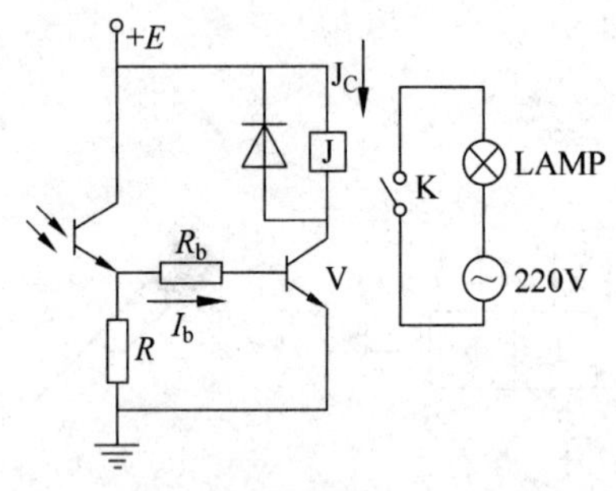

图 8-21　光敏三极管亮通控制电路

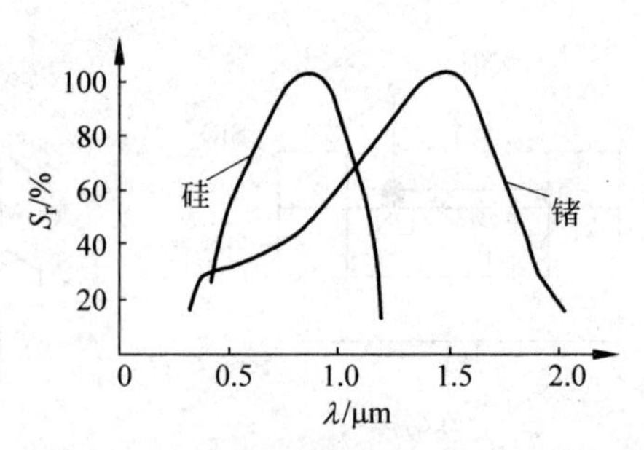

图 8-22　光敏二极管的光谱特性曲线

几乎平行，所以只要没达到饱和值，它的输出实际上不受偏压大小的影响。

图 8-23(b)为硅光敏三极管的伏安特性曲线，纵坐标为光电流，横坐标为集电极-发射极电压 U_{ce}。可以看出，由于晶体管的放大作用，在同样照度下，其光电流比相应的二极管大百倍。

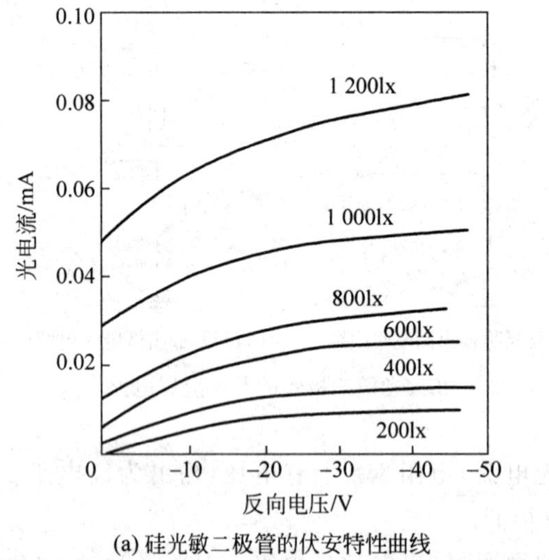

(a) 硅光敏二极管的伏安特性曲线

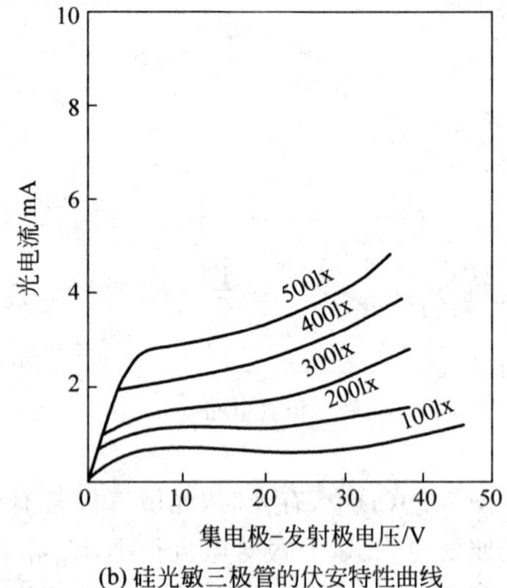

(b) 硅光敏三极管的伏安特性曲线

图 8-23　光敏二极管和光敏三极管的伏安特性曲线

③ 光照特性。如图 8-24 所示，光敏二极管和光敏三极管都具有很好的线性光照特性，适合制作光照度的检测装置。光敏晶体管(光敏三极管)的灵敏度比光敏二极管高。

综上所述，光敏二极管的光电流小，输出特性线性度好，响应时间快；可与可见光、远红外光光源配合使用。光敏三极管的光电流大，输出特性线性度较差，响应时间慢。一般要求灵敏度高，工作频率低的开关电路，选用光敏三极管，而要求光电流与照度呈线性关系或要求在高频率下工作时，应采用光敏二极管。

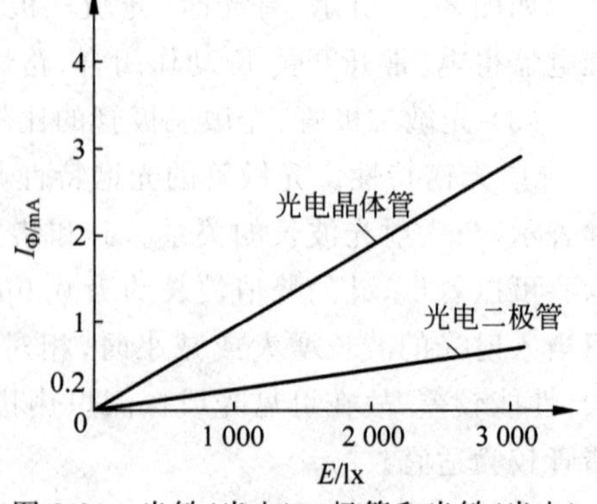

图 8-24　光敏(光电)二极管和光敏(光电)三极管的光照度特性

无论光敏二极管或光敏三极管，它们不仅对红外线敏感，对较强的日光和灯光也有作用，当光照过强时会使放大电路输出饱和而失控，应加红色有机玻璃滤光，以减少环境光所造成的影响。同时光敏晶体管的工作条件不要超过规定的最大极限参数。在使用过程中要控制光照强度，以使通过光敏晶体管的光电流不超过最大限额。此外，由于光敏晶体管的灵敏度与入射光的方向有关，应尽量保持光源和光敏晶体管的位置不变。

4. 光敏晶闸管

光敏晶闸管有三个PN结。光敏晶闸管的门极信号为光照射，如图8-25所示。光敏晶闸管有三个引出电极，即阳极A、阴极K和门极G。它的顶部有一个玻璃透镜，光敏晶闸管的阳极与负载串联后接电源正极，阴极接电源负极，门极可悬空。当有一定照度的光信号通过玻璃窗口照射到正向阻断的PN结上时，将产生门极电流，从而使光敏晶闸管从阻断状态变为导通状态。导通后，即使光照消失，光敏晶闸管仍维持导通。要切断已触发导通的光敏晶闸管，必须使阳极与阴极的电压反向，或使负载电流小于其维持电流。光敏晶闸管的特点是导通电流比光敏三极管大得多，工作电压有的可达数百伏，因此输出功率大，可用于工业自动检测控制。

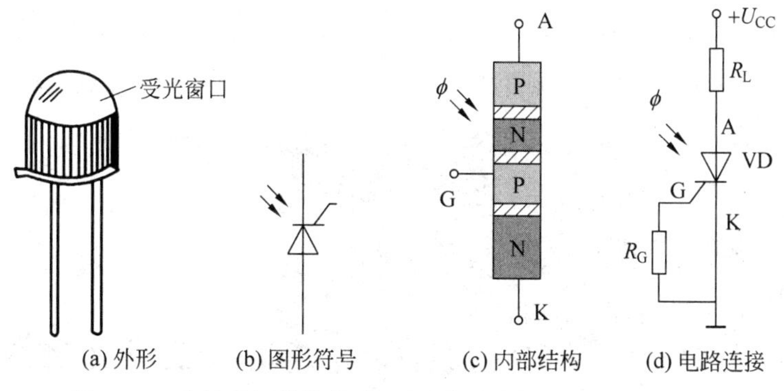

图8-25 光敏晶闸管的外形、图形符号内部结构和电路连接

8.2 光源和激光传感器

要使光电式传感器很好地工作，除了合理选用光电转换元件外，还必须配备合适的光源。光源可分为热辐射光源、气体放电光源、发光二极管(Light-Emitting Diode,LED)、激光等。热辐射光源如白炽灯、卤钨灯的输出功率大，但对电源的响应速度慢，调制频率一般低于1kHz，不能用于快速的正弦和脉冲调制。气体放电光源的光谱不连续，光谱与气体的种类及放电条件有关。改变气体的成分、压力、阴极材料和放电电流的大小，可以得到主要在某一光谱范围的辐射源。LED由半导体PN结构成，其工作电压低、响应速度快、寿命长、体积小、质量轻，因此获得了广泛的应用。激光器的突出优点是单色性好、方向性好、亮度高，不同激光器在这些特点上又各有侧重。

激光是 20 世纪 60 年代出现的最重大科技成就之一，具有高方向性、高单色性、高亮度和高相干性四个重要特性。激光波长范围从 0.24μm 到远红外整个光频波段。

激光器是利用受激辐射原理使光在某些受激发的物质中放大或振荡发射的器件。

激光器如图 8-26 所示，种类繁多，按工作物质分类，可分为固体激光器（如红宝石激光器）、气体激光器（如氦-氖气体激光器、二氧化碳激光器）、半导体激光器（如砷化镓激光器）、液体激光器（有机染料激光器）等。

激光传感器是利用激光技术进行测量的传感器。它由激光器、激光检测器和测量电路组成。激光传感器是新型测量仪表，它的优点是能实现无接触远距离测量，速度快，精度高，量程大，抗光、电干扰能力强等。

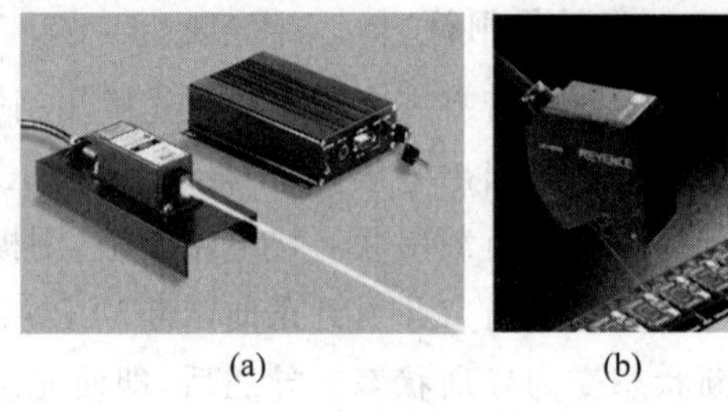

图 8-26 激光器

激光传感器常因其准直性好，大量应用在测距中，如建筑行业，测长度、高度、面积、体积、最大值、最小值等，还可以调水平、垂直度等。

激光测距传感器的应用如图 8-27 所示，它可用来监测汽车前、后方向与其他汽车的距离，当汽车间距小于预定安全距离时，汽车防碰撞系统对汽车进行紧急制动，或者对司机发出报警，可以大量地减少行车事故。在高速公路上使用时，其优点更加明显。

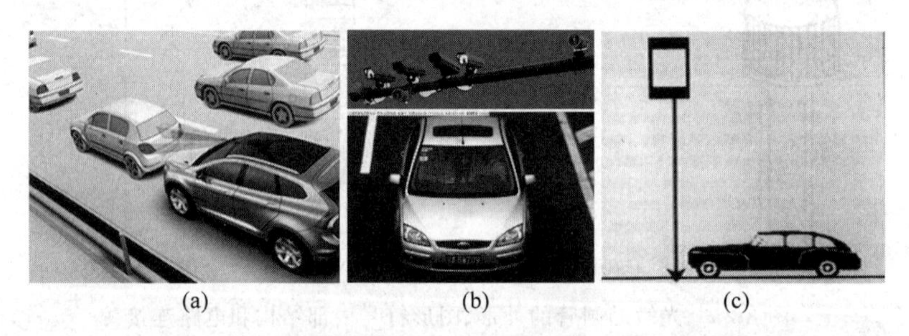

图 8-27 汽车防撞探测器、车流量监控及车轮廓描画

激光测距传感器固定到高速或者重要路口的龙门架上，激光发射和接收垂直地面向下，对准一条车道的中间位置，当有车辆通行时，激光测距传感器能实时输出所测得的距离值的相对改变值，进而描绘出所测车的轮廓。这对于在重要路段监控可以达到很好的效果，能够区分各种车型，对车身高度扫描的采样率可以达到 10cm 一个点（在 40km/h 时，采样率为 11cm 一个点）。对车流限高、限长、车辆分型等都能实时分辨，并能快速输出结果。

如图 8-28 所示，使用激光测距传感器检测船只到码头或到另外的船只的相对距离和速度，船只根据激光测距传感器输出的数字信号，调整船只行进的速度和航线，使船只可以安全航行。使用激光测距传感器，可以测量火车到站台的距离和火车到站台的相对速度。

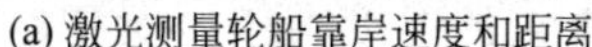

(a) 激光测量轮船靠岸速度和距离 (b) 激光测量火车到站台的距离和速度

图 8-28 激光测量

飞机空速管在极端天气前提下，若遇污物、鸟类、昆虫或结冰等引起梗阻，会提供错误的读数，这种情况就需要依靠备用设备，如 GPS，但备用设备也可能在风暴中失效。

图 8-29 新型的激光空速传感器可避免空难

图 8-29 所示为新型的激光空速传感器。氧分子吸收光子时，传感器探测激光束中光子的多普勒移动。因为它是利用激光光线，所以没有物理部件暴露于气流中，它们位于机翼或机身凹处的一个窗口内，此处的温度可控。

8.3 红外传感器

红外线是太阳光线中众多不可见光线中的一种，由德国科学家霍胥尔于 1800 年发现，又称为红外热辐射，他将太阳光用三棱镜分解开，在各种不同颜色的色带位置上放置了温度计，试图测量各种颜色的光的加热效应。结果发现，位于红光外侧的那支温度计升温最快。因此得到结论：太阳光谱中，红光的外侧必定存在看不见的光线，这就是红外线。

因红外传感器不受可见光的干扰，故在工厂大量使用。红外传感器还广泛应用于防火、防盗。防盗可以利用红外线不可见，利用红外发射和接收进行主动式红外探测，也可利用人体红外传感器进行被动式红外探测。

红外线可分为三部分：近红外线，波长范围为 0.75～1.50μm；中红外线，波长范围为 1.50～6.0μm；远红外线，波长范围为 6.0～1 000μm。如图 8-30 所示。

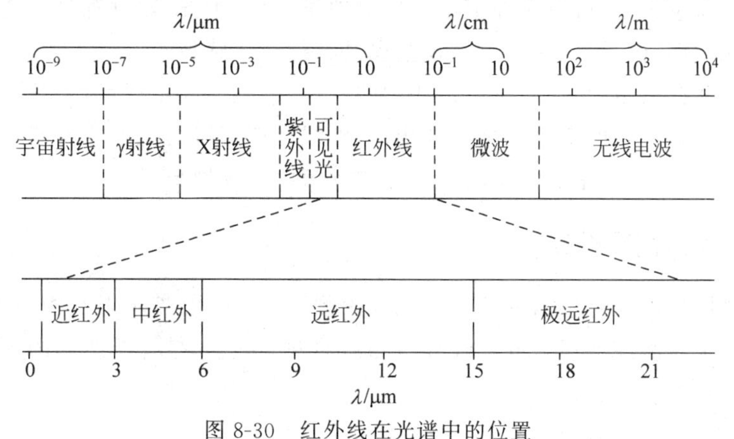

图 8-30 红外线在光谱中的位置

在发生火灾时，可以排除日光干扰，针对火焰中紫外波段以及特殊红外波段的光进行检测，将光信号转换为电信号，进行火灾报警。

8.3.1 红外线的物理特性

1. 热效应及应用

红外线本质上是一种热辐射。任何物体，只要它的温度高于绝对零度（−273℃），就会向外部空间以红外线的方式辐射能量。一切物体都在不停地辐射红外线。物体的温度越高，辐射的红外线就越多。红外线照射到物体上最明显的效果就是产生热。冬天烤火，就是因为有大量的红外线从炉子里射到人身上，才能让我们感觉到热乎乎的。

人体生病的时候，虽然外表看起来没有什么变化，但是由于局部皮肤温度不正常，如果在照相机里装上对红外感光的胶片，给皮肤拍照再与正常人的照片对比，可以对疾病做出诊断。这种相机拍出来的照片叫热谱图。

根据红外线的热效应，人们还研究出了红外线夜视仪。红外线夜视仪在漆黑的夜晚也可以发现人的存在。夜间人的体温比周围草木或建筑的温度高，人体辐射出来的红外线就比他们强。可以帮助人们在夜间进行观察、搜索、瞄准和驾驶车辆等。

物体在辐射红外线的同时，也在吸收红外线。各种物体吸收了红外线以后温度就会升高。我们就可以利用红外线的热效应来加热物品。家庭用的红外线烤箱、浴室用的暖灯等。物体加热可以利用红外线烘干汽车表面的喷漆、烘干稻谷等作物。

在医学上，还可以利用红外线的热效应进行理疗。在红外线照射下，组织温度升高，血流加快，物质代谢增强，组织细胞活力及再生能力提高，伤口就容易痊愈。

2. 穿透能力强的应用

红外线作为电磁波的一种形式，红外辐射和所有的电磁波一样，是以波的形式在空间直线传播的，具有电磁波的一般特性，如反射、折射、散射、干涉和吸收等。红外线在真空中传播的速度等于波的频率与波长的乘积。

红外穿透云雾的能力强（波长较长，易于衍射），由于一切物体都在不停地辐射红外线，并且不同物体辐射红外线的强度不同，利用灵敏的红外线探测器接收物体发出的红外线，然后用电子仪器对接到的信号进行处理，就可以察知被测物体的形状和特征，这种技术叫作红外线遥感技术，可以用在卫星上勘测地热、寻找水源、监测森林火情、估计农作物的长势和收成。还有我们关注的天气预报也是红外线遥感技术。

红外线遥感在战争中，当敌机飞进我们的阵地时，红外线望远镜早就接收到了由它的发动部分——发动机辐射来的大量红外线，红外线在望远镜的光电变换器中产生了电流，再由电流产生可见光，于是黑暗中的飞机在望远镜中就现原形了。

8.3.2 红外探测器

红外探测器是红外传感器的核心。红外探测器是利用红外辐射与物质相互作用所呈现的物理效应来探测红外辐射的。红外探测器的种类很多，按探测机理的不同，分为热探测器和光子探测器两大类。

1. 热探测器

热探测器是利用红外辐射的热效应，探测器的敏感器件吸收辐射能后引起温度升高，进而使有关物理参数发生相应变化，通过测量物理参数的变化，便可确定探测器所吸收的红外辐射。

与光子探测器相比，热探测器的探测率比光子探测器的峰值探测率低，响应时间长。但热探测器的主要优点是响应波段宽，响应范围可扩展到整个红外区域，可以在室温下工作，使用方便，应用相当广泛。

热探测器的主要类型有热释电型、热敏电阻型、热电偶型和气体型探测器。而热释电探测器在热探测器中探测率最高，频率响应最宽，所以这种探测器备受重视，发展很快。本章主要介绍热释电探测器。

“铁电体”的极化强度(单位面积上的电荷)与温度有关。当红外辐射照射到已经极化的铁电体薄片表面上时引起薄片温度升高，使其极化强度降低，表面电荷减少，这相当于释放一部分电荷，所以叫作热释电型传感器。如果红外辐射继续照射，使铁电薄片的温度升高到新的平衡值，表面电荷也就达到新的平衡浓度，不再释放电荷，也就不再有输出信号。

热释电红外传感器是一种能检测人或动物发射的红外线而输出电信号的传感器。早在 1938 年，有人提出过利用热释电效应探测红外辐射，但并未受到重视，直到 20 世纪 60 年代才又兴起了对热释电效应的研究和对热释电晶体的应用。热释电晶体已广泛用于红外光谱仪、红外遥感以及热辐射探测器。除了在自动门、楼道自动开关、防盗报警上得到应用外，近年来在更多其他的领域均得到了应用，如在房间无人时会自动停机的空调机、饮水机；电视机能判断无人观看或观众已经睡觉后自动关机的电路；开启监视器或自动门铃上的应用；摄影机或数码照相机自动记录动物或人的活动。

为了对某一波长范围的红外辐射有较高的敏感度，在该传感器窗口上加装了一块干涉滤光片。这种滤光片除了允许某些波长范围的红外辐射通过外，还能将灯光、阳光和其他红外辐射拒之门外，如图 8-31(a)所示。

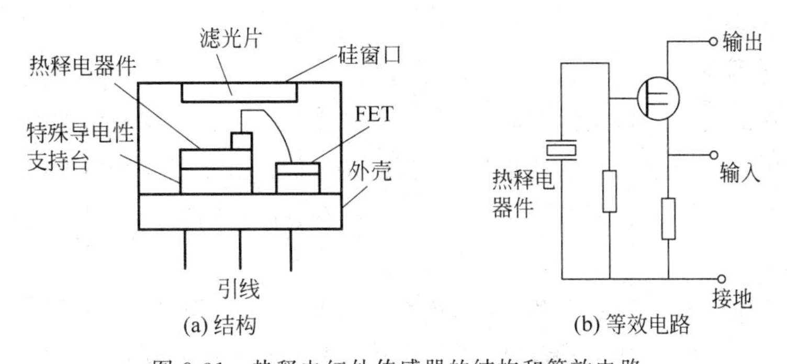

图 8-31 热释电红外传感器的结构和等效电路

能产生热释电效应的晶体称为热释电体，又称为热电器件。热电器件常用的材料有单晶($LiTaO_3$ 等)、压电陶瓷(PZT 等)及高分子薄膜(PVF_2 等)。如图 8-31(b)所示，照射到窗口的光线会被滤光片过滤，红外光穿过照到热释电材料上，引起热释电效应，产生电荷，结构上的场效应管的目的在于完成阻抗变换。由于热电器件输出的是电荷信号，并不能直接使用，因而需要用电阻将其转换为电压形式，完成控制电压输出。

热释电晶片表面必须罩上一块由一组平行的棱柱型透镜所组成的菲涅尔透镜，如图 8-32 所示，每一透镜单元都只有一个不大的视场角，当人体在透镜的监视视野范围内运动时，顺次地进入第一、第二单元透镜的视场，晶片上的两个反向串联的热释电单元将输出一串交变脉冲信号。当然，如果人体静止不动地站在热释电器件前面，它是“视而不见”的。传感器不加菲涅尔透镜时，其检测距离小于 2m，而加上该透镜后，其检测距离可增加 3 倍以上。

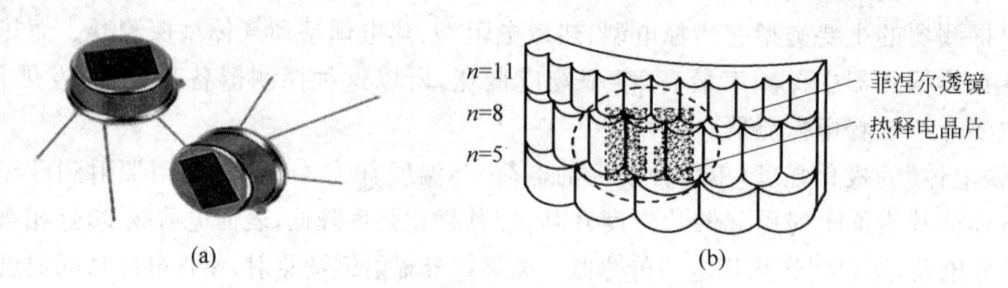

图 8-32　热释电传感器和菲涅尔透镜

菲涅尔透镜有两个作用：一是聚焦作用，即将热释红外信号折射在 PIR（人体红外传感器）上；二是将探测区内分为若干个明区和暗区，使进入探测区的移动物体（人）能以温度变化的形式在 PIR 上产生变化的热释红外信号。一般还会匹配低噪放大器，当探测器上的环境温度上升，尤其是接近人体正常体温（37℃）时，传感器的灵敏度下降，经由它对增益进行补偿，增加其灵敏度。

热释电人体感应开关可以用于以下各种实用电路中：①“有电，危险”安全警示电路，用于有电的场合，当有人进入这些场合时，通过发出语音和声光提醒人们注意安全。②自动门，主要用于银行、宾馆。当有人来到时，大门自动打开，人离开后又自动关闭。③红外线防盗报警器，用于银行、办公楼、家庭等场合的防盗报警。④高速公路车辆车流计数器。⑤自动开、关的照明灯，人体接近自动开关等。

2. 光子探测器

利用光子效应制成的红外探测器统称为光子探测器。光子探测器有内光电探测器和外光电探测器两种，前者又分为光电导探测器、光生伏特探测器和光磁电探测器三种。光子探测器的主要特点是灵敏度高，响应速度快，具有较高的响应频率，但探测波段较窄，一般需要在低温下工作。

光子探测器分为光电管、光敏电阻、光敏二极管、光敏晶体管、光电池等。光子探测器的主要特点是灵敏度高，响应速度快，具有较高的响应频率，但探测波段较窄，一般在低温下工作。

如图 8-33 所示，用电视遥控器发射光信号检测光敏二极管时，当有红外线光照射在光敏管时，光敏管的电流增加电阻值减小。光敏二极管反向偏置时才受光控，因此数字式万用表表笔应正极接光敏管负极，表笔负极接光敏管正极。指针式万用表表笔内电池极性相反。

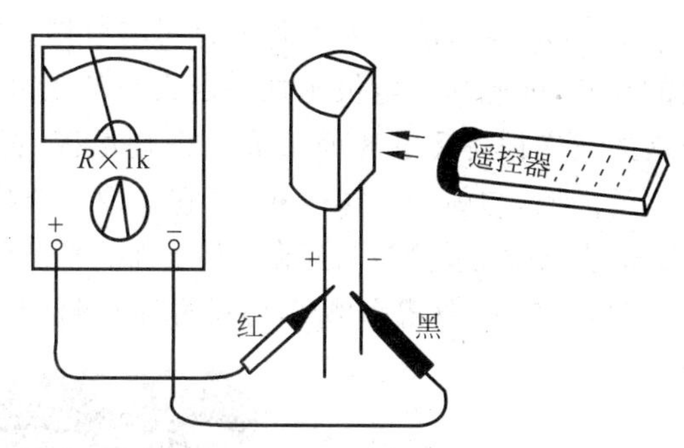

图 8-33　红外光敏二极管的检测

8.4　图像传感器

电荷耦合器件(Charge Couple Device,CCD)是一种大规模金属-氧化物-半导体(MOS)集成电路光电器件,是图像传感器的一种。自从贝尔实验室的 W. S. Boyle 和 G. E. Smith 于 1970 年发明 CCD 以来,由于 CCD 具有集成度高、分辨率高、动态范围大、体积小、质量轻、电压低、功耗小、启动快、抗冲击、耐振动、抗电磁干扰、图像畸变小、寿命长、可靠性高等优点,发展迅速,广泛应用于生活、医疗、航天、遥感、工业、农业、天文及通信等军用及民用领域的信息存储及信息处理等方面,尤其适用于以上领域中的图像识别技术,如图 8-34 所示。

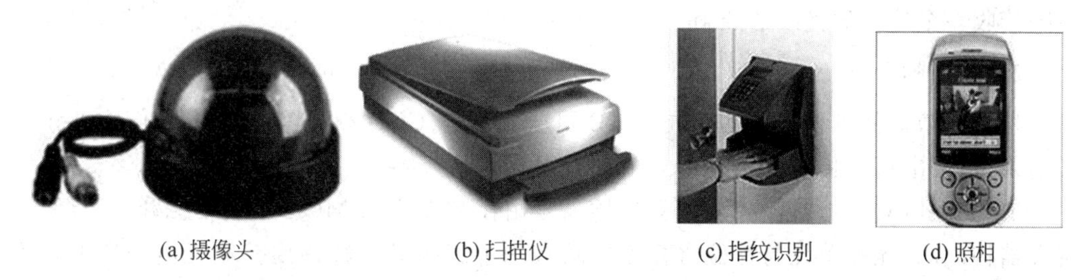

(a) 摄像头　(b) 扫描仪　(c) 指纹识别　(d) 照相

图 8-34　CCD 用于摄像头、扫描仪、指纹识别、照相等

1. CCD 的结构及工作原理

CCD 是由若干个电荷耦合单元组成的,其基本单元是 MOS(金属-氧化物-半导体)电容器,如图 8-35 所示。它以 P 型(或 N 型)半导体为衬底,上面覆盖一层厚度约 120nm 的 SiO_2,再在 SiO_2 表面依次沉积一层金属电极而构成 MOS 电容转移器件。这样一个 MOS 结构称为一个光敏元或一个像素,将 MOS 阵列加上输入、输出结构就构成了 CCD 器件。

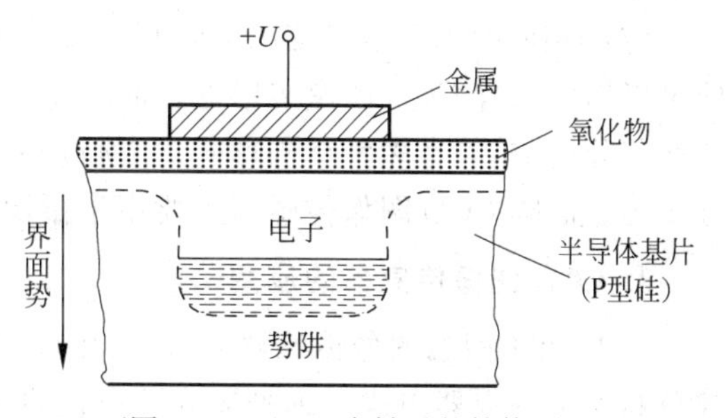

图 8-35　MOS 光敏元的结构原理

在 P 型(或 N 型)硅衬底上通过氧化

形成一层很薄的 SiO_2，再在 SiO_2 表面依次沉积若干金属电极作为栅极，由于 P 型硅中的主要导电粒子是带正电的空穴，因此当给电极施加一定大小的正电压时，在电场作用下电极下面硅片的一个区域内的空穴被排斥远离而形成一个耗尽区，耗尽区对于带负电的电子来说是一个势能特别低的区域，与周围耗尽区相比，它就像一个陷阱，故称为电子势阱。

当物体通过物镜成像，这些光敏元就产生与照在它们上面的光强呈正比的光生电荷(光生电子-空穴对)，同一面积上光敏元越多，分辨率越高，得到的图像越清楚，如图 8-36 所示。

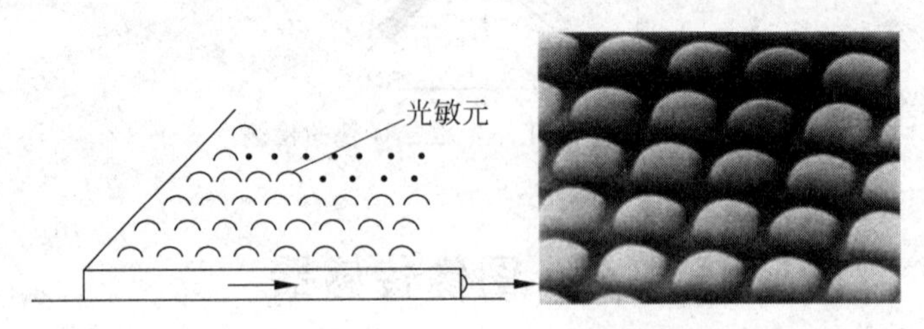

图 8-36 CCD 光敏元显微照

当光照射到 MOS 电容器的 P 型硅衬底上时，会产生光生电子-空穴对(光生电荷)，电子被栅极吸引存储在陷阱中。入射光越强，产生的光生电子-空穴对越多，势阱中收集到的电子就越多，光弱则反之，无光照的 MOS 电容器则无光生电荷。这样就把光的强弱变成与其呈比例的电荷的多少，实现了光电转换。势阱中的电子是在被存储状态，即使停止光照，一定时间内也不会损失，这就实现了对光照的记忆。

MOS 电容器可以被设计成线阵或面阵。一维的线阵接收一条光线的照射；二维的面阵接收一个平面的光线的照射。

2. CCD 的分类

根据光敏器件排列形式的不同，CCD 可分为线阵 CCD 和面阵 CCD。它们主要由信号输入、信号电荷转移和信号输出三个部分组成。

(1) 线阵 CCD。线阵 CCD 图像传感器是由排成直线的 MOS 光敏单元和 CCD 移位寄存器构成的，光敏单元与移位寄存器之间有一个转移栅。转移栅控制光电荷向移位寄存器转移，以便将光生电荷逐位转移输出，一般使信号转移时间远小于光积分时间。

线阵 CCD 图像传感器可以直接接收一维光信息，不能直接将二维图像转变为视频信号输出，为了得到整个二维图像的视频信号，就必须用扫描的方法。线阵 CCD 图像传感器主要用于测试、传真、条形码扫描和光学文字识别技术等方面，如图 8-37 所示。

(2) 面阵 CCD。按一定的方式将一维线型光敏单元及移位寄存器排列成二维阵列，即可以构成面阵 CCD 图像传感器。面阵 CCD 图像传感器由感光区、信号存储区和输出转移部分组成，并有多种结构形式，如帧转移方式、隔列转移方式、线转移方式、全帧转移方式等。面阵 CCD 图像传感器主要用于摄像机及测试技术，如图 8-38 所示。

3. CCD 图像传感器的应用

CCD 用于固态图像传感器中，作为摄像或像敏的器件。CCD 固态图像传感器由感光部分和移位寄存器组成。感光部分是指在同一半导体衬底上布设的由若干光敏单元组成的阵列元件，光敏单元简称“像素”。固态图像传感器利用光敏单元的光电转换功能将投

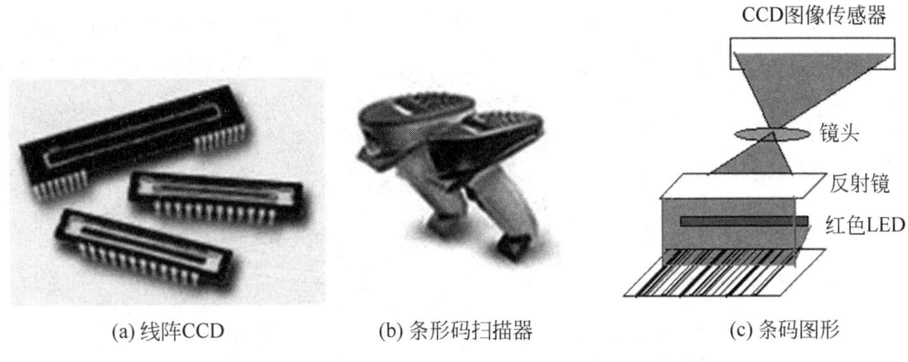

(a) 线阵CCD (b) 条形码扫描器 (c) 条码图形

图 8-37 线阵 CCD 和线阵 CCD 用于条形码扫描

(a) (b)

图 8-38 面阵 CCD 图形传感器及应用于数码相机

射到光敏单元上的光学图像转换成电信号"图像",即将光强的空间分布转换为与光强呈正比的、大小不等的电荷包空间分布,然后利用移位寄存器的移位功能将电信号"图像"传送,经输出放大器输出。

CCD 图像传感器具有高分辨率和高灵敏度,具有较宽的动态范围,这些特点决定了它可以广泛应用于自动控制和自动测量,尤其适用于图像识别技术。CCD 图像传感器在检测物体的位置、工件尺寸的精确测量及工件缺陷的检测方面有独到之处。

CCD 图像传感器能够测量的非电量和主要用途大致如下。

(1) 组成测试仪器可测量物位、尺寸、轮廓、工件位置与工件损伤等。

(2) 作为光学信息处理装置的输入环节,可用于传真技术、光学文字识别技术以及图像识别技术、传真、摄像、条码读取等方面。

(3) 作为自动流水线装置中的敏感器件,可用于机床、自动售货机、自动搬运车以及自动监视装置等方面。

(4) 作为机器人的视觉,可监控机器人的运行。

8.5 光耦合器件

8.5.1 光电检测的组合形式

1. 模拟式光电传感器

模拟式光电传感器的输出量为连续变化的光电流。

光电检测必须具备光源、被测物和光电器件。按照这三者的关系，模拟式光电传感器在工业上的应用可归纳为吸收式、反射式、遮光式、辐射式（直射式）四种基本形式，如图 8-39 所示。

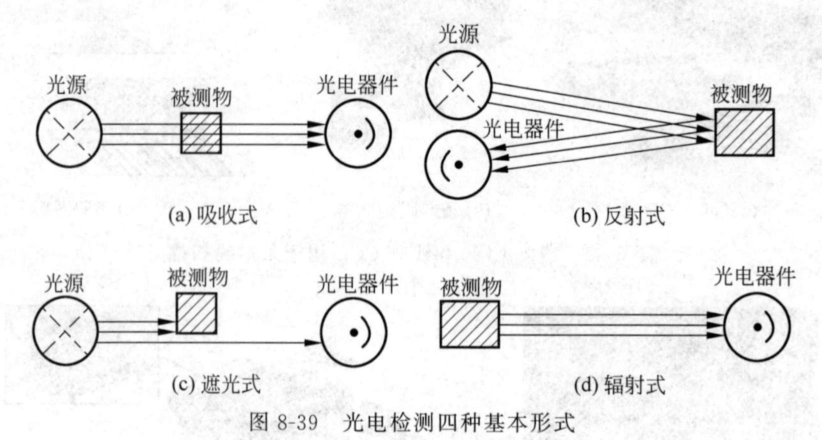

图 8-39 光电检测四种基本形式

图 8-39(a)所示为吸收式：成分分析，含量、混浊度、透明度测量。可制成浊度计、透明度计等。图 8-39(b)所示为反射式：表面的粗糙度、缺陷、位移、湿度测量，时差测距。可制成粗糙度计、白度计等。图 8-39(c)所示为遮光式：尺寸测量（直径、孔径、长度、厚度、缝宽等）。被测物遮蔽光，可测量物体的位移、振动、尺寸及位置等。图 8-39(d)所示为辐射式：照度计、火警报警器、干手机、比色高温计、红外探测器、遥感等。

2. 脉冲式光电传感器

脉冲式光电传感器的光电器件的输出仅有两种稳定状态，即“通”与“断”的开关状态，因此也称为开关式光电传感器。

应用：产品自动计数、报警、光电开关、转速计、缺纸检测、纺织、车灯等。

转速计：旋转盘与指示盘有相同间距的缝隙。当旋转盘转动时，每转过一条缝隙，光线便产生一次明暗变化，光电器件感光一次。经整形电路变为矩形脉冲信号，送计数器（单片机），由公式算出转速，如图 8-40 所示。也可用反射式光电测速，利用反射面，产生脉冲信号。

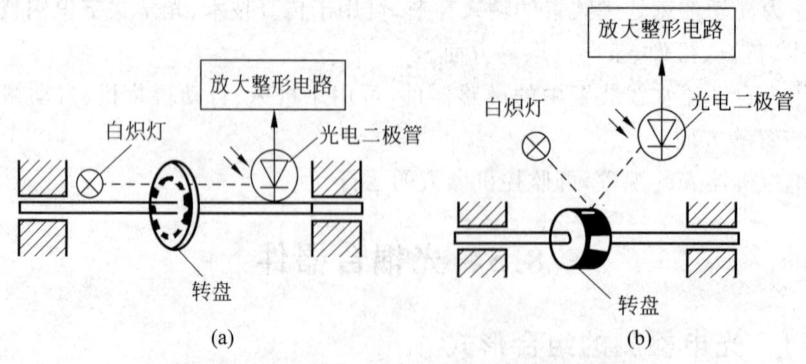

图 8-40 光电数字式转速计的工作原理示意图

8.5.2 光电耦合器(内电路光耦)

光电耦合器 OC(Optical Coupler)也称光电隔离器,简称光耦。它是把发光器件和光敏器件同时封装在一个外壳内,以光为媒介把输入端的电信号耦合到输出端的一种器件。器件的光信号封闭在器件内,发光管辐射可见光或红外光,受光器件在光辐射作用下控制输出电流大小。器件通过电-光、光-电两次转换进行输入、输出耦合。

光电隔离器的发光和接收器件都封装在一个外壳内,一般有金属封装和塑料封装两种。如图 8-41 所示,发光器件为发光二极管,受光器件为光敏电阻、光敏二极管、光敏三极管等。它以光为媒介,实现输入电信号耦合到输出端。

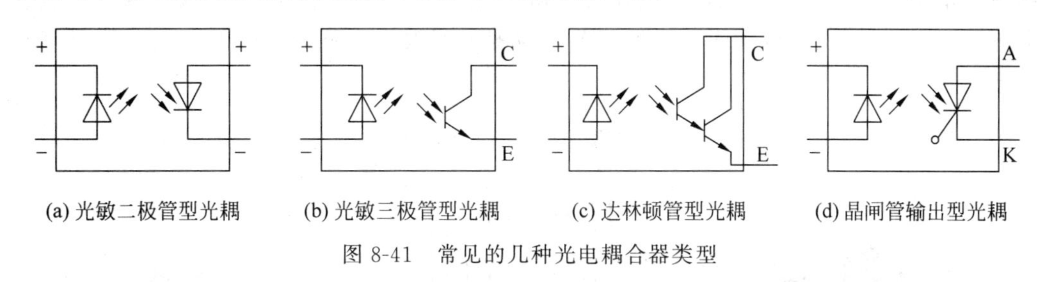

(a) 光敏二极管型光耦　(b) 光敏三极管型光耦　(c) 达林顿管型光耦　(d) 晶闸管输出型光耦

图 8-41　常见的几种光电耦合器类型

采用光敏三极管:结构简单、成本低,且输出电流较大,可达 100mA,响应时间为 3～4μs。通常用于 50kHz 以下的一般信号耦合。采用达林顿放大管构成的高传输效率的光电耦合器,适用于直接驱动和较低频率的装置中。

光电耦合器的特点:电气隔离、抗电磁干扰。输入、输出极之间绝缘电阻非常高,耐压达 2 000V 以上。它能避免输出端对输入端地线等的干扰,输入、输出完全隔离,有独立的输入、输出阻抗,绝缘电阻在 1×10^4 MΩ 以上。器件有很强的抗干扰能力和隔离性能,可避免振动、噪声干扰。

如图 8-42 所示,燃气热水器中的高压打火确认电路极管发光,光耦合器中的光敏晶体管导通,经 T_1、T_2、T_3 放大,驱动强吸电磁阀,将气路打开,燃气碰到火花即燃烧。若高压打火针与打火确认针之间不放电,则光电耦合器不工作,T_1 等不导通,燃气阀门关闭。

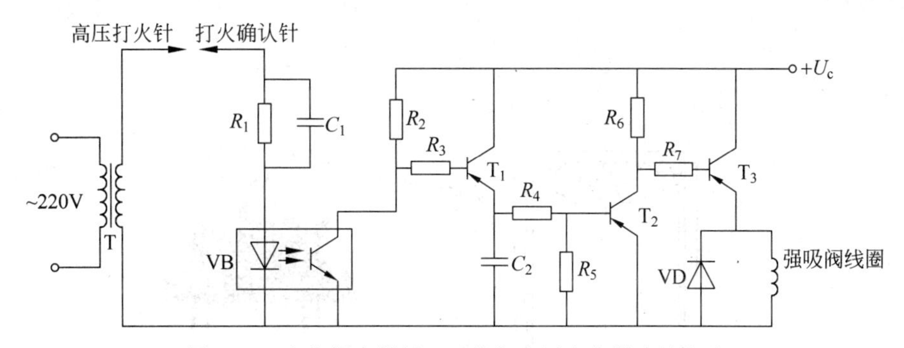

图 8-42　光电耦合器用于天然气高压点火器确认电路

光电耦合器的应用:电气隔离,信号耦合,驱动负载。特别适宜工业现场做数字电路开关信号传输;可做逻辑电路隔离器、计算机测量;控制系统中做无触点开关等。

8.5.3 光断续器(外电路光耦)

光断续器可以测量物体的有无、个数和距离等物理量。器件由发光器件和接收光敏器件组成,分为透射式和反射式;光路信号由外部光信号控制,光敏器件是光敏电阻或光敏管。

1. 直射式光断续器(槽形光电)

把一个光发射器和一个接收器面对面地装在一个槽的两侧组成槽形光电,如图 8-43 所示。发光器能发出红外光或可见光,在无遮挡情况下光接收器能收到光。但当被检测物体从槽中通过时,光被遮挡,光电开关便动作,输出一个开关控制信号,切断或接通负载电流,从而完成一次控制动作。槽形开关的检测距离因为受整体结构的限制一般只有几厘米。

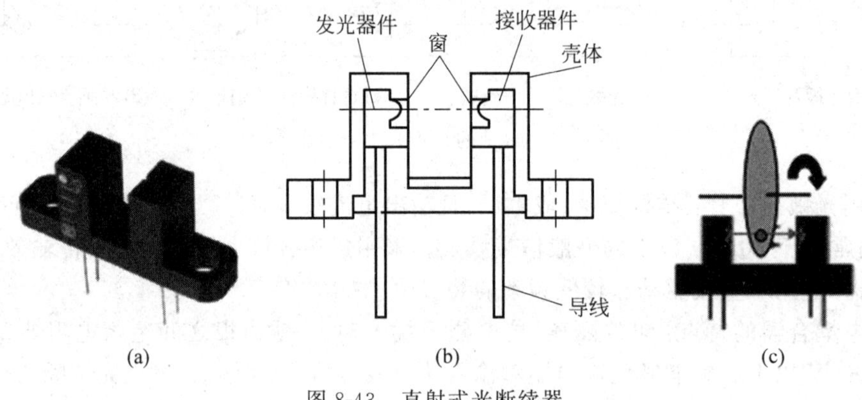

图 8-43 直射式光断续器

2. 反射式光断续器

光电开关的发射与接收器件光轴在同一平面上,并以某一角度相交,交点处为待测点,当有物体经过待测点时,接收器件接收到物体表面反射的光线,是反射式光断续器,如图 8-44 所示。

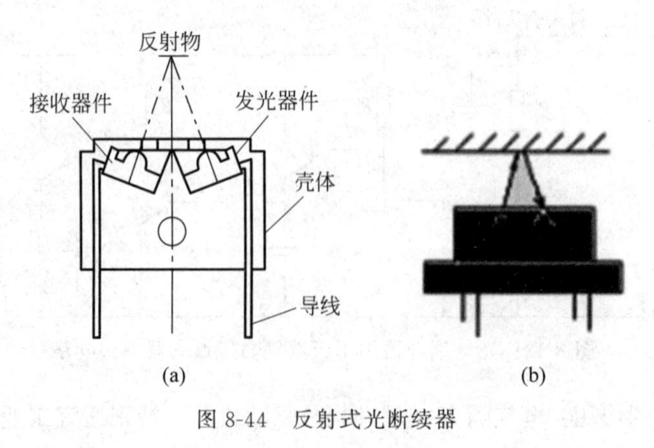

图 8-44 反射式光断续器

反射式光断续器单侧安装，需要调整发射物或反射镜的角度以取得最佳反射效果。当有物体通过时，红外光束被隔断，光敏三极管收不到红外线而产生一个电脉冲信号，其检测距离不如直射型。

8.5.4 光电开关

光电开关如图 8-45 所示，输入信号为开关信号（高低电平）时，其输出信号也是开关量。可利用输出电平的高低来判断被测物的有无。特点：无机械磨损、无电火花（长寿命、安全）。

光电开关在制造业自动化包装线（产品计数、纺织、料位检测）、安全报警装置、计算机设备（打印机）中做光控制和光探测装置。

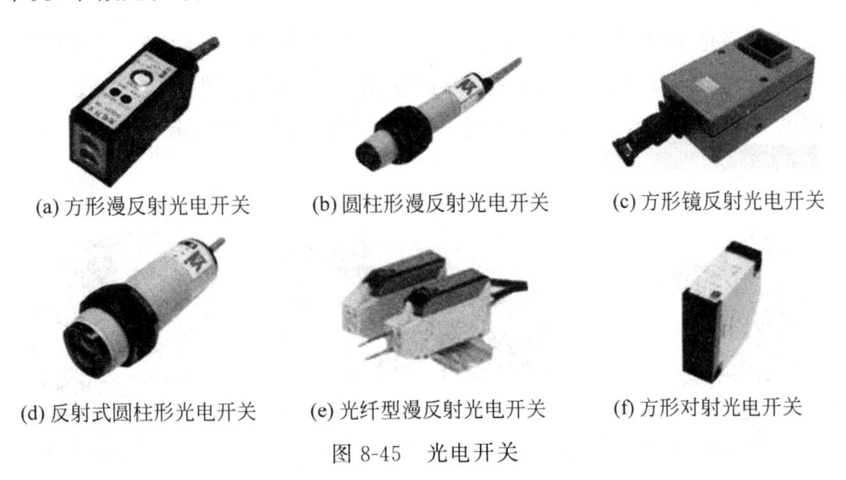

(a) 方形漫反射光电开关　(b) 圆柱形漫反射光电开关　(c) 方形镜反射光电开关

(d) 反射式圆柱形光电开关　(e) 光纤型漫反射光电开关　(f) 方形对射光电开关

图 8-45　光电开关

1. 对射型光电传感器

若把发光器和收光器分离开，就可使检测距离加大，一个发光器和一个收光器组成对射分离式光电开关，简称对射式光电开关，如图 8-46 所示。对射式光电开关的检测距离可达几米乃至几十米。使用对射式光电开关时把发光器和收光器分别装在检测物通过路径的两侧，检测物通过时阻挡光路，收光器就动作输出一个开关控制信号。

(a) 布料宽度检测、有无检测　(b) 扶手电梯节能运行　(c) 仓库门警卫

图 8-46　对射型光电传感器

2. 反光板型光电开关

把发光器和收光器装入同一个装置内，在前方装一块反光板，利用反射原理完成光电

控制作用,称为反光板反射式(或反射镜反射式)光电开关。正常情况下,发光器发出的光源被反光板反射回来再被收光器收到;一旦被检测物挡住光路,收光器收不到光时,光电开关就动作,输出一个开关控制信号。

如图 8-47 所示,产品在传送带上运行时,不断地遮挡光源到光电传感器的光路,使光电脉冲电路产生一个个电脉冲信号。产品每遮光一次,光电传感器电路便产生一个脉冲信号,因此,输出的脉冲数即代表产品的数目,该脉冲经计数电路计数并由显示电路显示出来。

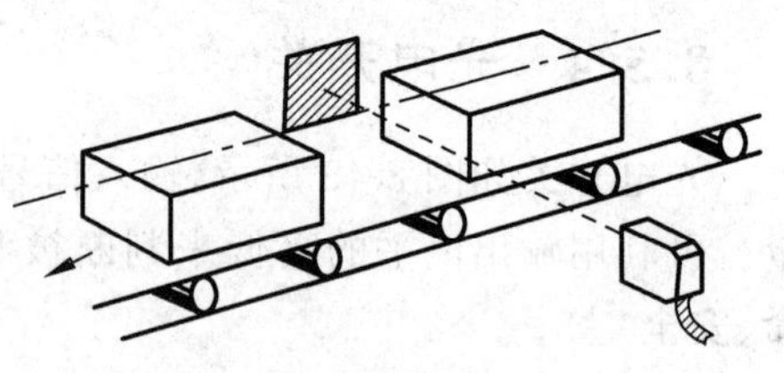

图 8-47 反光板型光电开关用于工件计数

3. 扩散反射型光电开关

扩散反射型光电开关的检测头里也装有一个发光器和一个收光器,但扩散反射型光电开关前方没有反光板。如图 8-48 所示,正常情况下发光器发出的光收光器是找不到的。在检测时,当检测物通过时挡住了光,并把光部分反射回来,收光器就收到光信号,输出一个开关信号。

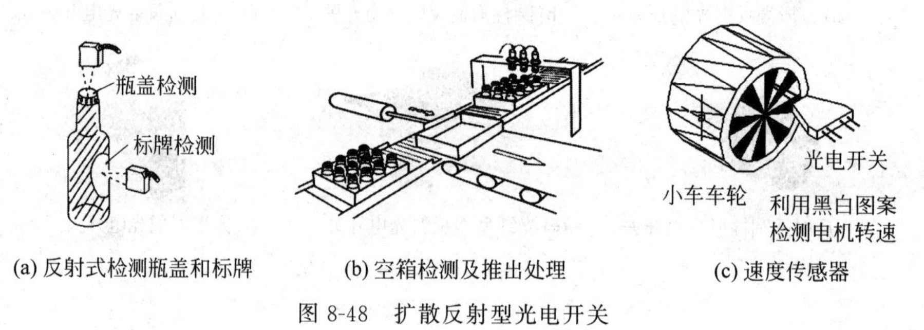

(a) 反射式检测瓶盖和标牌 (b) 空箱检测及推出处理 (c) 速度传感器

图 8-48 扩散反射型光电开关

8.6 光纤传感器

光纤又称为光导纤维,它是由石英、玻璃、塑料等光折射率高的介质材料制成的极细纤维,是一种理想的光传输线路。光纤传感器(Fiber Optic Sensor,FOS)兴起于 20 世纪 70 年代,是一类较新的光敏器件,它是利用被测量对光纤内传输的光波进行调制,使光波的一些参数,如强度、频率、波长、相位、偏振态等特性产生变化来工作,它是伴随着光纤及光通信技术的发展而逐步形成的。

光纤的结构如图 8-49 所示。中心的圆柱体叫纤芯,围绕着纤芯的圆形外层叫作包层。纤芯和包层主要由不同掺杂的石英玻璃制成。纤芯的折射率 n_1 略大于包层的折射率 n_2,在包层外面还常有一层保护套,多为尼龙材料。光纤的导光能力取决于纤芯和包层的性质,而光纤的机械强度由保护套维持。较长的光纤又称为光缆。

光纤在传输信号的过程中损耗应尽量小且稳定。在某些波长上,光纤的损耗非常小。可选择适当波长的电光转换器件与之匹配。如图 8-50 所示。

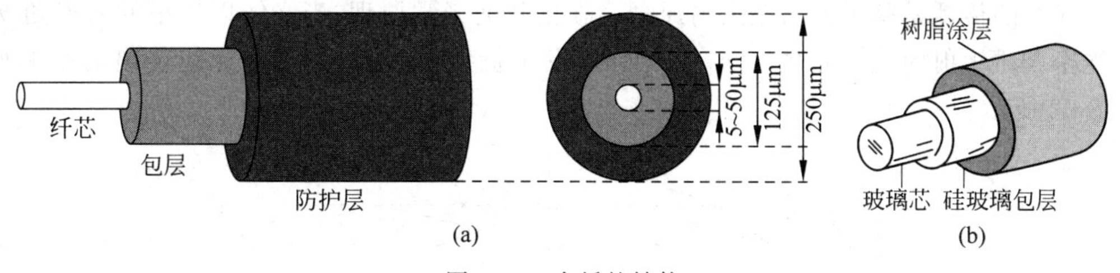

图 8-49　光纤的结构

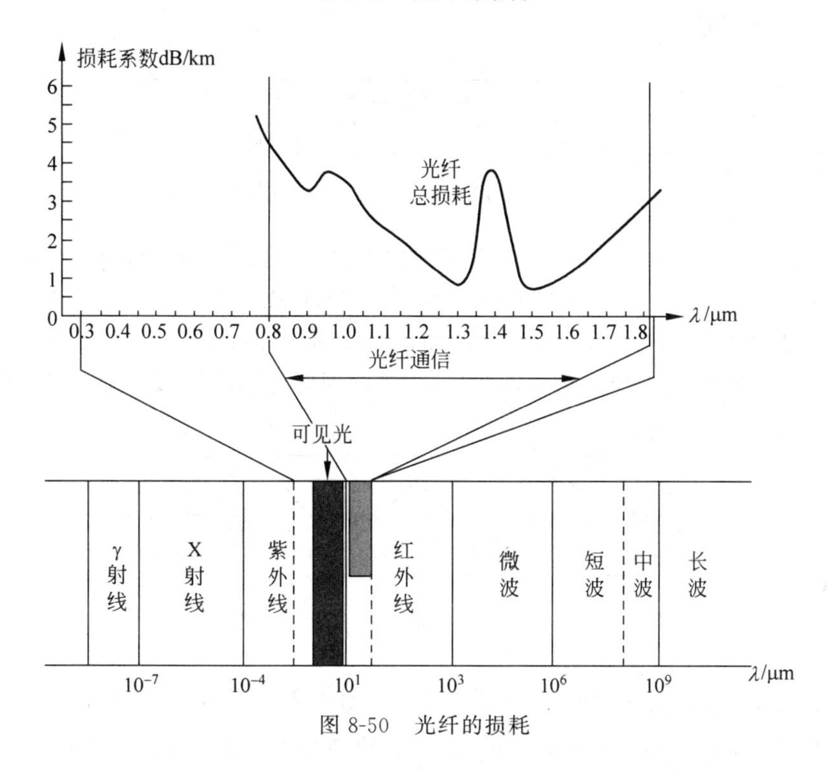

图 8-50　光纤的损耗

光的反射、折射：当一束光线以一定的入射角 θ_1 从介质 1 射到介质 2 的分界面上时，一部分能量反射回原介质；另一部分能量则透过分界面，在另一介质内继续传播，如图 8-51(a)所示。当减小入射角时，进入介质 2 的折射光与分界面的夹角将相应减小，导致折射波只能在介质分界面上传播，如图 8-51(b)所示。对这个极限值时的入射角，定义为临界角 θ_c。当入射角小于 θ_c 时，入射光线将发生全反射，如图 8-51(c)所示。

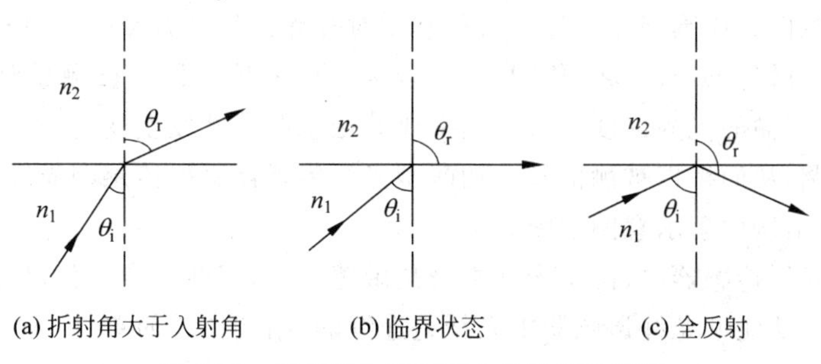

图 8-51　光在两介质界面上的折射和反射

光纤的传播是基于光的全反射原理。根据几何光学原理，当光线以较小的入射角 θ_i 由光密介质 1 射向光疏介质 2($n_1>n_2$)时，发生折射，入射角大小对光线传递的影响如图 8-52 所示。

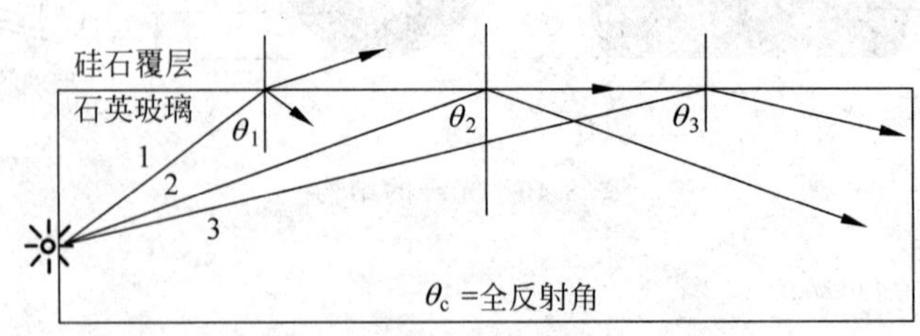

图 8-52 入射角大小对光线传递的影响

当光线以不同角度入射光纤端面时，在端面发生折射后进入光纤，光线在光纤端面入射角 θ 减小到某一角度 θ_c 时，光线全部反射，光线全部被反射时的入射角 θ_c 称临界角，因此只要满足全反射条件 $\theta<\theta_c$，光在纤芯和包层界面上经若干次全反射向前传播，最后从另一端面射出。图 8-53 所示为光的全反射，光纤理想传递信号，必须满足斯乃尔定理。

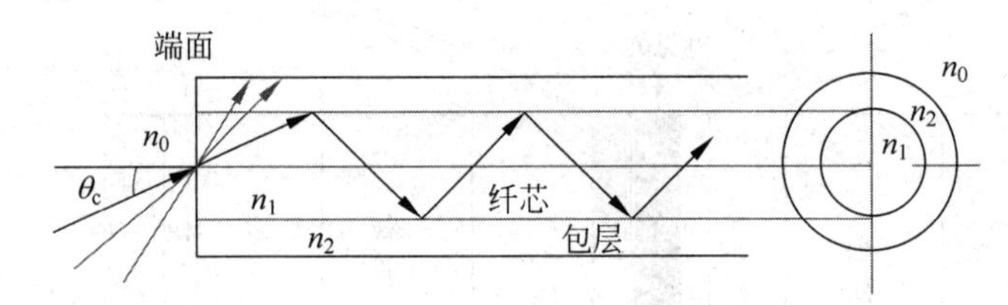

图 8-53 光的全反射

斯乃尔定理：当光线由光密媒质(折射率 n_1)射入光疏媒质(折射率 n_2，$n_1>n_2$)时，若入射角大于等于临界角，$f=\sin^{-1}(n_2/n_1)$，在媒质界面上会发生全反射现象。

8.6.1 光纤传感器分类

1. 功能型(传感型)光纤传感器

功能型光纤传感器利用光纤本身对外界被测对象具有敏感能力和检测功能，光纤在这类传感器中不仅是传光器件，可以利用光纤本身的某些特性来感知外界因素的变化，因此它又是敏感器件。传感型光纤传感器是利用对外界信息具有敏感能力和检测功能的光纤(或特殊光纤)做传感器件，将“传”和“感”合为一体的传感器。被测量对光纤内传输的光进行调制，使传输的光的强度、相位、频率或偏振态等特性发生变化，再通过对被调制过的信号进行解调，从而得出被测信号。功能型光纤传感器又称传感型光纤传感器，主要使用单模光纤，其结构原理示意图如图 8-54 所示。

在功能型光纤传感器中，由于光纤本身是敏感器件，因此改变几何尺寸和材料性质可以改善灵敏度。功能型光纤传感器中光纤是连续的，结构比较简单，但为了能够灵敏地感受外界因素的变化，往往需要用特种光纤作探头，使得制造比较困难。

2. 非功能型(传光型)光纤传感器

传光型光纤传感器的光纤只当作传播光的媒介,利用在两根光纤中间或光纤端面放置敏感器件,来感受被测量的变化,光纤仅起传光作用,如图 8-55 所示。利用其他敏感器件感受被测量的变化,待测对象的调制功能是由其他光电转换器件实现的。光纤的状态是不连续的,光纤只起传光作用。传光型(非功能型),常使用多模光纤。传光型光纤传感器占据了光纤传感器的绝大多数。

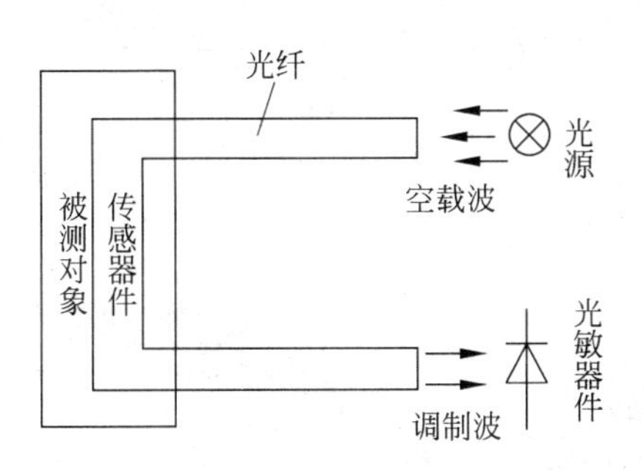

图 8-54 功能型光纤传感器的结构原理示意图

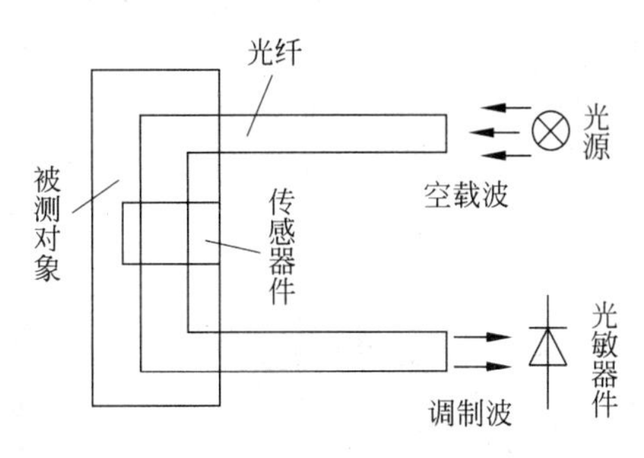

图 8-55 非功能型光纤传感器

8.6.2 光纤传感器的特点

光纤传感器与传统的各类传感器相比有一系列优点,如不受电磁干扰,体积小,质量轻,可弯曲,灵敏度高,耐腐蚀,电绝缘、防爆性好,易与微机连接,便于遥测等。它能用于温度、压力、应变、位移、速度、加速度、磁、电、声和 pH 等各种物理量的测量,具有极为广泛的应用前景。

(1) 光纤传感器具有优良的传光性能,传光损耗小。

(2) 光纤传感器频带宽,可进行超高速测量,灵敏度和线性度好。

(3) 光纤传感器体积很小,质量轻,能在恶劣环境下进行非接触式、非破坏性以及远距离测量。

(4) 与光纤耦合的电光与光电转换器件:实现电光转换的器件是发光二极管或激光二极管。

8.6.3 光纤传感器的应用

利用光纤实现无接触位移测量。如图 8-56 所示,光源经一束多股光纤将光信号传送至端部,并照射到被测物体上。另一束光纤接收反射的光信号,并通过光纤传送到光敏器件上。被测物体与光纤间距离变化,反射到接收光纤上,光通量发生变化。再通过光电传感器检测出距离的变化。

光纤体积小,在一些安装环境下,其他传感器没有条件使用,可以用光纤传感器实现测量,如图 8-57(a)所示,当光纤发出的光穿过标志孔时,若无反射,说明电路板方向放置正确。如图 8-57(b)所示,采用遮断型光纤光电开关对 IC 芯片引脚进行检测。如图 8-57

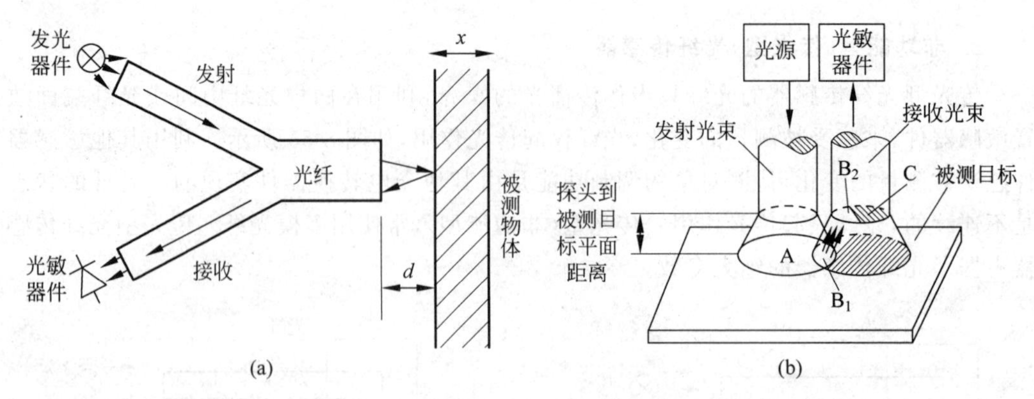

图 8-56 反射式光纤位移传感器

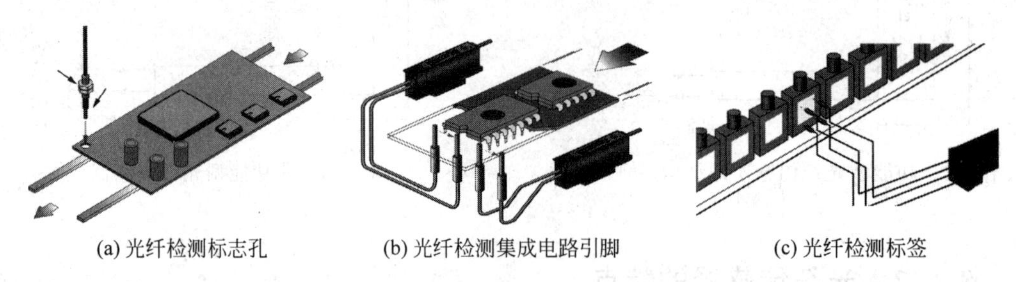

图 8-57 光纤在工业加工中的检测

(c)所示，光纤检测标签。

光纤安全互锁系统无须电缆、机械触点或执行器，大大节约成本，简化安装及调试，如图 8-58 所示。

图 8-58 光纤安全互锁系统

利用光纤位移传感器探头在遇到旋转测物上的反射纸后，接收反射光的信号产生电脉冲，经电路处理即可测量转速。如图 8-59 所示。反射纸的数目将影响测速的精度。

当扫描笔头在条形码上移动时，若遇到黑色线条时，发光二极管的光线将被黑线吸收，光敏管接收不到光，呈高阻抗，处于截止状态。当遇到白色间隔时，发光二极管所发出的光线被射到光敏管，光敏管产生光电流而导通。整个条形码被扫描过之后，光敏管将条形码变形一个个电脉冲信号，该信号经放大、整形后便形成脉冲列，再经计算机处理，即可完成对条形码信息的识别，如图 8-60 所示。

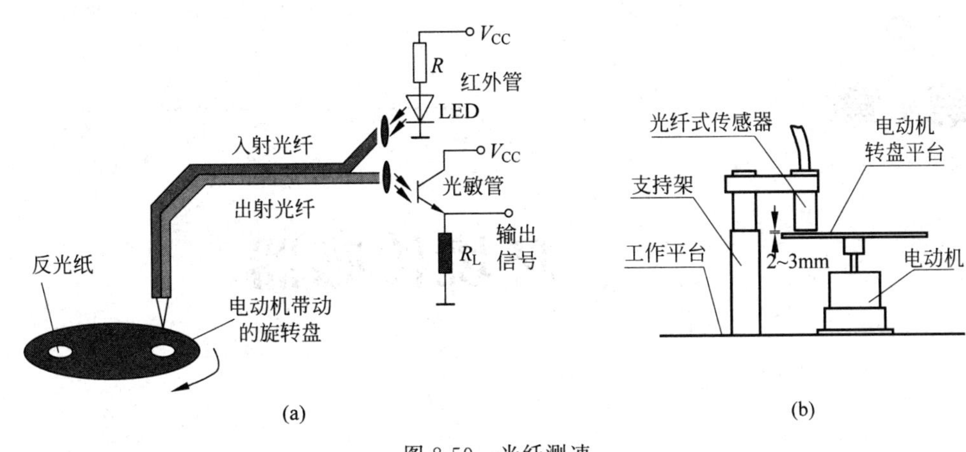

图 8-59　光纤测速

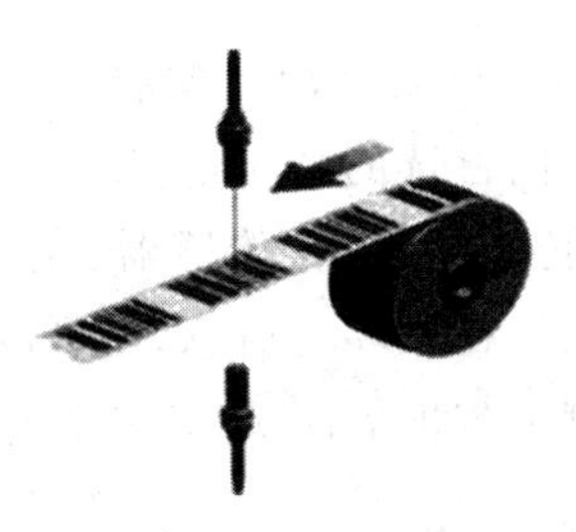

图 8-60　条形码扫描

思考和练习

1. 光电效应有哪些？各有哪些光电器件？

2. 光电传感器有哪些应用？光电耦合器有哪些类型和应用？

3. 光通电路和暗通电路是什么意思？试分别用光敏电阻、光敏二极管、光敏三极管、光电池构造出光通电路，并画出电路图。

4. 光纤传感器有哪些种类？光纤传感器有哪些优点？

5. 人体红外热释电传感器使用时有哪些注意点？

6. 红外传感器有哪几种类型？

第9章

环境传感器

引言

环境传感器是科研、教学、实验室和农业部门土肥站、农科所及相关农业环境监测部门首选的高质量仪器，它包括土层温度传感器、空气温湿度传感器、蒸发传感器、雨量传感器、光照传感器、风速风向传感器等，不仅能够精确地测量相关环境信息，还可以和上位机实现联网，最大限度地满足用户对被测物数据的测试、记录和存储。

导航——教与学

<table>
<tr><td rowspan="4">理论</td><td>重点</td><td>环境传感器的种类和原理</td></tr>
<tr><td>难点</td><td>温度传感器的种类</td></tr>
<tr><td>教学规划</td><td>温度传感器的原理和种类、应用。气体检测的内容，熟悉气体传感器的类型，掌握气体传感器的特性。了解湿度的概念和检测方法，熟悉湿度传感器的类型及特性。湿度、气体传感器加热去污等注意事项</td></tr>
<tr><td>建议学时</td><td>4学时</td></tr>
<tr><td rowspan="2">操作</td><td>面包板</td><td>AD590、Lm35D、DS18B20三种典型温度传感器选做</td></tr>
<tr><td>建议学时</td><td>2学时(结合线上配套素材)</td></tr>
</table>

9.1 温度测量

9.1.1 温度和温标

从宏观性质来讲，温度表示物体的冷热程度，物体温度的高低确定了热量的传递方向；从微观性质来讲，温度表示物体内部分子的运动剧烈程度。

温标是温度的“标尺”，就是按测量的标准划分的温度标志，就像测量物体的长度要用长度标尺一样，是一种人为的规定，或者叫作一种单位制。温标分为热力学温标、国际温标和经验温标，经验温标常见的有华氏温标、摄氏温标。

9.1.2 示温材料和早期温控元件

在温度传感器发展之前，人们利用一些材料实现对温度的感知，有的材料可以显示温度的变化情况，有的材料受温度影响会发生变形或性质改变。

1. 示温材料

有示温材料的水杯如图 9-1 所示。其中，图 9-1(a)为示温涂料(变色涂料)，图 9-1(b)为装满热水后图案变得清晰可辨。

如图 9-2 所示，利用变色涂料可以方便检修时判断温度的实际情况。

图 9-1 有示温材料的水杯

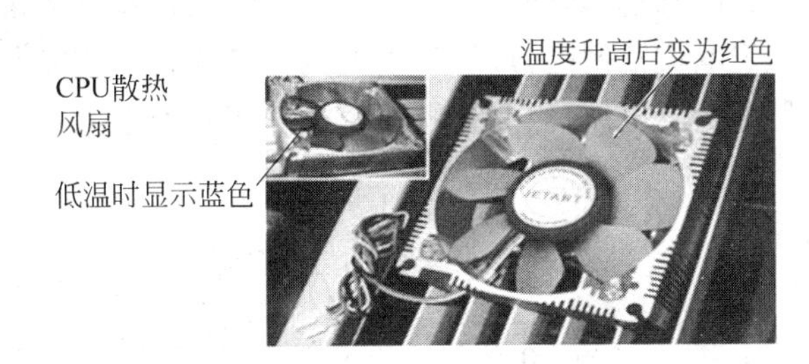

图 9-2 变色涂料在计算机 CPU 散热风扇中的示温作用

2. 双金属片

把两种膨胀系数不同的金属薄片焊接在一起制成的一种固体膨胀温度计，可将温度变化转换成机械量的变化。如图 9-3 所示，铜的膨胀系数大于铁，当温度升高时，膨胀系数高的会先变形，然后向膨胀系数低的一边弯曲，制成双金属开关。双金属片的优点：结构简单、牢固、可靠、防爆。双金属温度计的结构简单、耐振动、耐冲击、使用方便、维护容易、价格低廉，适于振动较大场合的温度测量。

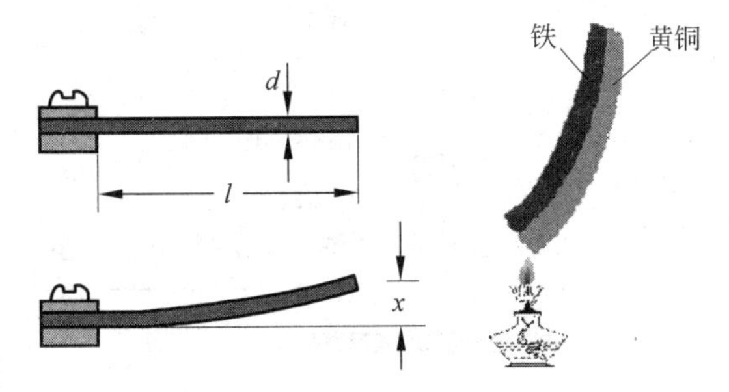

图 9-3 由铁和黄铜制成的双金属片传感器

荧光灯启动器(启辉器)的结构如图 9-4 所示，内有一对金属片，它们的热膨胀系数不同。开关闭合后，荧光灯启动器两极之间有电压使氖气放电而发出辉光，辉光发出的热量使 U 形动触片受热膨胀向外延伸，与静触片接触，电路接通；当温度降低时，U 形动触片向里收缩，离开触点，切断电路。

荧光灯的工作原理如图 9-5 所示，当电路接通，启辉器两端极片得电，击穿惰性气体而导电(辉光放电过程),双金属片发热弯曲与静触板接通形成闭合电路。此时电流直接经过双金属片与静触板流通,惰性气体失去作用而不放电,双金属片开始冷却,经过1～8s,双金属片收缩回原来状态,启辉器停止工作。电路中电流突然中断,使镇流器两端产生一个比电源电压高得多的感应电动势,它和电源电压串联后加在灯管两端,在强电场的作用下,引起管内汞蒸气电离而形成弧光放电。荧光灯正常发光后,由于交流电不断通过镇流器的线圈,线圈中产生自感应电动势,自感应电动势阻碍线圈中的电流变化,这时镇流器起降压限流的作用,使电流稳定在灯管的额定电流范围内,灯管两端电压也稳定在额定工作电压范围内。由于这个电压低于启辉器的电离电压,因此并联在两端的启辉器也就不再起作用了。

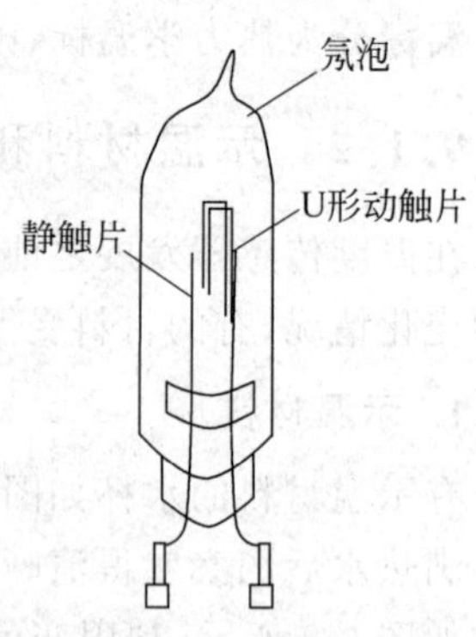

图 9-4 荧光灯启动器的结构

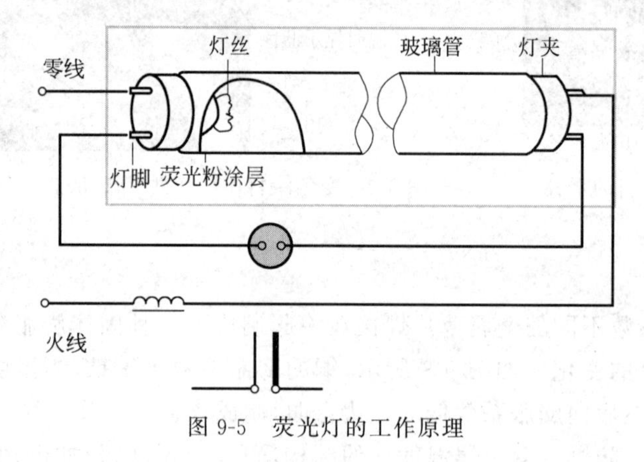

图 9-5 荧光灯的工作原理

电熨斗原理示意图如图 9-6 所示,利用双金属片温度传感器实现控制电路的通断。温度高于一定值时,双金属片弯曲,开关断开,慢慢冷却;温度低于一定值时,双金属片恢复,电路接通,开始加热。

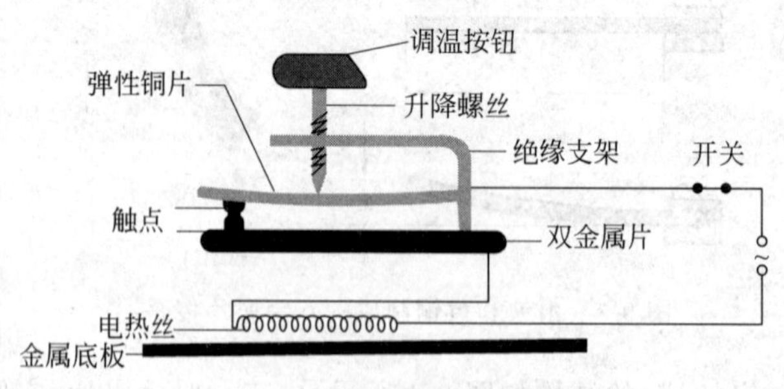

图 9-6 电熨斗原理示意图

3. 热敏铁氧体

热敏铁氧体利用居里温度进行控温,例如电饭锅。热敏铁氧体的特点:常温下具有铁磁性,能够被磁体吸引,但是温度上升到约 103℃时,就会失去铁磁性,不能被磁体吸引。值得注意的是,这个温度在物理学中称为该材料的"居里温度"或"居里点"。电饭锅原理示意图如图 9-7 所示。

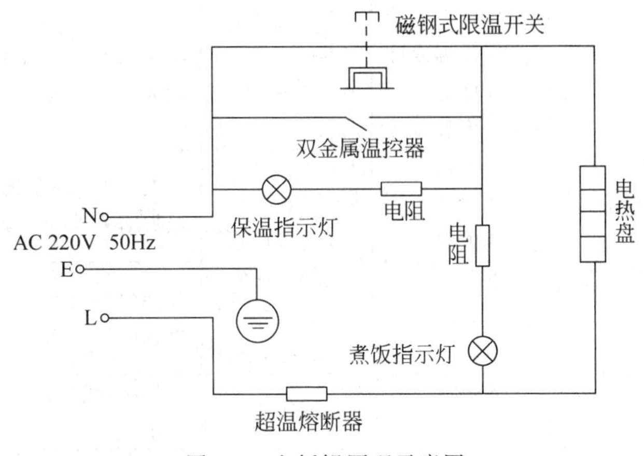

图 9-7 电饭锅原理示意图

(1) 开始煮饭时,用手压下开关按钮,永磁体与感温磁体相吸,手松开后,按钮不再恢复到图 9-7 所示状态。

(2) 水沸腾后,锅内大致保持 100℃不变。

(3) 饭煮熟后,水分被大米吸收,锅底温度升高,当温度升至居里点 103℃时,感温磁体失去铁磁性,在弹簧的作用下,永磁体被弹开,触点分离,切断电源,从而停止加热。

(4) 不能用电饭锅烧水:水沸腾后,锅内保持 100℃不变,温度低于居里点 103℃,电饭锅不能自动断电。只有水烧干后,温度升高到 103℃时,才能自动断电。

9.1.3 温度传感器的分类

工业生产自动化流程中温度测量点要占全部测量点的一半左右,常见温度传感器如图 9-8 所示。

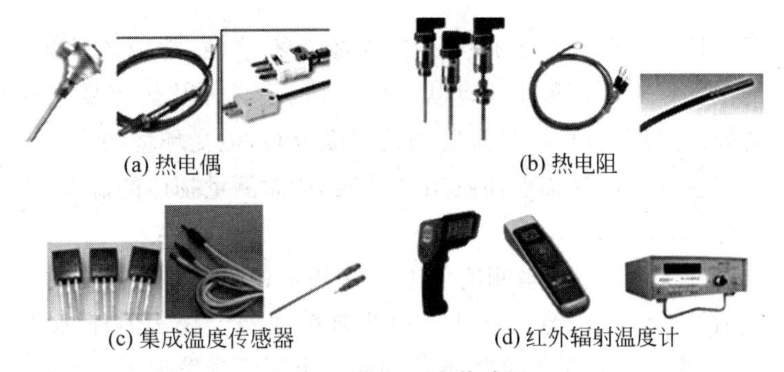

图 9-8 常见温度传感器

(1) 按照元件是否与被测温对象接触,可分为接触式(主要包括电阻式、热电偶、热膨胀式温度传感器等)和非接触式(可以测量高温、有腐蚀性、有毒和运动物体的温度,主要包括辐射高温计、红外温度传感器等)。具体见表 9-1。

表 9-1　温度传感器的种类和特点

测量方法	传感器机理和类型		测温范围/℃	特　点
接触式	体积 热膨胀	玻璃水银温度计	−50～350	不需要电源，耐用，但感温部件体积较大
		双金属片温度计	−50～300	
		气体温度计	−250～1 000	
		液体压力温度计	−200～350	
	接触热电势	钨铼势电偶	1 000～2 100	自发电型，标准化程度高，品种多，可根据需要选择；须进行冷端温度补偿
		铂铑热电偶	50～1 800	
		其他热电偶	−200～1 200	
	电阻变化	铂热电阻	−200～850	标准化程度高，但需要接入桥路才能得到电压输出
		铜热电阻	−50～150	
		热敏电阻	−50～450	
	PN 结电压	半导体集成温度传感器	50～150	体积小，线性好，−2mV/℃，但测温范围小
	温度-颜色	示温涂料	−50～1 300	面积大，可得到温度图像，但易衰减，准确度低
		液晶	0～100	
非接触式	光辐射 热辐射	红外辐射温度计	−80～1 500	响应快，但易受环境及被测体表面状态影响，标定困难
		光学高温温度计	500～3 000	
		热释电温度计	0～1 000	
		光子探测器	0～3 500	

接触式温度传感器又称温度计，其特点是接触式温度传感器的测温元件与被测对象要有良好的热接触。通过热传导和对流原理达到热平衡，这时的测量仪表的示值即为被测对象的温度。这种测温方法精度较高，并可测量物体内部的温度分布。但对于运动的、热容量比较小的且对感温元件有腐蚀作用的对象，使用这种方法会有很大的误差。因此，采用这种方法要测得物体的真实温度，前提条件是被测物体的热容量要足够大。常用的接触式温度计有双金属温度计、玻璃液体温度计、压力式温度计、电阻温度计、热敏电阻和温差电偶等。

非接触式温度传感器的测温元件与被测对象互不接触，常用的是辐射热交换原理。此种测温方法的主要特点是可测量运动状态的物体、小目标及热容量小或温度变化迅速的(瞬变)对象的表面温度，也可测量温度场的温度分布，但受环境的影响比较大。非接触式测量主要是利用被测物体热辐射而发出红外线，从而测量物体的温度，可进行遥测。其制造成本较高，测量精度较低。

非接触式测温的优点：不从被测物体上吸收热量；不会干扰被测对象的温度场；连续测量不会产生消耗；反应快等。最常用的非接触式测温仪表基于黑体辐射的基本定律，称为辐射测温仪表。非接触温度传感器的测量上限不受感温元件耐温程度的限制，因而对最高可测温度原则上没有限制。对于 1 800℃以上的高温，主要采用非接触测温方法。随着红外技术的发展，辐射测温逐渐由可见光向红外线扩展，700℃以下直至常温都已采用，且分辨率很高。

在疫情期间，为了减少接触的交叉感染，常常采用非接触式测量，虽然有一定的测量误差，但是测量速度快，安全方便。在对抗新型冠状病毒肺炎疫情中，如何快速、非接触测量，大面积筛查，信息联网等都是温度传感器发展中要重视的部分。

(2) 按照其与单片机接口的不同，可分为传统的分立式（输出的是模拟电信号）、模拟集成（输出的是模拟电信号）和智能数字温度传感器（输出的是数字信号）。

9.1.4 热电偶

热电偶在温度的测量中应用十分广泛。热电偶测温范围高，适合测量温度在500℃以上，是工业上常用的测温元件。它的构造简单，使用方便，测温范围宽，并且有较高的精确度和稳定性。

1. 热电偶的原理

两种不同材料的导体组成一个闭合回路时，若两接点温度不同，则在该回路中会产生电动势，这种现象称为热电效应，该电动势称为热电势。

1821年，德国物理学家赛贝克用两种不同金属组成闭合回路，并用酒精灯加热其中一个接触点（称为结点），发现放在回路中的指南针发生偏转，说明产生了电流，如图9-9所示。如果用两盏酒精灯对两个结点同时加热，指南针的偏转角反而减小，说明电流消失。

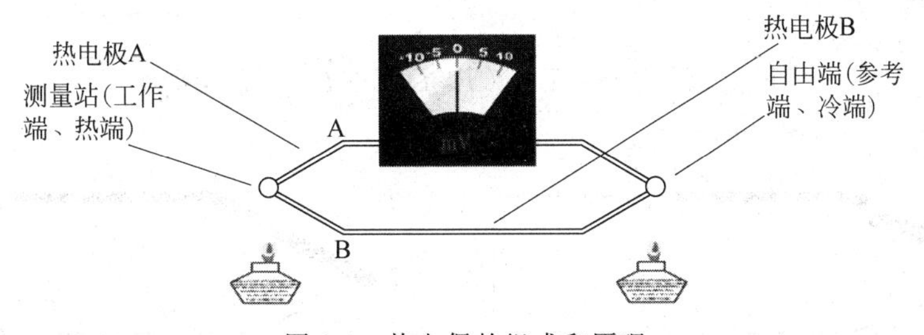

图9-9 热电偶的组成和原理

指南针的偏转说明回路中有电动势产生并有电流在回路中流动，电流的强弱与两个结点的温差有关。两种不同的金属互相接触时，由于不同金属内自由电子的密度不同，在两金属A和B的接触点处会发生自由电子的扩散现象，如图9-10所示。自由电子将从密度大的金属A扩散到密度小的金属B，使A失去电子带正电，B得到电子带负电，从而产生热电势。

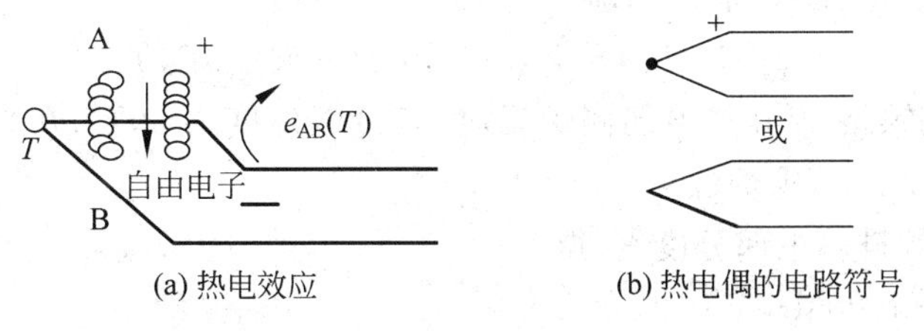

图9-10 热电偶的原理示意图

这样的两种不同导体 A 和 B 的组合称为热电偶，相应的电动势和电流称为热电动势（热电势）和热电流。导体 A、B 称为热电极，置于被测温度（T）的一端称为工作端（热端），另一端（T_0）称为参考端（冷端）。热电动势与热电偶两端的温度差呈比例关系，即

$$E_{AB}(T,T_0)=K(T-T_0) \tag{9-1}$$

实验证明，将两种不同导体 A、B 两端连接在一起组成闭合回路，并使两端处于不同温度环境，在回路中会产生热电动势而形成电流，这一现象称为热电效应。

2. 热电偶的基本定律

（1）匀质导体定律

由一种匀质导体组成的闭合回路，不论导体的截面积如何，导体的各处温度分布如何，都不能产生热电势。

（2）中间导体定律

在热电偶回路中接入第三种导体，只要该导体两端温度相等，则热电偶产生的总热电势不变。如图 9-11 所示，得

$$E_{ABC}(T,T_0)=E_{AB}(T)-E_{AB}(T_0)=E_{AB}(T,T_0) \tag{9-2}$$

（3）中间温度定律

在热电偶测量回路中，测量端温度为 T，自由端温度为 T_0，中间温度为 T_n，如图 9-12 所示，即

$$E_{AB}(T,T_0)=E_{AB}(T,T_n)+E_{AB}(T_n,T_0) \tag{9-3}$$

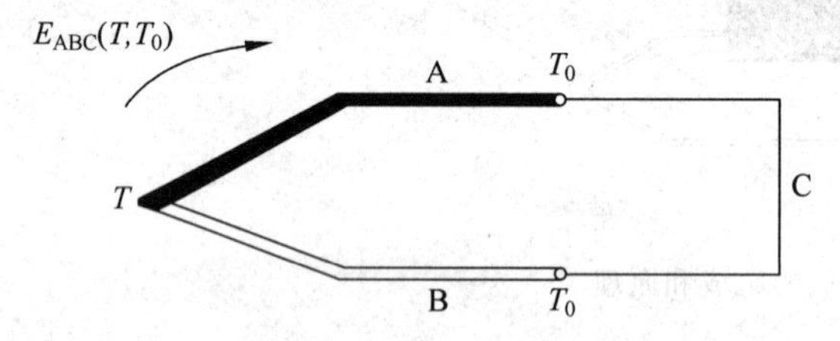

图 9-11 中间导体定律示意图

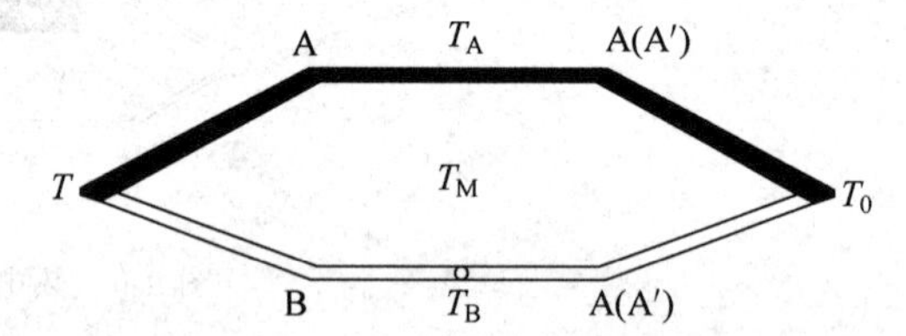

图 9-12 存在中间温度的热电偶回路示意图

（4）参考电极定律（也称组成定律）

已知热电极 A、B 与参考电极 C 组成的热电偶在结点温度为（T，T_0）时的热电动势分别为 $E_{AC}(T,T_0)$、$E_{BC}(T,T_0)$，则在相同温度下，由热电极 A、B 配对后的热电动势 $E_{AB}(T,T_0)$ 可按下面的公式计算，即

$$E_{AB}(T,T_0)=E_{AC}(T,T_0)-E_{BC}(T,T_0) \tag{9-4}$$

【例 9-1】 用镍铬-镍硅热电偶测炉温时，其冷端温度为 30℃，在直流电位计上测得的热电势为 30.839mV，求炉温。

解：查镍铬-镍硅热电偶分度表，得

(30℃，0℃)＝1.203(mV)

E_{AB}(T，0℃)＝E(T，30℃)＋E_{AB}(30℃，0℃)＝30.839＋1.203＝32.042(mV)

查分度表得 T＝770℃。

【例 9-2】 已知铬合金-铂热电偶的 E(100℃，0℃)＝3.13mV，铝合金-铂热电偶的

$E(100℃,0℃)=-1.02\text{mV}$，求铬合金-铝合金组成热电偶材料的热电动势 $E(100℃,0℃)$。

解：设铬合金为 A，铝合金为 B，铂为 C，即

$$E_{AC}(100℃,0℃)=3.13(\text{mV})$$

$$E_{BC}(100℃,0℃)=-1.02(\text{mV})$$

则 $E_{AB}(100℃,0℃)=E_{AC}(100℃,0℃)-E_{BC}(100℃,0℃)=4.15(\text{mV})$

3. 热电偶的种类与热电偶的材料

(1) 热电偶的种类。

① 普通型热电偶。热电偶通常由热电极、绝缘套管、保护套管和接线盒等部分组成，如图 9-13 所示。

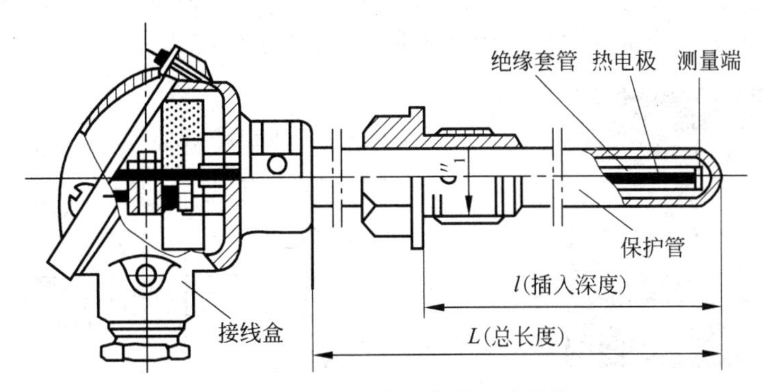

图 9-13 普通型热电偶的组成结构

热电偶的安装和结构，如图 9-14 所示，一般在产品说明书中都有详细介绍，可以通过安装螺纹或安装法兰进行热电偶的安装。在安装时需要注意以下几点：a. 注意插入深度。一般热电偶的插入深度：对金属保护管应为直径的 15～20 倍；对非金属保护管应为直径的 10～15 倍。对细管道内流体的温度测量时应尤其注意。b. 如果被测物体很小，安装时应注意不要改变原来的热传导及对流条件。c. 测量含有大量粉尘的气体温度时，最好选用铠装热电偶。

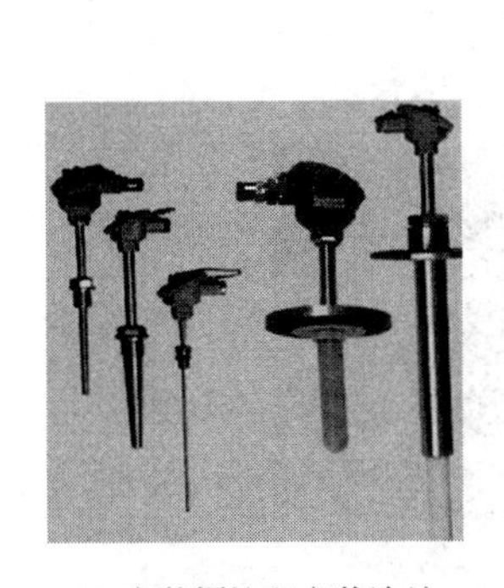

(a) 安装螺纹和安装法兰

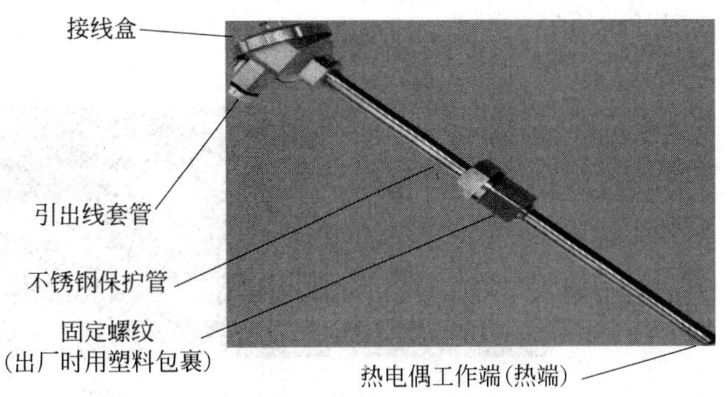

(b) 普通装配型热电偶的结构放大图

图 9-14 热电偶的安装和结构

② 铠装热电偶(缆式热电偶)。铠装热电偶是将热电偶丝与电熔氧化镁绝缘物熔铸在一起,外表再套不锈钢管构成。这种热电偶耐高压、反应时间短、坚固耐用,如图 9-15 所示。

铠装热电偶的制造工艺:把热电极材料与高温绝缘材料预置在金属保护管中,运用同比例压缩延伸工艺,将这三者合为一体,制成各种直径、规格的铠装偶体,再截取适当长度,将工作端焊接密封,配置接线盒即成为柔软、细长的铠装热电偶。

铠装热电偶的特点:内部的热电偶丝与外界空气隔绝,有着良好的抗高温氧化、抗低温水蒸气冷凝、抗机械外力冲击的特性。铠装热电偶可以制作得很细,能解决微小、狭窄场合的测温问题,且具有抗震、可弯曲、超长等优点。

③ 薄膜热电偶(表面热电偶)。用真空镀膜技术或真空溅射等方法,将热电偶材料沉积在绝缘片表面而构成的热电偶称为薄膜热电偶,如图 9-16 所示。

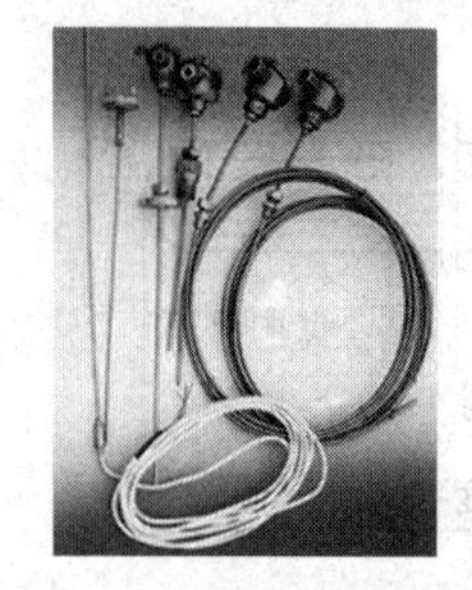

图 9-15 铠装热电偶实物

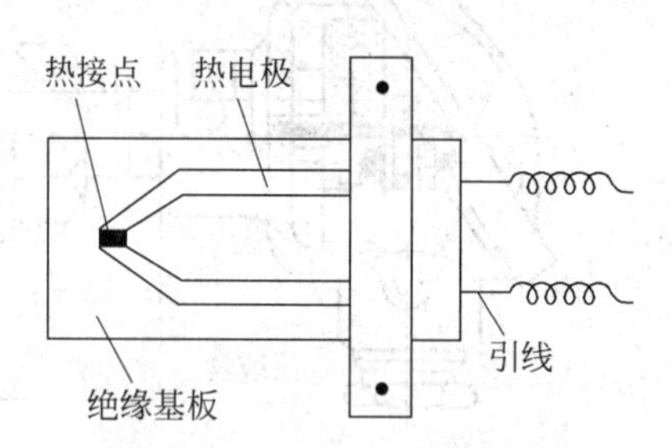

图 9-16 薄膜热电偶的组成

薄膜热电偶测温范围为-200～500℃。其特点是测量端既小又薄,热容量小,响应速度快,适用于测量微小面积上的瞬变温度。

④ 防爆热电偶。在石油、化工、制药工业中,生产现场有各种易燃、易爆等化学气体,这时需要采用防爆热电偶,如图 9-17 所示。它采用防爆型接线盒,有足够的内部空间、壁厚及机械强度,其橡胶密封圈的热稳定性符合国家的防爆标准。因此,即使接线盒内部爆炸性混合气体发生爆炸时,其压力也不会破坏接线盒,其产生的热能不会向外扩散传爆,进而达到可靠的防爆效果。

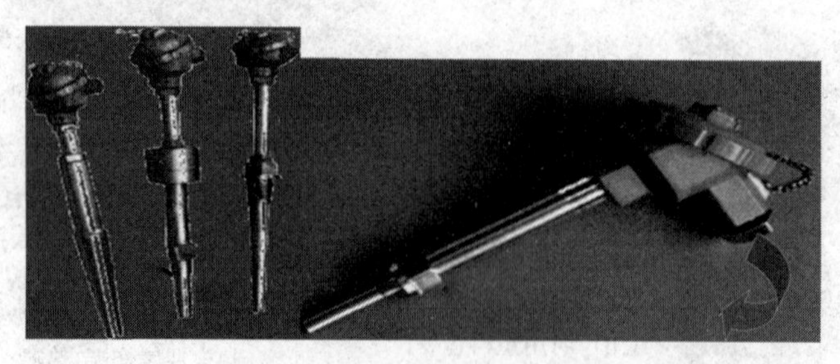

图 9-17 防爆热电偶实物

(2) 热电偶的材料。根据式(9-1)可知,热电偶的热电势与热电极的材料有关,我国常用的热电偶的材料见表 9-2。

表 9-2 热电偶的材料

分度号	名 称	测量温度范围/℃	1 000℃热电势/mV
B	铂铑$_{30}$—铂铑$_{6}$	50～1 820	4.834
R	铂铑$_{13}$—铂	−50～1 768	10.506
S	铂铑$_{10}$—铂	−50～1 768	9.587
K	镍铬—镍铬(铝)	−270～1 370	41.276
E	镍铬—铜镍(康铜)	−270～800	—

按热电偶的热电极材料分类：1977 年国际电工委员会(IEC)对 8 种热电偶制订了国际标准。它们的分度号是 T(铜-康铜)、E(镍铬-康铜)、J(铁-康铜)、K(镍铬-镍硅)、N(镍铬硅-镍硅)、R(铂铑$_{13}$-铂)、B(铂铑$_{30}$-铂铑$_{6}$)、S(铂铑$_{10}$-铂)。热电偶的特性不是用公式计算，也不是用特性曲线表示，而是用分度表给出。小型 K 型热电偶如图 9-18 所示。3D 打印机的喷头温度的测量就是用的小型热电偶。

4. 热电偶的使用

在使用热电偶测温时，能够熟练地运用热电偶的参考端(冷端)处理方法、安装方法、测温电路、测温仪表及在表面测温时的焊接方法等技术。

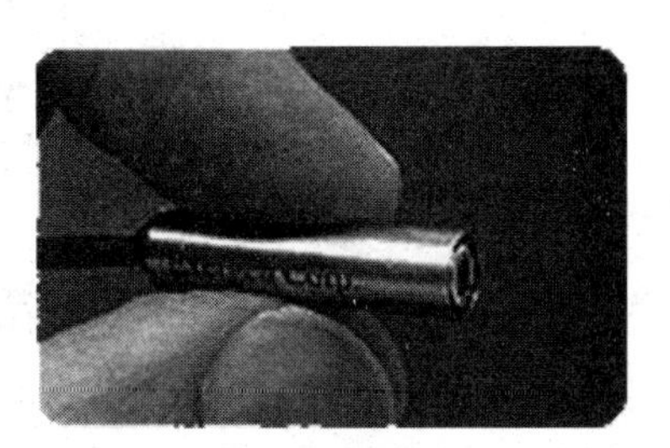

图 9-18 小型 K 型热电偶

这里，主要说明热电偶的参考端(冷端)温度处理。

式(9-1)说明，热电偶在工作时，必须保持冷端温度恒定，并且热电偶分度表的冷端温度为 0℃。在工程测量中冷端距离热源近，且暴露于空气中，易受被测对象温度和环境温度波动的影响，使冷端温度难以恒定而产生测量误差。为了消除这种误差，可采取下列温度补偿或修正措施。

(1) 参考端恒温法(冰浴法)。冰浴法如图 9-19 所示。将热电偶的参考端放在有冰水混合的保温瓶中，可使热电偶输出的热电动势与分度值一致，测量精度高，常用于实验室中。工业现场可将参考端置于盛油的容器中，利用油的热惰性使参考端保持接近室温。

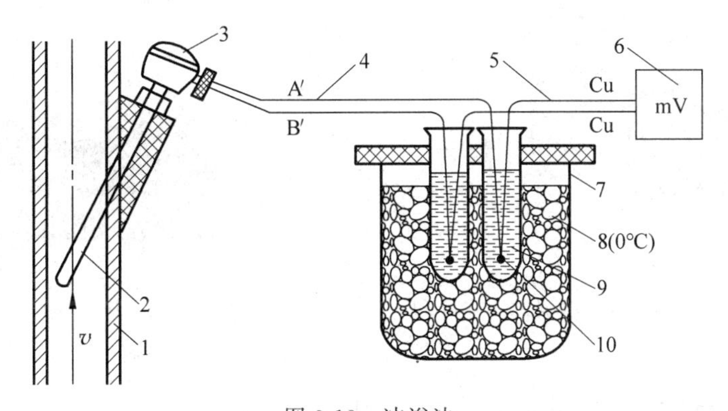

图 9-19 冰浴法

1—被测流体管道；2—热电偶；3—接线盒；4—补偿导线；5—铜质导线；6—毫伏表；7—冰瓶；8—冰水混合物；9—试管；10—新的冷端

(2) 补偿导线法。补偿导线如图 9-20 所示，采用补偿导线将热电偶延伸到温度恒定或温度波动较小处。为了节约贵重金属，热电偶的电极不能做得很长，但在 0～100℃的范围内，可以用与热电偶电极有相同热电特性的廉价金属制作成补偿导线来延伸热电偶。在使用补偿导线时，必须根据热电偶型号选配补偿导线；补偿导线与热电偶两接点处温度必须相同，极性不能接反，不能超出规定使用温度范围。使用补偿导线可以节约大量的贵重金属，减小热电偶回路的电阻，而且柔软易弯便于敷设安装，但使用补偿导线仅能延长热电偶的自由端，对测量电路不起任何温度补偿作用。

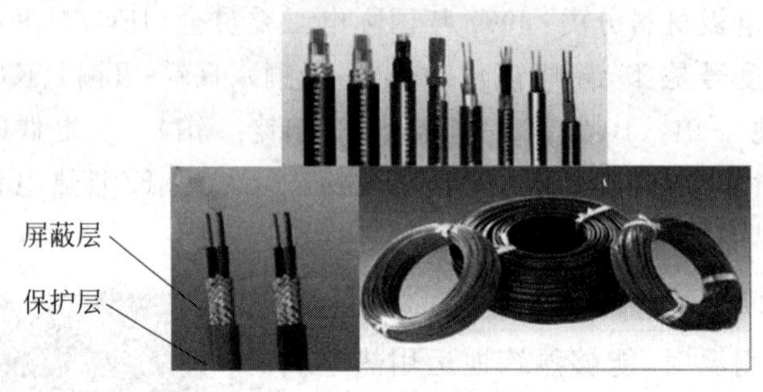

图 9-20 补偿导线

(3) 热电动势修正法。热电偶的分度表是以参考端温度 $T_0=0$ 时获得的，当参考端温度 $T_n \neq 0$ 时，热电偶的输出热电动势将不等于 $E_{AB}(T,T_0)$，而等于 $E_{AB}(T,T_n)$。为求得真实温度，可根据热电偶中间温度定律公式：$E_{AB}(T,T_0)=E_{AB}(T,T_n)+E_{AB}(T_n,T_0)$，将测得的电动势的 $E_{AB}(T,T_n)$ 加上一个修正电动势 $E_{AB}(T_n,T_0)$ 算出 $E_{AB}(T,T_0)$ 后再查分度表，方得实测温度值。

(4) 电桥补偿法。利用热电阻测温电桥产生的电动势来补偿热电偶参考端因温度变化而产生的热电势，称为电桥补偿法，如图 9-21 所示。

国产冷端温度补偿器的电桥一般在 20℃时调平衡，因此 20℃时无补偿，必须进行修正或将仪表的机械零点调到 20℃处。常用国产热电偶冷端补偿器如图 9-22 所示。

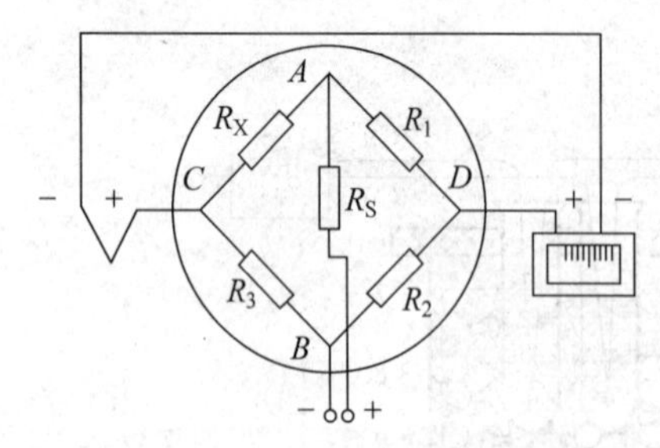

图 9-21 国产冷端温度补偿器的工作原理

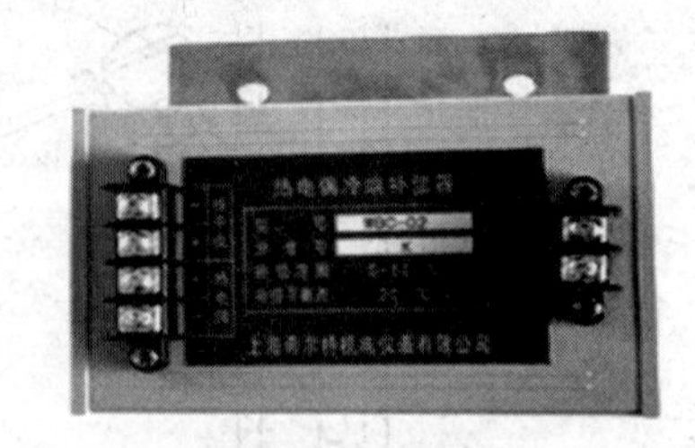

图 9-22 国产热电偶冷端补偿器

9.1.5 电阻式温度传感器及应用

电阻式温度传感器分为金属热电阻和半导体热敏电阻，如图 9-23 所示。热电阻传感器主要是利用电阻值随温度变化而变化这一特性来测量温度及与温度有关的参数。在温度检测精度要求比较高的场合，这种传感器比较适用。

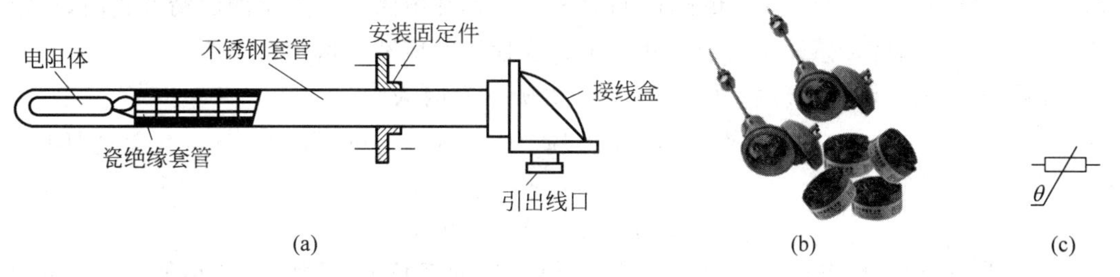

图 9-23 电阻式温度传感器

1. 热电阻

热电偶传感器适用于测量 500℃以上的高温，对 500℃以下的中、低温的测量会遇到热电动势小、干扰大和冷端温度引起的误差大等困难，为此常用热电阻作为测温元件。热电阻是利用导体电阻随温度变化这一特性来测量温度的，在测温和控温中有广泛应用。

导体或半导体材料的电阻值随温度变化而变化的现象称为热电阻效应，电阻式温度传感器就是利用热电阻效应制成的。金属热电阻传感器一般称作热电阻传感器，它是利用金属导体的电阻值随温度的变化而变化的原理进行测温的。

易提纯、复现性好的金属材料才可用于制作热电阻，金属热电阻的主要材料是铂和铜。

热电阻广泛用来测量－220～＋850℃范围内的温度，少数情况下，低温可测量至 1K（－272℃），高温可测量至 1 000℃。

（1）热电阻的工作原理和材料。纯金属具有正的温度系数，可以作为测温元件。铂、铜、铁和镍是常用的热电阻材料，其中铂和铜最常用。电阻式传感器主要有 Pt100、Pt1000、Cu50。取一只 100W/220V 的灯泡，用万用表测量其电阻值，可以发现其冷态阻值只有几十欧姆，而计算得到的额定热态电阻值应为 484Ω。可以用万用表测量灯泡的冷态和热态电阻，如图 9-24 所示。

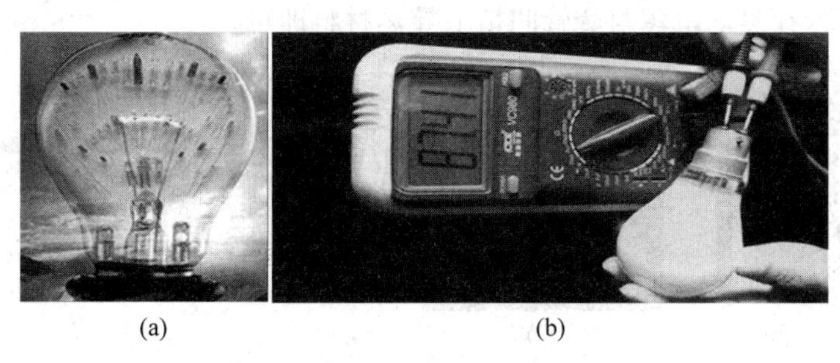

(a) (b)

图 9-24 测量灯泡的冷态和热态电阻

① 铂热电阻。铂热电阻的统一型号为 WZP，主要用作标准电阻温度计。按照 ITS-1990 标准，国内常用的铂热电阻有 $R_0=10\Omega$ 和 $R_0=100\Omega$ 两种，它们的型号分别为 Pt10 和 Pt100。其中 Pt100 最为常用，测温范围为－200～960℃，电阻温度系数为 $3.9\times10^{-3}/℃$；当温度为 0 时，电阻值为 100Ω。

铂易于提纯，物理、化学性质稳定，电阻率较大，耐高温，是制造标准热电阻和工业用热电阻的最好材料。但铂是贵重金属，价格较高。铂热电阻的特点是测温精度越高，稳定性越好，因此在温度传感器中广泛应用。但铂在使用时应装在保护套管中。

铂热电阻的电阻—温度特性方程，在 −200～0℃时为

$$R_t = R_0[1 + At + Bt^2 + Ct^3(t - 100)] \tag{9-5}$$

在 0～+850℃时为

$$R_t = R_0(1 + At + Bt^2) \tag{9-6}$$

② 铜热电阻。电阻值与温度近似线性，电阻温度系数大，易加工，价格便宜；但电阻率小，温度超过 100℃时易被氧化；铜热电阻的统一型号为 WZC，电阻温度系数为 $\alpha=(4.25\sim4.28)\times10^{-3}/℃$，常用来做−50～+150℃范围内的工业用电阻温度计。其缺点是电阻率较低，容易氧化，只能用在较低温度和没有水分及腐蚀性的介质中。目前国标规定的铜热电阻有 Cu50 和 Cu100 两种。两种热电阻的主要技术性能见表 9-3。

表 9-3 两种热电阻的主要技术性能

材　料	铂(WZP)	铜(WZC)
使用温度范围/℃	−200～+960	−50～+150
电阻率/($\Omega\cdot m\times10^{-6}$)	0.098 1～0.106	0.017
(0～100)℃间电阻温度系数 α(平均值)/(1/℃)	0.003 85	0.004 28
化学稳定性	在氧化性介质中较稳定，不能在还原性介质中使用。尤其是在高温情况下	超过 100℃易氧化
特性	特性近于线性、性能稳定、精度高	线性较好、价格低廉、体积大
应用	适于较高温度的测量，可作标准测温装置	适于测量低温、无水分、无腐蚀性介质的温度

(2) 热电阻的结构。热电阻的结构通常由电阻体、绝缘体、保护套管和接线盒四部分组成。如图 9-25 所示，一般是将电阻丝绕在云母或石英、陶瓷、塑料等绝缘骨架上，固定后套上保护套管，在热电阻丝与套管间填上导热材料即可。

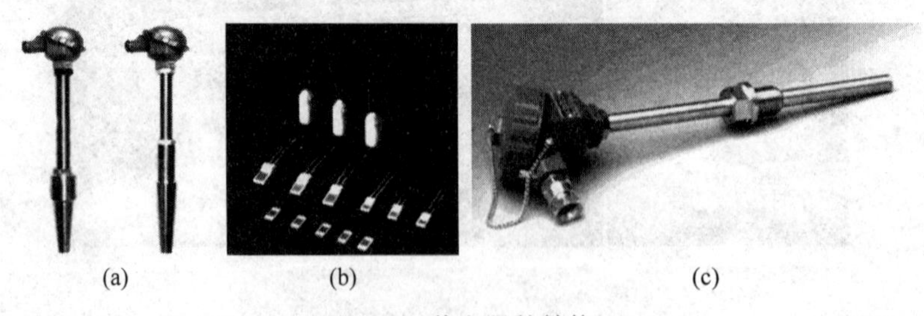

(a)　(b)　(c)

图 9-25 热电阻的结构

隔爆型热电阻通过特殊结构的接线盒，能把内部爆炸性混合气体因受到火花或电弧等影响而发生的爆炸局限在接线盒内，生产现场不会引起爆炸。

(3) 热电阻的特点。金属热电阻随温度的升高而增大；R-t 特性曲线关系最好呈线性关系；最常用的材料是铂和铜；物理、化学性能稳定、重复性好。

2. 热敏电阻

详见第2章电阻式传感器。

9.1.6 集成温度传感器

集成温度传感器使传感器和集成电路融为一体，极大地提高了传感器的性能，它与传统的热敏电阻、热电阻、热电偶、双金属片等温度传感器相比，具有测温精度高、复现性好、线性优良、体积小、热容量小稳定性好、输出电信号大等优点。

集成温度传感器是把温敏元件、偏置电路、放大电路及线性化电路集成在同一芯片上的温度传感器。目前大量生产的集成温度传感器有电流输出型、电压输出型和数字信号输出型。其工作温度范围在－50～＋150℃。电压型的温度系数为10mV/℃，电流型的温度系数为1μA/K，它们还具有绝对零度时输出电量为零的特性。电流输出型温度传感器适合于遥测。

电流型IC温度传感器是把线性集成电路和与之相容的薄膜工艺元件集成在一块芯片上，再通过激光修版微加工技术，制造出性能优良的测温传感器。这种传感器的输出电流正比于热力学温度，即1μA/K；因电流型输出恒流，所以传感器具有高输出阻抗。其值可达10MΩ，这为远距离传输深井测温提供了一种新型器件。电流输出型与电源负载串联，不受电源电压和导线电阻的影响，因此可以远距离传送。

电压型IC温度传感器是将温度传感器基准电压、缓冲放大器集成在同一芯片上，制成一四端器件。因器件有放大器，故输出电压高、线性输出为10mV/℃；另外，由于其具有输出阻抗低的特性，抗干扰能力强，故不适合长线传输。这类IC温度传感器特别适合于工业现场测量。

1. 电流输出型温度传感器

(1) AD590集成温度传感器

AD590是由美国模拟器件公司生产的一款电流输出型集成温度传感器，其电路符号如图9-26(a)所示。AD590的测温范围为－55～150℃，工作电源电压范围为4～30V，输出电流为223～423μA，测温灵敏度为1μA/℃，在1kΩ负载上可产生1mV/℃电压。当对其施加工作电源电压时，AD590相当于一个电流源，精度为±1℃，片内薄膜电阻经过激光调整，使AD590在298.2K(25℃)时输出298.2μA电流，输出电阻710mΩ。此外，AD590抗干扰能力强，不受长距离传输线压降的影响，信号的传输距离可达100m以上。

根据测温精度的不同，AD590可分为J、K、L、M四挡，其中M挡精度最高。AD590具有2引脚FLATPACK、4引脚LFCSP、3引脚TO-52、8引脚SOIC和裸片封装形式。在测温实验中使用了AD590JH，为3引脚TO-52金属外壳封装，实物如图9-26(b)所示，类似晶体三极管。

如图9-26(c)所示为管脚说明：管脚1接电压源的“＋”，管脚2接电压源的“－”，管脚3是用来接外壳做屏蔽用，可不接，由于AD590可以承受正向44V，反向20V的电压，因此即便将AD590的正负管脚接反也不会毁坏器件。

(2) AD590输出特性

AD590的输出特性如图9-27所示，当$U>4V$后，电流只随温度变化，输出阻抗约为

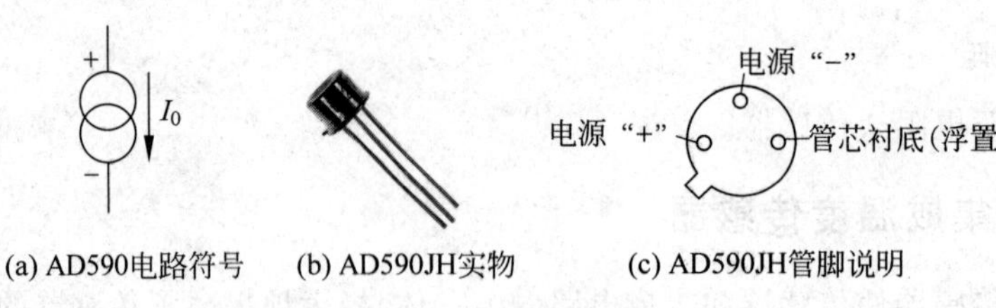

(a) AD590电路符号 (b) AD590JH实物 (c) AD590JH管脚说明

图 9-26 AD590

10MΩ。因此，电源电压通常选在 5V 以上。

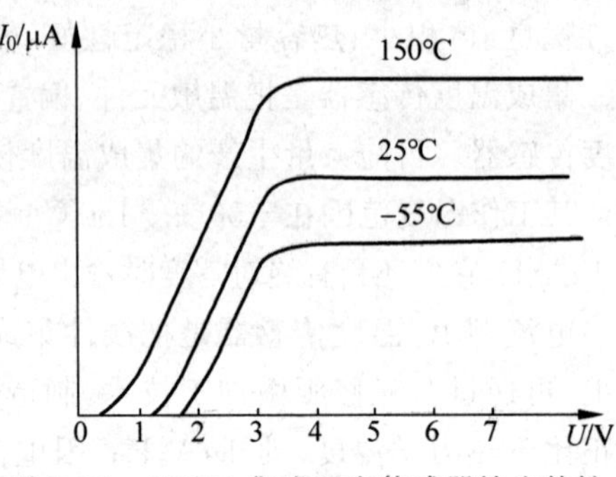

图 9-27 AD590 集成温度传感器输出特性

2. 电压输出型温度传感器

(1) LM35/45 系列温度传感器

LM35/45 系列温度传感器如图 9-28 所示，采用＋4V 以上的单电源供电时，不需要外接任何元件，无须调整，即可构成摄氏温度计，测量温度范围为 2～150℃。采用双电源供电时，测量温度范围为－55～150℃(金属壳封装)和－40～110℃(TO-92 封装)。

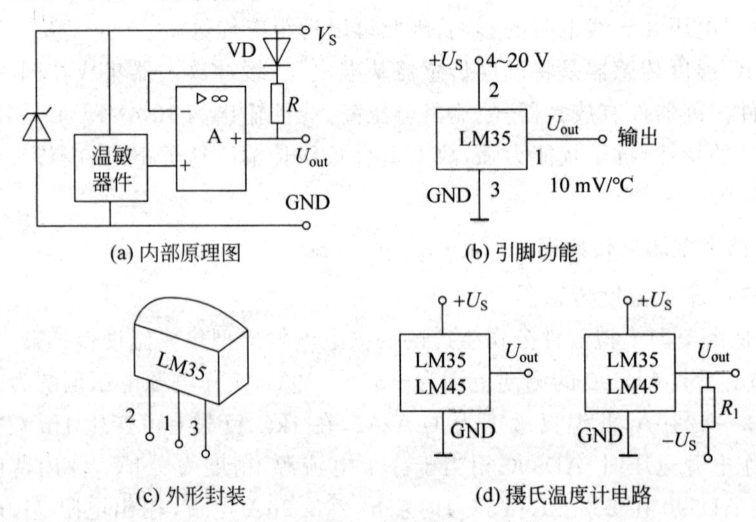

(a) 内部原理图 (b) 引脚功能

(c) 外形封装 (d) 摄氏温度计电路

图 9-28 LM35/45 系列温度传感器

(2) LM35 工作性能参数

工作电压：直流 4～30V；工作电流：小于 133μA；输出电压：1.0～－6V；输出阻抗：1mA 负载时为 0.1Ω；精度：0.5℃精度(在＋25℃时)；泄漏电流：小于 60μA；比例因数：线性 10.0mV/℃。

3. 数字信号输出型温度传感器

DS18B20 传感器是由美国 DALLAS 公司生产的 1-wire 数字式温度传感器，其与微控制器之间只需要使用一根 1-wire 总线就可以实现数据传输。DS18B20 的供电方式可以采用外部电源供电(3.0V，－5.5VDC)或者寄生电源供电(直接使用数据线供电)。

DS18B20 的测温范围为−55～125℃，提供 9～12bit(0.5℃、0.25℃、0.125℃、0.0625℃)的温度测量精度，用户可以通过编程自定义温度测量精度以及温度报警功能。

每个 DS18B20 都有一个唯一的 64 位序列号与其对应，所以一个 1-wire 总线上可以连接多个 DS18B20，因此一个微控制器可以对多个 DS18B20 进行控制器实现多点测温。DS18B20 非常适用于如粮库、农业大棚、机房等分布式的大环境中进行温度测量以及温度监控。图 9-29(a)为常见的 TO-92 封装 DS18B20 实物，其外观与普通三极管相似，图 9-29(b)是 DS18B20 数字温度传感器模块。

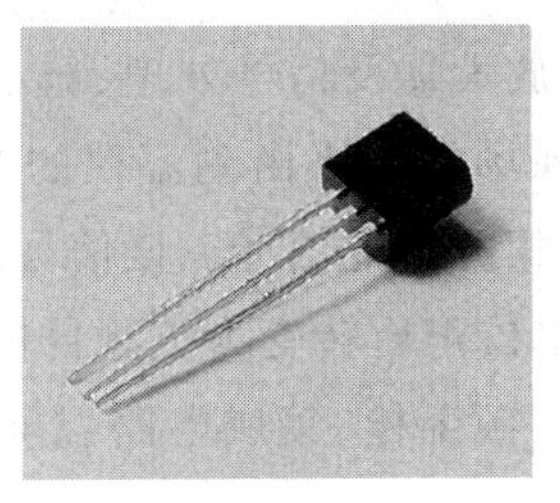

(a) TO-92封装DS18B20实物

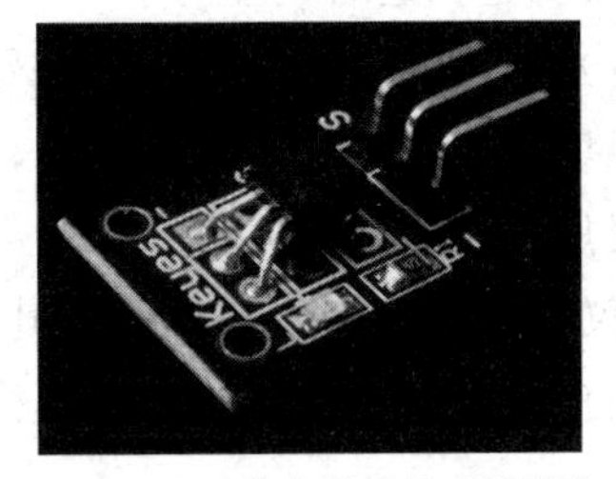

(b) DS18B20数字温度传感器模块

图 9-29 DS18B20 数字温度传感器

图 9-30(a)给出了 DS18B20 的三种封装形式分别为 TO-92 封装、SO 封装以及 μSOP 封装。以下将 TO-92 封装的 DS18B20 简称为 DS18B20，因为后面会使用它完成测温实验。下面介绍 DS18B20 的引脚以及与微控制器之间的接口电路。如图 9-30(a)所示，DS18B20 对外引出 3 个引脚，从正对其正方形的一面看过去，从左到右依次为引脚 1(GND)、2(DQ)、3(V_{DD})。图 9-30(b)为 DS18B20 的测温电路，DS18B20 使用外部 5V 电源供电，DS18B20 的 DQ 引脚与单片机 P1.0 端口相连，同时接 4.7kΩ 的上拉电阻和

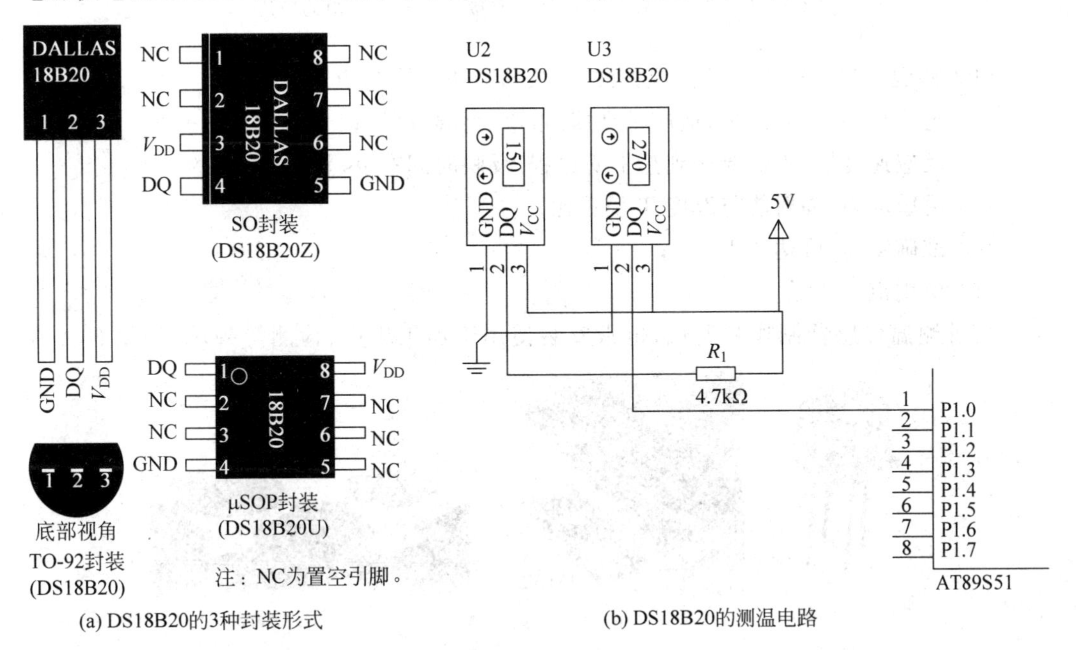

(a) DS18B20的3种封装形式

(b) DS18B20的测温电路

图 9-30 DS18B20

5V 电源，这就实现了 DS18B20 与单片机之间的 1-wire 总线数据传输，图中 1-wire 总线上连接了两个 DS18B20。

9.1.7 非接触测量

红外辐射温度计既可用于高温测量，又可用于冰点以下的温度测量，因此是辐射温度计的发展趋势。常见的红外辐射温度计的温度范围在－30～3 000℃，中间分成若干个不同的规格，可根据需要选择适合的型号。

红外测温仪由光学系统、光电探测器、信号放大器及信号处理、显示输出等部分组成。光学系统汇聚其视场内的目标红外辐射能量，视场的大小由测温仪的光学零件及其位置确定。红外能量聚焦在光电探测器上并转变为相应的电信号。该信号经过放大器和信号处理电路，并按照仪器内疗的算法和目标发射率校正后转变为被测目标的温度值。

红外测温仪在食品温度、电线排故、耳温枪、额温枪、集成电路温度测量中广泛应用，如图 9-31 所示。

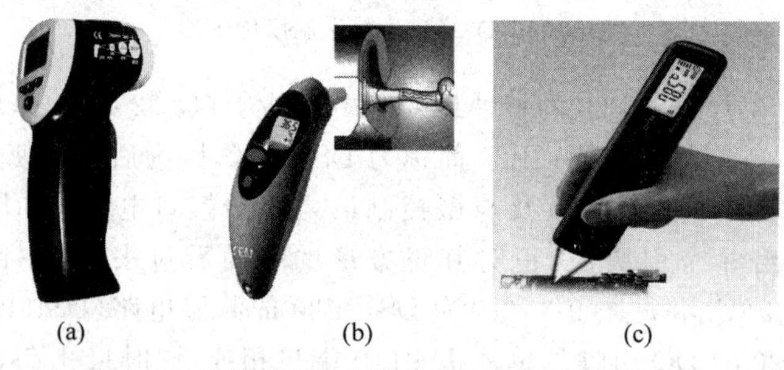

(a) (b) (c)

图 9-31 红外线辐射温度计在非接触体温测量中的应用

红外测温是目前较先进的测温方法，主要有以下几个特点：

(1) 远距离、非接触测量，适应于高速、带电、高温、高压；

(2) 反应速度快，不需要达到热平衡过程，反映时间在 μs 量级；

(3) 灵敏度高，辐射能与温度 T 呈正比；

(4) 准确度高，可达 0.1℃内；

(5) 应用范围广泛。

红外测温传感器制作测温仪，也常安装使用于加工生产、检测等领域，如图 9-32 所

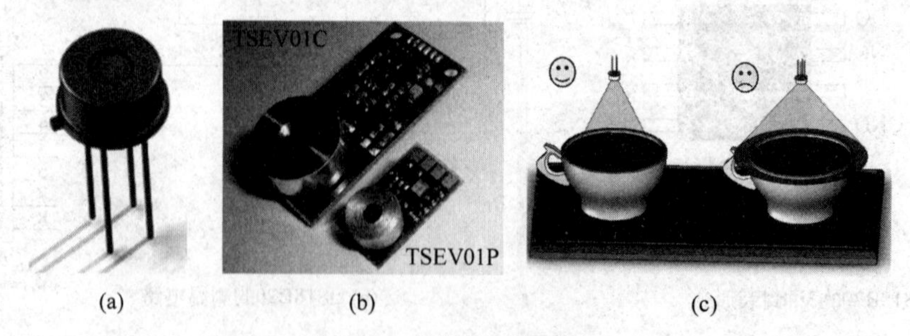

(a) (b) (c)

图 9-32 红外测温传感器

示。由于该传感器是接收由透镜入射的红外光，如果被测物体以外的红外光也被采集，就意味着非被测物体的信息也被采集，从而影响测量的准确性。因此，对镜头的选择以及对目标物距离的计算尤为重要。

比色式红外温度传感器采用比色式（双波段）测温原理实现对被测目标的非接触测温，如图 9-33 所示，用户无须知道物质的发射率。它抗烟雾、水蒸气和灰尘的能力较强，不受窗口玻璃影响，能瞄准，可以测量小目标，可以不考虑距离系数，可以不完全被目标充满，无须调焦就可准确测量。

图 9-33　比色式温度传感器在温度非接触测量中的应用

比色式红外温度传感器适于环境条件恶劣的工业现场中使用，如烟雾、水蒸气、灰尘比较严重的钢铁、焦化和炉窑等应用现场。

9.2　湿度测量

9.2.1　湿度

气体的湿度是指大气中水蒸气的含量，固体的湿度是物质中所含水分的百分数。物质中所含水分的质量与干物质质量之比，称为含水量。物质中所含水分的质量与其总质量之比，称为湿度。具体湿度量见表 9-4。

表 9-4　湿度量

湿度量种类	定　义	单位
绝对湿度	$1m^3$ 气体（空气）中含有的水蒸气质量(g)	g/m^3
相对湿度	一定体积气体（空气）中实际含有的水蒸气分压与相同温度下该气体所能包含的最大水蒸气分压之比 $RH=P/P_S\times100\%$	0～100%RH
容积比与质量比	容积比：水蒸气分压与干燥载体气体（空气）分压之比 质量比：水蒸气质量与干燥载体气体（空气）质量之比	ppm(*V*) ppm(*W*)
露点与霜点	露点：气体中水蒸气的分压等于饱和水蒸气压时的温度 霜点：露点在0℃以下时的温度	℃，℉

湿度是指物质中所含水分的量，可通过湿度传感器进行测量。湿度传感器是将环境湿度转换为电信号的装置。

空气湿度传感器主要用来测量空气湿度。空气湿度传感器主要用于气象观测、环境控制、露点测量、干燥处理、暖房、植物栽培、博物馆、展览会（馆）、纸张制造、存储、过程控制、养殖控制、纺织制造等。

湿度对电子元件的影响：当环境的相对湿度增大时，物体表面就会附着一层水膜，并渗入材料内部。这不仅降低了绝缘强度，还会造成漏电、击穿和短路现象；潮湿还会加速金属材料的腐蚀并引起有机材料的霉烂。

湿度检测的方法可分为四类：毛发湿度计法、干湿球湿度计法、露点计法、阻容式湿度计法。其中,干湿球湿度计与露点计的时效小,可用于高精度测量,但体积大,响应速度低,无电信号,不能用于遥测及湿度自动控制。阻容式湿度传感器体积小、响应速度快,便于把湿度转换为电信号,但稳定性差,不耐 SO_2 的腐蚀。

对于半导体陶瓷湿度传感器,A-A 端为电阻测量电极,B-B 端为加热清洗电极,如图 9-34 所示。对于电容型湿度传感器,实际等效为电阻 R_p 和电容 C_p 的并联。

不论是电阻型还是电容型湿度传感器,都是两个引脚,孔洞外壳。

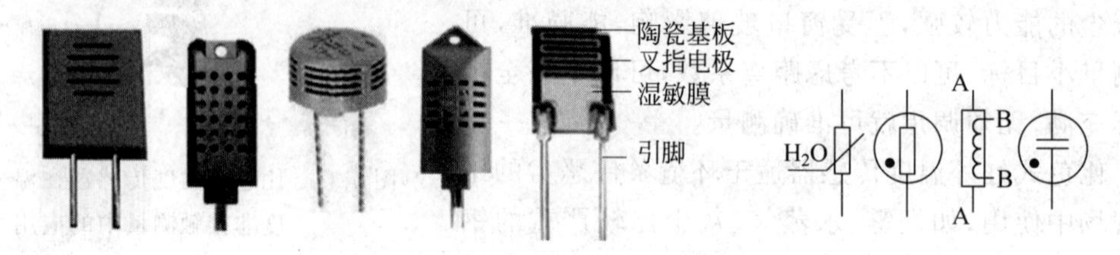

图 9-34 湿度传感器实物及电路符号

9.2.2 湿度传感器的应用

(1) 气候天气测量和预报。对工农业生产、军事及人民生活和科学实验等方面都有重要意义,因而湿度传感器是必不可少的测湿设备,如树脂膨散式湿度传感器已用于气象气球测显仪器上。

(2) 温室养殖。现代农林畜牧各产业都有相当数量的温室,温室的湿度控制与温度控制同样重要。把湿度控制在农作物、树木、畜禽等生长适宜的范围,是减少病虫害、提高产量的条件之一。例如,孵化雏鸡,相对湿度应控制在 68%左右,湿度过高不利于雏鸡生长,过低不利于雏鸡出壳。目前已有相当数量的养殖场温室安装上了空调机,对温度、湿度进行调控。

(3) 工业生产。在纺织、电子、精密机器、陶瓷工业等部门,空气湿度直接影响产品的质量和产量,必须有效地监测、调控。例如,某些陶瓷胚体在干燥室干燥过程中,需将空气温度、湿度控制在一定范围内以保证胚体水分在所要求的范围,否则在窑中烧制时就会出现不同程度的裂痕。为此,要烧出高质量的陶瓷,干燥室就要配置有温、湿控制的空调器。又如生产厂家为考核产品对自然环境的实用性设有湿热实验室,其中空气湿度、温度可调,以模拟自然环境,这里的湿度传感器必不可少。

(4) 储藏。各种物品对环境均有一定的适应性,湿度过高或过低均会使物品丧失原有性能。如在高湿度地区,电子产品在仓库损害严重,非金属零件发霉变质,绝缘性能降低的情况下会导致漏电击穿,金属零件腐蚀生锈。

研究表明:金属材料的临界相对湿度为 70%,非金属材料为 80%。要较好地保存物品,仓库空气相对湿度应控制在物品的临界相对湿度以下。

(5) 精密仪器的使用保护。许多精密仪器、设备对工作环境要求较高,环境湿度必须控制在一定范围内,以保证它们正常工作,提高工作效率及可靠性。如电话程控交换机,工作湿度在 55%±10%为佳。湿度过高会影响绝缘性能,湿度过低易产生静电,影响正常工作。因此,不少计算机房和程控交换机房都装有恒温、恒湿空调机。

(6) 医疗卫生。在医疗部门,湿度传感器也有许多应用。例如,人呼吸时吸入的空气充分湿化对维护呼吸系统的正常生理功能极为重要,这有助于保护气管、支气管黏膜等。正常人吸入空气的湿化是靠上呼吸道进行的。许多疾病可引起呼吸道湿化不足或所需湿化量增加,此时需要湿化治疗,对患者人工通气,气体的温度应控制在37℃,而相对湿度应控制在70%以上。又如,人们生活所处的空间,也要求湿度控制在适当的范围。

(7) 汽车玻璃除湿。下雨天、雾天、冬天时,汽车玻璃上有雾气会影响驾驶员的视线,自动除湿可以保障人身安全。汽车后窗玻璃自动去湿装置如图9-35所示。

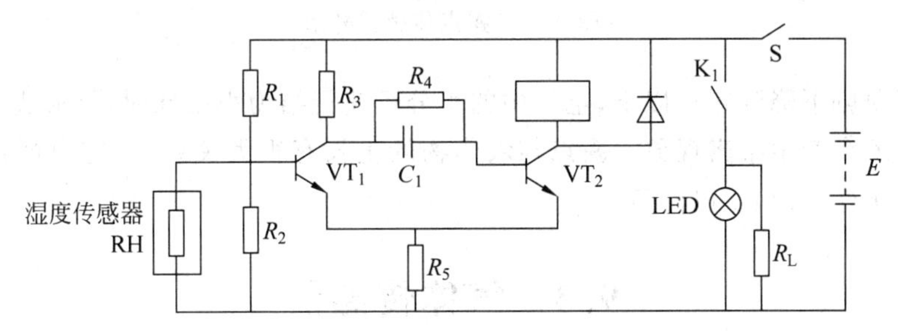

图9-35 汽车后窗玻璃自动去湿装置

9.2.3 湿度传感器使用注意要点

(1) 电阻式湿敏元件在温度超过95%RH时,湿敏膜因湿润溶解,厚度会发生变化,若反复结露与潮解,特性变坏而不能复原,如图9-36所示。电容式传感器在80%RH以上高湿及100%RH以上结露或潮解状态下,也难以检测。另外,切勿将湿敏电容直接浸入水中或长期用于结露状态,也不要用手摸或嘴吹其表面。

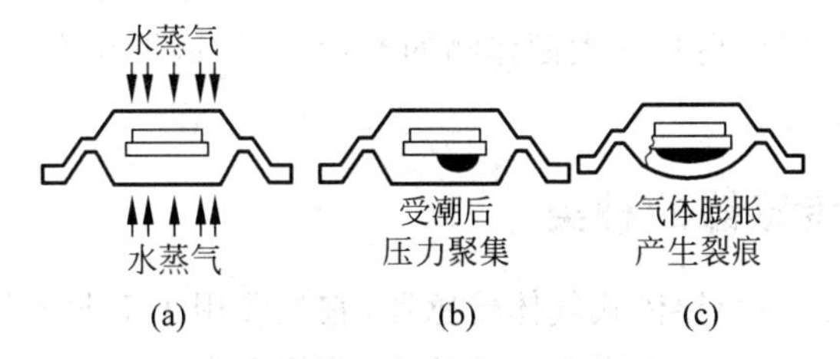

图9-36 湿度传感器长期受潮的影响

(2) 陶瓷元件的加热去污应切实控制在450℃。它利用元件的温度特性进行温度检测和控制,当温度达到450℃时即中断加热。由于未加热前元件吸附有水分,突然加热会出现相当于450℃时的阻值,而实际温度并未达到450℃,因此应在通电后延迟2~3s再检测电阻值。加热终了,应冷却至常温再开始检测湿度。

(3) 湿敏电阻必须工作于交流回路中,需要进行线性化和温度补偿。

(4) 露点是指空气在水汽含量和气压都不改变的条件下,冷却到饱和时的温度。形象地说,露点就是空气中的水蒸气变为露珠时的温度。当该温度低于零摄氏度时,又称为霜点。

露点不受温度影响,但受压力影响。露点传感器外形如图9-37所示。

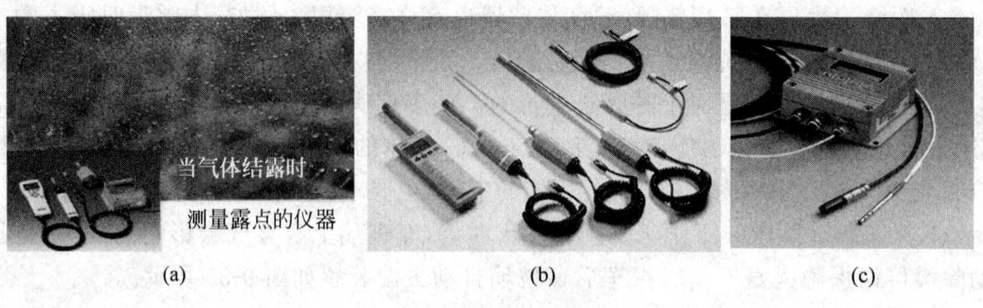

(a) (b) (c)

图 9-37 露点传感器外形

当温度急剧下降到露点以下，空气中的水分迅速凝结为小水珠时，就形成了雾。

降低温度会产生结露现象。露点与农作物的生长有很大关系，结露也严重影响电子仪器的正常工作，必须予以注意。

9.3 气体传感器

自然界中存在着各种各样的气体。随着第二次工业革命后，人类对资源的利用频率越来越高，对资源种类更加的全面化，再加上设备科技的不断进步，导致提高人类生活水平的同时也释放了成百上千种气体，这对环境影响很大，因此，为了更好地检测各种气体是否达标，气体传感器应运而生。

气体传感器是将气体中所含某种特定气体的成分或含量转换成相应的电信号的器件或装置。气体传感器可以识别气体的种类，测定气体的含量。气体传感器检测的内容主要包括对可燃气体和有害气体的监测与报警，以防火灾、爆炸等事故发生；对混合气体中氧含量的检测与分析，以提高塑料大棚作物的产量，提高锅炉和汽车发动机汽缸的燃烧效率，从而减少环境污染等。

9.3.1 气体传感器的种类

常用的气体传感器为半导体式气体传感器，它主要用于工业上的天然气煤气，石油化工等部门的易燃、易爆、有毒等有害气体的监测、预报和自动控制。

半导体式气体传感器是利用一些金属氧化物半导体材料，在一定温度下，电导率随着环境气体成分的变化而变化的原理制造的。比如，酒精传感器就是利用二氧化锡在高温下遇到酒精气体时，电阻会急剧减小的原理制作的。

半导体式气体传感器的优点是成本低廉，适宜民用气体检测的需求，广泛应用于家庭和工厂的可燃气体泄露检测装置，适用于甲烷、液化气、氢气等的检测。半导体式气体传感器的灵敏度较高，可用于 CO、H_2S 等有毒气体的监测。通过稳定性研究，一些传感器可用于气体浓度的定量监测。半导体气体传感器在防灾、环境保护、节能、工程管理、自动控制等方面有广泛的应用，是气体传感器发展的主要方向。

半导体式气体传感器的缺点是稳定性较差，受环境影响较大。由于这种传感器的选择性不是唯一的，输出参数也不能确定，因此，不宜应用于计量准确要求的场所。

半导体式气体传感器按照半导体变化的物理性质，可分为电阻型和非电阻型两种。电阻型半导体式气体传感器是利用半导体接触气体时其阻值的改变来检测气体的成分或浓度；非电阻型半导体式气体传感器是根据对气体的吸附和反应，使半导体的某些特性发生变化对气体进行直接或间接检测。

电阻型半导体式气体传感器包括：表面电阻型，如氧化锡(SnO_2)、氧化锌(ZnO)等；体电阻型(Fe_2O_3)系列有多孔烧结件、厚膜、薄膜等形式。根据半导体与气体的相互作用是发生在表面还是体内，又分为表面控制型与体控制型半导体式气体传感器。

9.3.2　气体检测的具体应用

大气中有很多气体对我们的生产和生活造成了很大的影响，我们可以利用各种气体传感器进行环境测量，如图 9-38 所示。

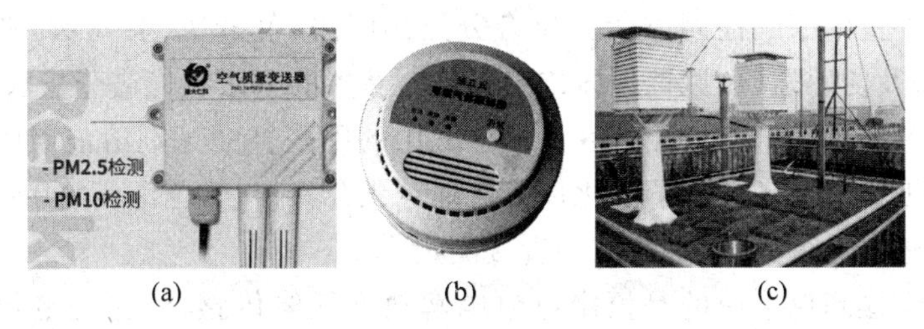

(a)　(b)　(c)

图 9-38　大气监测中的传感器

1. 监测氮氧化物的传感器

氮氧化物是常见的大气污染物，过多的氮氧化物也是光化学烟雾的罪魁祸首，严重影响人们的身心健康，甚至危及人们的生命。氮氧化物的主要来源是化石矿物的燃烧，在光照的条件下形成严重危害环境的 NO_2。氮氧化物传感器原理就是利用氧电极生成一种特定的消耗亚硝酸盐的细菌，通过计算溶解氧浓度的变化来计算出氮氧化物的含量。

因为生成的细菌是以硝酸盐作为能源，而且只以这种硝酸盐作为能源，因此，在实际的应用过程中具有唯一性，不会因为其他物质的干扰而受到影响。国外一些研究学者利用膜的原理进行了更加深入的研究，从而间接地测出空气中含量非常低的 NO_2 的浓度。

2. 硫酸盐传感器的应用

在进行大气监测的过程中除了氮化物，硫化物同样是严重影响人们生产、生活的污染物。SO_2 是酸雨以及酸雾形成的主要原因，而且传统的方法虽然可以测出 SO_2 的含量，但是方法复杂且不够准确。

最近，有研究学者发现特定传感器能够将亚硫酸盐进行氧化，在进行氧化的过程中会消耗一部分的氧气，这就会使电极溶解氧下降从而产生电流效应。利用传感器可以有效地得到亚硫酸盐的含量值，不但速度快而且可靠度高。

3. 二氧化碳传感器的应用

二氧化碳无处不在，世界万物呼吸都不停地释放二氧化碳气体，同时，二氧化碳也是全球气候变暖、冰川融化的罪魁祸首。

二氧化碳是形成温室效应的主要物质，在进行监测二氧化碳的过程中采用传统的方法会受到不同离子以及挥发性酸的干扰，从而严重影响监测到的二氧化碳值。可以利用指示剂的方法进行二氧化碳的监测，指示剂能够精确地测量出 190ppm 以下的二氧化碳浓度。带有指示剂的传感器的体积小、耗能低，这种传感器的应用解决了在工程中长期自动监测的问题，大大地提高了工作效率。

4. 接触燃烧式气体传感器

接触燃烧式气体传感器适用于可燃性气体 H_2、CO、CH_4 的检测。可燃气体接触表面催化剂时燃烧，燃烧热与气体浓度有关。这类传感器的应用面广、体积小、结构简单、稳定性好，缺点是选择性差。

5. 甲醛传感器

目前国内外室内甲醛检测方法主要有分光光度法、色谱法、荧光法、极普法、电化学法、化学发光法及传感器(还原性气体传感器)法，新兴的方法有光谱分析法、生物酶法等，国家标准检测方法是酚试剂分光光度法。空气中的甲醛被酚试剂溶液吸收，产生的物质在酸性溶液中被显色剂高铁离子氧化形成蓝绿色化合物，其颜色深浅与甲醛含量呈正比，用进口光电传感器进行比色，可在现场直接测定。

便携式甲醛检测仪采用的是恒定电位电解池型气体传感器，它是电化学法的一种。气体中的甲醛分子扩散后在电极电压的作用下发生氧化反应而产生扩散电极电流，该电流与甲醛分子的浓度成正比。这种传感器用于检测还原性气体非常有效，是现在有毒、有害气体检测的主要传感器。

6. 酒精传感器

酒精传感器常用于检查酒驾，因为酒精在进入人体后，通过酒精传感器时，从口内吹出的气体中会有酒精挥发的乙醇气体，一旦经过酒精传感器的测试后，会当场准确地测出酒精含量的多少，从而确定司机是否酒驾。

MQ-3 型酒精传感器的构成与原理如图 9-39 所示，其原理可简述为将探测到的酒精浓度转换成有用电信号的器件，并根据这些电信号的强弱可以获得与待测气体在环境中存在情况有关的信息。

7. PM2.5 检测

PM2.5 是指漂浮在大气中直径小于或等于 2.5μm 的颗粒物。PM2.5 的粒径小，含有大量的有毒、有害物质，且在大气中的停留时间长、输送距离远，因此对人体健康和大气环境质量的影响很大。

各国广泛采用的 PM2.5 测定方法有三种：质量法、β 射线吸收法和微量振荡天平法。这三种方法的第一步都是把 PM2.5 与较大的颗粒物分离，然后通过不同的方法测定分离出来的 PM2.5 的质量。

质量法就是将 PM2.5 直接截留到滤膜上，然后用天平称重的方法。

β 射线吸收法是根据 β 射线穿过收集到滤纸上的 PM2.5 颗粒物时由于被散射而衰减，衰减的程度和 PM2.5 的质量呈正比的原理实现测量的。

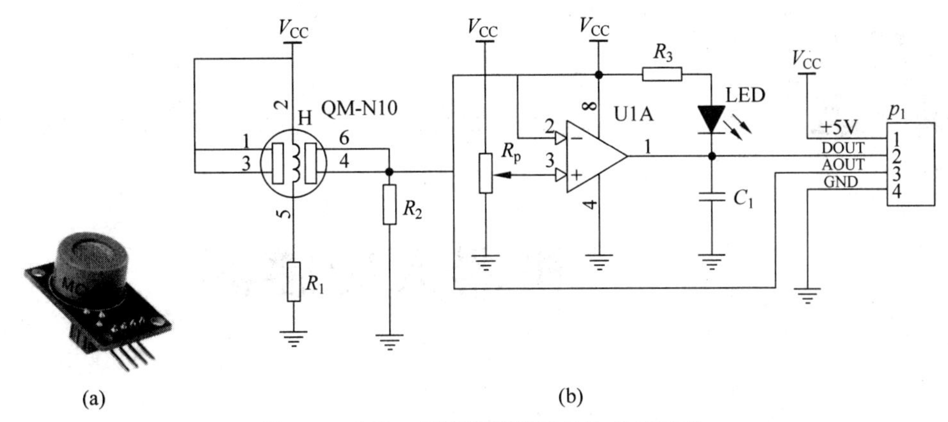

图 9-39 MQ-3 型酒精传感器的构成与原理

微量振荡天平法是将一头粗一头细的空心玻璃管的粗头固定、细头装有滤芯，空气从粗头进、细头出，PM2.5 就被截留在滤芯上，在电场的作用下细头以一定频率振荡，振荡频率与细头质量的平方根呈反比，根据振荡频率的变化计算出收集到的 PM2.5 的质量。

将 PM2.5 分离出来是由切割器执行的。美国环保局在 1997 年制定世界上第一个 PM2.5 标准时，同时规定了切割器的具体结构。虽然 PM2.5 的测定仪器有不少品牌，但是它们的外观都极为相似。在抽气泵的作用下，空气以一定的流速流过切割器时，那些较大的颗粒撞在涂了油的部件上而被截留，而惯性较小的 PM2.5 颗粒绝大部分可以随着空气顺利通过。犹如人的呼吸，大颗粒易被鼻腔、咽喉、气管截留，而细颗粒则更容易到达肺的深处。

思考和练习

1. 简述温度传感器的分类。接触式和非接触式测量各有什么特点？
2. 湿度传感器有哪些？
3. 气体传感器有哪些？
4. 为什么湿度传感器和气体传感器在使用前要进行高温加热？
5. 热电偶的冷端处理有哪些方法？
6. 气体湿度都有哪些表示方法？
7. 什么是热电效应？

第10章

机器人传感器

引言

机器人技术是一种综合性高的技术，它涉及多种相关技术及学科，如机构学、控制工程、计算机、人工智能、微电子学、传感技术、材料科学以及仿生学等科学技术。因此，机器人技术的发展一方面带动了相关技术及学科的发展，另一方面也取决于这些相关技术和学科的发展进程。

如果说机器人是人类自身的扩展，那么传感器就是人类五官的延伸。传感器使得机器人初步具有类似于人的感知能力，不同类型的传感器组合构成了机器人的感觉系统。机器人通过传感器实现类似于人类的知觉作用。机器人传感器主要包括机器人视觉、力觉、触觉、接近觉、距离觉、姿态觉、位置觉等。

导航——教与学

理论	重点	机器人传感器的种类和原理
	难点	多传感器的信息融合
	教学规划	了解机器人内部传感器、外部传感器
	建议学时	6～8学时
操作	实验	机器人小车的循迹、避障等(有条件选做)
	建议学时	2学时(结合线上配套素材)

10.1 机器人的定义和发展

10.1.1 机器人的定义

在科技界，科学家会给每一个科技术语一个明确的定义，机器人问世已有几十年，但对机器人的定义仍然没有一个统一的意见，主要是因为机器人涉及了人的概念，成为一个难以回答的哲学问题。

其实并不是人们不想给机器人一个完整的定义，自机器人诞生之日起人们就不断地尝试着说明到底什么是机器人。随着机器人技术的飞速发展和信息时代的到来，机器人所涵盖的内容越来越丰富，机器人的定义也在不断充实和创新。

1920年捷克作家卡雷尔·卡佩克发表了科幻剧本《罗萨姆的万能机器人》。在该剧本中，卡佩克把捷克语Robota(奴隶)写成了Robot。该剧预告了机器人的发展对人类社会的悲剧性影响，引起了人们的广泛关注，被当成了机器人一词的起源。

卡佩克提出的是机器人的安全、感知和自我繁殖问题。科学技术的进步很可能引发人类不希望出现的问题。虽然科幻世界只是一个想象的世界，但人类社会将可能面临这种现实。

为了防止机器人伤害人类，科幻作家阿西莫夫1950年在《我是机器人》一书中提出了"机器人三原则"：

(1) 机器人不应伤害人类；

(2) 机器人应遵守人类的命令，与第一条违背的命令除外；

(3) 机器人应能保护自己，与第一条相抵触者除外。

这是给机器人赋予的伦理性纲领。机器人学术界一直将这三原则作为机器人开发的准则。

我国对机器人的定义是：机器人是一种自动化的机器，所不同的是这种机器具备一些与人或生物相似的智能能力，如感知能力、规划能力、动作能力和协同能力，是一种具有高度灵活性的自动化机器。

联合国标准化组织采纳了美国机器人协会给机器人下的定义：一种可编程和多功能的，用来搬运材料、零件、工具的操作机；或是为了执行不同的任务而具有可改变和可编程动作的专门系统。

10.1.2 机器人的发展

人们已经创造了具有感知、决策、行动和交互能力的智能机器，如移动机器人、微机器人、水下机器人、医疗机器人、军用机器人、空中空间机器人、娱乐机器人等，如图10-1所示。对不同任务和特殊环境的适应性，也是机器人与一般自动化装备的重要区别。

(a) 未来智能机器人

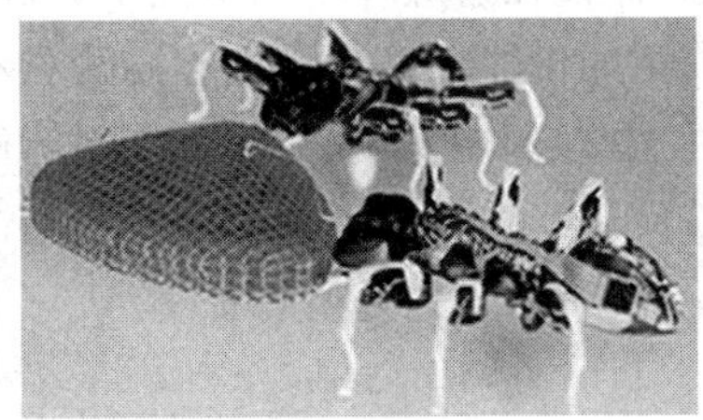

(b) 仿生蚂蚁

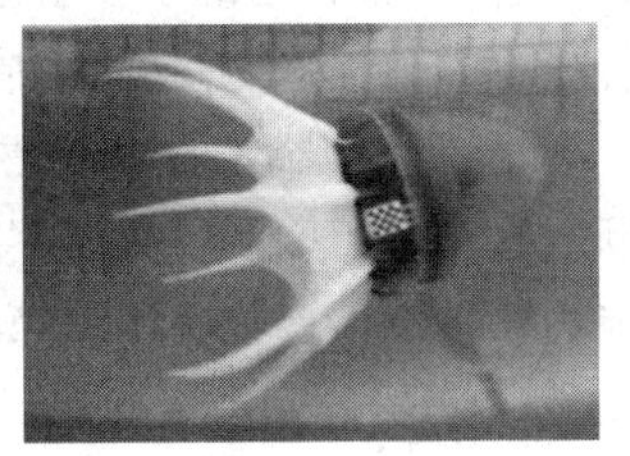

(c) 章鱼(软体机器人)

图10-1 先进的机器人

1954年美国戴沃尔最早提出了工业机器人的概念：借助伺服技术控制机器人的关节，利用人手对机器人进行动作示教，机器人能实现动作的记录和再现，这就是所谓的示教再现机器人，现有的机器人差不多都采用这种控制方式。现在的工业机器人系统由执行系统、驱动系统、控制系统,甚至人工智能系统等共同组成,如图 10-2 所示。

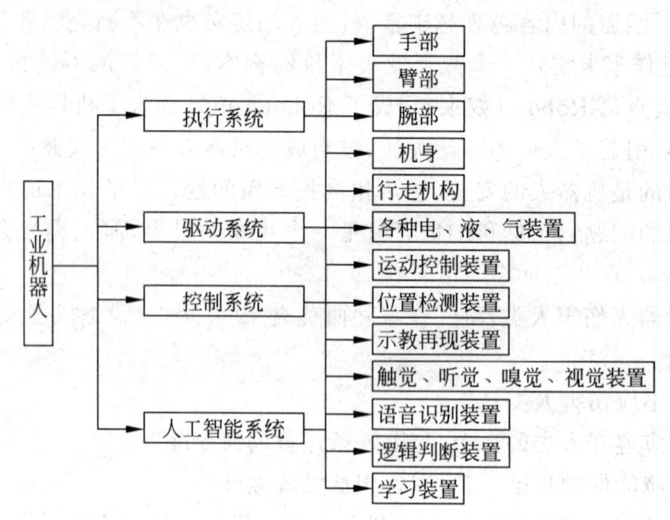

图 10-2 工业机器人系统的组成

1. 第一代机器人

英格伯格和德沃尔制造的工业机器人是第一代机器人,属于示教再现型,即人手把着机械手,把应当完成的任务做一遍,或者人用"示教控制盒"发出指令,让机器人的机械手臂运动,一步一步地完成它应当完成的各个动作。

因未采用传感器,第一代机器人不具有感知和反馈能力。

第一代机器人(机械手)的特点:虽配有电子存储装置,能记忆重复动作,但因未采用传感器,所以没有适应外界环境变化的能力。

2. 第二代机器人

第二代机器人是有感觉的机器人,如图 10-3 所示。它们对外界环境有一定的感知能力,即具有听觉、视觉、触觉等功能。机器人工作时,根据感觉器官——传感器获得的信息,灵活调整自己的工作状态,保证在适应环境的情况下完成工作。如有触觉的机械手可轻松自如地抓取鸡蛋,具有嗅觉的机器人能分辨出不同饮料和酒类。

第二代机器人的特点是已初步具有感觉及反馈控制的能力,能进行识别、选取和判断。这是由于采用了传感器,使机器人具有了初步的智能,有一定自适应能力的离线编程能力。传感器已成为衡量第一代机器人的重要特征。

3. 第三代机器人

第三代机器人是智能机器人,它不仅具有感觉能力,而且具有独立判断和行动的能力,并具有记忆、推理和决策的能力,因此能够完成更加复杂的动作。中央计算机控制机器人的手臂和行走装置,使机器人的手能完成作业,脚能完成移动,机器人能够用自然语言与人对话。智能机器人的"智能"特征就在于它具有与外部世界——对象、环境和人相适应、相协调的工作机能。从控制方式看,智能机器人不同于工业机器人的"示教、再现",不同于遥控机器人的"主—从操纵",而是以一种"认知—适应"的方式自律地进行操作。

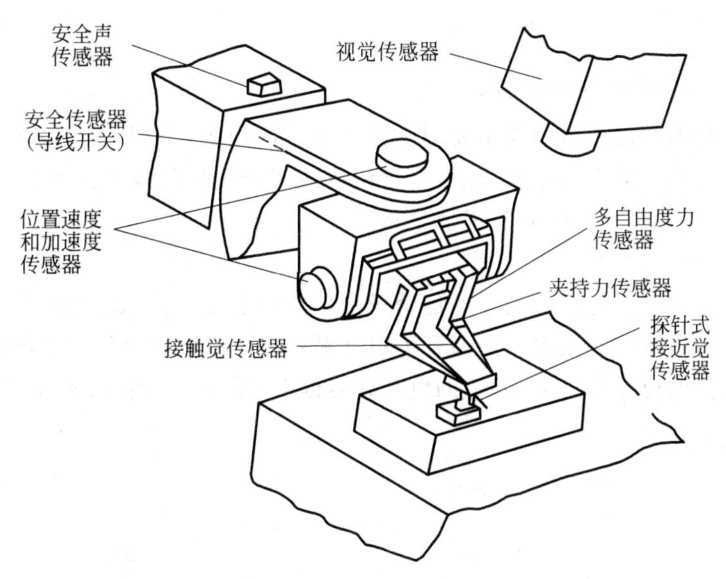

图 10-3 拥有多种感觉(传感器)的机器人

第三代机器人为高一级的智能机器人,“计算机化”是这代机器人的重要标志。这种机器人装有多种传感器,并能将多种传感器探测到的信息进行“融合”(多传感器的信息融合),能有效地适应变化的环境,具有很强的自适应能力,并具有自学、自治(自己管理自己、自主决策)功能。

智能机器人在发生故障时,通过自我诊断装置诊断出故障部位,并进行修复。

随着机器人技术的迅猛发展,越来越多的机器人已经应用在表演、竞技运动、交谈、迎宾、家庭、保洁、医疗、救助、反恐、侦查、攻击、焊接、搬运等领域。未来机器人将朝着更加智能、服务、类人化的方向发展。近年来,以神经网络和模糊控制为主的人工智能技术有了重大的进展,传感器、控制、驱动及新材料等有了很大进步,为智能机器人的发展提供了坚实的技术基础。

10.2 机器人传感器的分类

机器人传感器的特点是对敏感材料的柔性和功能有特定要求。机器人传感器既包括传感器本身,也包括传感器的信号处理。有别于其他种类的传感器,机器人传感器信息收集能力强,既能获取信息,又能紧随环境状态进行大幅度变化。与大量使用的工业检测传感器相比,机器人传感器对传感信息的种类和智能化处理的要求更高。

机器人传感器主要可以分为视觉、触觉、接近觉、听觉、嗅觉、味觉等。不过从人类生理学观点来看,人的感觉可分为内部感觉和外部感觉,类似的,机器人传感器也可分为内部传感器和外部传感器。

10.2.1 内部传感器

内部传感器是用来检测机器人自身状态(如手臂间角度)的传感器,主要是检测位置和角度的传感器。

1. 规定位置检测的内部传感器

规定位置检测的内部传感器主要用于检测规定的位置，常用 ON/OFF 两个状态值，这种方法用于检测机器人的起始原点、终点位置或某个确定的位置。规定位置检测常用的检测元件有微型开关、光电开关等。

(1) 微型开关

微型开关是用以限定机械设备的运动极限位置的电气开关，如图 10-4 所示。一般在微型开关的执行器上安装滚轮。微型开关有接触式和非接触式两种。规定的位移量或力作用在微型开关的可动部分上，开关的电气触点断开(常闭)或接通(常开)并向控制回路发出动作信号。

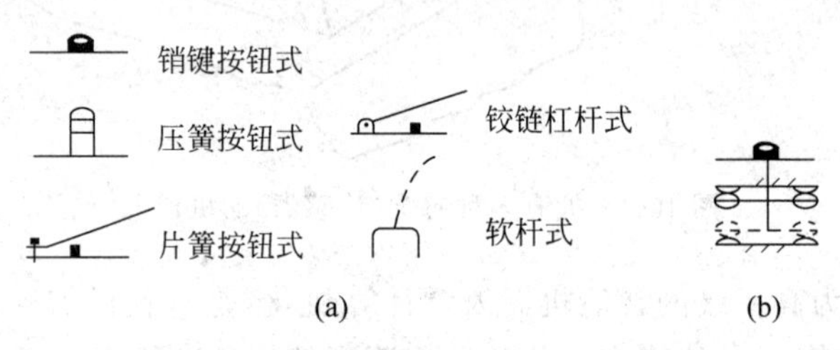

图 10-4 执行器形状不同的微型开关

接触式微型开关比较直观，在机械设备的运动部件上安装行程开关，在与其相对运动的固定点上安装极限位置的挡块。当行程开关的机械触头碰上挡块时，切断或改变控制电路，机械设备就停止运行或改变运行。由于机械设备的惯性运动，这种行程开关有一定的“超行程”以保护开关不受损坏。

非接触式微型开关的形式较多，常见的有干簧管式、光电式、磁感应式等，这几种形式在电梯中的应用较多。

(2) 光电开关

光电开关是通过把光强度的变化转换成电信号的变化来实现控制的。光电开关由发送器、接收器和检测电路三部分构成。其特点是非接触性检测，精度达 0.5mm。

光电开关的原理是根据投光器发出的光束，被物体阻断或部分反射，受光器根据此做出判断反应，启动开关作用，如图 10-5 所示。

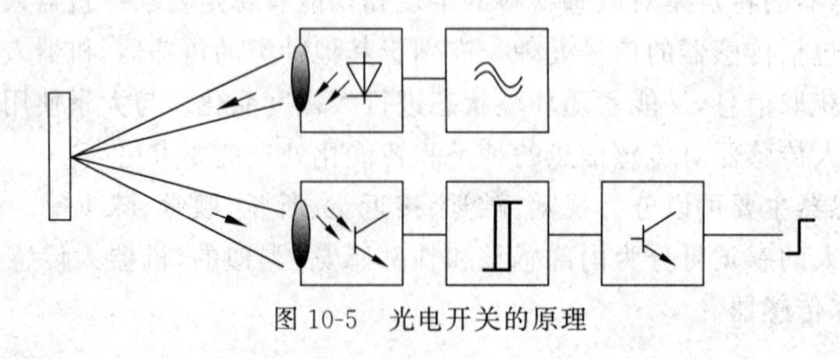

图 10-5 光电开关的原理

2. 角度测量

测量机器人关节线位移和角位移的传感器是机器人位置反馈控制中必不可少的元

件，常用的有电位器、旋转变压器、编码器等。其中，编码器既可以检测直线位移，又可以检测角位移。

(1) 光电编码器。光电编码器用于检测细微运动，输出数字信号。

光电编码器是机器人关节伺服系统中常用的一种检测装置，它是一种量化式的模拟数字转换器。将机械轴的转角值或直线运动的位移值转换成相应的电脉冲，和所有量化式编码器一样，光电编码器分为增量式和绝对式两种。

光电编码器由发光元件、聚光镜、漏光盘、光栏板、光敏元件等构成。灯泡发出的光线经过聚焦后变成平行光束，当漏光盘上的条纹与光栏板上的条纹重合时，光敏元件接收一次光的信号并计数，由此可以测试旋转速度，如图 10-6 所示。

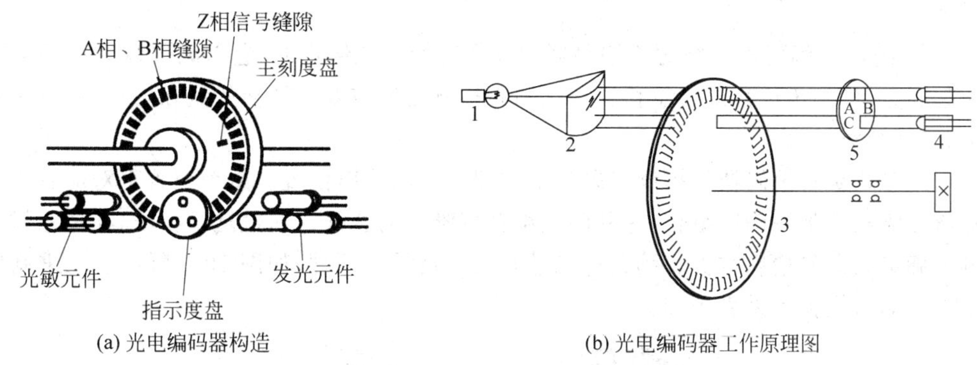

(a) 光电编码器构造 (b) 光电编码器工作原理图

图 10-6 光电编码器

1—光源；2—聚光镜；3—漏光盘；4—光敏管；5—光拦板

光电编码器根据信号输出形式分为增量式编码器和绝对式编码器两种。

① 增量式编码器。增量式编码器在编码盘上的读数起始点不固定，它从读数的起始点开始，把角位移或线位移的变化量进行累积检测，它只能检测角值或线值的变化量(增量)，如图 10-7 所示。

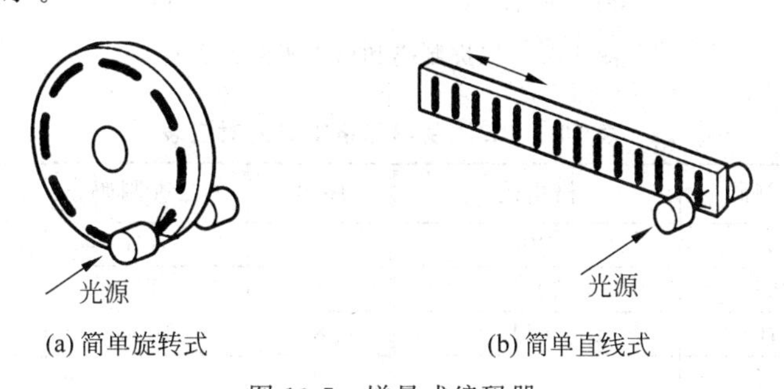

(a) 简单旋转式 (b) 简单直线式

图 10-7 增量式编码器

旋转式增量编码器通过内部两个光敏接收管转化其角度码盘的时序和相位关系，得到其角度码盘角度位移量增加(正方向)或减少(负方向)的值，如图 10-8 所示。

增量式编码器是直接利用光电转换原理输出三组方波脉冲 A、B 和 Z 相。A、B 两组脉冲相位差 90°，从而可方便地判断出旋转方向，而 Z 相为每转一个脉冲，用于基准点的定位。

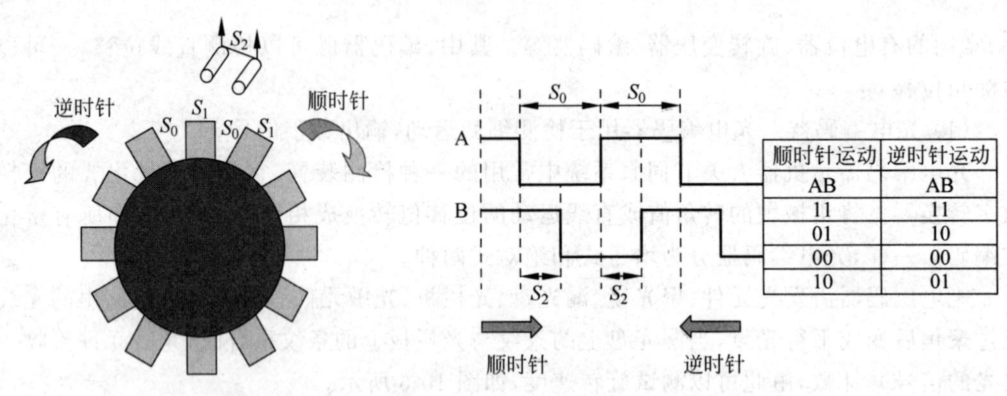

图 10-8 旋转式增量编码器

② 绝对式编码器。绝对式编码器的读数起始点是给定的,它以编码盘固有的某图案为起始点,检测角位移或线位移。它能同时检测角值或线值的初始量和增量,也就是能取出总量(绝对量)。

绝对式旋转编码器根据读出码盘上的编码检测绝对位置。每个位置都对应着透光与不透光弧段的唯一确定组合,这种确定组合有唯一的特征。通过这个特征,在任意时刻都可以确定码盘的精确位置。码盘有二进制码和格雷码两种,如图 10-9 所示。二进制码和格雷码的对应关系见表 10-1。

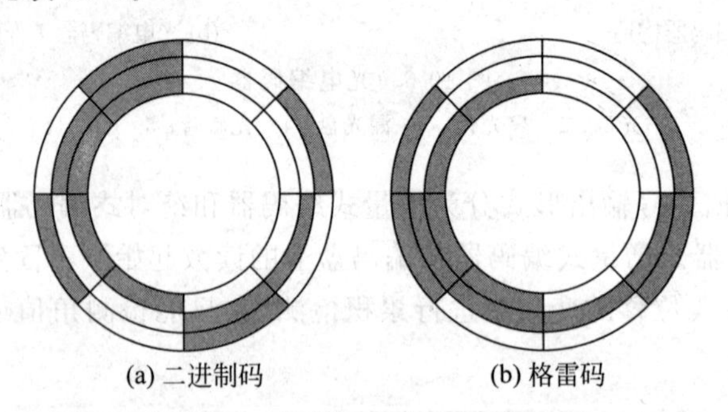

图 10-9 二进制码和格雷码两种码盘

表 10-1 二进制码和格雷码的对应表

序号	二进制码	格雷码	序号	二进制码	格雷码
0	0000	0000	6	0110	0101
1	0001	0001	7	0111	0100
2	0010	0011	8	1000	1100
3	0011	0010	9	1001	1101
4	0100	0110	10	1010	1111
5	0101	0111	11	1011	1110

(2) 电位器。电位器是一种典型的位置传感器,可分为直线型(测量位移)和旋转型(测量角度)两种,如图 10-10 所示。电位器由环状或棒状电阻丝和滑动片(或称为电刷)组成,滑动片接触电阻丝取出电信号。电刷与驱动器连成一体,将其线位移或角位移转换

成电阻的变化，在电路中以电压或电流的变化形式输出。电位器检测的是以电阻中心为基准位置的移动距离。

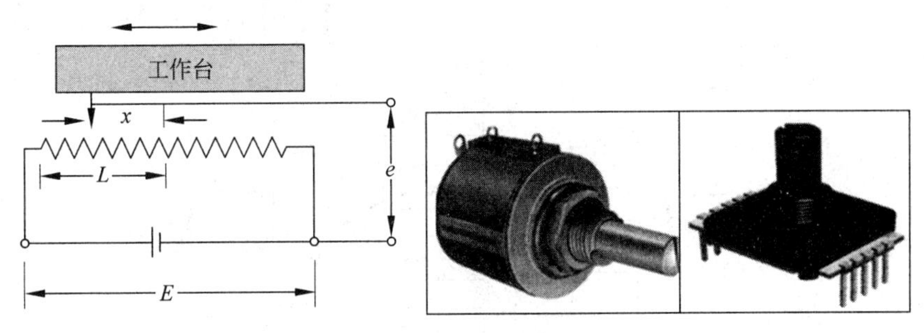

图 10-10　电位器

(3) 旋转变压器。旋转变压器又称为分解器，是一种控制用的微电机，它将机械转角变换成与该转角呈某一函数关系的电信号的一种间接测量装置。在结构上与二相线绕式异步电动机相似，由定子和转子组成。定子绕组为变压器的原边，转子绕组为变压器的副边。激磁电压接到转子绕组上，感应电动势由定子绕组输出。

旋转变压器的工作原理是转子转动引起磁通量旋转，在次级线圈产生变化的电压，从而可以测量角位移，如图 10-11 所示。

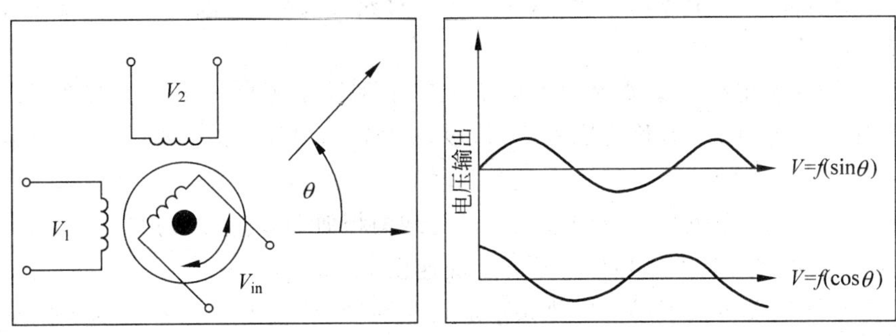

图 10-11　旋转变压器的工作原理

旋转变压器结构简单，动作灵敏，对环境无特殊要求，维护方便，输出信号幅度大，抗干扰性强，工作可靠。

3. 速度传感器

速度、角速度的测量是驱动器反馈控制中必不可少的环节。可用前面所述的位移传感器或编码器测量，也可用测速发电机测量。

(1) 编码器。在闭环伺服系统中，编码器的反馈脉冲个数和系统所走位置的多少呈正比。对任意给定的角位移，编码器将产生确定数量的脉冲信号，通过统计指定时间内脉冲信号的数量，计算出相应的角速度。

(2) 测速发电机。从工作原理上讲，它属于“发电机”的范畴。测速发电机在控制系统中主要作为阻尼元件、微分元件、积分元件和测速元件来使用。测速发电机是一种测量转速的微型发电机，它把输入的机械转速变换为电压信号输出，并要求输出的电压信号与转速成正比。

测速发电机分为直流测速发电机和交流测速发电机两大类，如图 10-12 所示。

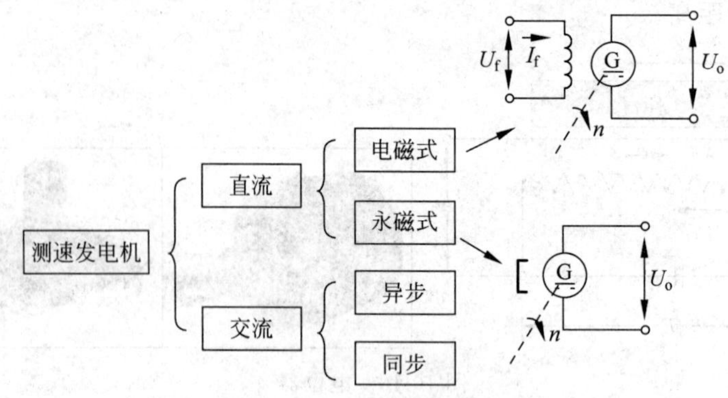

图 10-12　测速发电机的种类

① 直流测速发电机。直流测速发电机是一种微型直流发电机，按定子磁极的励磁方式分为电磁式和永磁式。

直流测速发电机的定子是永久磁铁，转子是线圈绕组。它可以测量 0～10 000r/min 的旋转速度，线性度为 0.1%；此外，停机时不易产生残留电压，因此，它最适宜做速度传感器。

直流测速发电机的输出电压与转速要严格保持正比关系，这在实际中很难做到，直流测速发电机输出的是一个脉动电压，其交变分量对速度反馈控制系统、高精度的解算装置有较明显的影响。

② 交流测速发电机。交流测速发电机由定子和转子组成。定子上有两个绕组：一个作励磁用，用于产生磁场，称为励磁绕组；另一个输出电压，称为输出绕组，两个绕组的轴线互相垂直。转子的结构可视为由无数并联的导体组成。

交流异步测速发电机与交流伺服电动机的结构相似，其转子结构有笼型的，也有杯型的，在自动控制系统中多用空心杯转子异步测速发电机。

交流同步测速发电机因感应电势频率随转速而变，致使发电机本身的阻抗及负载阻抗均随转速而变化，因此，输出电压不再与转速呈正比，故交流同步测速发电机应用较少。

测速发电机的作用是将机械速度转换为电气信号，常用作测速元件、校正元件、解算元件，与伺服电动机配合，广泛用于速度控制或位置控制系统中。如在稳速控制系统中，测速发电机将速度转换为电压信号作为速度反馈信号，可达到较高的稳定性和较高的精度，在计算解答装置中，常作为微分、积分元件。

4. 力和力矩传感器

力和力矩传感器用来检测设备内部力或与外界环境相互作用力，力不是直接可测量的物理量，力是通过其他物理量间接测量出的。

力和力矩的一般检测方法如下。

(1) 通过检测物体弹性变形测量力，如采用应变片、弹簧的变形测量力。

(2) 通过检测物体压电效应检测力。

(3) 通过检测物体压磁效应检测力。

(4) 采用电动机、液压马达驱动的设备可以通过检测电动机电流及液压马达油压等方法测量力或力矩。

(5) 装有速度、加速度传感器的设备,可以通过速度与加速度的测量得出作用力。

力和力矩传感器采用集成电路工艺技术,在硅片上制造四个等值的薄膜电阻并组成电桥电路,当不受力作用时,电桥处于平衡状态,无电压输出;当受到压力作用时,电桥失去平衡而输出电压,且输出的电压与压力成比例关系。

力和力矩传感器的工作原理是如果在轴上施加力矩,力矩将在轴上产生两个方向相反的力和两个方向相反的形变,两个力的传感器可以测出这两个力,根据所测力的大小可计算出力矩。如图 10-13 所示为用六个传感器测量三个彼此独立的轴上的力和力矩。

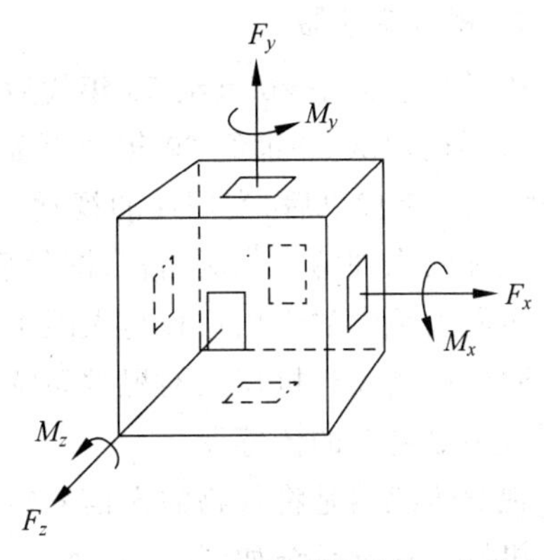

图 10-13 用六个传感器测量三个彼此独立的轴上的力和力矩

10.2.2 外部传感器

从广义来看,机器人外部传感器就是具有人类五官的感知能力的传感器。传感器对外部状况的感知见表 10-2。

表 10-2 传感器对外部状况的感知

传感器	检测对象	传感器装置	应 用
视觉	空间形状	面阵 CCD、SSPD、TV 摄像机	物体识别、判断
	距离	激光、超声测距	移动控制
	物体位置	PSD、线阵 CCD	位置决定、控制
	表面形态	面阵 CCD	检查,异常检测
	光亮度	光电管、光敏电阻	判断对象的有无
	物体颜色	色敏传感器、TV 摄像机	物料识别,颜色选择
触觉	接触	微型开关、光电传感器	控制速度、位置,姿态确定
	握力	应变片、半导体压力元件	控制握力,识别握持物体
	负荷	应变片、负载单元	张力控制,指压控制
	压力大小	导电橡胶、感压高分子元件	姿态、形状判别
	压力分布	应变片、半导体压力元件	装配力控制
	力矩	压阻元件、转矩传感器	控制手腕,伺服控制双向力
	滑动	光电编码器、光纤	修正握力,测量质量或表面特征
接近觉	接近程度	光敏元件、激光	作业程序控制
	接近距离	光敏元件	路径搜索、控制、避障
	倾斜度	超声波换能器、电感式传感器	平衡,位置控制
听觉	声音	麦克风	语音识别、人机对话
	超声	超声波换能器	移动控制
嗅觉	气体成分 气体浓度	气体传感器、射线传感器	化学成分分析
味觉	味道	离子敏传感器、pH 计	化学成分分析

1. 视觉传感器

视觉传感器于20世纪50年代后期出现，发展十分迅速，是机器人中非常重要的传感器。机器视觉从20世纪60年代开始用于处理积木，后来发展到处理室外的现实世界。20世纪70年代以后，实用性的视觉系统出现了。视觉一般包括三个过程：图像获取、图像处理和图像理解。相对而言，图像理解技术还很落后。

机器人视觉的作用过程与人眼十分相似，光学系统相当于人眼的水晶体，传感器相当于人眼的视网膜。机器人的视觉系统通常是利用光电传感器构成的。视觉系统是应用在机器人中最复杂的传感器。

视觉传感器是将景物的光信号转换成电信号的器件。

机器人视觉系统如图10-14所示。如同人类视觉系统的作用一样，机器人视觉系统赋予机器人一种高级感觉机构，使得机器人能以"智能"和灵活的方式对其周围环境做出反应。机器人的视觉系统类似人的视觉系统，它包括图像传感器、数据传递系统，以及计算机处理系统。

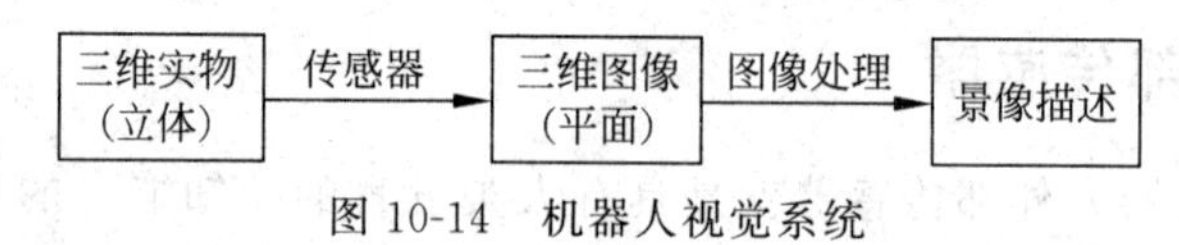

图10-14 机器人视觉系统

视觉检测主要利用图像信号输入设备，将视觉信息转换成电信号，常用的图像信号输入设备有摄像管和固态图像传感器。摄像管分为光导摄像管(如电视摄像装置的摄像头)和析像管两种，前者是存储型，后者是非存储型。固态图像传感器分为线阵传感器和面阵传感器。

机器人视觉系统的主要特点是数据量大且要求处理速度快，要能对明暗、色相、运动和方向、形状和特征、位置和距离等信息进行感知和传送，具体见表10-3。

表10-3 视觉传感器及其应用

类别	检测内容	应用目的	传感器件
明暗觉	是否有光，亮度多少	判断有无对象，并得到定量结果	光敏管、光电断续器
色觉	对象的色彩及浓度	利用颜色识别对象的场合	彩色摄影机、滤色器、彩色CCD
位置觉	物体的位置、角度、距离	物体空间位置，判断物体移动	光敏阵列、彩色CCD等
形状觉	物体的外形	提取物体轮廓及固有特征，识别物体	光敏阵列、彩色CCD等

机器人的视觉技术主要应用在以下两个方面。

(1) 装配机器人(机械手)视觉装置。要求视觉系统必须做到：识别传送带上所要装配的机械零件；确定该零件的空间位置，据此信息控制机械手的动作，准确装配；对机械零件的检查；检查工件的完好性；测量工件的极限尺寸；检查工件的磨损等。此外，机械手还可根据视觉的反馈信息进行自功焊接、喷漆和自动上料或下料等，如图10-15所示，机器人按颜色分拣药片。

(2) 行走机器人视觉装置。要求视觉系统能够识别室内或室外的景物，进行道路跟踪和自主导航，可用于完成危险材料的搬运和野外作业等任务。

图 10-15 机器人按颜色分拣药片

2. 触觉传感器

作为视觉的补充，触觉能感知目标物体的表面性能和物理特性，如柔软性、硬度、弹性、粗糙度和导热性等。触觉传感器的研究从 20 世纪 80 年代初开始，到 20 世纪 90 年代初已取得了大量的成果。

触觉是通过与对象物体彼此接触而产生的，所以最好使用手指表面高密度分布触觉传感器，它柔软易于变形，可增大接触面积，并且有一定的强度，便于抓握。

触觉传感器的工作重点集中在阵列式触觉传感器信号的处理上，目的是辨识接触物体的形状。这种信号的处理涉及信号处理、图像处理、计算机图形学、人工智能、模式识别等学科，是一门比较复杂、比较困难的技术，目前还很不成熟，还需要进一步研究和发展。

机器人触觉模仿人的触觉，它是有关机器人和对象物之间直接接触的感觉。若没有触觉，就不能完好平稳地握住工具。常用的触觉包括接触觉、压觉、力觉和滑觉，见表 10-4。

表 10-4 机器人常用的触觉

类别	检测内容	应用目的	传感器件
接触觉	与对象是否接触，接触的位置	决定对象位置，识别对象形态，控制速度，安全保障，异常停止，寻径	光电传感器、微动开关、薄膜接点、压敏高分子材料
压觉	对物体的压力、握力、压力分布	控制握力，识别握持物，测量物体弹性	压电元件、导电橡胶、压敏高分子材料
力觉	机器人有关部件(如手指)所受外力及转矩	控制手腕移动，伺服控制，正确完成作业	应变片、导电橡胶
滑觉	垂直握持面方向物体的位移，重力引起的变形	修正握力，防止打滑，判断物体重量及表面状态	球形接点式、光电旋转传感器、角编码器、振动检测器

3. 接近觉传感器

接近觉是一种粗略的距离感觉，实质上可以认为是介于触觉与视觉之间的感觉。接近与距离觉传感器是机器人用以探测自身与周围物体之间相对位置和距离的传感器。它的使用对机器人工作过程中适时地进行轨迹规划与防止事故发生具有重要意义。由于这类传感器可用于感知对象位置，故也被称为位置觉传感器。传感器越接近物体越能精确地确定物体位置，因此常安装于机器人的手部。在机器人中，主要用于对物体的抓取和躲避。

接近觉传感器的主要作用是在接触对象之前获得必要的信息，用来探测在一定距离范围内是否有物体接近、物体的接近距离和对象的表面形状及倾斜等状态，敏感范围可小至几十毫米，甚至 1 个毫米。

接近觉传感器主要起以下三个方面的作用：①在接触对象物前得到必要的信息，为后面的动作做准备；②发现障碍物时，改变路径或停止，以免发生碰撞；③得到对象物体表面形状的信息。

接近觉传感器有电磁式、光电式、电容式、气动式、超声波式、红外式以及微波式等类型。接近觉传感器又称为无触点接近传感器，是理想的电子开关量传感器。根据感知范围(或距离)，接近觉传感器大致可分为三类：感知近距离物体(mm 级)的有磁力式(感应式)、气压式、电容式等；感知中距离(大致 30cm 以内)物体的有红外光电式；感知远距离(30cm 以外)物体的有超声式和激光式。视觉传感器也可作为接近觉传感器。

4. 听觉、嗅觉、味觉传感器

这些传感器多数处于开发阶段，有待于更进一步完善，以丰富机器人专用功能。

(1) 听觉传感器。像视觉一样，听觉也是立体的，我们可以判断声音的方向和距离，区分不同的声调和波长，从而能够区分和辨识世界上数以万计的物体。听觉传感器也需要对声音的强度、方向、音色等信息进行提取和传送。

机器人听觉系统中的听觉传感器基本形态与麦克风相同，这方面的技术已经非常成熟，关键问题还是在声音识别上，即语音识别技术，图 10-16 所示为语音识别的听觉传感器系统。语音识别与图像识别同属于模式识别领域，而模式识别技术就是最终实现人工智能的主要手段。让听觉传感器具有接近人耳的功能还需要更多的研究。

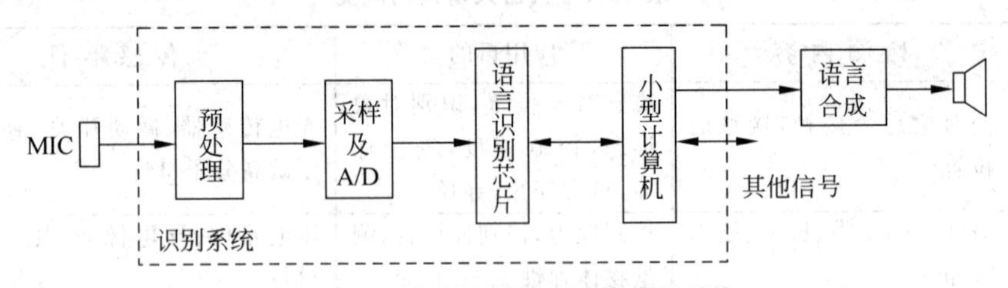

图 10-16 语音识别的听觉传感器系统

机器人由听觉传感器实现“人—机”对话，一台高级的机器人不仅能听懂人讲的话，而且能讲出人能听懂的语言，赋予机器人这些智慧的技术统称为语音处理技术，前者为语音识别技术，后者为语音合成技术。

语音识别实质上是通过模式识别技术识别未知的输入声音，通常分为特定话者和非特定话者两种语音识别方式。非特定话者为自然语音识别，这种语音识别比特定话者语音识别困难得多。特定话者的语音识别技术已进入实用阶段，而非特定话者语音的识别尚在研究阶段。特定话者语音识别是预先提取特定说话者发音的单词或音节的各种特征参数并记录在存储器中，要识别的输入属于哪一类，取决于待识别特征参数与存储器中预先记录的声音特征参数之间的差。

特定话者语音识别系统的语音识别方法是将事先指定的人的声音中的每一个字音的特征矩阵存储起来，形成一个标准模板(或叫模板)，然后再进行匹配。它首先要记忆一个或几个语音特征，而且被指定人讲话的内容也必须是事先规定好的有限的几句话。特定人语音识别系统可以识别讲话的人是否是事先指定的人，讲的是哪一句话。

非特定话者的语音识别系统可以分为语言识别系统、单词识别系统及数字音(0～9)识别系统。非特定话者的语音识别方法需要对一组有代表性的人的语音进行训练,找出同一词音的共性,这种训练往往是开放式的,能对系统进行不断修正。在系统工作时,将接收到的声音信号用同样的办法求出它们的特征矩阵,再与标准模式相比较,看它与哪个模板相同或相近,从而识别该信号的含义。

(2) 嗅觉传感器。嗅觉可以帮助人们辨识那些看不见或隐藏的东西,如气体。嗅觉传感器主要检测空气中的化学成分、浓度等,主要为气体传感器及射线传感器等。嗅觉传感器的原理是它对特定的气体敏感,当探测到这些气体时就会发出信号。

在放射线、高温煤烟、可燃性气体以及其他有毒气体的恶劣环境下,开发检测放射线、可燃气体及有毒气体的传感器具有重大的意义。

(3) 味觉传感器。人类的味觉可以品尝食物的味道,味觉传感器可以识别味道和浓度。电子舌是一种模拟人类味觉的仪器,由味觉传感器、信号采集器和模式识别工具三部分组成。其中,味觉传感器是由数种可敏感味觉成分的金属丝组成(多传感器阵列)的,这些金属丝能将味觉信号转换成电信号。信号采集器是将样本收集并存储在计算机内存中。模式识别工具则模拟人脑将采集到的电信号加以分析、识别。它是具有识别单一和复杂味道能力的装置。电子舌的输出信号表明,它可以对不同的味道质量也就是不同的化学物质成分进行模式识别。

电子舌技术主要用于液体食物的味觉检测和识别,对于其他领域的应用尚处于研究和探索阶段。电子舌可以对酸、甜、苦、辣、咸进行有效的识别。目前,使用电子舌技术能容易地区分多种不同的饮料。对多种品牌的啤酒进行测试,电子舌技术能清楚地显示各种啤酒的味觉特征,而且样品并不需要经过预处理,因此这种技术可以满足生产过程在线检测的要求。因为味觉传感器可以同时对多种不同的化学物质做出反应,并经过特定的模式识别得到对样品的综合评价,所以它也能鉴别不同的咖啡。

电子舌技术不仅可以用于液体食物的味觉检测,也可以用在胶状食物或固体食物上。例如对番茄进行味觉评价,可以先用搅拌器将其打碎,电子舌所得到的结果同样与人的味觉感受相符。此外,国外的一些研究者尝试把电子舌与电子鼻(人工嗅觉系统)这两种技术融合在一起,从不同角度分析同一个样品,模拟人的嗅觉与味觉的结合,在一些情况下能大大提高识别能力。

10.3 多传感器信息融合

10.3.1 多传感器信息融合概述

1. 多传感器信息融合定义

多传感器信息融合是人类或其他逻辑系统中常见的基本功能。人类非常自然地运用这一功能把来自人体各个传感器(眼、耳、口、鼻、四肢)的信息(景物、声音、气味、触觉)组合起来,并使用先验知识去估计、理解周围环境和正在发生的事件。分散的传感器和控制系统在许多方面很像人类的中枢神经系统。很多动作可由脊椎神经网络控制,而无须大脑的意识控制。这种局部反应和自主功能对人类的生存是必要的，如何设法在机器人上仿真实现这类功能也是非常重要的。对机器人这类机构的研究将使我们进一步理解如何才能让机器工人作得更像人类一样。

按照人脑的功能和原理进行视觉、听觉、触觉、力觉、知觉、注意、记忆、学习和更高级的认识过程，将空间、时间的信息进行融合，对数据和信息进行自动解释，对环境和态势给予判定。传感器的融合技术涉及神经网络、知识工程、模糊理论等信息、检测、控制领域的新理论和新方法。

传感器信息融合又称数据融合，是对多种信息的获取、表示及其内在联系进行综合处理和优化的技术。传感器信息融合技术从多信息的视角进行处理及综合，得到各种信息的内在联系和规律，从而剔除无用的和错误的信息，保留正确的和有用的成分，最终实现信息的优化。它也为智能信息处理技术的研究提供了新的观念。

数据融合的概念是20世纪70年代提出的，即多传感器数据融合（Multi-sensor Data Fusion，MSDF）。在多传感器系统中，由于信息表现形式的多样性，信息数量的巨大性，信息关系的复杂性，以及要求信息处理的及时性，都已大大超出了人脑的信息综合处理能力，所以多传感器数据融合便迅速发展起来，并在现代 C^3I（指挥、控制、通信与情报Commond、Control、Communication and Intelligence）系统中和各种武器平台上以及许多民事领域中得到了广泛的应用。

2. 多传感器与单传感器的比较

单传感器信号处理或低层次的数据处理方式只是对人脑信息处理的一种低水平模仿，它们不能像多传感器数据融合系统那样有效地利用传感器资源，而多传感器信息融合系统可以最大限度地获得被测目标和环境的信息。

不同种类的传感器只能提供对被检测对象的各个不同侧面的描述。综合这些不同侧面的描述信息，就能获得检测对象的全面信息，可以得到从单一传感器中得不到的信息。任何一个传感器都有一定的使用范围和精度，且任何传感器的信号都要受到周围环境的干扰。这就是说，单个传感器只能提供被检测对象的部分的不精确信息，因此不能排除对外界环境描述的歧义性。正是由于各种传感器性能上的差异表现出的互补性，表明可以综合来自不同传感器的信息，并从中抽取比任何单一传感器所能提供的更为准确可靠的信息。因为不同的传感器得到的关于同一现象或过程的数据信息可能会以不同的形式出现，它们检测到的频谱范围不同（如声测系统的声信号、雷达的微米波和毫米波信号、可见光系统的可见光等），其信息可靠程度、检测到的内容不尽相同，但是各种信息在各个传感器之间是相关的，而干扰却一般不具有这种相关性（如传播环境对传感器的影响取决于传感器的工作频率，相同的传播条件对不同的传感器所产生的不利影响也不相同），因此通过比较分析就可能排除干扰，获得全面而准确的信息。

图10-17定量说明了采用多传感器系统的优势。图中下方的线给出了使用单个雷达，并且恒虚警率 P_{fa} 为 10^{-6} 时，系统检测率与信噪比之间的关系。当信噪比为16dB时的检测率为70%，已经满足要求。可是当目标信号开始减弱，信噪比降到10dB时，检测率降到27%，这时的检测率不能被接受。采用三传感器来检测目标时，其中每个传感器响应不同的物理信号，并且对同一事件假设三传感器不会同时产生虚警率时，则虚警率

抑制可以分配在三个传感器上。随后采用某种融合算法，使系统总的虚警率又重新回到10^{-6}，此时当数据的信噪比为16dB时，目标的检测率将达到85%，更为重要的是，当信号开始减弱时(信噪比降为10dB)，目标的检测率还能达到63%，这比使用单传感器时的结果高出两倍多。

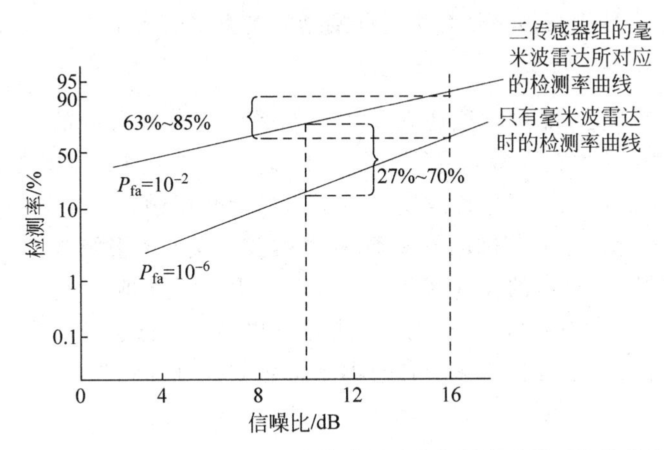

图10-17 在目标信号被抑制时，多传感器系统与单传感器系统的性能比较

多传感器融合系统主要特点：①提供了冗余、互补信息；②信息分层的结构特性；③实时性；④低代价性。

3. 多传感器融合的结构形式

多传感器融合有三种结构形式：串联、并联和混合融合方式，如图10-18所示。

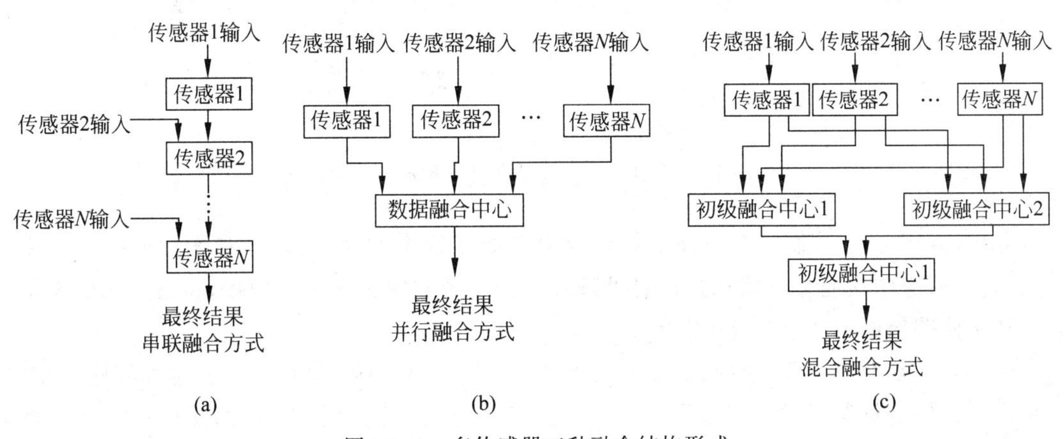

图10-18 多传感器三种融合结构形式

10.3.2 多传感器数据融合的算法和应用

1. 多传感器融合的算法

经过多年的研究，信息融合技术的应用已十分广泛，但针对信息融合问题本身至今尚未形成基本的理论框架和有效的广义融合模型及融合算法。多传感器信息融合的常用方

法基本可以概括为随机和人工智能两大类，随机信息融合方法有加权平均法、卡尔曼滤波法、贝叶斯估计法、D-S(Dempster-Shafer)证据推理、产生式规则、统计决策理论、模糊逻辑法等；而人工智能信息融合则有模糊逻辑理论、神经网络粗集理论、专家系统等，工程实践有高/低通滤波、互补滤波和卡尔曼滤波等技术。可以预见，神经网络和人工智能等新概念、新技术在多传感器信息融合中将起到越来越重要的作用。

2. 多传感器融合的应用

数据融合通常不是目的，它往往是某个控制系统或指挥系统的一个基本阶段。近三十年来，数据融合技术在许多领域得到了应用，这些领域主要有以下几个。

(1) 工业过程监视。工业过程监视是一个明显的数据融合应用领域，融合的目的是识别引起系统状态超出正常范围的故障条件，并据此触发若干报警器。

(2) 工业机器人。目前的工业机器人系统中只用数量有限的传感器监视它们的活动。随着传感器技术的发展，可以在机器人上设置更多的传感器，使它更自由地运动和更灵活地动作。为了处理机器人上多个传感器的信息并控制其动作，需要一些数据融合系统。如图 10-19 所示为多传感器信息融合自主移动装配机器人。

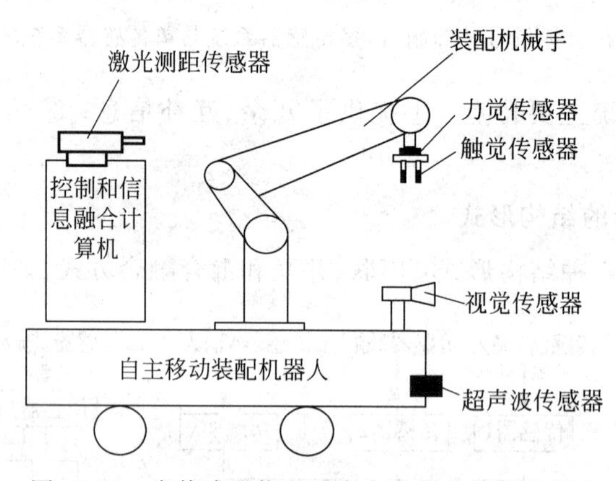

图 10-19　多传感器信息融合自主移动装配机器人

(3) 空中交通管制。在目前的空中交通管制系统中，主要由雷达和无线电提供空中图像，并由空中交通管制器承担信息处理任务。随着空中交通量的增加，将会运用数据融合技术使图像的形成自动化。

(4) 人类监视。病人照顾系统是最典型的人类监视系统，病人的状态随时随地变化，要根据各种数据源(传感器、病历、本人病史、家属病史、气候、季节等)的数据决定其护理和治疗方案，数据融合是综合处理这些数据的好方法。

(5) 全局监视。监视世界范围内的任何事情都可能要运用数据融合技术。例如，气象预报需要从许多信息源获得数据，而从空中和地面传感器监视庄稼生长情况并预测产量则是运用数据融合技术的另一个例子。

(6) 金融系统。大公司内的金融(财会)系统或国家经济是利用许多信息源由人监控的，这是一个数据融合问题。

(7) 自备式运载器。自备式运载器是具有自己的传感器的自主式系统，它们必须在变化复杂的客观环境中运行对于使用多个传感器来了解周围环境的运载器,需要数据融合技术。

(8) 军事应用。数据融合在军事上应用的时间最早,范围最广,涉及战术或战略上的指挥、控制、交通和情报任务的各个方面。

思考和练习

1. 数据融合主要应用在哪些领域?
2. 机器人的触觉有哪些?
3. 机器人的视觉要获得哪些信息?
4. 什么是机器人外部传感器,有哪些外部传感器?

第11章

无人机中的传感器

引言

无人驾驶飞机(无人机)已经广泛应用于气象监测、国土资源执法、环境保护、遥感航拍、抗震救灾、快递运送等领域。为了能更好地控制无人机的飞行以及完成特定任务,各种传感器的运用起到十分重要的作用。

无人机传感器的种类有很多,包括无线类(无线控制和传输)、感应类(距离传感器、高度传感器)、控制类(扭力传感器、平衡传感器)、记录类(摄像头颜色图像识别用的传感器)。

导航——教与学

理论	重点	无人机核心传感器
	难点	多传感器融合
	教学规划	了解无人机的原理,了解无人机传感器的种类
	建议学时	2学时
操作	实验	在地面站观察传感器数据信息
	建议学时	选做

11.1 无人机的定义、作用和发展

无人驾驶飞机和有人驾驶飞机一样装有多种传感器,以保证控制系统所需信号的可靠性,它们的区别见表11-1。鉴于无人机不载人、可长时间进出各种危险空域的特性,无人机在军事和民用等领域发挥着越来越重要的作用。

表11-1 有人驾驶与无人驾驶飞机的差别

项目	有人驾驶飞机	无人驾驶飞机
操作要求	飞行员的培养需要大量时间和财力物力,且需要很多经验	可以一个人管多台设备,可以不具有遥控能力只需要学会操作地面站
经济角度	有驾驶舱和驾驶员逃生设备等	不需要有与人相关的设备,节省空间和资金

续表

项目	有人驾驶飞机	无人驾驶飞机
危险性	容易造成驾驶员等人员伤亡	只损失飞行器
续航时间	与飞行员承受能力相关，滞空时间有限	能够多次循环飞行，自动飞行，自主飞行，有些无人机可以连续飞行60多小时
环境因素	危险环境、污染、核辐射、高温等极端环境无法航行	只要无人机能承受就可以航行

11.1.1　什么是无人机

无人驾驶飞机简称无人机，是利用无线电遥控设备和自备的程序控制装置操纵，或者由车载计算机完全地或间歇地、自主地操作的不载人飞机。无人机目前多属于航空器的一种，已经有国家研制太空无人机了。

无人机比航模多两个要素：一是能自主飞行，里面有自动驾驶仪；二是无人机主要是应用的，不像航模是用于运动、娱乐的，所以无人机关键要带各种各样的有效载荷。航模主要是人来遥控，在视距范围内体验遥控的乐趣；而无人机既可以遥控，也可在视距范围外借助自动驾驶仪进行自主飞行，在军事和民用领域都有较为广泛的应用。

11.1.2　无人机的种类

1. 固定翼无人机

固定翼无人机是指机翼固定于机身且不会相对机身运动，靠空气对机翼的作用力而产生升力的航空器。固定翼无人机依靠机翼承受的相对风（相对风是由运动本身产生的风）产生足够的升力飞行。空气动力舵负责控制飞行。

传统外形无人机组件包括机翼、方向舵和尾翼。如图11-1所示。这种无人机的操作不够简便，且较为笨重，方向舵和尾翼脆弱，但对实用载荷保护充分，有流线型机身，因此续航能力最强，每次飞行距离可以达100公里以上，擅于执行沿直线飞行的观察任务。

依靠推进系统（前拉式螺旋桨或后推式螺旋桨）产生前进的动力，从而使飞机快速前行。当飞机获得了前进的速度后，由气流作用到飞机的翼展上（伯努利原理）产生上升的拉力，当拉力大于机身重力时，飞机处于上升飞行状态。固定翼的左、右（ROLL横滚）平衡依靠左、右主机翼的掠角大小来调节，前、后（Pitch俯仰）平衡依靠尾舵的掠角来调节，方向（YAW航向）依靠垂向尾舵来调节。当然，固定翼飞机的航向通常是靠横滚和俯仰组合动作来完成，在这里不再赘述。固定翼无人机的优点是续航时间长，速度快，飞行效率最高，载荷最大；缺点是需要跑道，不能垂直起降。固定翼无人机的起飞方式是滑跑起飞、手掷起飞、弹射起飞、零长发射、母机空中发射、容器式发射等；回收方式是伞降回收、轮式回收、拦截网回收等。

图11-1　固定翼无人机

2. 旋翼无人机

旋转机翼能够把空气向下方吹动从而产生升力,旋转机翼无人机有两种类型:传统的可变桨距无人直升机,以及新近出现且备受欢迎的固定桨距多旋翼无人机。

(1) 可变桨距无人直升机。它的突出特点是可以垂直起降和悬停,不必配备像固定翼无人机那样复杂、大体积的发射回收系统。这些突出的特点在很大程度上取决于旋翼与尾桨桨距的变化。调节旋翼桨距的大小可以改变升力,旋转桨距越大升力越大,调节尾桨桨距的大小可使得由它产生的推力变大或变小,以此来控制直升机机头的转向。通过改变主螺旋桨两片桨叶之间的桨距控制飞机起飞或降落,依靠调整主螺旋桨的一个桨叶控制飞机的俯仰、侧摆。

单旋翼直升机:单旋翼直升机简称为直升机。这里所讲述的单旋翼和多旋翼在机械结构、控制原理、飞行理论上有本质的区别,请读者不要混淆。单旋翼直升机以后简称直升机,如图 11-2(a)所示,主动力系统只有一个大型的螺旋桨,主要作用是提供飞行的上升动力,所以当上升动力大于机身重力时,飞机处于上升状态。而由于直升机只有一个主动力桨时,当主动力电动机高速旋转时,螺旋桨的旋转会对机身产生一个反向的作用力——反扭力。在反扭力的作用下,飞机会产生与螺旋桨旋转方向相反的自旋。为了解决直升机的自旋,就需要在飞机的尾部追加一个水平方向的小型螺旋桨,其产生的拉力主要用于抵消机身自旋,当直升机需要改变航向时,也可以通过尾部螺旋桨来调节。除了主动力电动机与尾翼电动机之外,通常还有三个舵机,用于改变主动力桨的螺距,使机身产生横滚和俯仰姿态,从而使飞机前飞、后飞或向左、向右飞行。优点:可以垂直起降,空中悬停。

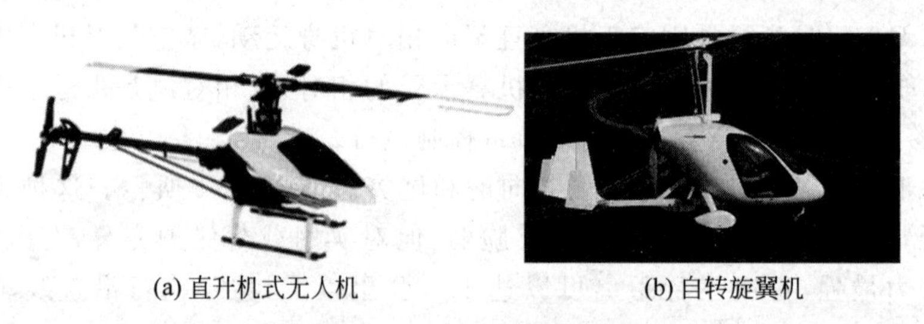

(a) 直升机式无人机 (b) 自转旋翼机

图 11-2 可变桨距无人机

可变桨距无人直升机分成两种类型:配备尾部螺旋桨的传统直升机式无人机和不需要尾部螺旋桨的对转双螺旋桨无人机。

与直升机外观类似的还有一种单旋翼机——自转旋翼机,虽然自转旋翼机在外形方面与直升机非常相似,但在原理和结构方面,旋翼机和直升机却有着本质的不同,而其中最大的不同就在于两种飞机看似相同的旋翼身上。

直升机的旋翼是直升机的唯一动力源,它既要提供升力,又要提供飞行时所需的动力,并且还要控制飞行的方向。因此,集诸多重任于一身的直升机旋翼以及相应的传动系统异常复杂,技术要求极高。

反观旋翼机,它头顶上大大的旋翼在飞行时是不和发动机传动系统相连的,旋翼的旋转完全依靠飞机前飞时相对气流的吹动和自身惯性的作用,就好像一个大大的风车,而且这个“风车”只为飞机提供飞行时所需的升力。由于自行旋转,旋翼机的旋翼传递给机身的扭矩很小，这样旋翼机也就无须直升机那样的尾桨来进行扭矩平衡。大多数旋翼机不能像直升机那样进行垂直起降，而必须像固定翼飞机一样经过滑跑才能起飞，如图 11-2(b)所示，但是比直升机操作简单，在国外也很方便考取自转旋翼机驾驶证。

(2) 固定桨距旋翼无人机。多旋翼无人机出现在 21 世纪初，依靠对若干旋翼的速度调整实现无人机的悬停、前进动作。引擎和直接安装的螺旋桨是唯一可以活动的部件。使用这种无人机需要对旋翼旋转进行精准的同步调制，只有电动机才能完成这一任务。

多旋翼直升机：由三个、四个或更多螺旋桨所组成的无人机。最典型、最常见的就是四旋翼直升机(以下简称四旋翼)，如图 11-3(a)所示。四旋翼有四个轴，安装四个螺旋桨，同样可以由螺旋桨的高速旋转产生向上的拉力实现垂直起降。但与直升机不同的是，多旋翼的前进、后退、向左、向右飞行靠的是四个螺旋桨不同的转速，而不是像直升机那样靠改变主动力桨的螺距，因为四旋翼桨的螺距是固定的，桨的尺寸也是固定的，四旋翼的四个轴的轴距通常也是相同的，所以其动力体系通常也是对称的。三旋翼、六旋翼[图 11-3(b)]，八旋翼或其他多旋翼除了将动力和力矩分配到多个螺旋桨的方案不同之外，与四旋翼没有本质上的区别。可以说，学习并掌握了四旋翼之后，也就可以举一反三地懂得其他多旋翼的原理与动力系统。多旋翼直升机的优点是可以垂直起降，空中悬停，结构简单，操作灵活；缺点是续航时间短，飞行速度慢。

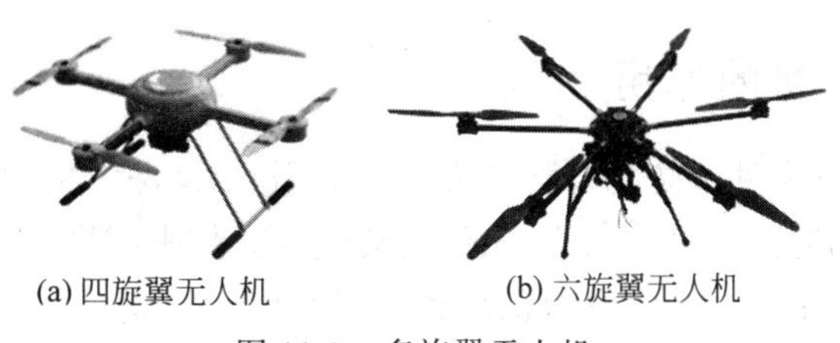

(a) 四旋翼无人机　　(b) 六旋翼无人机

图 11-3　多旋翼无人机

四旋翼正反桨两两成对，分别向不同方向旋转，平衡扭矩并向旋翼下方推送气流，通过变化旋转速度，调整入流量实现飞行姿态控制。四旋翼是最常用的无人机。

3. 扑翼无人机

扑翼无人机(图 11-4)是指像鸟一样通过机翼主动运动产生升力和前行力的飞行器，又称振翼机。其特征包括：①机翼主动运动；②靠机翼拍打空气的反力作为升力及前行力；③通过机翼及尾翼的位置改变进行机动飞行。

图 11-4　扑翼无人机

扑翼飞行器有诸多优点：①扑翼飞行器无须跑道垂直起落；②动力系统和控制系统合为一体；③机械效率高于固定翼飞机。

其局限：①难于高速化、大型化；②对材料有特殊要求(材料要求质量轻,强度大)。

扑翼飞行器的几大难点：①扑翼空气动力学还未成熟,无法指导飞行器设计；②材料要求过高；③结构难。

4. 倾转旋翼机

倾转旋翼机(图 11-5)是一种将固定翼飞机和直升机融为一体的新型飞行器,有人形象地称其为空中“混血儿”,倾转旋翼机既具有普通直升机垂直起降和空中悬停的能力,又具有涡轮螺旋桨飞机的高速巡航飞行的能力。

MV-22 鱼鹰由美国海军陆战队主导开发,是目前世界上唯一投入服役的倾转旋翼机,集直升机的垂直升降和固定翼飞机的高速度、大载荷、大航程等优点于一身。其倾转旋翼式结构,具备三种典型飞行模式：直升机飞行模式、倾转过渡模式和飞机模式。两个旋翼并不是采用多旋翼飞行器惯用的定距桨,而是采用类似直升机主旋翼,具备挥舞铰与变距铰的变距桨。

图 11-5 倾转旋翼机

11.1.3 无人机的作用

一般来说,无人机常见于防御及科学方面的应用,像是深入偏远地区、监控、气象侦测或送货到条件恶劣的地区。由于低成本、低功耗嵌入式技术问世,无人机逐渐在消费应用方面被广泛使用。现在无人机已成为玩具、摄影辅助器材、送货、农药喷洒的工具等。未来无人机将在房地产、高尔夫、检验、农业、安保、婚礼盛会、搜索救援、特殊物流、地面勘察、保险理赔等领域得到广泛应用,如图 11-6 所示。

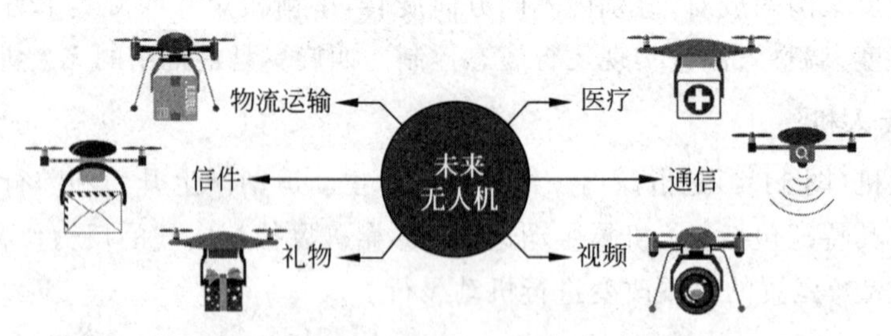

图 11-6 未来无人机的应用

无人机在军事上的应用可以极大地减少人员伤亡,在民用领域也有很多优点,如高空作业、远距离作业等。现在有很多无人机应用,但是也同时存在无人机干扰民航事件,所以无人机要有效地进行管理。根据中国民航局航空器适航审定司 5 月 16 日发布的《民用无人驾驶航空器实名制登记管理规定》,自 2017 年 6 月 30 日起飞质量超过 250 克(微型无人机)的民用无人机需要实名登记。

11.2 无人机的技术支持

无人机由机体平台、自身需要的动力系统、实现无人驾驶的导航控制、数据传输的链路系统、实现地面下达指令和检测的地面站，以及执行任务的载荷系统等共同构成。如图 11-7 所示。

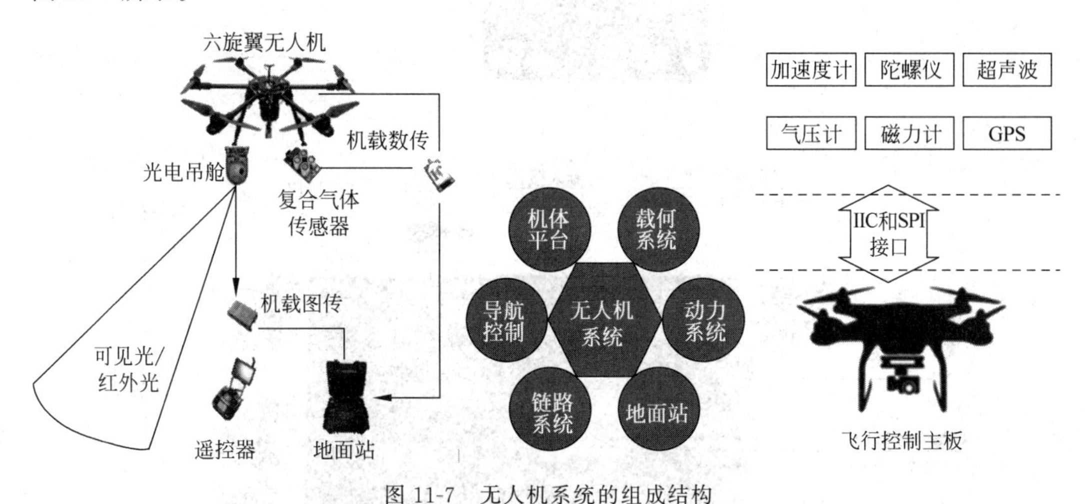

图 11-7 无人机系统的组成结构

实现无人机的控制，必须有一些技术的支撑。

11.2.1 自动驾驶飞行控制器

自动驾驶飞行控制器，简称飞控。飞控系统是无人机完成起飞、空中飞行、执行任务和返场回收等整个飞行过程的核心系统，飞控系统对于无人机相当于驾驶员对于有人机的作用，是无人机最核心的技术之一。飞控系统一般包括传感器、机载计算机和伺服动作设备三大部分(图 11-8)，实现的功能主要有无人机姿态稳定和控制、无人机任务设备管理和应急控制三大类。其中，机身大量装配的各种传感器(包括角速率、姿态、位置、加速度、高度和空速等)是飞控系统的基础，是保证飞机控制精度的关键，在不同飞行环境下，不同用途的无人机对传感器的配置要求也不同。军用无人机对传感器配置要求非常高，未来对无人机态势感知、战场上识别敌我、防区外交战能力等方面的需求，要求无人机传感器具有更高的探测精度、更高的分辨率，因此国外军用无人机传感器中大量应用了超光谱成像、合成孔径雷达、超高频穿透等新技术。相对于军用无人机，民用无人机对传感器配置要求较低。消费类无人机的飞控系统很多是开源的，供用户开发新的各种用途。

GPS、互联网和智能手机，所有这一切造就了无人机的大脑——飞行控制器。民用自动驾驶仪在 2000 年前后开始出现在爱好者制作的多轴直升机上。早期具有 GPS 功能的飞行控制器单元是由德国的 MikroKopter 公司制造的，后来多家中国公司仿制了这一装置。大约在同一时期，MultiWii 等开源项目启动。近年来，小型自动驾驶仪已经有了很大的发展，许多型号添加了自主飞行、自动返航和自动跟随等先进功能。许多此类功能在

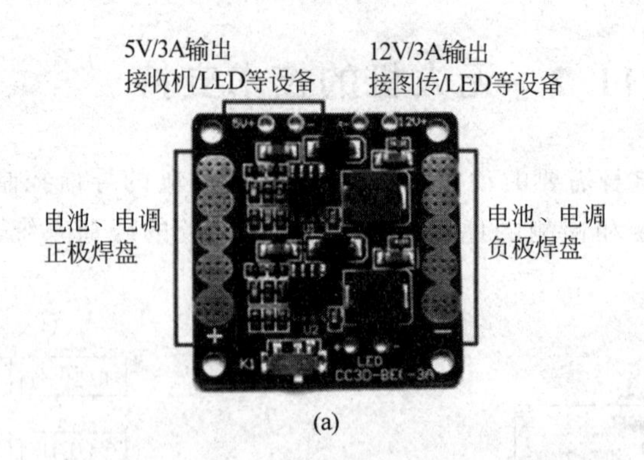

(a)

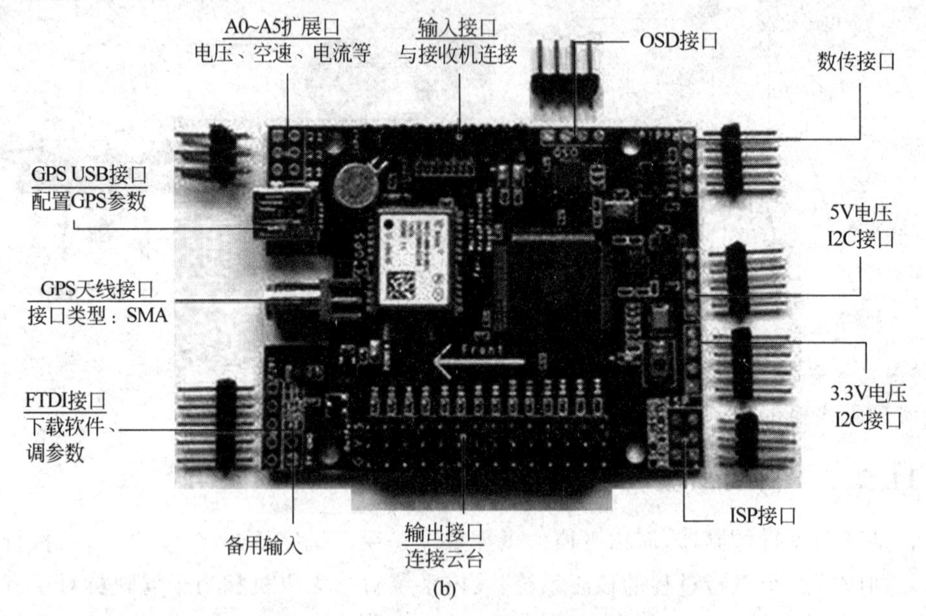

(b)

图 11-8 飞行控制器

几年前还只能在顶级模型中找到，由此可以看到，技术的发展有多么快。

11.2.2 微电子机械系统迷你化

没有活动部件、不需要维护的微型组件取代了以前的机械传感器，这种组件被称作微电子机械系统（MEMS），如图 11-9 所示。移动电话的普及促使这类系统进入工业化生产。现在，微型无人机自动驾驶仪的回路中就采用了微电子机械系统，包括传感器在内，自动驾驶仪的总质量不到 25g。

11.2.3 地面站

在飞行器研发试验过程中，需要实时监控各种数据值的变化。地面控制板软件相当于一个通信的中转站，如图 11-10 所示，同时与飞行控制板、遥控器和 PC 上位机软件通信，将遥控器命令及上位机的命令数据发送给飞行控制板，同时又将飞行控制板反馈回来

图 11-9 微电子机械系统

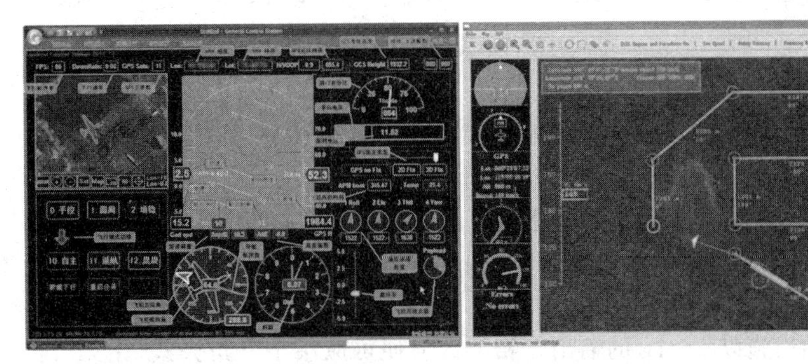

图 11-10 地面控制板软件

的实时飞行数据显示在 OLED 屏幕上或者转发给上位机软件动态显示，要保证这些通信任务相互之间不会发生冲突，也需要同飞行控制板一样有严格的时序控制。

为了实现飞行控制板、地面控制板以及 PC 上位机三者之间的稳定、可靠、快速地进行通信，地面站与上位机使用了特定的数据帧格式进行通信，地面站与飞机是通过 nRF 进行无线通信的。地面站与遥控器也是通过特定的数据帧格式进行通信。地面站通过识别帧头来判断数据的类型，从而做出相应的反应，并且将末尾等于所有位的累加和作为校验位，来确保数据传输的准确性。无线遥控就是利用高频无线电波实现对模型的控制，如天地飞的 6 通道 2.4GHz 遥控器，具有自动跳频抗干扰能力，从理论上讲可以让上百人在同一场地同时遥控自己的模型而不会相互干扰。而且在遥控距离方面也颇具优势，2.4GHz 遥控系统的功率仅在 100mW 以下，而它的遥控距离可达 1km 以上。模型遥控器最多有 9 个通道。

11.3 无人机传感器

无人机传感器的重要特点：无人机很容易受到极端状况的影响，包括振动、噪声与环境。无人机所使用的传感器应该具备高度防振功能，而且速度够快以吸收所有振动；不能因为温度、湿度等环境参数的变化就影响效能；超低耗电以提供更高的电池续航力。

11.3.1 核心传感器

无人机利用核心传感器可以实现悬停、航姿、稳定、避障、导航、预设路线飞行；规划航线、定高、定点、一键返航等自主飞行，这些传感器位于无人机的核心位置，可确保装置功能与导航正常运作。这些传感器包括加速度计、陀螺仪、磁罗盘与气压传感器等。

在消费级无人机上，惯性测量单元(IMU)结合 GPS 是维持方向和飞行路径的关键。一般情况下，一个 IMU 包含三个单轴的加速度计和三个单轴的陀螺，测量物体在三维空间中的角速度和加速度，并以此解算出物体的姿态。

伴随着手机上大量应用加速计、陀螺仪、地磁传感器等，MEMS 惯性传感器从 2011 年开始大规模兴起，6 轴、9 轴的惯性传感器(配备三轴加速度、三轴陀螺仪、三轴磁力计)也逐渐取代了单个传感器，成本和功耗进一步降低，成本仅为几美元。另外，GPS 芯片仅重 0.3 克，价格不到 5 美元。

1. 加速度计

对任何一款无人机来说，加速度计都是一个非常重要的传感器，因为即使无人机处于静止状态，都要靠它提供关键输入。加速度计是用来提供无人机在 X、Y、Z 三轴方向所承受的加速力。它也能决定无人机在静止状态时的倾斜角度。当无人机呈现水平静止状态，X 轴与 Y 轴为 0g 输出，而 Z 轴则为 1g 输出。地球上所有对象所承受的重力均为 1g。若要无人机 X 轴旋转 90°，那么就在 X 轴与 Z 轴施以 0g 输出，Y 轴则施以 1g 输出。倾斜时，X、Y、Z 轴均施以 0～1g 的输出。相关数值便可应用于三角公式，让无人机达到特定倾斜角度。

加速度传感器是丈量空间中各方向加速度的。它使用一个"重力块"的惯性，传感器在运动时，"重力块"会对 X、Y、Z 方向(前、后、左、右、上、下)产生压力，再使用一种压电晶体，把这种压力转换成电信号，跟着运动的改动，各方向压力不同，电信号也在改动，然后判断，如图 11-11 所示。加速度传感器是一种能够测量加速度的传感器。传感器在加速过程中，通过对质量块所受惯性力的测量，利用牛顿第二定律获得加速度值。加速度计用于确定位置和无人机的飞行姿态。加速度计同时也用来提供水平及垂直方向的线性加速。相关数据可作为计算速率、方向，甚至是无人机高度的变化率。加速度计还可以用来监测无人机所承受的振动。

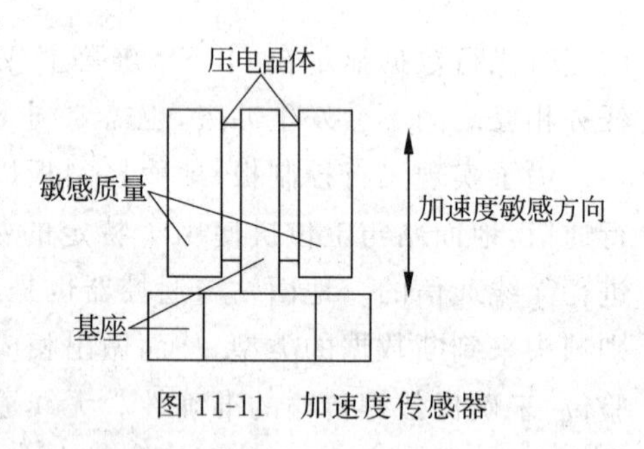

图 11-11 加速度传感器

2. 陀螺仪(角速度计)

陀螺仪(简称陀螺)是一种利用动量守恒感知方向的装置。按照工作机理，现有陀螺可以分成两大类：一类以经典力学为基础，如机械陀螺、振动陀螺等；另一类以近代物理学为基础，如激光陀螺、光纤陀螺等，还有发展迅速的 MEMS 陀螺仪，如图 11-12 所示。

测量精度准确的光纤陀螺仪和MEMS陀螺仪有较为广泛的应用。

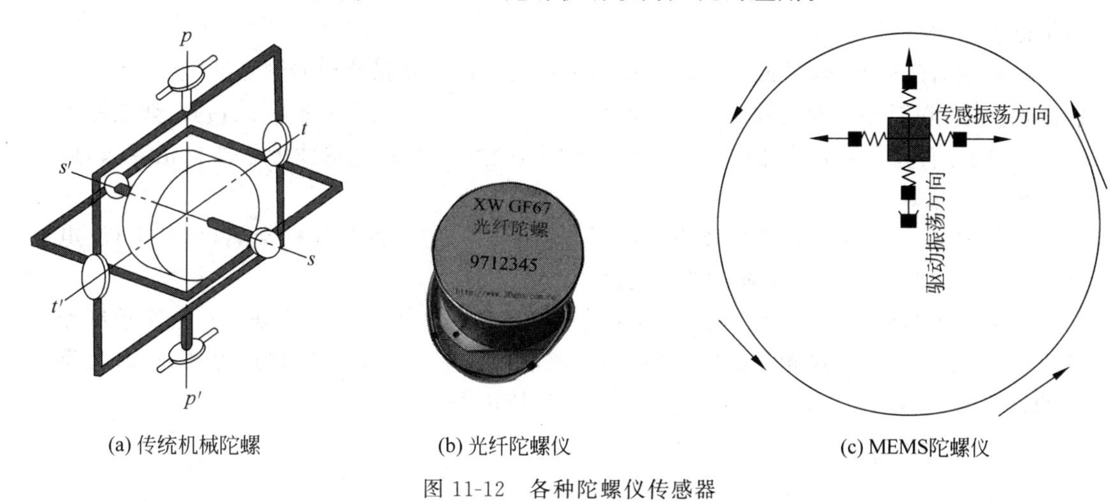

图 11-12 各种陀螺仪传感器

陀螺仪传感器能监测三轴的角速度,因此可监测出俯仰(Pitch)、翻滚(Roll)和偏摆(Yaw)时角度的变化率。即使是一般飞行器,陀螺仪都是相当重要的传感器。角度信息的变化能用来维持无人机稳定并防止晃动。由陀螺仪所提供的信息将汇入电动机控制的驱动器,通过动态控制电动机速度,并提供电动机稳定度。陀螺仪还能确保无人机根据用户控制装置所设定的角度旋转。

陀螺仪是一种用于丈量视点以及维持方向的设备,在飞翔游戏、体育类游戏和第一视角类射击等游戏中,能够完好地监测游戏者手的位移,然后完成各种游戏操作效果。图 11-13 是一个最基本的机械陀螺仪模型,中间金色的转子在整个仪器的运动中,由于惯性作用不受影响,而周边三个"钢圈"则会随设备改动姿势而改动,从而检测设备当时的旋转状况。

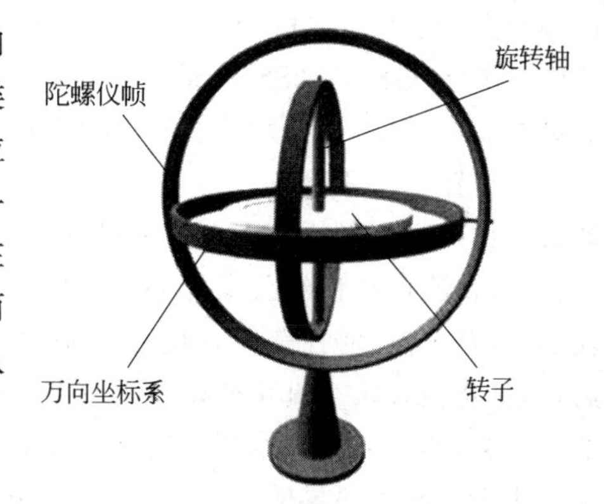

图 11-13 机械陀螺仪模型

3. 磁力计(电子罗盘)

磁力计(Magnetic、M-Sensor)也叫地磁、磁感器,可用于测试磁场强度和方向,定位设备的方位,可以测量出当前设备与东、南、西、北四个方向上的夹角。电子罗盘提供关键性的惯性导航和方向定位系统的信息,磁力计原理如图 11-14 所示。

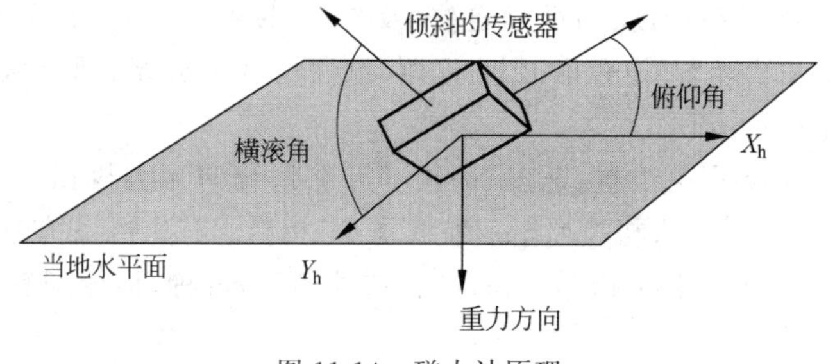

图 11-14 磁力计原理

磁罗盘能为无人机提供方向感。为了计算出正确的方向，磁性数据还需要加速度计提供倾斜角度数据。

磁罗盘对于硬铁、软铁或运转角度都非常敏感。硬铁是指传感器附近的坚硬、永久性铁磁性物质，它能使罗盘读数产生永久性偏移。软铁是指附近有弱铁磁性物质，如电路走线等，它能让传感器读数产生可变动移位。因此，磁罗盘也需要磁性传感器校正算法，以过滤掉这些异常状况。

除了方向的感测，磁性传感器也可以用来侦测四周的磁性与含铁金属，例如电极、电线、车辆和其他无人机等，以避免事故发生。

它能提供装置在 X、Y、Z 各轴向所承受磁场的数据。接着相关数据会汇入微控制器的运算法，以提供磁北极相关的航向角，然后就能用这些信息来侦测地理方位，这时最重要的是让用户不必费力，运算法就能快速地进行校正。

4. GPS 定位系统

为了完成任务，飞行器必须精确地了解自己所处的空间位置。直到 20 世纪 90 年代，自动驾驶仪只能依靠自身的惯性测量仪定位，惯性测量仪包括机械陀螺仪、与陀螺仪连接的磁罗盘和压力传感器。在整个飞行过程中，飞行器通过测量自身承受的加速度实现定位。除了机械本身的可靠性问题之外，惯性测量仪体积大且笨重，随着时间的流逝，其精确度会降低。1995 年，全球卫星定位系统的到来改变了这种局面。自此之后，飞机可以用指甲大小的天线接收卫星发出的信号，及时定位自身的位置。该系统的工作原理是，通过多颗人造卫星组成的卫星群(如用 24 颗人造卫星工作的全球卫星定位系统)，或者俄国的格洛纳斯(GLONASS)全球卫星导航系统，抑或已投入使用的欧洲伽利略(GALILEO)卫星导航系统，将持续发送由原子钟测算而出的、报告精确时刻与位置的信号，通过三边测量法计算出位置距离。为了准确定位，飞行器必须接收至少四颗人造卫星发出的信号，如果能接收到六颗或更多人造卫星发出的信号，则会提高定位的精确度。这种技术起初由美军研发，而提供给公众的卫星信号被故意降低了精确度，于是，其误差在 100m 左右。在 2000 年 5 月，时任美国总统克林顿决定停止人为降低人造卫星信号的精确度的做法后，卫星定位技术才真正开始蓬勃发展。现在，定位的精确度在 10m 以内，随着发射信号的卫星数量增多，精确度仍在进一步提高。

中国北斗卫星导航系统(BeiDou Navigation Satellite System，BDS)是中国自行研制的全球卫星导航系统，也是继 GPS、GLONASS 之后的第三个成熟的卫星导航系统。北斗卫星导航系统(BDS)和美国 GPS、俄罗斯 GLONASS、欧盟 GALILEO 是联合国卫星导航委员会认定的供应商。

北斗卫星导航系统由空间段、地面段和用户段三部分组成，可在全球范围内全天候、全天时为各类用户提供高精度、高可靠定位，及导航、授时服务，并且具备短报文通信能力，已经初步具备区域导航、定位和授时能力，定位精度为分米、厘米级别，测速精度为 0.2m/s，授时精度为 10ns。

导航系统的三大要素是位置、速度、高度。导航系统向无人机提供参考坐标系的位置、速度、飞行姿态，引导无人机按照指定航线飞行，相当于有人机系统中的领航员。无人机导航系统主要分为非自主(GPS 等)和自主(惯性制导)两种，但分别有易受干扰和误差积累增大的缺点；而未来无人机的发展要求障碍回避、物资或武器投放、自动进场着陆等功能，需要高精度、高可靠性、高抗干扰性能，因此多种导航技术结合的惯性＋多传感器＋GPS＋光电导航系统将是未来发展的方向。导航系统如图 11-15 所示。

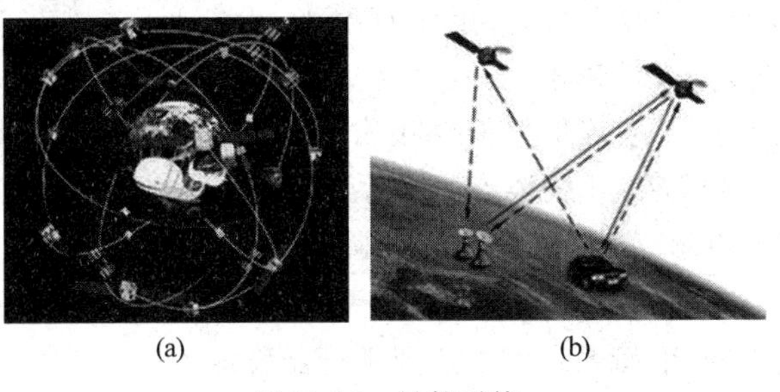

(a)　　(b)

图 11-15　导航系统

微小型四旋翼飞行器主要面向近地面环境，如城区、森林、隧道和室内等。但是，目前还存在定位、导航与通信方面的问题。一方面，在近地面环境中，GPS 常常不能正常工作，需要综合惯导、光学、声学、雷达和地形匹配等技术，开发可靠、精确的定位与导航技术；另一方面，近地面环境地形复杂，干扰源多，当前通信链技术的可靠性、安全性和抗干扰性还不能满足实际应用的需求。因此，研制体积小、质量轻、功耗低、稳定可靠和抗干扰的通信链对微小型四旋翼飞行器技术（尤其是多飞行器协同控制技术）的发展是十分关键的。

5. 超声波传感器、气压计、光流传感器

（1）超声波传感器用于地面附近的高度控制及探测障碍物，用于低空定高，如图 11-16 所示。

（2）气压计根据大气压强检测当前高度的装置。高空飞行时才使用。

图 11-16　超声波传感器

气压计运作的原理是利用大气压力换算出高度。压力传感器能侦测地球的大气压力。由气压计所提供的数据能协助无人机导航，并上升到所需的高度。准确估计上升与下降速度，对无人机飞行控制来说相当重要。

（3）光流传感器：光学鼠标，检测地面状态，没有 GPS 信号的情况下，作为定位设备，可实现室内悬停。

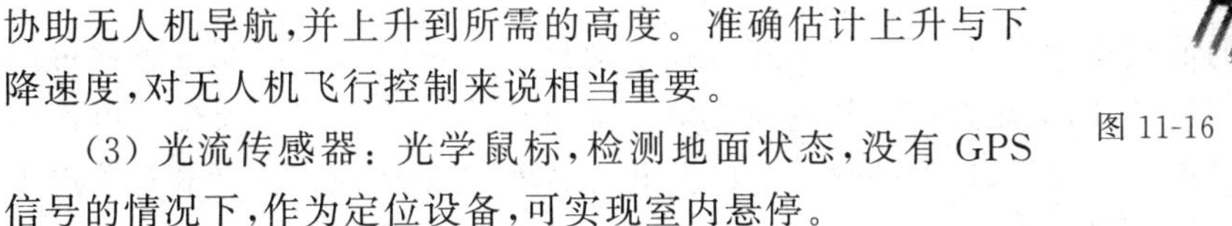

6. 避障系统

避障技术是导航系统的关键技术之一，如图 11-17 所示。目前避障技术主要有深度相机避障技术、声呐系统避障技术、“视觉＋忆阻器”避障技术、双目视觉避障技术、微小型雷达避障技术等。

TS105-3 型红外线温度传感器由热吸收区（热端）、硅基片（冷端）和 Sinx 薄膜及外封装组成。其工作原理类似于普通的热电偶原理，即通过吸收红外线能量输出一个与温度成比例关系的电压信号。工作温度范围为－40～100℃，视角温度约为 100℃，可以探测视角范围内所有物体的温度值，探测距离很远，安置在窗口附近的滤光片不但可以较好地

图 11-17 导航系统

反射太阳光等其他波长的光线，而且对物体发射出的红外波长有很好的穿透性，从而极大地提高了其工作时的抗干扰能力，使用红外线温度传感器完成无人机内环控制的设计，简化了系统整体开发的复杂性，降低了直射光、天气变化等因素对红外线平衡系统的影响，即使在冬天，地面与天空的温度差较小的情况下，系统仍然能够正常的工作。经过数十次的实地飞行测试，红外线姿态平衡系统不但可以顺利地完成无人机的姿态纠正，而且当遇到障碍物（如楼房、峭崖）时，它们所引起的温度升高还可以使无人机进行自动避让，提高了无人机飞行的安全性。所以红外线姿态平衡系统可以达到飞行器稳定性。

11.3.2 特定应用传感器

这类传感器并不影响无人机的核心功能运作，但越来越常被用在无人机上，以提供各种不同应用，例如气候监测、农耕用途等。

1. 湿度传感器

湿度传感器能监测湿度参数，相关数据则可应用在气象站、凝结高度监测、空气密度监测与气体传感器测量结果的修正。意法半导体已推出 HTS221 湿度传感器，其中包含一个感测组件和一个模拟前端，可透过数字串行接口提供测量信息。这个感测组件包含了一个高分子电介质平面晶体管结构，能监测相对湿度的变化。

2. MEMS 麦克风

MEMS 麦克风是一种能将声音频号转换为电子信号的音频传感器。MEMS 麦克风正逐渐取代传统麦克风，因为它们能提供更高的信噪比（SNR）、更小的外形尺寸、更好的射频抗扰性，面对振动时也更加稳定。这类传感器可用在无人机的影片拍摄、监控、间谍行动等方面。

3. 电流传感器

无人机电能的消耗和使用非常重要，尤其是在电池供电的情况下。电流传感器可用于监测和优化电能消耗，确保无人机内部电池充电和电机故障检测系统的安全。电流传感器工作通过测量电流（双向），理想的情况下提供电气隔离，以减少电能损耗和消除电击损坏用户系统的机会。同时，具有快速的响应时间和高精度的传感器可以优化无人驾驶飞机电池的寿命和性能。

4. 无人机的联网功能

无人机有各种不同的联网技术选项可供参考。低功耗蓝牙（BLE）与 WiFi 多通过智能手机联网，Sub-1GHz 则用在远程控制器，能提供更远距离的联网功能。

5. Bluetooth Smart 低功耗蓝牙技术（BLE）

Bluetooth Smart 又称低功耗蓝牙（Bluetooth Low Energy，BLE），能提供无人机低功耗的联网功能。这种技术适合低阶机种，特别是玩具无人机。它能让无人机和作为控制装置的智能手机、平板、笔记本电脑或专用远程控制器进行双向通信。低功耗蓝牙能让无人机具备绝佳的电池续航力，这是使用 WiFi、传统蓝牙(Classical Bluetooth)等传统无线技术所不能达到的。低功耗蓝牙使用的是 2.4GHz 免费授权 ISM 频段。相关标准由蓝牙技术联盟(Bluetooth SIG)负责管理，并支持各大智能手机品牌。

11.4 无人机多传感器数据融合

无人机的动作必须非常精确，除了稳定，还要能到飞行到预期的高度并有效进行沟通。因此，一台最基本的无人机必须具备以下特性：①稳定。无人机应该要稳定，不可无预警突然振动、摇晃或倾斜，否则就会失去平衡并坠毁。②精确。无人机的动作要非常精确。其动作主要是指距离、速度、加速、方向与高度。③能抵抗各种环境条件。无人机要能抵抗下雨、灰尘、高温等环境状况。而且不止外部材质，无人机内部所使用的电子零件也要如此。④低功耗。无人机将会变得越来越轻，因此如何确保超低功耗以尽量缩小电池尺寸就显得尤为重要。低功耗技术的崛起，已使无人机技术得以普及化。⑤环境感知。环境传感技术逐渐崛起，成为无人机最关键的发展领域之一。现在的无人机都具备好几种传感器用来监测环境。⑥联网功能。联网功能是无人机崛起并广为市场接受的重要因素。无人机可通过简单的智能手机、遥控器或直接通过云端加以控制。应根据不同使用案例，提供适合的联网功能解决方案。有的无人机会采用多种联网功能解决方案，以满足多用途使用案例的需求。

11.4.1 无人机多传感器

随着对无人机经济性的追求，低成本控制日益受到重视。低成本传感器配置不仅能减少控制系统的负载，降低成本，更重要的是，当某个传感器发生故障，采用低成本控制策略降级运行，保证系统正常运行。信息融合技术作为不同传感器配置方案的辅助技术，能够充分利用多传感器中的有效信息，相互补充、验证，为飞行控制系统提供更精确、可靠、全面的信息，以保证无人机能够安全稳定的飞行和执行任务。

要实现无人机的飞行自动控制，首要问题就是如何精确测量各种飞行参数，其中包括姿态信息，位置信息，高度、速度信息等。测量这些参数的传感器多种多样，见表 11-2，鉴于每种传感器不同的特性，其使用环境和与之组合的传感器也会随之不同。

表 11-2 飞行控制回路及传感器对应表

<table>
<tr><td rowspan="2">纵向控制</td><td>内回路(姿态控制)
垂直陀螺：测量俯仰角，以稳定纵向姿态
角速率陀螺：测量俯仰角速率用以增加系统的阻尼，以提高稳定性
角加速度计：测量角加速度，克服常值力矩干扰所导致的静差</td></tr>
<tr><td>外回路(高度控制)
气压高度传感器：根据气压确定高度
无线电高度表：测量无人机离地面的垂直高度
大气数据计算机：指示高度、空速、当前马赫数等</td></tr>
</table>

续表

横向控制	内回路(滚转控制) 垂直陀螺：滚转角，以稳定横向姿态 角速率陀螺：滚转角速率，横向阻尼增稳
	外回路(航迹控制) GPS：提供真航向、经纬度、高度，位置信息 磁力计：提供经纬度，偏航角

加速度计、陀螺仪与磁罗盘这三种动作传感器各有优缺点。传感器的限制包括校正不够完美，也会因为时间、温度与随机噪声而产生漂移。磁力计与加速度计容易失真，陀螺仪则是原本就会出现漂移现象。我们可利用传感器融合数据库来相互校正这些传感器，以打造在所有情境下都能得到正确结果的条件。它不仅能提供校正过的传感器输出，还有角度与航向角的信息，以及四元数角度。

11.4.2 无人机中多传感器系统的优势

1. 扩展了时间/空间覆盖范围

由于各传感器分布在不同的空间，因此一种传感器可以通过交叉覆盖的传感器作用区域，探测到其他传感器探测不到的地方、目标或事件，如当目标从一个传感器探测区域转移到另一个传感器探测区域时，系统可以将目标跟踪从一个传感器正确地切换到另一个传感器。此外，多传感器可以分时工作，如可红外传感器系统，可以在白天和夜晚分时工作。

2. 增加了测量空间的维数

多传感器收集的信息中不相关的信息在测量空间中是正交的。在一定范围内增加测量向量的维数，可显著提高系统的性能，使多传感器系统不易受到敌方有意的干扰和迷惑。图 11-18(a)所示为两个空中目标的方位和高度测量，它们在空间上重叠，无法可靠地分离。但是如果增加距离测量，如图 11-18(b)所示，就很容易分类。因为最初的二维数据集的信息内容是不充分的，即使采用复杂的聚类算法也不能区分这两组目标。而增加第三个测量维数，就能够轻易地利用一个简单的聚类算法完成这个任务。

3. 增强了系统的生存能力与容错能力

系统中布设多个传感器，当某些传感器不能利用或受到干扰毁坏时，可能会有其他传感器提供信息，即个别传感器的损毁不影响整个系统的能力。例如，当一个雷达工作在 1GHz 频率，另一个雷达工作在 3GHz 频率时，敌人必须采用对抗措施来对付这两种波段，才能使这个综合系统无法给出目标航迹。

4. 改善了系统的处理性能

多种传感器对同一目标或事件进行确认时，可以降低不确定性，减少信息的模糊性，提高信息的可信度，从而提高检测、识别、跟踪等决策的可信度。例如，多个传感器优化协同作用，提高了目标的探测概率，降低了多测量数据的模糊性和不确定性；多传感器目标数据综合处理，提高了系统跟踪和识别精度。

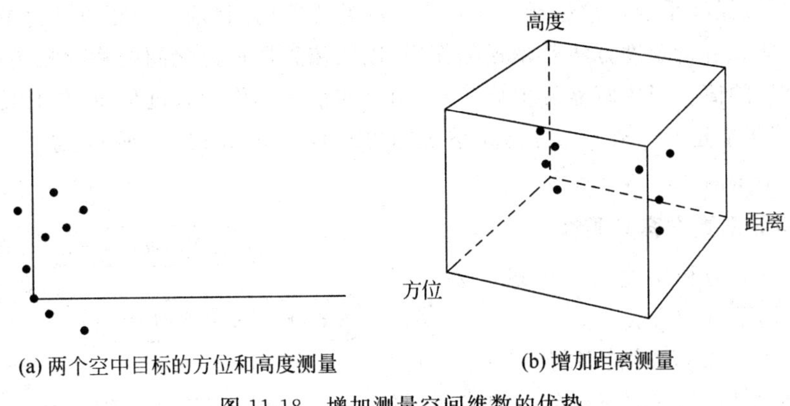

(a) 两个空中目标的方位和高度测量

(b) 增加距离测量

图 11-18 增加测量空间维数的优势

11.4.3 飞行控制系统传感器配置方案

1. 配置方案

鉴于其繁多的种类、各异的功能、成本的限制，无人机的传感器配置并非都是相同的，大致分为完整配置、中等配置、最简配置三种。

完整配置方案是指无人机上配置完整、全面甚至冗余的传感器，一般大型长航时的高端无人机都采用完整传感器配置。此类无人机用途广泛，可靠性相对较高，一旦某个传感器出现故障，可切换备份设备保护无人机正常飞行，但该种配置造价昂贵，体积庞大，并且冗余设备所产生的大量冗余信息也增加了系统控制算法的设计难度。如图 11-19 所示，美国的“全球鹰”就是采用了完整配置。

中等配置方案是指无人机上传感器配置在满足基本控制要求的基础上尽量减少冗余配置，鉴于其在经济上的优势和性能上的保障，中等配置方案目前应用最为广泛，如图 11-20 所示，我国的“长空一号”就是中等配置。

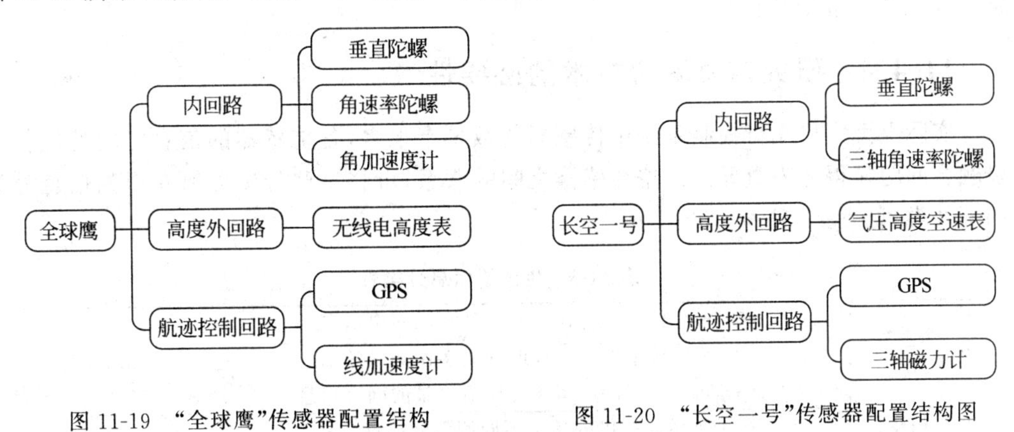

图 11-19 “全球鹰”传感器配置结构

图 11-20 “长空一号”传感器配置结构图

最简配置方案是指采用尽可能少的传感器实现期望的控制功能。随着小型化无人机的发展，最简配置方案越来越受到重视。最简配置不仅能够减少系统配置，降低系统成本，更重要的是，当某个传感器发生故障，控制系统将切断该传感器信号，采用最简配置方案的降级运行,保证系统正常运行。实现最简配置方案时,目前一个很有前途的方法就是解析余度方法。解析余度方法就是根据作用,以及传感器信息之间的物理相关性,估计对象的某些变量的值。当传感器发生故障时,用这些估计值作为余度信息,代替传感器的测量值,使系统仍能正常工作,从而提高系统的可靠性。如图 11-21 所示,意大利的“幻影 100”就是选用了简化配置。

2. 传感器配置方案必要性

(1) 不同类型和用途的无人机需要采用不同的传感器配置方案。

无人机种类繁多,功能各异,从微型到大型,从民用到军用,从巡海飞行到空中格斗,每种无人机都需要配置独具特色的传感器。无人机的种类和用途不同,飞行环境和条件就会随之不同,飞控系统的控制精度的要求也会随之不同,因此不同种类用途的无人机上需要不同的传感器配置方案。

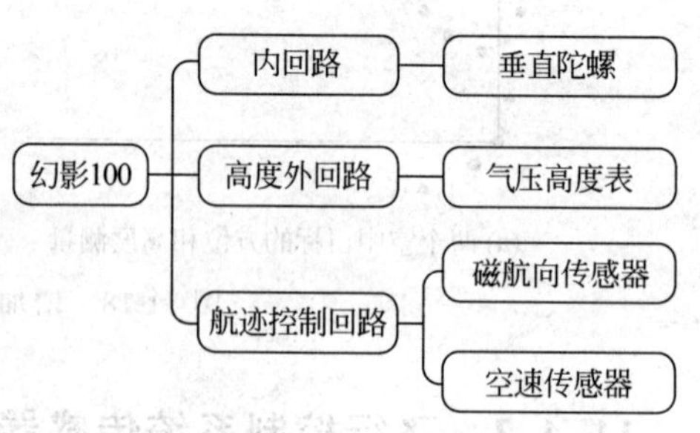

图 11-21 “幻影 100”传感器配置结构图

(2) 同种类型和用途的无人机也需要采用多种传感器配置方案。

① 无人机的不同飞行阶段对某些飞行参数的要求不同,例如无人机在起飞、着陆阶段或者海平面上飞行时,高度的测量就要选择不同的传感器,否则所测量高度信号达不到控制要求,因此在同一无人机上配置多种传感器方案是必要的。

② 出于经济性的考虑,无人机上安装的传感器通常不具有硬件余度配置,当某个传感器的故障引起飞行故障影响飞行安全时,为保证无人机安全飞行就需要切换其他传感器配置方案,因此研究传感器失效时的传感器备份配置方案是必要的。

③ 无人机上某一特定传感器也可以反映出其他参数数据,例如大气数据计算机和气压高度表都能测出高度,这些测量数据可能是矛盾的,也可能是重复的,因此研究简化传感器配置方案也是必要的。

11.4.4 研究信息融合技术的必要性

实际上无人机飞行控制系统中传感器的数量有很多,各传感器的信息之间的优化冗余融合问题显得尤为重要。根据传感器之间的联系,可将这些传感器所获得的信息分为如下 3 类,见表 11-3。

表 11-3 传感器信息分类表

冗余信息	(1) 多个传感器提供的同一特征的多个信息 (2) 某一传感器在一段时间内多次测量的信息 (3) 同一段时间内多个传感器测量的同一信息
互补信息	多个传感器提供的各个不同侧面的信息
协同信息	(1) 必须依赖其他传感器才能测得的信息 (2) 必须其他传感器配合工作才能获得的信息

信息融合作为不同传感器配置方案的辅助技术,利用多个传感器可以在时间及空间

领域互相弥补、互相修正、互相完善，减少了工作盲区，提高了效率和可信性，增强了纠错能力，能够为飞行控制系统提供更精确、可靠、全面的数据信息，以保证无人机能够安全稳定的飞行和执行任务。多传感器数据融合应用前景很广泛，已被应用于战斗机、直升机、无人机中，不但扩展了时间和空间，增加了数据维数，丰富了信息，同时提高了系统的可信度。

无人机一般由高度传感器、无线电高度表和GPS传递高度信息。多传感器融合技术，就是利用了各个传感器的优点，进而提高飞控系统的性能。以高度测量为例，高度传感器、无线电高度表、GPS各有长处和不足。高度传感器取决于大气数据，虽然数据连续可靠，但是受大气压强的影响较大；无线电高度表精度较高，但是受地形未知因素的影响较大；GPS也有更新慢等不足。只有将三者合理地融合在一起，才能实现更好的互补。同理，姿态控制受垂直陀螺和姿态控制系统的影响的情况类似。多传感器系统信息处理如图11-22所示。

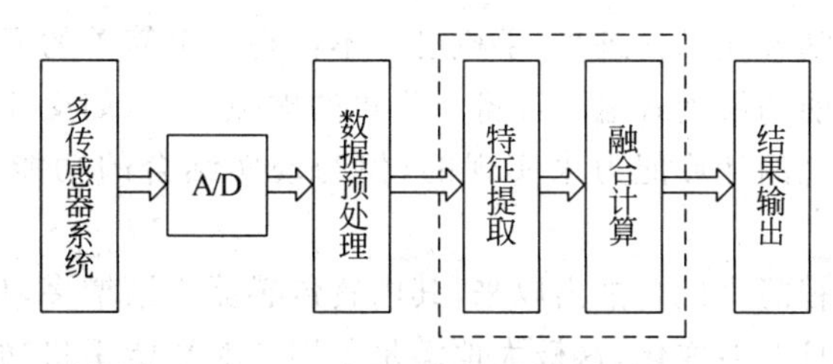

图11-22　多传感器系统信息处理

飞控解码出姿态传感器的数据之后，随即将两者进行融合的结果对姿态进行相应的调整，通过信号对电调进行控制，这种控制方式就叫作PID控制。其中，P为比例；I为积分；D为微分。

为了提高信息采集的可靠性，将传感器数据融合设计应用于无人机飞控系统，要确保各项性能指标符合要求。在这个过程中，要综合考虑传感器提供的数据、工作原理等因素，尤其要注意飞控系统获取的各个信息的时效性，特别是高度精度和姿态精度。

思考和练习

1. 无人机和航模有何差别？
2. 无人机有哪些核心传感器？
3. 无人机飞行控制系统中有几种传感器配置方法？

第12章

手机中的传感器

引言

随着技术的进步，手机已经不再是一个简单的通信工具，而是具有综合功能的便携式电子设备。手机的虚拟功能，如交互、游戏都是通过处理器强大的计算能力来实现的，但与现实结合的功能，则是通过传感器来实现。

智能手机自推出以来，其内置传感器逐渐增多，传感器所能实现的功能也日益多样化，这极大地满足了用户对智能手机功能的需求，从依赖于重力传感器的各种游戏，到依靠距离传感器实现的通话灭屏，再到指南针功能下的电子罗盘等，小小的一个智能手机以各种传感器为依托实现了许多有趣的功能。手机传感器是手机上通过芯片来感应的元器件，感应的信息有很多种，如温度值、亮度值和压力值等。

导航——教与学

理论	重点	手机传感器的种类
	难点	触摸屏
	教学规划	了解手机传感器的种类
	建议学时	2 学时
操作	实验	手机部分传感器功能的测试
	建议学时	选做

12.1 触摸屏-矩阵式传感器

触摸屏的应用如图 12-1 所示。触摸屏从市场概念来讲，就是一种人人都会使用的计算机输入设备，或者说是人人都会使用的与计算机沟通的设备。触摸屏又称为触控面板，是输入信号的感应式液晶显示装置，当接触屏幕上的图形按钮时，屏幕上的触觉反馈系统可根据预先编写的程序驱动联结装置，可以取代机械式的按钮面板、鼠标或键盘。随着多媒体信息查询设备的普及,人们越来越多地用到触摸屏。触摸屏具有坚固耐用、反应速度快、节省空间、易于交流等优点。利用这种技术,用户只要用手指轻轻地触碰计算机显示屏上的图符或文字就能实现对主机的操作,从而使人机交互更为直截了当,这种技术大大方便了不熟悉计算机操作的用户。

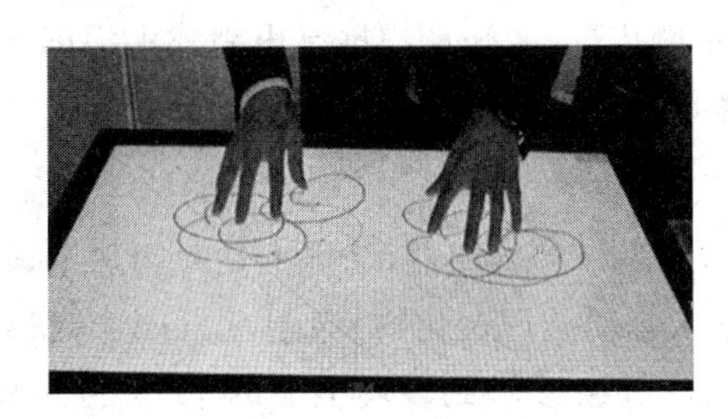

图 12-1 触摸屏的应用

触摸屏在我国的应用范围非常广阔,主要有两大方面的应用:①公共信息的查询,如电信局、税务局、银行、电力等部门的业务查询;城市街头的信息查询;领导办公、工业控制、军事指挥、电子游戏、点歌、点菜、多媒体教学、房地产预售等。②触摸屏运用于家庭和个人,笔记本电脑、多媒体一体机、平板电脑、手机、游戏机等。

12.1.1 触摸屏的特性与材料

1. 特性

触摸屏的第一个特性是透明,它直接影响触摸屏的视觉效果。由于透光性与波长曲线图的存在,通过触摸屏看到的图像不可避免地与原图像产生了色彩失真,静态的图像感觉还只是色彩的失真,动态的多媒体图像视觉感受就不是很舒服。色彩失真度也就是图中的最大色彩失真度,其越小越好。平常所说的透明度是图中的平均透明度,其越高越好。反光性主要是指由于镜面反射造成图像上重叠身后的光影,如人影、窗户、灯光等。

触摸屏的第二个特性是直观性。触摸屏是绝对坐标系统,要选哪里就直接点哪里,与鼠标这类相对定位系统的本质区别是一次到位的直观性。绝对坐标系的特点是每一次定位坐标与上一次定位坐标没有关系,触摸屏在物理上是一套独立的坐标定位系统,每次触摸的数据通过校准数据转为屏幕上的坐标,这样,就要求触摸屏的坐标不管在什么情况下,同一点的输出数据都是稳定的,如果不稳定,触摸屏就不能保证绝对坐标定位,出现点不准的情况,这就是触摸屏最怕的问题——漂移。

2. 触摸屏的材料

电阻式触摸屏和电容式触摸屏都用到ITO材料。ITO透明导电材料,是Indium Tin Oxides的缩写,即氧化铟。特性:①弱导电体;②当厚度降到1 800个埃(埃$=10^{-10}$m)以下时会突然变得透明,再薄下去透光率反而下降,到300埃厚度时透光率又上升;③所有电阻屏及电容屏的主要材料。

12.1.2 触摸屏的种类与原理

触摸屏由触摸检测部件和触摸屏控制器组成。触摸检测部件安装在显示器屏幕前面，用于检测用户的触摸位置，接收后传送给触摸屏控制器；而触摸屏控制器的主要作用是从触摸点检测装置上接收触摸信息，并将它转换成触点坐标，再送给 CPU，它同时能接收 CPU 发来的命令并加以执行。按照触摸屏的工作原理和传输信息的介质，通常把触摸屏分为四种，分别为电阻式、电容感应式、红外线式以及表面声波式。

现在所有的智能手机都配备了触摸屏，主流触摸屏是电阻式触摸屏和电容式触摸屏。电阻屏是感知手指的压力，电容屏是感应手指与屏幕之间的耦合电容。

1. 电阻式触摸屏

电阻式触摸屏如图 12-2 所示，它是一种传感器，基本上是薄膜加上玻璃的结构，薄膜和玻璃相邻的一面均涂有 ITO(纳米铟锡金属氧化物)涂层，ITO 具有很好的导电性和透明性。当触摸操作时，薄膜下层的 ITO 会接触到玻璃上层的 ITO，经由感应器传出相应的电信号，经过转换电路送到处理器，通过运算转化为屏幕上的 X、Y 值，而完成点选的动作，并呈现在屏幕上。

电阻式触摸屏的工作原理主要是通过压力感应原理来实现对屏幕内容的操作和控制的，轻触表层压下时，接触到底层，控制器同时从四个角读出相称的电流及计算手指位置的距离。

触摸屏的工作流程如图 12-3 所示，信号以电脉冲的形式从触摸屏传送到处理器；处理器使用软件分析数据，确定每次触摸是为了使用什么功能，这一过程包含确定屏幕上被触摸的区域大小、形状和位置；处理器使用动作转换软件来确定用户的动作指令。它将用户的手指运动与用户在使用哪种应用程序的信息、用户触摸屏幕时应用程序在做什么联系起来；处理器将用户的指令传送给使用中的程序。

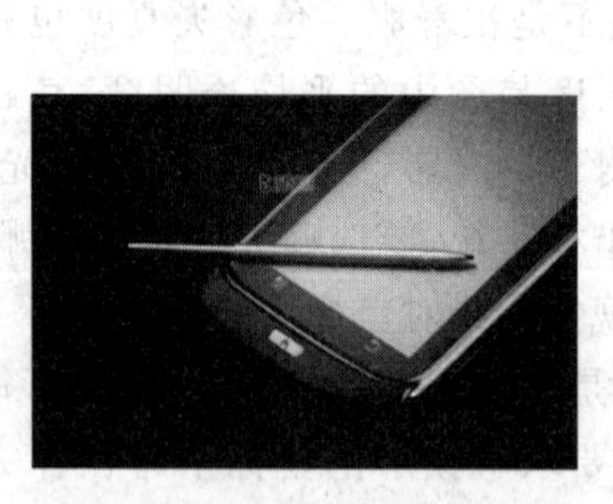

图 12-2 触笔式电阻触摸屏

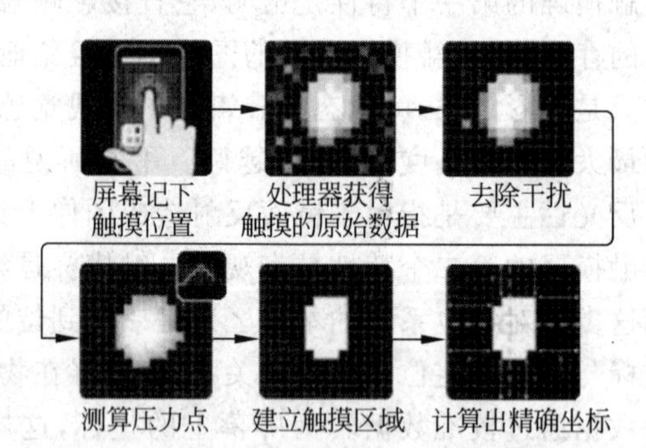

图 12-3 触摸屏的工作流程

如图 12-4 所示为触摸屏的流程图。

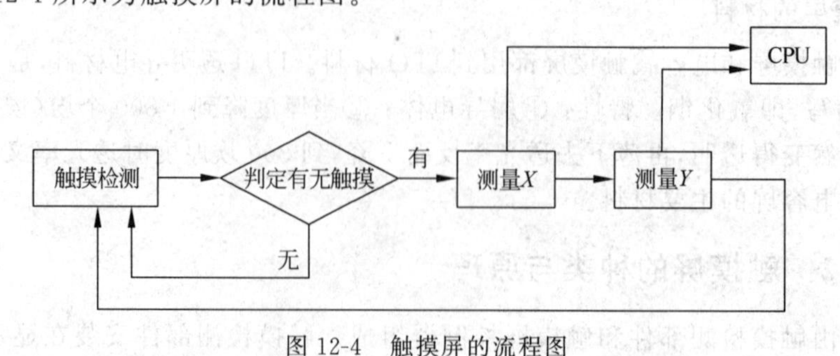

图 12-4 触摸屏的流程图

2. 电容感应式触摸屏

电容式触摸屏的性能远高于电阻式触摸屏，智能手机越来越趋向于使用电容屏，见表 12-1。

表 12-1　电阻式与电容式触摸屏的特点及功能比较

类别	多点触摸	触笔类型	操作压力	精确度	校准	透明度	表面硬度	使用寿命	成本
电阻式	不支持	触笔式	需要	低	需要	低	低	长	低
电容式	支持	手指	不需要	高	不需要	高	高	短	高

电容屏顾名思义就是利用电容效应识别触摸位置的设备，如图 12-5 所示。电容屏的玻璃下有紧密排布的微小电容，当手指靠近屏幕时会与屏幕下的极板形成耦合电容，使流过 CP 的电流变化，控制芯片读取电流的变化就能推算出触电的位置。

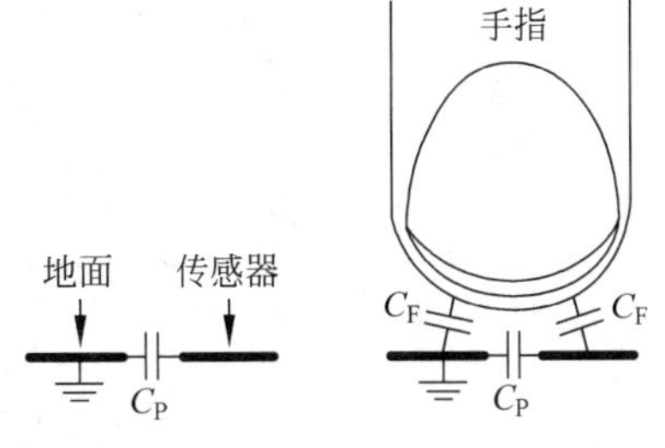

图 12-5　电容式触摸屏的构造

电容式触摸屏（Capacity Touch Panel，CTP）的构造如图 12-6 所示，主要是在玻璃屏幕上镀一层透明的薄膜体层，再在导体层外加一块保护玻璃，双玻璃设计能彻底保护导体层及感应器。电容式触摸屏在触摸屏四边均镀上狭长的电极，在导电体内形成一个低电压交流电场。在触摸屏幕时，由于人体电场，手指与导体层间会形成一个耦合电容，四边电极发出的电流会流向触点，而电流强弱与手指到电极的距离成正比，位于触摸屏幕后的控制器便会计算电流的比例及强弱，准确算出触摸点的位置。电容触摸屏的双玻璃不但能保护导体及感应器，还能更有效地防止外在环境因素对触摸屏造成影响，就算屏幕沾有污渍、尘埃或油渍，电容式触摸屏依然能准确地计算出触摸位置。

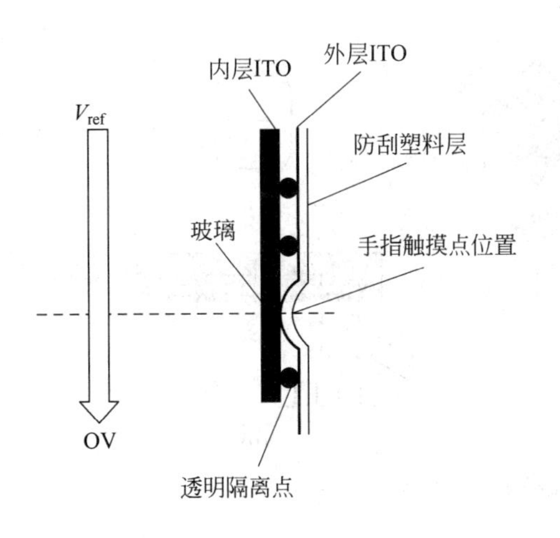

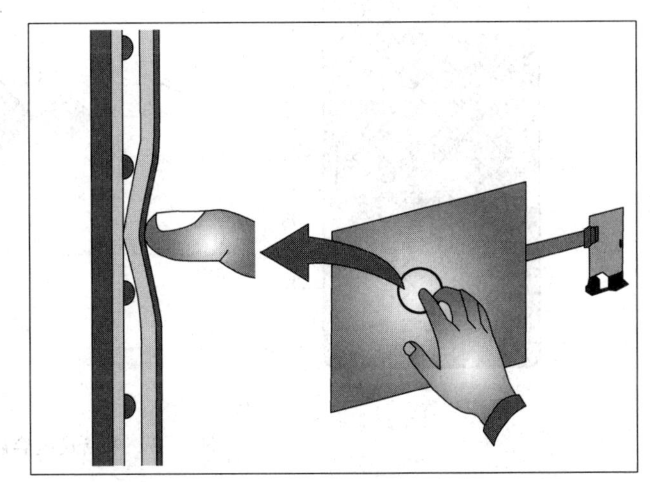
图 12-6　触摸屏的组成原理图

电容屏是一块四层复合玻璃屏,玻璃屏的内表面和夹层各涂一层 ITO(纳米铟锡金属氧化物),最外层是只有 0.001 5mm 厚的矽土玻璃保护层,夹层 ITO 涂层作工作面,四个角引出四个电极,内层 ITO 为屏层以保证工作环境。

常用的电容触摸屏是表面式电容触摸屏,它的工作原理简单、价格低廉、设计的电路简单,但很难实现多点触控,如图 12-7 所示。当用户触摸电容屏时,由于人体电场,用户手指和工作面形成一个耦合电容,因为工作面上接有高频信号,于是手指吸收走一个很小的电流,这个电流分别从屏的四个角上的电极中流出,且理论上流经四个电极的电流与手指头到四角的距离成比例,控制器通过对四个电流比例的精密计算得出位置。可以达 99%的精确度,具备小于 3ms 的响应速度。

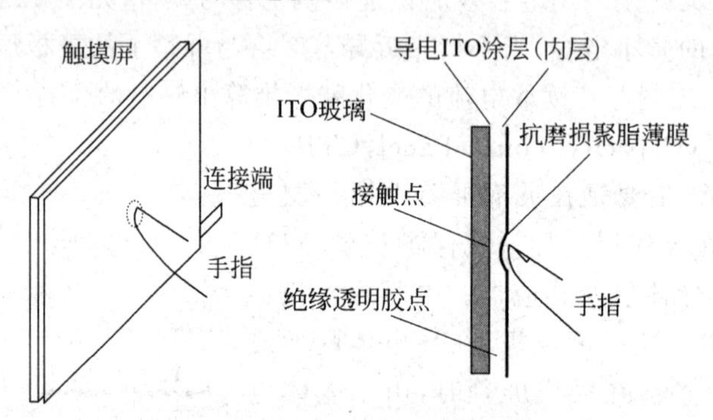

图 12-7 表面式电容触摸屏

投射式电容触摸屏:新式电容触摸屏是从电容式触摸按键经过插值算法引申出来的一种触摸屏检测方法,可以支持多点触摸,如图 12-8 所示。

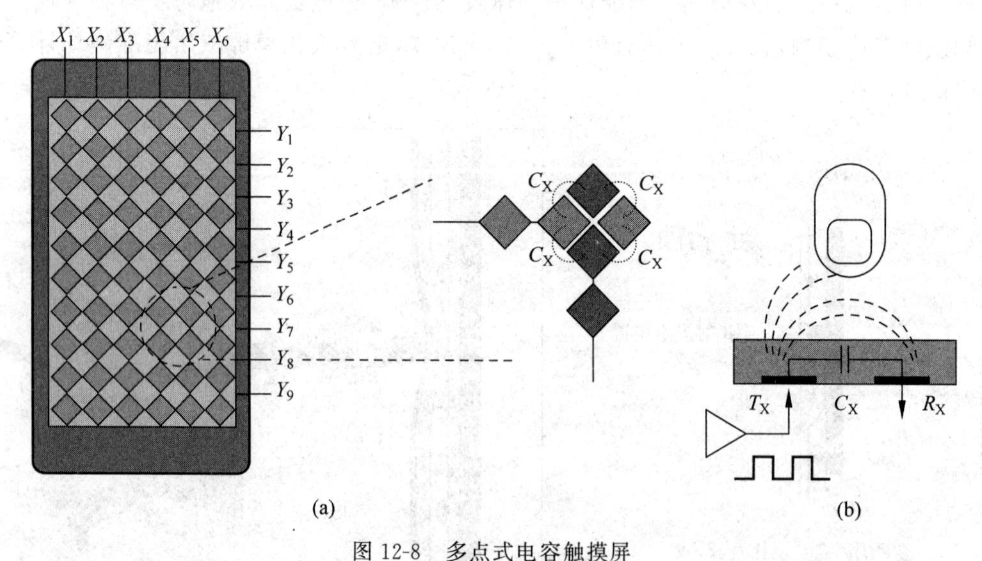

图 12-8 多点式电容触摸屏

部分手机的触摸屏采用的是多点式电容触摸屏的检测方式。多点触摸识别位置可以应用于任何触摸手势的检测,可以检测到双手十个手指的同时触摸,也允许其他非手指触摸形式,如手掌、脸、拳头等,甚至戴手套也可以。

多点触控靠的是增加互电容的电极，简单地说，就是将屏幕分块，在每一个区域里设置一组互电容模块都独立工作，所以电容屏就可以独立检测到各区域的触控情况，进行触摸并处理后，简单地实现多点触控。

一块屏幕由许多微小的电容组成，每一个小的电容都可以看作一个电容传感器，因此一块屏幕就是一个电容传感器矩阵，利用这个传感器矩阵可以定义和识别在屏幕上的各种操作，如两指单击、双指下滑、三指缩放等，这些操作都可以被识别，并根据动作完成对应操作。如果在一块玻璃的两面均镀上滑条，且方向相反，就构成一块简单的触摸屏。也可以实现多点的检测，但是因为所有的触摸键电容均是相对于地的电容，效果不好。滑条算法的实现：通过对有限的电容触摸按键的检测结果，加上插值算法，实现大分辨率的位置感应，如图 12-9 所示。

3. 红外线式触摸屏

在紧贴屏幕前密布 X、Y 方向上的红外线矩阵，不停地扫描是否有红外线被物体阻挡检测并定位用户的触摸。红外线式触摸屏可以实现多点触摸检测，如图 12-10 所示。

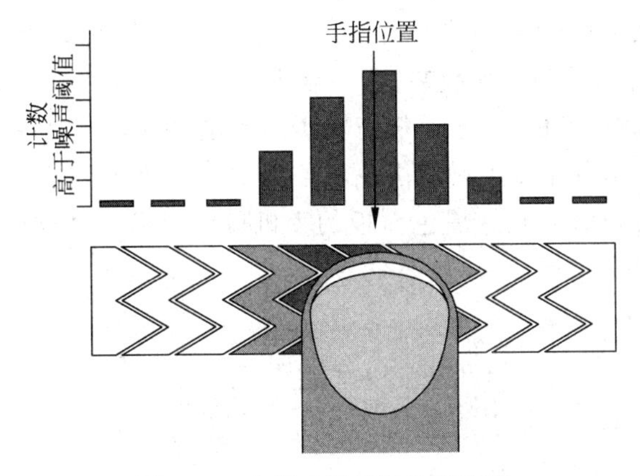

图 12-9　电容式触摸滑条原理图

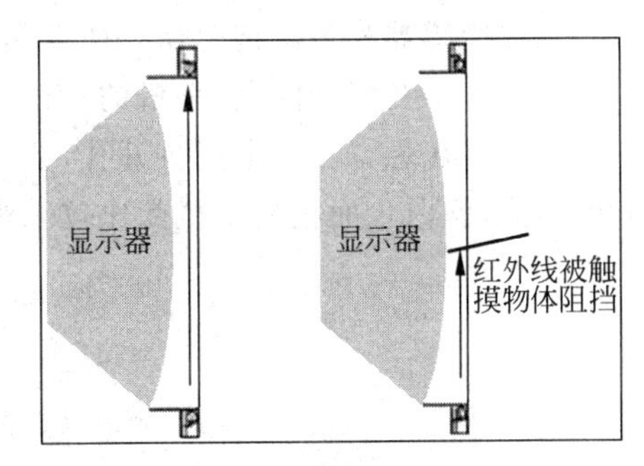

图 12-10　红外线式触摸屏

4. 表面声波式触摸屏

触摸屏部分可以是一块平面、球面或是柱面的玻璃平板，安装在 CRT、LED、LCD 或等离子显示器屏幕的前面。声波发生器发送高频声波跨越屏幕表面，触点上的声波即被阻止，即确定相应坐标位置，如图 12-11 所示。

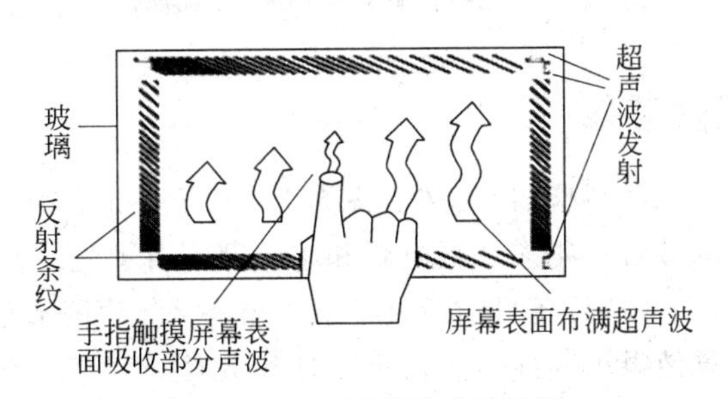

图 12-11　表面声波式触摸屏

12.2 常见传感器

12.2.1 位移传感器

位移传感器又称为线性传感器，是一种属于金属感应的线性器件，传感器的作用是把各种被测物理量转换为电量。在生产过程中，位移的测量一般分为测量实物尺寸和机械位移两种。按被测变量变换的形式不同，位移传感器可分为模拟式和数字式两种。常用的位移传感器以模拟式结构型居多，包括电位器式位移传感器、电感式位移传感器、电容式位移传感器、电涡流式位移传感器、霍尔式位移传感器等。数字式位移传感器的一个重要优点是便于将信号直接送入计算机系统。这种传感器发展迅速，应用日益广泛。

位移传感器可以检测手机是否贴在耳朵上打电话，在接电话时自动熄灭屏幕达到省电的目的；防止在口袋中误触；也可用在皮套、口袋模式下自动实现解锁与锁屏动作。

位移传感器的原理是红外 LED 灯发射红外线，被近距离物体反射后，红外探测器通过接收到红外线的强度，并测量光脉冲从发射到被物体反射回来的时间，测定距离，一般有效距离在 10cm 内。距离传感器同时拥有发射和接收装置，一般体积较大。

光线传感器和距离传感器一般都是在一起的，位于手机正面听筒周围，如图 12-12 所示。这样就存在一个问题，手机的“额头”上开了太多洞或黑色长条不太好看，所以部分手机厂商一直在想方设法地减少开孔，或者隐藏开孔。黑色面板的手机可以轻易隐藏这两个传感器，但白色面板的手机就比较困难了。

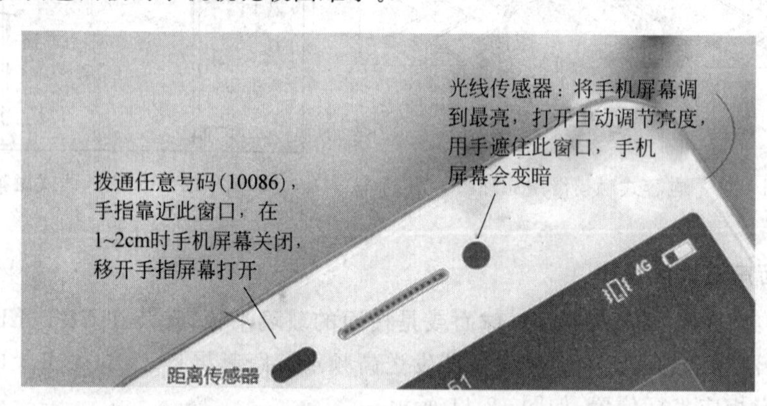

图 12-12 光线传感器和距离传感器的位置

12.2.2 光线传感器

光线传感器也叫作亮度感应器，英文名称为 Light-Sensor，是能够根据周围光亮明暗程度来调节屏幕明暗的装置。很多平板电脑和手机都配备了光线传感器。一般位于手持设备屏幕上方，它能根据手持设备目前所处的光线亮度，自动调节手持设备屏幕亮度，给使用者带来最佳的视觉效果。光线传感器可以使用光敏三极管作为感光元件，当接收外界光线时，会产生强弱不等的电流，从而感知环境光亮度。

光线传感器通常用于调节屏幕自动背光的亮度,白天提高屏幕亮度,夜晚降低屏幕亮度,使屏幕看得更清楚且不刺眼。它也可用于拍照时的自动白平衡。还可以配合位移传感器检测手机是否在口袋里防止误触。

光线传感器由投光器和受光器组成,它的原理是利用投光器由透镜将光线聚焦,经传输至受光器的透镜,再至接收感应器,接收感应器将收到的光线信号转变成电信号,此电信号便可进一步作为各种不同的开关及控制动作。

12.2.3 方向传感器——陀螺仪

陀螺仪可实现手机的方向检测功能,可以检测手机处于正竖、倒竖、左横、右横,仰、俯状态。具有方向检测功能的手机具有使用更方便、更具人性化的特点。例如,手机旋转后,屏幕图像可以自动跟着旋转并切换长宽比例,文字或菜单也可以同时旋转,使你阅读方便。手机方向传感器是指安装在手机上用以检测手机本身处于何种方向状态的部件,它不是通常理解的指南针的功能。

陀螺仪可以测量偏转、倾斜时的转动角度。陀螺仪传感器最早应用于航空、航天和航海等领域。随着陀螺仪传感器成本的下降,现在很多智能手机都集成有陀螺仪。陀螺仪是一种用来传感与维持方向的装置,基于角动量守恒的理论设计出来的。陀螺仪主要是由一个位于轴心且可旋转的轮子构成,一旦开始旋转,由于轮子的角动量,陀螺仪就具有了抗拒方向改变的能力。在手机上,经常要重构出完整的3D动作,因此现在的手机大多采用三轴陀螺仪作为方位测量传感器。陀螺仪可以对转动、偏转动作进行精确的测量,从而分析并判断出使用者的实际动作,然后根据动作,对手机做出相应的操作。

用途:①动作感应:通过小幅度的倾斜,偏转手机,实现菜单,目录的选择和操作的执行,体感、摇一摇(晃动手机实现一些功能);②拍照时的图像稳定,防止手的抖动对拍照质量的影响;③GPS的惯性导航:当汽车行驶到隧道或城市高大建筑物附近,没有GPS信号时,可以通过陀螺仪来测量汽车的偏航或直线运动位移,从而继续惯性导航。④通过动作感应控制游戏,平移、转动、移动手机可在游戏中控制视角;在玩射击游戏时,可以完全摒弃以前通过方向按键来控制游戏的操控方式,只需要通过转动手机,既可以达到改变方向的目的,使游戏体验更加真实、操作更加灵活。⑤3D拍照和全景导航。

12.2.4 电子罗盘——磁阻传感器

虽然GPS在导航、定位、测速、定向方面有着广泛的应用,但由于其信号常被地形、地物遮挡,导致信号大大降低,甚至不能使用。尤其在高楼林立城区和植被茂密的林区,GPS信号的有效性仅为60%。并且在静止的情况下,GPS无法给出航向信息。为了弥补这一不足,可以采用组合导航定向的方法。电子罗盘产品正是为满足用户的此类需求而设计的。它可以对GPS信号进行有效补偿,保证导航定向信息100%有效,即使是在GPS信号失锁后也能正常工作,做到"丢星不丢向"。

电子罗盘利用磁阻传感器测量平面地磁场,以检测出磁场强度以及方向。它和我们常见的指南针比较类似,主要作用是电子指南针、帮助GPS定位等。

原理:磁阻效应传感器是根据磁性材料的磁阻效应制成的。磁性材料(如坡莫合金)

具有各向异性，对它进行磁化时，其磁化方向将取决于材料的易磁化轴、材料的形状和磁化磁场的方向。当给带状坡莫合金材料通电流 I 时，材料的电阻取决于电流的方向与磁化方向的夹角。如果给材料施加一个磁场 B（被测磁场），就会使原来的磁化方向转动。如果磁化方向转向垂直于电流的方向，则材料的电阻将减小；如果磁化方向转向平行于电流的方向，则材料的电阻将增大。

12.2.5 重力传感器与加速度传感器

传感器在手机中的应用越来越广，而基于加速度传感器的重力感应技术更是堪称一绝。说得简单点就是你本来把手机拿在手里是竖着的，你将它转 90°，横过来，它的页面就跟随你的重心自动转了 90°，极具人性化。目前智能手机采用加速度传感器，结合三轴陀螺仪实现三维测量，也叫三轴重力感应。

重力感应器又称重力传感器，利用压电效应实现。简单来说就是测量内部一片重物（重物和压电片做成一体）的重力正交两个方向的分力大小，来判定水平方向。通过对力敏感的传感器，感受手机在变换姿势时重心的变化，使手机光标变化位置从而实现选择的功能。重力传感器就是利用其内部的由于加速度造成的晶体变形这个特性。由于这个变形会产生电压，只要计算出产生电压和所施加的加速度之间的关系，就可以将加速度转化成电压输出。

重力传感器可用于手机横竖屏智能切换、拍照照片朝向、重力感应类游戏控制（平衡球、赛车等）、防抖、计步等。手机重力感应是指手机内置重力摇杆芯片，支持摇晃切换所需的界面、甩歌甩屏、翻转静音、甩动切换视频等，如图 12-13 所示。

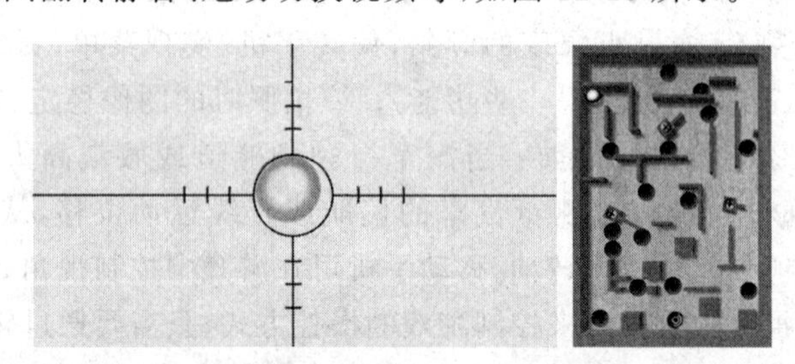

图 12-13 重力感应器原理与应用

与重力传感器相同，加速度传感器也是压电效应，原理也相似，有的厂商就将两个传感器集成为一个。加速度传感器通过三个维度确定加速度方向，其功耗小，精度低。加速度传感器是一种能够测量加速度的传感器。通常由质量块、阻尼器、弹性元件、敏感元件和转换电路等部分组成。传感器在加速过程中，通过对质量块所受惯性力的测量，利用牛顿第二定律获得加速度值。加速度计有两种：一种是角加速度计，是由陀螺仪（角速度传感器）改进的；另一种是线加速度计。手机中采用的是角加速度计。加速度传感器分为压电式加速度传感器、压阻式加速度传感器、伺服式加速度传感器、电容式加速度传感器，在智能手机中大量运用的就是电容式加速度传感器和压电式加速度计。

加速度传感器是多个维度测算的，主要测算一些瞬时加速或减速的动作。比如测量手机的运动速度，在游戏里能通过加速度传感器触发特殊指令。日常应用中的一些甩动切歌、翻转静音等功能都用到了加速度传感器。

加速度传感器可用于计步。人在走路时身体会上下运动，这就有了一个加速度。手机中的加速度传感器能够检测这一动作。传感器输出的电信号经过处理后确定人走的步数，从而确定运动量。

加速度传感器可用于防摔保护。利用加速度传感器检测自由落体状态，从而对迷你硬盘实施必要的保护。众所周知，硬盘在读取数据时，磁头与碟片之间的间距很小，因此，外界的轻微振动就会对硬盘产生很大的影响，使数据丢失。而利用加速度传感器可以检测自由落体状态。当检测到自由落体状态时，让磁头复位，以减少硬盘的受损程度。

12.2.6 指纹传感器

现在的手机有很多支付功能，如手机银行、微信、支付宝等，为了提高安全性，引入了指纹传感器，其应用是：①指纹是人体独一无二的特征，如图 12-14 所示，并且它们的复杂度足以提供用于鉴别的特征；②如果要增加可靠性，只需登记更多的指纹、鉴别更多的手指，最多可以多达十个，而每一个指纹都是独一无二的；③扫描指纹的速度很快，使用非常方便；④读取指纹时，用户必须将手指与指纹采集头相互直接接触；⑤接触是读取人体生物特征最可靠的方法；⑥指纹采集头可以更加小型化，并且价格会更加的低廉。

图 12-14 指纹的不同形态

指纹传感器可用于指纹加密、指纹解锁、指纹支付等。

指纹传感器主要有光学指纹传感器、半导体指纹传感器和新型的超声波指纹传感器。光学指纹传感器是利用光学反应来实现指纹的成像，而半导体指纹传感器是利用电位的差异进行指纹的成像，两者在成像原理上有本质差异。两种材质的优缺点则与此息息相关。

1. 光学指纹传感器

光学指纹传感器主要是利用光的折射和反射原理，使用 OLED 显示器的发光作为光源，光从底部射向三棱镜，并经棱镜射出，射出的光线在手指表面指纹凹凸不平的线纹上折射的角度及反射回去的光线明暗就会不一样，如图 12-15 所示。CMOS 或者 CCD 的光学器件就会收集到不同明暗程度的图片信息，就完成指纹的采集。使用 Olens 来防止散射光的信号串扰。

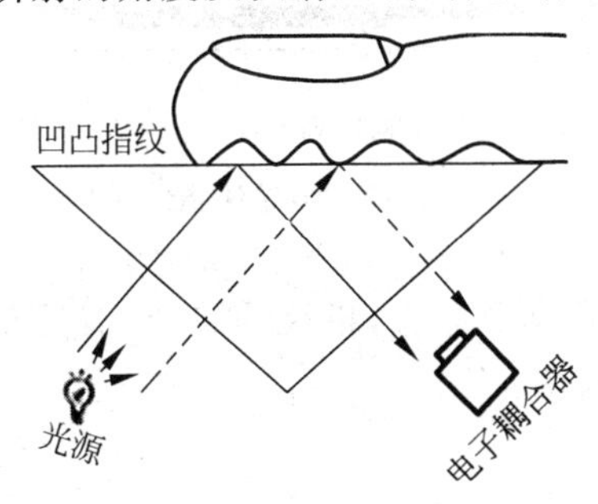

图 12-15 光学指纹识别

(1) 光学指纹传感器优点如下。

① 环境适应性较强。光学指纹头一般采用钢化玻璃，这种指纹头能够一定程度抗压抗磨和耐酸碱、污渍的腐蚀。在温度为－15～55℃，湿度为 20％～95％的环境下也能保持部件的运行，这类指纹头易清洁，既可以用于家庭，也可以用于潮湿、高温和粉尘等特殊环境。

② 稳定性好，寿命长。光学指纹识别技术是最先进入市场的，经过长期考验并不断改良，加上光学指纹头对环境的适应性较好，所以在使用过程中其稳定性表现较好，寿命也比较长。

③ 造价成本低。光学指纹头发展早，已经有成熟的行业规模，且光学指纹头所用到的原材料相对比较便宜，所以光学指纹头的造价相比于其他指纹头更便宜，目前许多低端指纹锁使用的也是光学指纹识别模块。

（2）光学指纹传感器缺点如下。

① 功耗较大。光学指纹头需要发射强光，所以光学指纹头所需电能较多，一般光学指纹锁半年左右需要换一次电池，半导体指纹锁一年左右换一次电池。

② 识别速度与识别率。光学指纹头需要激光打光识别指纹，所以相对于半导体指纹头来说识别速度不够快。而且光学指纹头对手指表面有覆盖物的指纹图像的识别率较低。光学指纹头识别精度存在一定的缺陷，光学指纹头是指纹和不同部分对光的反射的不同成像，对于指纹浅、指纹太干或者脱皮的用户，易出现错误识别的现象，如图 12-16 所示。

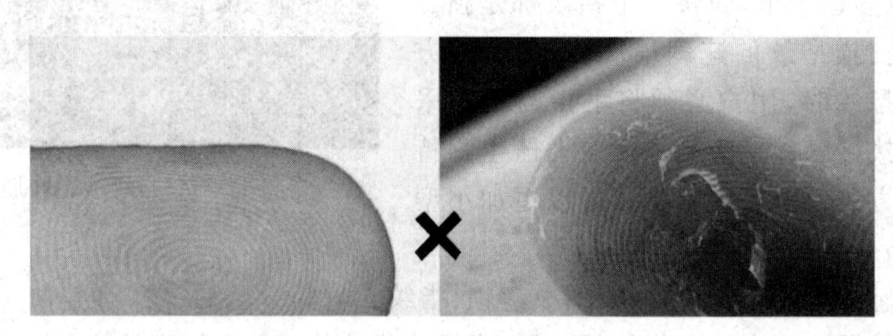

图 12-16 正常指纹和脱皮指纹

2. 半导体指纹传感器

半导体指纹传感器，无论是电容式或是电感式，其原理都类似，如图 12-17 所示。在一块集成有成千上万半导体器件的“平板”上，手指贴在其上与其构成了电容（电感）的另一面，由于手指表面凸凹不平，凸点处和凹点处接触平板的实际距离大小不一，所以形成的电容、电感值也就不一样，设备根据这个原理将采集到的不同的数值汇总，从而完成了指纹的采集。目前的主流是电容式指纹识别，但识别速度更快、识别率更高的超声波指纹识别会逐渐普及。

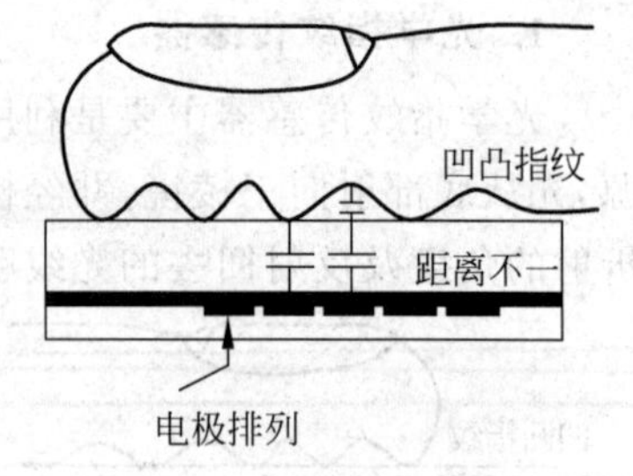

图 12-17 半导体指纹识别

电容指纹传感器原理：手指构成电容的一极，另一极是硅晶片阵列，通过人体带有的微电场与电容传感器间形成微电流，指纹的波峰、波谷与感应器之间的距离形成电容的高低差，从而描绘出指纹图像。

（1）半导体指纹传感器的优点如下。

① 活体识别。半导体指纹识别模块只识别活体指纹，在一块成千上万半导体器件的

“平板”上，手指贴在其上与其构成了电容（电感）的另一面，设备根据这个原理将采集到的不同的数值汇总，从而完成指纹采集。这种方式的安全性和识别率都较高。也就是说半导体指纹头可穿透皮肤表发层，所以网上盛传的硅胶模拟指纹在这里基本不起作用，识别活体指纹的好处在于指纹基本不能复制或是仿制。

② 半导体指纹识别模块具有非常高的灵敏度和识别精度。半导体指纹识别是由上万个电容器组成电容阵列，采集指纹脊和谷到触板的距离形成指纹数据，相比于光学扫描精度更好，能采集更精细的指纹细节，采集速度也更快。半导体指纹识别模块的识别率高。光学指纹头正常使用中会受到指纹干湿、深浅的影响，导致识别错误和无法识别指纹的现象，而半导体指纹头可最大限度地免除这些问题。

③ 功耗较少。相对于光学指纹头，半导体指纹头所需功耗少，体积小。

（2）半导体指纹传感器的缺点如下。

① 造价较高。半导体指纹识别模块成本、造价较高。半导体指纹识别模块的电容版显然比光学指纹模块的钢化玻璃的成本要高，当然其他部件的成本也相对高于光学指纹模块，所以造价较高，但随着行业的发展，两者的价格差逐渐变小。

② 不易清洁。半导体指纹识别模块不易清洁，耐磨性差，从而影响其寿命。半导体指纹头的采集窗会受到污渍、汗渍以及静电的影响，且容易被划花，所以使用时需要注意保护和保养，不然使用寿命难以保障。

3. 超声波指纹传感器

超声波指纹传感器的原理：利用超声波具有穿透材料的能力且随材料的不同产生大小不同的回波，超声波到达不同的材质表面时，被吸收穿透与反射的程度不同，如图 12-18 所示。所以利用皮肤和空气对于声波阻抗的差异，就可以区分指纹不同部分所在的位置。超声波指纹识别可以在有少量污渍或潮湿的情况下工作，而且可以将超声波传感器模块和设备内部的元件合为一体，不需要想着为指纹模块留下设计空间，节约了手机内部的空间。超声波直接扫描并测绘指纹纹理，甚至连毛孔都能测绘出来。因此，超声波获得的指纹是 3D 立体的，而电容指纹是 2D 平面的。超声波指纹传感器不仅识别速度更快，而且不受汗水、油污的干扰，指纹细节更丰富不易被破解。

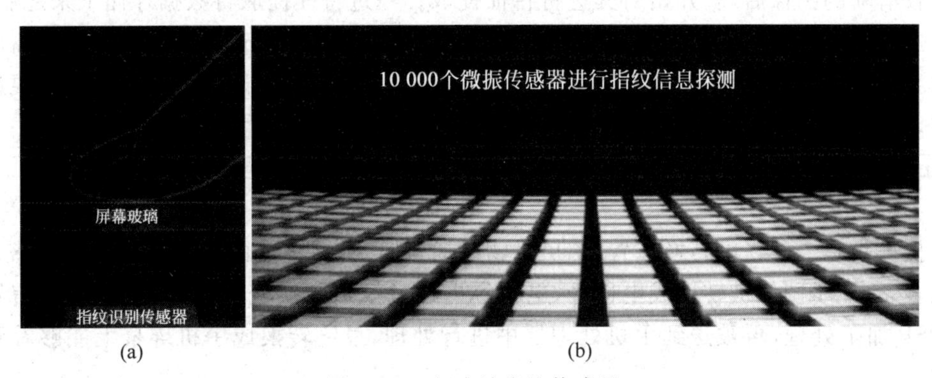

图 12-18　超声波指纹传感器

和电容式指纹识别的区别在于超声波指纹识别可以不需要在面板上开孔，其最大的优点是穿透感知多种材料，如金属、玻璃等，局限性相对没有电容式指纹识别得那么多。

在技术层面，超声波指纹识别技术可以看作是第三代指纹识别技术的代表，相比第一代的光学识别技术和第二代电容式指纹识别技术，其进步还是相当明显的。早些年有一些手机和笔记本都配置了第一代的光学识别技术，也就是滑动式的指纹识别，从实际效果来看其识别准确性太低，并未形成规模，直到第二代的电容式指纹识别开始，识别技术才相对成熟，但不管是第一代还是第二代指纹识别技术，对脏手指或湿手指的识别率都比较低。

第三代指纹识别采用射频技术，分为无线电波探测与超声波探测两种，其原理都与声呐类似，靠特定频率的信号反射来探知指纹的具体形态，具体来讲就是利用超声波穿透材料的能力，根据不同材料产生的回波来区分指纹脊与谷所在的位置。相比于第一代和第二代指纹识别技术，超声波指纹识别技术的优点明显，手指无须与指纹模块直接接触，因而不会对手机的外观造成太大影响，从识别原理来看，受手指污渍、油脂以及汗水的影响较小，即便手指有水、汗液等情况下，依然能够准确地识别。

指纹识别的前提是要进行指纹采集，在采集方式上，目前主要分为滑动式和按压式两种。

滑动式采集是将手指在传感器上滑过，从而使手机获得手指指纹图像。滑动式采集具有成本相对偏低，而且可以采集大面积图像的优势。但这种采集方式存在体验较差的问题，使用者需要一个连续规范的滑动动作才能实现采集成功，可能导致采集失败。

按压式采集顾名思义就是在传感器上按压实现指纹数据的采集，这种采集方式的用户体验感更好，不过成本比滑动式采集高，技术难度也相对高一些。此外，由于一次采集的指纹面积相对滑动式采集来说要小一些，因此需要多次采集，通过“拼凑”，拼出较大面积的指纹图像，这就必须仰仗先进的算法，用软件算法弥补滑按压式采集获得的指纹面积相对偏小的问题，以保障识别的精确度。

在采集到指纹之后，对采集的指纹进行质量评估，不合格的要再采集一次，合格的则对图像进行增强和细化。经过处理后会依次得到二值化图、细化图和提取特征图。在获得比较清晰的图像后，就开始对其进行特征提取。经过特征提取将数据存储下来之后，就可以进行下一步匹配工作了。在匹配中要注意一点，那就是由于同一个手指的两幅样本图像会因为手指的位移、偏转以及按压时的力道不同而产生差异，这就使在匹配时要进行校准，通过特征点集校准等方式保障指纹识别的准确性。

12.2.7 摄像头——图像传感器

摄像头是一种光电转换装置，拍摄景物时通过镜头，将生成的光学图像投射到感光元件上，然后光学图像被转换成电信号，电信号再经过模数转换变为数字信号，数字信号经过 DSP 加工处理，再被送到手机处理器中进行处理，最终转换成手机屏幕上能够看到的图像。

图像传感器是组成数字摄像头的重要组成部分。根据元件的不同，图像传感器可分为 CCD 和 CMOS。CCD 是应用在摄影摄像方面的高端技术元件；CMOS 是应用在较低影像品质的产品中，它的优点是制造成本较 CCD 更低，功耗也低，普通智能手机一般是 CMOS。

图像传感器用于手机摄像头、摄像头测心率(血氧传感器)等。

摄像头除了拍照片和视频外还可以结合图像处理技术实现更复杂的功能。例如，可以使用闪光灯拍摄手指的透光照片，可以用于测量心率。其原理是人的血液中的血氧含量在每次心跳前后是不同的，血氧含量高时血液为鲜红色，氧气被消耗后为暗红色。手机的强光灯照到手指上，摄像头拍到手指颜色周期性的变化，对拍摄到的图像进行处理，从而算出心率。

12.2.8 卫星导航

手机导航模块通过天线接收到卫星发送的信息。导航模块中的芯片根据高速运动的卫星瞬间位置作为已知的起算数据，根据卫星发射坐标的时间与接收时的时间差计算出卫星与手机的距离，采用空间距离后方交会的方法，确定待测点的位置坐标。

用途：地图、导航、测速、测距，如与智能硬件配合实现远程定位监控，或是设备丢失后定位查找。

12.2.9 霍尔传感器

霍尔效应：当电流通过一个位于磁场中的导体的时候，磁场会对导体中的电子产生一个垂直于电子运动方向上的作用力，从而在导体的两端产生电势差。

用途：翻盖自动解锁、合盖自动锁屏。在手机中主要应用在翻盖或滑盖的控制电路中，通过翻盖或滑盖的动作来控制挂掉电话或接听电话、锁定键盘及解除键盘锁等。现在在一些支持手机套控制屏幕亮暗的触摸屏手机里会用到。

12.2.10 声音传感器

应用：手机话筒。

原理：手机中一般使用的是驻极体话筒，它的基本结构由一片单面涂有金属的驻极体薄膜与一个上面有若干小孔的金属电极(背称为背电极)构成。驻极体面与背电极相对，中间有一个极小的空气隙，形成一个以空气隙和驻极体作绝缘介质，以背电极和驻极体上的金属层作为两个电极构成一个平板电容器。电容的两极之间有输出电极。由于驻极体薄膜上分布有自由电荷。当声波引起驻极体薄膜振动而产生位移时，改变了电容两极板之间的距离，从而引起电容的容量变化，由于驻极体上的电荷数始终保持恒定，根据公式 $Q=CU$ 可知，当 C 变化时必然引起电容器两端电压 U 的变化，从而输出电信号，实现声电的转换。

12.2.11 气压传感器

气压传感器分为变容式或变阻式气压传感器，将薄膜与变阻器或电容连接起来，气压变化导致电阻或电容的数值发生变化，从而获得气压数据。

气压传感器主要用于海拔高度测量、导航辅助、室内定位。GPS 计算海拔会有 10m

左右的误差,气压传感器主要用于修正海拔误差(将至1m左右),当然也能用来辅助GPS定位立交桥或楼层位置。

大多数气压传感器主要的传感元件是一个对气压强弱敏感的薄膜和一个顶针,连接一个柔性电阻器。当被测气体的压力降低或升高时,这个薄膜变形带动顶针,同时该电阻器的阻值将会改变。从传感元件取得0～5V的信号电压,经过A/D转换由数据采集器接收,然后数据采集器以适当的形式把结果传送给计算机。很多气压传感器的主要部件为变容式硅膜盒。当变容硅膜盒外界大气压力发生变化时顶针动作,单晶硅膜盒随之发生弹性变形,从而引起硅膜盒平行板电容器电容量的变化达到控制气压传感器的目的。

12.2.12 NFC短距离无线通信

NFC(Near Field Communication,近距离无线通信技术)由飞利浦公司和索尼公司共同开发。NFC是一种非接触式识别和互联技术,可以在移动设备、消费类电子产品、PC和智能控件工具间进行近距离无线通信。

NFC传输距离约为10cm,传输速度比蓝牙慢,不过操作简便,成本低,保密性强。

NFC设备可以用作非接触式智能卡、智能卡的读写器终端以及设备对设备的数据传输链路。其应用主要分为用于付款和购票、用于电子票证、用于智能媒体以及用于交换、传输数据四个基本类型。手机用户手持配置了NFC支付功能的手机就可以行遍全国,他们的手机可以用作机场登机验证、大厦的门禁钥匙、交通一卡通、信用卡、支付卡等。

手机中的智能传感器越来越趋向于微型化、数字化、智能化、多功能化、系统化、网络化发展。相信在不久的将来智能手机中的传感器将为我们的智能生活提供更加便利的服务。

思考和练习

1. 手机触摸屏有哪几种?
2. 指纹传感器有哪几种?

参考文献

[1] 冯成龙,刘洪恩.传感器应用技术项目化教程[M].北京:清华大学出版社,北京交通大学出版社.2009.
[2] 张宣妮,邹江,谢晓敏.传感器技术应用[M].西安:西北工业大学出版社,2018.
[3] 单成祥,牛彦文,张春.传感器设计基础:课程设计与毕业设计指南[M].北京:国防工业出版社,2007.
[4] 张洪润.传感器应用设计300例.上[M].北京:北京航空航天大学出版社,2008.
[5] 秦志强.智能传感器应用项目教程:基于教育机器人的设计与实现[M].北京:电子工业出版社,2010.
[6] 卿太全,梁渊,郭明琼.传感器应用电路集萃[M].北京:中国电力出版社,2008.
[7] 陈书旺.传感器应用及电路设计[M].北京:化学工业出版社,2008.
[8] 梁森.自动检测与转换技术[M].北京:机械工业出版社,2005.
[9] 裴蓓.自动检测与转换技术[M].北京:电子工业出版社,2008.
[10] 郑春禄,周欣悦.传感器应用项目化教程[M].北京:中央广播电视大学出版社,2012.
[11] 李敏,夏继军.传感器应用技术[M].北京:人民邮电出版社,2011.
[12] 沈艳,郭兵,杨平.测试与传感技术[M].北京:清华大学出版社,2011.
[13] 人力资源和社会保障部教材办公室.传感器应用技术[M].北京:中国劳动社会保障出版社,2012.
[14] 王卫兵.传感器技术及其应用实例[M].北京:机械工业出版社,2013.
[15] 张洪润,张亚凡.传感技术与应用教程[M].北京:清华大学出版社,2005.
[16] 苏家健.自动检测与转换技术[M].北京:电子工业出版社,2006.
[17] 郁有文,常健,程继红.传感器原理及工程应用[M].西安:西安电子科技大学出版社,2008.
[18] Tom Petruzzellis.传感器电子制作[M].李大寨,译.北京:科学出版社,2007.
[19] 何希才.常用传感器应用电路的设计与实践[M].北京:科学出版社,2007.
[20] 李兴莲.传感器与PLC应用技术[M].北京:机械工业出版社,2011.
[21] 梁长垠.传感器应用技术[M].北京:高等教育出版社,2018.
[22] 黄继昌.传感器检测及控制集成电路应用210例[M].北京:中国电力出版社,2012.
[23] 徐开先.传感器实用技术[M].北京:国防工业出版社,2016.
[24] 韩雪涛.电子元器件从入门到精通[M].北京:电子工业出版社,2018.
[25] 蔡杏山.电子电路识图咱得这么学[M].北京:机械工业出版社,2019.
[26] 樊尚春.传感器技术及应用[M].北京:北京航空航天大学出版社,2010.
[27] 刘文静.传感器技术应用[M].北京:电子工业出版社,2013.
[28] 李新德,毕万新,胡辉.传感器应用技术[M].大连:大连理工大学出版社,2010.
[29] 杨效春.传感器与检测技术[M].北京:清华大学出版社,2015.
[30] 陈杰,黄鸿.传感器与检测技术[M].北京:高等教育出版社,2002.
[31] 蔡夕忠.传感器应用技能训练[M].北京:高等教育出版社,2006.
[32] 来清民.传感器与单片机接口及实例[M].北京:北京航空航天大学出版社,2008.